早稲田大学学術叢書 26

分水と支配

金・モンゴル時代華北の水利と農業

井黒　忍

Shinobu Iguro

早稲田大学出版部

Water Allocation and Governance
Water Conservancy and Agriculture in Northern China under Jurchen and Mongol Rule

Shinobu IGURO, PhD, is an adjunct researcher at the Waseda Institute for Advanced Study, Waseda University, Tokyo.

First published in 2013 by
Waseda University Press Co., Ltd.
1-1-7 Nishiwaseda
Shinjuku-ku, Tokyo 169-0051
www.waseda-up.co.jp

ISBN 978-4-657-13703-6

Printed in Japan

目次

序論……1
第一節 問題設定 1
第二節 本書の構成 11

第一部 水利

第一章 水利碑の分類と性格……17
はじめに 17
第一節 水利石刻の分類 19
第二節 水利碑の分類 20
第三節 水利碑の特性 25
小結 29

第二章 石碑の行方――山西洪洞霍泉に見る前近代水利秩序のルーツ……32
はじめに 32
第一節 洪洞霍泉水利と広勝寺水神廟 35
第二節 「都総管鎮国定両県水碑」現代語訳 38
第三節 水案から見た霍泉水利の展開 42
第四節 二つの金碑 49

第五節　金初の多重権力構造と地域社会の対応　51
第六節　渠条の作成と水利秩序の再編　56
小　結　63

第三章　切り取られた一場面――モンゴルの分地支配に見る水の分配と管理……74

はじめに　74
第一節　翼城翔皐泉水利と喬沢廟　76
第二節　宋金時代における水案　80
第三節　「大朝断定使水日時記」現代語訳　85
第四節　水案の裁定者たち――漢人世侯とジョチ家の支配　89
第五節　水案の当事者たち――地域社会の動向　96
第六節　水の分配と管理に対する公権力の関与　103
小　結　109

第四章　祈雨祭祀と信仰圏の広がり――湯王信仰を中心に……128

はじめに　128
第一節　陽城析城山と湯王信仰　131
第二節　湯王信仰に見る取水儀礼　134
第三節　至元一七年「湯帝行宮碑記」の矛盾　138
第四節　本宮・行宮体系確立の背景　143
小　結　146

第二部　開　発

第五章　農地開発と涇渠整備——オゴデイ期より至元年間にいたる……157
はじめに　157
第一節　『長安志図』の編纂　158
第二節　オゴデイ時代の渭北地域開発　164
第三節　至元年間における華北農業水利振興策の展開　175
小　結　183

第六章　屯田経営と水利開発——至元末年以降を中心に……192
はじめに　192
第一節　屯田総管府の設置　193
第二節　関中屯田の構成　200
第三節　王御史渠の開削と維持管理　208
第四節　陝西行台の水利整備　213
小　結　218

第七章　京兆の復興と地域開発——ヒトとモノの動きを中心に……229
はじめに　229
第一節　灞橋の架設　232
第二節　灞橋架設の背景　241
第三節　京兆宣聖廟の修復　246

第四節　安西王府の建設　252
第五節　資材の調達　260
第六節　「張記」の背景　269
小　結　273

第三部　農　業

第八章　巡按と勧農……291
はじめに　291
第一節　金代の地方監察官制　293
第二節　モンゴル時代の地方監察官制　300
第三節　農業振興と勤務評定　306
第四節　勧農と監察の一体化　313
小　結　317
第九章　区田法実施に見る金・モンゴル時代農業政策の一断面……332
はじめに　332
第一節　金代章宗朝における区田法の実施　334
第二節　区田法の継承と展開　344
第三節　救荒策としての区田法　351
小　結　357

第一〇章　モンゴル時代区田法の技術的検討 …… 369
はじめに　369
第一節　モンゴル時代区田法関連史料について　371
第二節　栽培作物と栽培方法　378
第三節　区園地の構造　389
第四節　桑栽培との組み合わせ　396
小　結　403

おわりに　413
参考文献一覧　420
索　引　巻末
英文要旨　巻末

序論

第一節　問題設定

一　問題の所在

過去と現在とを問わず、水は生命維持および生産活動の源であり、その有無こそが生死を分ける境となる。ただし、水はその流動性により、多すぎても少なすぎても問題を引き起こす物質であり、人間活動を通して自然環境を改変し、その多少を人為的に配分する必要が生じる。とりわけ、水の稀少な乾燥・半乾燥地域において、水の確保は最重要課題となる。したがって、乾燥・半乾燥地域の社会における水利用の歴史的推移を明らかにすることは、過酷な自然環境の制約のもとで、これまで人間がいかに生きてきたのかという根本的な問いに答えることにもなるのである。ひいては、そこから、今後、人類はいかに自然環境との関係を構築していくべきかという現代的課題への糸口を見いだすことも可能となろう。

しかしながら、地球の陸地面積の四七パーセントを占める乾燥・半乾燥地域の中でも、過去の水利用の具体的様相を記す歴史資料（特に文字史料）を有する地域は相当に限定される。そこで、全世界的に見て屈指の豊かさを誇る文字史料を有し、長期にわたる人間活動の歩みをたどることができる中国華北地域の研究が改めて見直されるべき状況にある。つまり、華北地域の水利用をめぐる歴史は単に中国史を構成する一部分であるにとどまらず、史料が少なく歴史的経緯が不明な他の地域や他の時代の状況を理解するための参考事例となり、さらには沙漠化の進行によって新たに生み出されるであろう乾燥地での水利用に対する有効な経験知ともなり得るのである。

華北における自然環境と人間活動との歴史的関係性について、保柳睦美は「この地域（山西地方：筆者注）に発達する人文的諸現象が如何にその自然に適応して之と調和を保ってゐるか、或は何等かの理由で不調和を敢てして来たかを調査することを始め、更に進んで自然との調和並びに伝統を無闇に破壊することなく、而も現代に即応するやう進歩改善の途を考究することも亦重要である」と述べる［保柳一九四三、八八頁］。過去の人間活動を自然的、人為的な要因のもとに形成される環境への適応と調和（あるいは不調和）という視点からとらえ、その先の道筋をも示すという意味において、現時点においてもなお見るべき方法論と目的意識である。

また、華北の自然環境を考える上で、「不安定性」がキーワードとなることを指摘したのが柏祐賢である。降雨の量的な稀少さと時期的な偏りに由来する旱ばつと洪水の頻発という自然的条件、さらに異民族の侵入という社会的条件に由来する不安定性こそが華北農業の特徴である。そこで、生産のリミティング・ファクターをなす水の補給のために「自然への加工」として灌漑技術が発達し、同時に水を可能な限り節約しようとして乾燥農法が発達したとされる［柏一九四八］。佐藤長は柏の中国農業不安定性論に基づいて、中国社会の歴史的展開を見通した。中国史上における旱ばつ・洪水・異民族の侵入に伴う華北農業社会の不安定性は古代からの宿命的条件であり、社会不安や反乱を生み出す原因となる生産の減少を防ぐため、歴代の王朝・政府は農業に最大の注意を払ってきた。さらに、諸問題への対応のために大量の人間と物資の速やかな動員が必要となり、莫大な費用がかかるこれらの任務を遂行しうる中央集権的な専制主義政府が成立する根拠がここに存在すると説いた［佐藤一九九〇］。両氏の理論に対しては、杉山正明がその重要性を指摘する。[1]

両氏の見解によれば、中国史上のダイナミズムを生み出す要因として華北農業社会の不安定性が存在し、問題の核心はこの不安定性を生み出す「水」と「異民族の侵入」という二要素に還元される。これはウィットフォーゲル（K.A.Wittfogel）が東洋社会を理解するための主たる理論的枠組みとして「水の理論」と「征服王朝論」を提示したことを想起させる。この両理論に関しては、「水の理論」に対して手段と原因とを混同した論理的矛盾や中国社会停滞論へのミスリードが批判される［濱川二〇〇九］。一方の「征服王朝論」に対しても、これがあくまで中国史という枠内での考察手法であったことを差し引いたとしても、キタイやモンゴルといったユーラシア型遊牧国家を中国王朝という枠組みにおいて理解することの問題点やこれが時代・地域を越えて見られる国家パターン、権力パターンであり、中華地域に特有の現象ではないという批判がなされるなど［杉山一九九七］、すでに両理論が持つ歴史的役割は終結している。ただし、現代中国社会の不安定要因としての環境問題と民族問題を持ち出すまでもなく、前近代における「水」と「異民族の侵入」という二要素が持つ分析視角としての重要性は厳然として存在しているのである。

そこで考えるべきは、この両要素を各個分析するのではなく、同一の俎上に載せて分析するという方法であろう。それには華北社会の不安定要因となる水と異民族侵入の問題を同時に考察することのできる時代と地域を設定する必要がある。そこで、本書においては華北農業がかかえる不安定性に対して、国家と地域社会がいかなる対応を見せたのかという問題意識に基づき、ジュシェンやモンゴルなど非漢人が主体となる金・モンゴル帝国が華北を支配した一二世紀より一四世紀にいたる三〇〇年間を異民族侵入の極相ととらえ、統治下の華北地域における水利および農業に関わる諸問題を考察の対象とする。時代・地域設定とテーマ設定の背景となる研究状況についてては以下に項を分けて述べていく。

二　金・モンゴル統治下の華北をめぐる「暗」と「明」

パーキンス（Dwight H. Perkins）の*Agricultural Development in China 1368–1968*は、その名が示す通り、一三六八年より一九六八年に至る中国農業史とその現状を総合的な視点からとらえた古典的名著である。その内容から判断して、本書の時代設定が出版の前年にあたる一九六八年を末尾とすることは、現在進行形の問題までをも取り上げようとする著者の目的意識に由来すると言うよりはむしろ、その始まりの年が一三六八年、すなわち明の洪武元年でなければならず、そこからちょうど六百年というシンボリックな年に出版の時期が重なった、もしくは重ねられたという理由によるものであろう。著者が一三六八年を時代設定の始まりの年とした理由は極めて明快である。本書のイントロダクションによれば、一三六八年は明王朝建国の年であるだけでなく、モンゴルの興亡にまつわる二〇〇年間におよぶ激しい破壊行為と人命の損失に終止符が打たれた年であるからである［Perkins1969］。モンゴル統治下の中国に対するこうした理解も一九六〇年代という同書の出版時期を考えれば、とくに珍しいものとは言えない。ただし、モンゴル時代史に関する研究が格段に進んだ現時点においては、もはや「モンゴルの蛮行」に対する論駁を目的として研究を行うこと自体は意味をなさない。

ただし、華北社会および農業水利の歴史的展開という視点から考えると、モンゴル時代のみならず、その前段階にあたる金代の状況を理解することは容易ではない。それは、従来の研究において近世前期の華北農業水利に対する関心が欠落していたからである。こうした研究状況を生み出した主たる要因は、中国史上における経済的核心地域の移動に求められよう。これまでの華北農業水利に関する研究としては、秦漢より隋唐時代に至る間を扱う論考は相当な数にのぼる。これら諸研究が関中に代表される歴代王朝の首都圏を形成し、その財源を支える経済的核心地域としての華北地域の重要性を反映したものであることは言うまでもない。これに対して、中国経済の重心が江南地域へとシフトし、経済面における南北の逆転現象を生み出した唐後半期以降に関しては、長江下流デルタを中心とする先進開発地域とそこで展開される水利田造成による水稲栽培の先進的技術に問題関心が集中した。これと同時に華北農業水利に対する停滞性、乾燥地農業に対する低評価が定着したことは否めない。

事実、江南地域へと経済的重心がシフトとした時期は、まさにキタイ、タングート、ジュシェンなど諸民族の興起と国家建設の時期に重なり合う。北方からの圧力に押される形で起こった江南への大量の人口移動が開発を推し進める大きな原動力となったことは間違いない。こうした事象を捉えて、杜瑜は山西地方の農業生産が北宋末の戦乱の中で破壊的な損害を被り、経済活動は金代以降衰退の途をたどるとの見解を示す。さらに、陝西《せんせい》地方においても同様に、北宋と西夏の対立・戦争によって生じた経済面での衰退は、金・モンゴル時代においてもはや復興不可能なまでの状態に陥り、経済の重心は江南に完全に移行したとする［杜二〇〇五］。北宋の滅亡と華北における金の国家建設、この時をもって華北経済は衰退の道へと向かい、南宋の再建という政治状況がすでに進行中であった江南地域開発を加速させ、以降の中国経済の中心としての地位を決定付けたとする理解がなされるのである。

同様の見解は田村實造や蕭啓慶の研究にも見える。そこでは、宋代から明代に至る間における社会経済的事象の非連続性、さらには断層ないし長い停滞が金・モンゴルという「征服王朝」時代に存在するとされる［田村一九七一］。さらに、金・モンゴルなど「征服王朝」の介入によって、中国近世の経済発展は阻害され、南北の差異が拡大するとともに、華北社会は中世の状態に逆戻りし、その進歩は大きく遅らされたという［蕭二〇〇八］。多くの概説書においては、これほど極端な形で江南開発の進展と華北経済の衰退を対比させ、金・モンゴル統治下の華北の衰退を説く記載は見られないものの、そこに近世前期の華北農業水利に関する叙述がほぼ見られないことも事実である。これが消極的な形で華北経済の衰退をイメージさせる要因となったことも否めない。

これに対して、通時代的に華北地域の経済活動を考察した程民生はこうした「通説」的な理解に疑義を呈する。

そこでは、金・モンゴル時代においても華北経済は発展を続け、山西地方ではむしろ金代より農業開発が進展し、モンゴル時代に新たな発展段階に到達するとする。あわせて、当該時期における華北経済の衰退を説く通説の背景には、半農半猟、あるいは遊牧を生業とした少数民族らが農業や水利に対する理解を示すはずがないといった偏見が存在するとの指摘もなされる［程二〇〇三・二〇〇四］。また、呉宏岐はChi Chao Ting（冀朝鼎）が清代の地方志から摘出したデータを基に、山西における水利事業の総数を比較し、モンゴル時代には宋代にも増して積極的に水利事業が推進されたことを指摘する［呉一九九七、Chi1936］。つまり、金・モンゴル時代の華北経済および農業水利のとらえ方に関しては、これを「暗」と見るか「明」と見るか、完全に相反する見解が存在するのである。

江南経済への重心のシフトと開発の進展という結果が華北における水利開発および農業生産の衰退、あるいは停滞を意味するものではないという程氏の見解は充分に首肯しうるものである。さらに、近年、宮紀子による一連のモンゴル時代の農政に関する研究が出現し、従来の研究レベルとは一線を画する精緻《せいち》な考証を通して膨大な新情報が提示された。くわえて、複雑な官制の変遷や農業奨励策の展開が明らかにされ［宮二〇〇六A・二〇〇七・二〇〇八］、モンゴル時代においては国家レベルで救荒・勧農・水利の方面に対する政策が強く推進されたとの見解が示される［宮二〇〇三］。

ただし、見方を変えれば、こうした農業振興策の実施は、農業や水利といった民衆の生活に関わるミクロなレベルにまで国家の関与がなされた、もしくは国家が介入を意図したことをも意味している。高橋文治の言葉を借りれば、「時に明るすぎる」［高橋二〇〇六］モンゴル時代の光の背後には、大きな暗影が存在していたとも考えられるのである。むろん、「明」と言い「暗」と言っても、ここで国家の関与・介入という事柄自体に対する価値判断を下すつもりはない。また、関与の強弱をもって、ただちに時代の明るさと暗さを語ることも短絡的に過ぎよう。そもそも、水や土地といった資源の利用と管理において、国家や政府などの公権力が適正にこれに関与することは時代や地域を問わず必要なことであり、紛争を回避し資源を有効に活用する上で効果的な措置でもある。問題はその関与の具体的な手段にある。国家の支配が必然的に生み出す「明」と「暗」とを二つながらに見つめ、その実像を明らかにするためには、華北農業水利の「停滞期」が本格化するとされる金代、さらに連続した時代枠の中でとらえるべきモンゴル時代における農業水利の具体的状況を検証し、確たる事実を積み重ねていく必要がある。

三　水の分配・管理をめぐる社会と国家

分水とは読んで字の如く「水を分ける」ことである。日本語の「水分《みくまり》」が水配りの意味であり、『古事記』に見える速秋津日子神と速秋津比売神との間に生まれた天之水分神と国之水分神が、それぞれ山頂の水と地上の水の分配をつかさどる神であるように、地域や時代を問わず、水の分配は農業社会を支える不可欠な行為と認識されてきた。とりわけ、前近代における技術的制限のもとでは、限りある水資源をいかに利用するかという問題は、いかにこれを分配するかという問題に行き着かざるを得ない。くわえて、人為的に水を分けるには、その前提条件としてこれを管理することが必要となる。水資源の乏しい乾燥・半乾燥地域においては、水をいかに管理・分配するかという問題は社会秩序を保つ上で、さらには農業生産を維持し税収を確保する上でも根源的な課題となるのである。ここに、水の分配と管理をめぐる問題は、国家と社会、そこに包摂される個人が否応なしに関わらざるを得ない事象となる。

水をめぐって引き起こされる多種多様な人間活動を考察するには、政治・経済・社会・文化など多面的な分析視角が必要となる。こうした意味において、近年の中華人民共和国において関心の高まりを見せる水利社会史という手法は極めて魅力的である。張俊峰による一九九〇年代以降の研究成果のまとめによれば、水利社会史とは政治・経済的な側面にとどまらず、思想・観念・文化・象徴から日常生活における水利用にいたるまで、制度や組織の枠にはとどまらない諸事象をも研究対象として扱い、社会の全体像を描きだす研究手法とされる［張・井黒二〇一二］。そこには水をめぐって引き起こされる多種多様な人的活動を通して地域社会が形成され、変容を遂げていくという認識がうかがえる。これは、従来の社会経済史研究の中心的課題であった土地およびその所有形態をめぐる議論が、無条件に水の存在を前提としてきたことに対するアンチテーゼでもある。

歴史学のみならず、社会学、人類学、民俗学など、多様な専門分野の研究者によって多くの成果が公表され、分野を超えた活発な議論がかわされている水利社会史研究は、日本における二つの研究動向に大きな影響を受けたものである。その一つが、一九五〇年代より始まった国家権力と村落とをつなぐ接点としての水利組織、水利共同体に関する議論である。そこでは、戦前、戦中期に行われた現地調査報告を主な史料として、華北における水利共同体および水利組織の構造的理解をめぐり多様な見解が提出された。その結果、（一）水利組織の構造とその村落との関係、（二）水利組織の構造と村落の階級関係、（三）水利組織と国家権力との関係の三点に問題は集約され、国家権力・水利組織・村落の三者の関係の時間的・空間的位相の変化と発展の位置づけの解明が問題点として残された［森田一九七四］。

とくに、水の管理に対する国家・公権力の介入と関与という問題は、主として国家権力の水利組織に対する関与のあり方をめぐる問題として扱われてきた。その歴史的展開に関して、唐代には国家権力や地方官が水利灌漑に強く関与し、その管理運営には胥吏《しょり》である渠長や斗門長があたるなど、中央から地方に至るまで組織化された官制のもとに国家管理がなされたとされる［西岡一九七四］。これが時代を経るにつれて、官から民へと運営の主体が変化し、明清時代における水利組織による自治的運営に移行すると理解されてきた。

ここで問題となるのはやはり近世前期の位置づけである。長瀬守は宋元時代には水利集団（水利社会）の中核をになう管理者は地域内の有力戸による輪番制によって選出され、これにより水利集団の自立性・平等性が強化された。その一方で、これら管理者が国家権力の末端に組み込まれることで集団内部への権力の浸透が図られるとともに、秩序の維持のために公権に依拠するという動きも見られたとされる［長瀬一九六七］。官による管理を特徴する唐代と民による自治的管理を特徴とする明清時代という両者の間にあって、重要な移行期にあたるはずの近世前期の水管理については、依然として両者の性格をともに有する折中的なイメージが想定されるに止まっているのである。

また、水利社会史につながるもう一つの流れが、一貫して中国近世前期の水利問題に取り組み、専著『宋元水利史研究』を著した長瀬守によって提示された「水利文化圏」と「水利社会」の概念である。長瀬氏自身の言葉によれば、「水利社会（水田社会）を基盤として、そこに文化複合の特定の結合形式が共通的に存在する地域、または文化複合の一・二の要素が一つの広がりをもって存在している地域を、「水利文化圏」とよぶ」とし［長瀬一九八〇、二頁］、水利文化圏とはアジア社会の特質を究明し、東アジアの歴史を再認識するための一種の文明史観であると位置づける。さらに、中国の生活文化の基底に存在する、水稲栽培、畑地灌漑および治水を生産の基盤とし、これを通じて政治・経済・社会・文化の分野に連動して形成される有機的連帯地域を「水利社会」と定義した上で、水利社会に基づく水利文化圏においては、「伝統的価値体系をもつ技術（水利技術・農業技術および農機具）・思想（水利思想）・法制社会（水利慣習法）・集団倫理（水利共同体）から、生活形態・文化意識形態・経済形態にいたるまで「水」との関連によって類似的・共通性的なものが存在する」とされる［長瀬一九八〇、同上］。近年の中国における水利社会史研究の目的意識や方法論との類似性は明らかであり、時代を先取りした氏の卓見には驚かされる。

さらに、長瀬氏によって「複合生態系（Compound ecosystem）史観」や「複合生態学（Compound ecology）」といった方法論が強調されている点も見過ごせない。これは、自然生態系と人文生態系という二つの生態系に、この両者が整合した時に発生するプラスアルファの性格を加えた一つのシステムの構造を究明するという内容を持つ［長瀬一九八〇］。長瀬氏が提唱したこれらの方法論は現時点においてもなお有効なものであるが、当時の史料状況と研究環境はその十全な研究の達成を許すものではなかった。しかしながら、一九九〇年代以降のフィールドワークに基づく社会調査の進展により、新たな史料が相次いで発見・公開されるなど、状況はすでに変化を始めている。

近年の華北水利史および地域史研究の活性化を生み出した契機の一つとして、中国・フランスの研究機関による国際共同プロジェクト「華北水資源与社会組織」が挙げられる。北京師範大学民俗典籍文字研究中心とフランス極東学院（EFEO）が中心となり、一九九八年より二〇〇二年にかけて実施された。歴史学・人類学・民俗学・地理学・考古学・水利学・金石学など、専門領域を異にする研究者によって陝西・山西地域の現地調査が行われ、その成果は二〇〇二～三年に出版された全四冊の『陝山地区水資源与民間社会調査資料集』[2]として結実した。その基本理念は、水資源の利用に関する諸活動を歴史・地理・社会的環境との関わりの中で考察することにより、用水観念、分配と共同利用にまつわる集団行為、水利組織と民間の公益事業などを分析し、華北基層社会の解明を目指すというものである。[3]具体的には、一二世紀より二〇世紀初頭に至る水利碑刻や水冊（渠冊、水利簿）などの文献資料の収集に加えて、現在の水利用に関する聞き取り調査、水源を共有する村社において寺廟を中核として開催される水神祭祀の民俗調査など、地域を限定した上での水利関連資料を網羅する試みがなされた。

飯山知保が「知見の空白領域」と称したように、金・モンゴル時代の華北地域社会に関して我々が知り得る情報はなお少なく、こうした状況を生み出した主たる要因が史料の不足にあることも指摘の通りである［飯山二〇一二]。ただし、上述の中仏共同プロジェクトの現地調査によって得られた史料が一二世紀にまでさかのぼるものであったことが示すように、石刻資料を用いた水利という切り口は、典籍史料のみでは不可能であった新たな研究分野を開拓する可能性に満ちているのである。

こうした意識のもと、筆者は二〇〇一年より現在にいたるまで、船田善之・飯山知保・小林隆道・張俊峰らのメンバーと共同で、華北地域をフィールドとした碑刻資料の現地調査を継続的に実施し、調査日誌と現存確認碑刻目録からなる「訪碑行報告」を公表してきた[4]。統計的な数字を示すことはできず、あくまで経験的な感覚に過ぎないが、山西・陝西地域に現存する水利碑の多くは金代以降に作成されたものである。奇しくも、この「感覚」は上述の中仏共同プロジェクトの調査成果とも一致する。もちろん、碑刻の喪失の理由から偶然性を排除することはできず、地震や洪水などの自然現象によって失われたものも多い。その一方で、残るべくして、もしくは残されるべくして残ったもの、さらに一旦は倒れたり失われたりしながらも、後に再建され再作成されるケースも確かに存在する。それが有用であり、必要とされるものであれば、碑刻は何度でも甦りうるのである。では、現存する水利碑が金代より増加するという状況は何を物語るのであろうか。本論での検討を通して、この「感覚」を形あるものに変えていきたい。

第二節　本書の構成

本書は第一部「水利」、第二部「開発」、第三部「農業」の三部からなり、その構成は以下の通りである。なお、各章のもとになった初出論文をあわせて記すが、いずれも本書への収録にあたり誤りを修正し、大幅な改訂・追補を行ったため、初出段階とは大きく異なる内容となったことをあらかじめお断りしておく。

第一部　水　利

第一章　水利碑の分類と性格（「水利碑研究序説」、『早稲田大学高等研究所紀要』第四号、二〇一二年）

第二章　石碑の行方――山西洪洞霍泉に見る前近代水利秩序のルーツ（「山西洪洞県水利碑考――金天眷二年都総管鎮国定両県水碑の事例」、『史林』第八七巻第一号、二〇〇四年）

第三章　切り取られた一場面――モンゴルの分地支配に見る水の分配と管理（「山西翼城喬沢廟金元水利碑考――以《大朝断定使水日時記》為中心」、『山西大学学報』二〇一一年第三期）

第四章　祈雨祭祀と信仰圏の広がり――湯王信仰を中心に（「中国山西省東南部における祈雨祭祀――天水農業地域の水神信仰に関する歴史学的考察」、篠原啓方・井上充幸・黄蘊・氷野善寛・孫青（編）『文化交渉による変容の諸相』関西大学文化交渉学教育研究拠点、吹田、二〇一〇年）

第二部　開　発

第五章　農地開発と涇渠整備――オゴデイ期より至元年間にいたる（「モンゴル時代関中における農地開発――涇渠の整備を中心として」、『内陸アジア史研究』第一九号、二〇〇四年）

第六章　屯田経営と水利開発――至元末年以降を中心に（「『長安志図』に見る大元ウルスの関中屯田経営」、『大谷大学史学論究』第一一号、二〇〇五年）

第七章　京兆の復興と地域開発――ヒトとモノの動きを中心に（「至元年間における関中の復興と地域開発――ヒトとモノの動きを中心に」、『一三、一四世紀東アジア史料通信』第一九号、二〇一三年）

第三部　農　業

第八章　巡按と勧農（「金代提刑司考――章宗朝官制改革の一側面」、『東洋史研究』第六〇巻第三号、二〇〇一年）

第九章　区田法実施に見る金・モンゴル時代農業政策の一断面（『東洋史研究』第六七巻第四号、二〇〇九年）

第一〇章　モンゴル時代区田法の技術的検討（井上充幸・加藤雄三・森谷一樹（編）『オアシス地域史論叢――黒河流域二〇〇〇年の点描』松香堂、京都、二〇〇七年）

第一部「水利」においては、水利碑を用いて山西地域における水利用および水利祭祀に関する歴史的な事例を検討する。まず第一章では、以降の論述の前提として水利碑の分類を行い、その性格を明らかにする。第二章では、金初に起こった洪洞霍泉をめぐる水争いの経緯から、金代が水利秩序の再編期にあたり、以降の水利用を規定する基礎が成立したことを指摘する。第三章では、金・モンゴル交替期において翼城翔皐泉をめぐって発生した水争いの経緯から、係争者たちの論理と水案裁定の根拠を分析し、公権力による水の分配・管理への介入の具体像を明らかにする。第四章では、雨乞いを主たる目的とする湯王信仰に着目し、天水農業地域の水神信仰とその信仰圏の広がりを考察する。

第二部「開発」では、モンゴル時代の関中地域を対象とし、国家主導のもとで連動してなされる農地・水利・地域開発の展開を追う。第五章では、オゴデイ時代に始まる渭北地域の農地開発の展開を追い、第六章ではこれに続く至元年間から大元ウルス末期までの屯田経営と水利整備の状況を明らかにする。第七章では、劉斌という無位無官の人物によってなされた灞橋架設事業を切り口として、同時期に並行してなされた安西王府の建造や京兆宣聖廟の復興事業を物的・人的資源の調達と関連づけて論じる。

第三部「農業」では、金・モンゴル時代に共通して見られる農業政策の特徴を考察する。第八章では地方監察官による巡按が農業奨励と密接な関連性を持つことを指摘し、第九章では金代章宗年間に実施された区田法という農業技術がモンゴル時代において内容を充実させ、地域を拡大して実施されたことを論じる。第一〇章ではモンゴル時代の区田法に関して、その技術復元を通して農業政策としての区田法実施の狙いを考察し、農業政策という点から当該時代の統治の基本方針を明らかにする。

注

1　杉山正明によって、華北乾燥農業の「不安定性」が持つ本質的な意味が明らかにされ、柏・佐藤の理論の重要性が強調される［杉山一九九二・一九九七］。

2　白・藍・魏二〇〇三（第一集）、秦・呂二〇〇二（第二集）、黄・馮二〇〇三（第三集）、董・藍二〇〇三（第四集）。

3　各集の冒頭に載せられる共通の「陝山地区水資源与民間社会調査資料集」総序（藍克利・董暁萍・呂敏）による。

4　これまでに作成した「訪碑行報告」については、船田二〇一一の注九（八五頁）にまとめられるため、詳細は譲り、ここではタイトルと発表年のみを挙げる。「陝西・山西訪碑報告」（二〇〇二）、「滎陽・沁県・交城現存確認金元碑目録」（二〇〇四）、「山西・河南訪碑行報告」（二〇〇五）、「北鎮訪碑行報告」（二〇〇六）、「河東訪碑行報告」（二〇一〇）。このほか、船田二〇一一には挙げられない最新のものとして船田・井黒・飯山二〇一二がある。また、その他の関連する調査報告に関しても船田二〇一一の「参考文献」（八七～九〇頁）が網羅的に取り上げており、極めて有用である。

第一部

水利

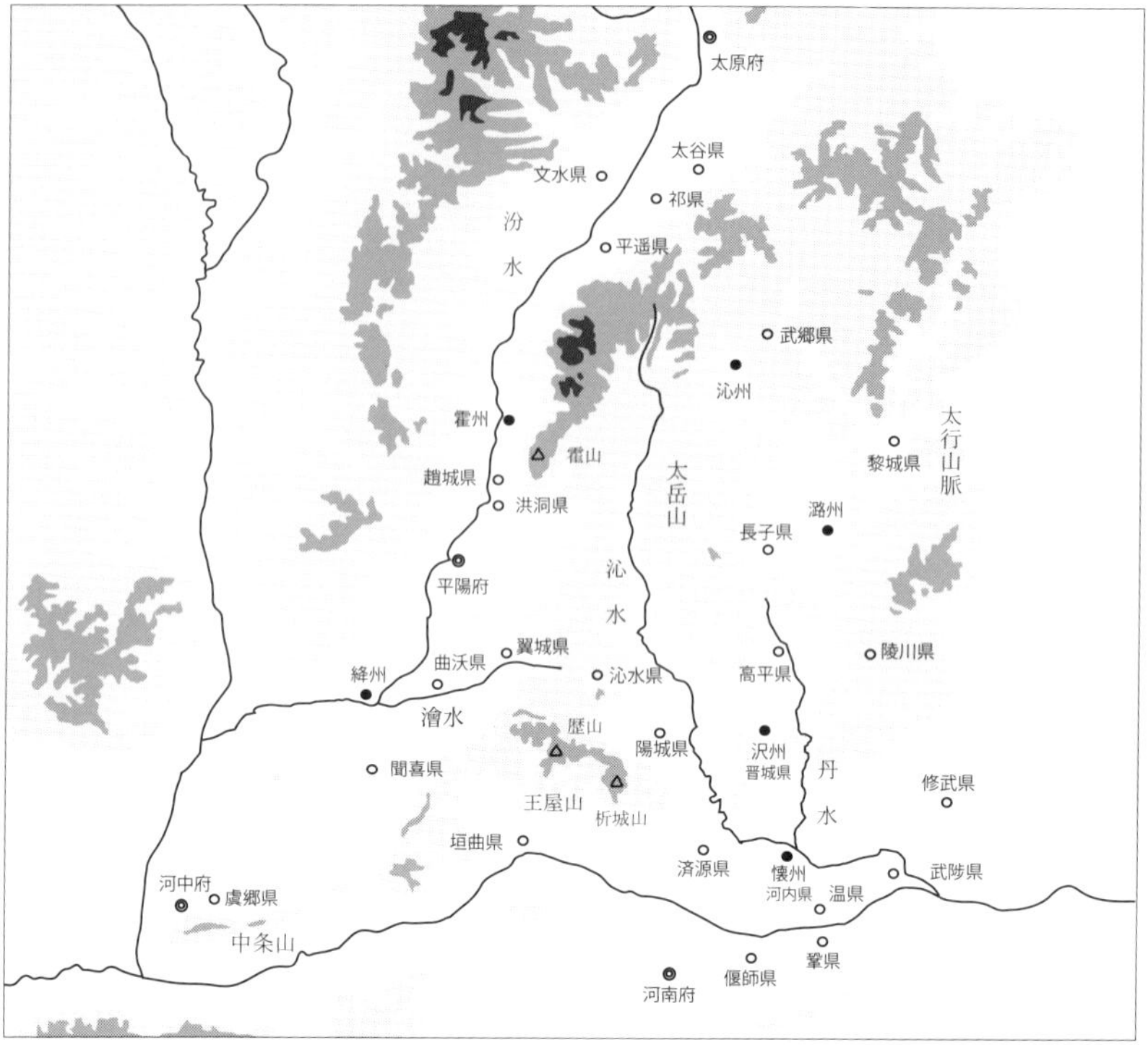

太原府
太谷県
文水県
祁県
汾水
平遥県
武郷県
沁州
霍州
霍山
太岳山
太行山脈
黎城県
趙城県
洪洞県
潞州
長子県
平陽府
沁水
陵川県
絳州
曲沃県
翼城県
沁水県
高平県
澮水
歴山
陽城県
沢州
晋城県
丹水
聞喜県
王屋山
析城山
修武県
垣曲県
済源県
懐州
河内県
温県
武陟県
河中府
虞郷県
中条山
偃師県
鞏県
河南府

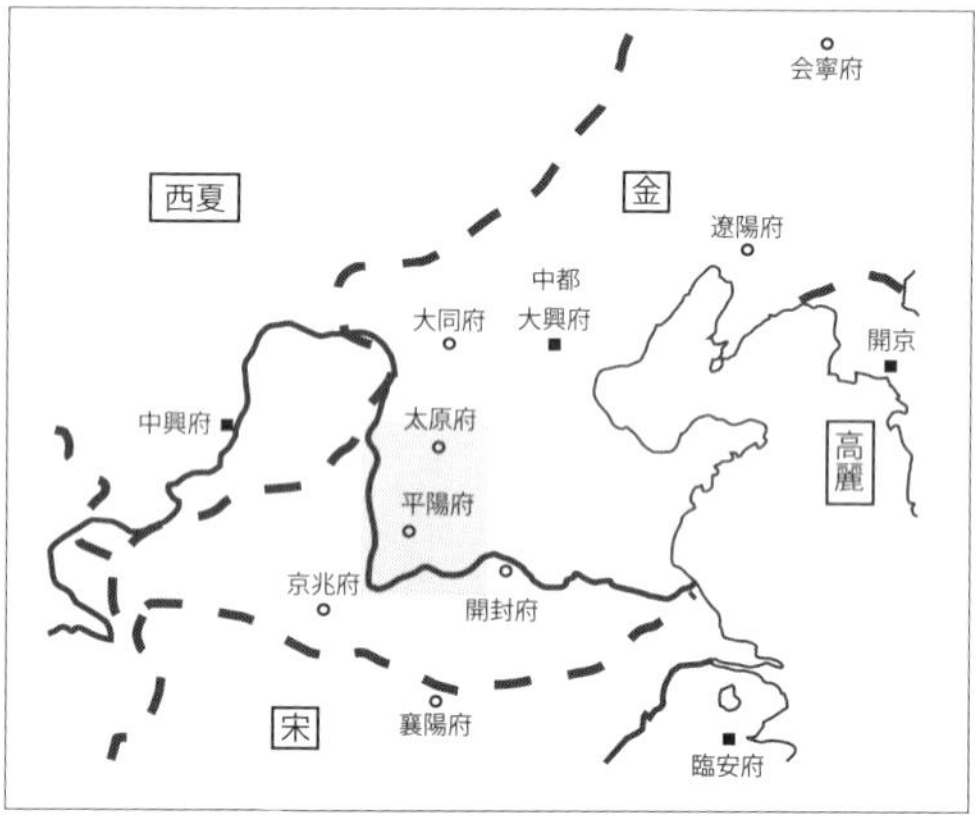

会寧府
西夏
金
遼陽府
中都
大興府
大同府
開京
中興府
太原府
高麗
平陽府
京兆府
開封府
宋
襄陽府
臨安府

第一章

水利碑の分類と性格

はじめに

碑刻の調査・利用に関しては、文化財保護、プライオリティ、研究者の倫理観などの観点から、所在地や内容の公開を疑問視し、利用を自主規制するむきもある。[1] ただし、深刻化する碑刻の盗難や破壊といった現状にかんがみれば、今日そこにある碑刻が明日そこにあるという保証はなく、碑刻自体が失われた後には調査者の撮影した写真や現地で書き写した録文が現存する唯一の情報源となるケースすら想定しうる。さらに、現地の人びとや研究・管理機関がその重要性を認識していない場合も多く、資料への公平なアクセスを確保することはもとより、碑刻の保護・保管の必要性をより強く訴えていくためにも、フィールド調査の成果はひろく公開され共有されるべきものと考える。

さらにいえば、碑刻の公開は単に研究者がそれを望むのみにとどまらず、碑刻自体がもつ本来的な目的とも合致する。典籍が個人あるいは特定の機関に収蔵され、ページをめくった者のみがその内容を知りえるものであるのに対して、死者とともに地中に収められる墓誌や地券を除き、その他多くの碑刻は衆人の目に触れることを前提として、あるいはそれこそを目的として地上に立てられる。[2] つまり、碑刻は公開されることによりその機能を十全に発揮しうるのであり、公開性こそが碑刻の持つ生命力の源泉なのである。また、公開を前提とする以上、個々の碑刻はそれぞれが個別の対象をもち、それぞれ異なる目的をもって立石されたはずである。個々の碑刻が何を目的とし、誰に向けて立石され、誰によってどのように利用されたのか。これらの問題を解く鍵は「モノとしての碑刻」がたどった歴史的経緯にある。そのためには、碑刻が存在した歴史的景観を復元し、これをとりまく人びととの関係性を明らかにする必要があるのである[3]。

こうした問題意識の上に立ち、本章では数ある碑刻のなかでも水利用に関わる諸事象を記録した水利碑に焦点を合わせ、形態や主題により分類を行うことでその特性を抽出し、あわせて調査・利用にあたって踏まえるべき基礎的な知見と研究の新たな可能性を提示する。ここで水利碑を取り上げる理由としては、水利用という生存に不可欠であり、生活に密着した主題を扱うものであるため、碑刻自体も単なるモニュメント（記念碑）としてだけではなく、実際の利用に供されるという性質が濃厚であるからである。したがって、モノとしての碑刻を検討する上で、その典型例を水利碑に見いだすことが可能となり、その知見が今後の碑刻資料全般に対する分析に有効となると考える。

また、水利碑に関しては、近年ますます盛んに調査がなされ、地域や水系ごとの目録や資料集があいついで公表されるなど、良好な研究環境が生み出されつつある[4]。その背景には現地調査の急速な進展や社会史研究の隆盛にくわえて、深刻化する現代的課題としての環境問題、特に水環境問題に対して過去の水と人との関わり方を探り、自然環境との調和的な社会を構築しようとする動向が存在する［井黒二〇一二］。今後、水・地域社会・環境というキーワードを架橋する水利碑の重要性に対する認識は高まり、新たな資料の発掘・利用が推進されるであろう。急増する資料の波にのみこまれ、個別事例の検討に終始することを防ぐためにも、その特徴をみさだめ研究の基盤を確立することが急務となる[5]。

第一節　水利石刻の分類

科学的石刻研究の嚆矢ともいうべき葉昌熾の『語石』以来、多くの学者によって石刻の分類がなされてきた。[6]ただし、そこで示された碑や墓誌、塔銘などといった分類は、最も基礎的な大分類であり、碑刻資料の使用時における名称の統一には資するものの、主題別に石刻を取り上げて具体的な検討を行うには適しない。そこで、本章においては、加工石材や自然物である岩・石に文字や図像を刻み、給水・排水・治水・貯水・水運など水利に関わる諸事象を記録した水利石刻について中分類および細分類を試みる。[7]

水利石刻は形態の面から、（一）石標、（二）碑石、（三）摩崖、（四）扁額、（五）楹聯の五種に分けられる。（一）石標には水則（則水）と石像とがあり、増水時の日時とその水位を記録し水位測定の基準とする、あるいは洪水・氾濫を鎮める象徴としての意義をもつ。[8]（三）摩崖とは自然の崖や石に文字や図像を彫刻したものであり、景勝地においては文人が記念として作成した詩賦や題記が刻された。また、水利施設の建設地点では、出資者や工事の担当者・協力者の名が刻され、用水権の正当性を明示する根拠となった。[9]（四）扁額、（五）楹聯は水利祭祀の場である廟宇や水利施設に掲げられた石牌に訓戒・詠嘆の句を刻したものである。

残る（二）碑石が本書で水利碑と呼ぶものであり、その多くが石板の表面を磨いて文字を刻んだものであり、碑額や碑座を備えるものもある。その内容は多岐にわたるため、以下、節をあらため分類を行う。

第二節　水利碑の分類

水利碑の分類に関しては、すでに田東奎によって「水利用権に関する重要な事件と証拠としての記録」、「公権力による水争い裁定の記録」、「水利に関わる祭祀および宗教的な事件の記録」、「水利用権に関わる契約」という四種に分類される〔田二〇〇六〕。ただし、田氏の関心が水利用権に関する事象に限定されるため、検討の埒外に置かれたものも多く、再検討の余地がある。そこで、以下、水利碑を主題に基づき「水利施設」・「水利祭祀」・「水利規約」・「水利契約」・「水利図」の五種に分類し、それぞれの記載内容と目的を概述する。【表二】「水利石刻分類表」をあわせて参照されたい。

一　水利施設

水利用に関わる主な施設としては、水路・井戸・ため池・堰・堤・水門・水磨・橋梁・渡津・船筏・桟道などが挙げられる。これら水利施設の創設・補修・増改築に際して、工事の経緯や責任者・出資者・協力者が水利碑に刻された。関係者の名前や出資金など記載事項が多いものは、本文の後に小字で刻されたり、碑石の裏面（碑陰）に列挙されたりする場合が多い。その目的としては、施設の来歴を記すことで先人の努力を顕彰しつつ、保護と維持管理の必要性を訴えるためである。くわえて、出資者の名前と出資金額を刻することで、出資者の水利用に関わる正当性を明示し、その権利を保証するという意味をもつ。維持管理に対する責任と負担という義務を明記することが、水利用に関する権利の所在を明確化することとなるのである。また、個人名や村落名が水利碑に刻されることにより、当事者はもとよりその子々孫々に至るまで水利用に関する同様の権利を有することが示

【表1】水利石刻分類表

《形態》 《主題》 《内容》 《目的》

- 水利石刻
  - 石標
    - 石人
    - 水則
      - 内容：洪水・増水時の水位／年月日
    - 目的：水位測定／鎮水の象徴／警示
  - 碑石（水利碑）
    - 水利施設
      - 内容：水路／井戸／ため池／堰（ダム）／堤／水門／水磨／橋梁／渡津／桟道／船筏
      - 創設／補修／増改築／開削／浚渫
      - 経緯／工事責任者／出資者／協力者／経費
      - 目的：施設の保護と維持管理／水利用に関する正当性の明示／受益者と非受益者の弁別
    - 水利祭祀
      - 内容：神／帝王／聖人／行政官／郷土の偉人
      - 廟会／祈雨／謝雨／賜号
      - 日時／参加者／供物
      - 目的：水利用に関する正当性の明示／使水者間の連帯強化／管理責任者の明示／規約内容の明示
    - 水利規約（水例）
      - 水案／公文（禁令）
      - 内容：水資源の開発・利用の歴史 紛争・裁定の経緯／分水規約（時刻（水量）／利用目的／罰則／管理者／使水順序）
      - 目的：水利用に関する正当性の明示／規約内容の明示／規約内容の徹底／受益者と非受益者の弁別
    - 水利契約
      - 用水／水利施設／灌漑地
      - 内容：契約者／立会人／保証人／時刻／面積
      - 目的：契約内容の明示／契約内容の徹底
    - 水利図
      - 水路図／河川図
      - 内容：水路／河川／村落／水利施設／名勝
      - 目的：空間構造のビジュアル化／受益者と非受益者の弁別
  - 摩崖
    - 題刻
      - 題記／題名
      - 内容：出資者／協力者／管理者／工事担当者
    - 遊記
    - 詩賦
    - 目的：水利用に関する正当性の明示／記念
  - 扁額／楹聯
    - 目的：記念／訓戒

された。

二　水利祭祀

水利碑の中で量的に最も多いのが水神を祀る祭祀関係の内容である。祭祀の対象となったのは降雨をもたらし、氾濫を鎮める霊力を有する龍王や聖母などの神々、治水の功績により国家に平安をもたらした古代の帝王・聖人、治水や灌漑事業に尽力し地域社会の人びとに水の恵みをもたらした地方官や郷士の偉人であった。具体的な記載内容は、定期的に実施される廟会など祝祭の儀式内容と寄進者の名、寄進物（金銭）の額である。また、旱ばつ時に実施された祈雨（雨乞い）の経緯とその結果、降雨の後に行われた水神の慈愛と霊験に感謝する謝雨の儀式、さらに国家が水神を正規の神として認可する封号授与などもこれに含まれる。

水利祭祀は精神的な意義をもつにとどまらず、実際の水利用とも密接な関係を有する行為であった。祭祀の場に参画しうる人びとこそが、水の恵みを享受する権利をもつ者である。祭祀の関係者や寄進者として名を連ねることは、水利用に関する正当性をもつと認められたことを意味する。また、一般的に水資源管理の責を負う人物によって水利祭祀が取り仕切られたが、その背景には水利祭祀にまつわる諸活動を通して、管理者および管理集団に水神の加護が与えられるという認識がある。水利祭祀を通して水の利用と管理に関する権利とが確認されたのである。加えて、同一の水源を共有する地域の人びとによって同一の水神が祀られ、あるいは水神の霊威がおよぶと認識された範囲内の人びとが祭祀の場に結集することによって、水利祭祀に関わる諸活動は利用者間の連帯意識や共同意識を高め、水利用にかかわる規約の遵守を誓う場ともなった。

三　水利規約

歴史的な経緯や自然条件によって、各地域においては内容を異にする水利用に関する規約（水規・水例）が生み出され、碑石に刻された。具体的な内容としては、水利権者および村落の名称、利用可能な水量とその使用順序、違反者に対する罰則、管理責任者の名称と役割などがある。前近代においては流量の計測が技術的に困難であったため、利用可能な水量は時間を単位として分配され、線香の燃える時間を単位とするなど、時間を計って取水する方法が採られた。また、使水順序については、上流側から先に取水して順次下流側に及ぶ、あるいは上流側の水門を閉め切って下流側から先に取水し、順次上流側に及ぶという異なるヴァリエイションが存在する。充分な水量がある場合、もしくは恒常的利用が可能な場合に下流側からの取水がなされ、水量が常に不足する、もしくは一過性の表出水を水源として利用する場合に上流側からの取水がなされるケースが多い。また、上流・下流の別だけでなく、村落の間においても詳細な優先順位が設定され、これに違反したり、他者への水の流れを阻害したりすることが紛争勃発のきっかけとなった［井黒二〇〇九］。

規約の成立および改変のきっかけとなったのは、水資源をめぐる争い（水案）であり、その経緯と裁定結果も水利碑に刻された。そこには、勝訴した側、すなわち碑刻を立石した側の人びとがいかに水資源の開発・維持に貢献してきたか、敗訴した側の人びとがいかに規約を破り、地域社会に損害を与えたのかといった「善悪」双方の行為が記録され、裁定結果に基づき受益者と非受益者が弁別された。これには規約内容を確認し、不法行為の発生を抑制して規約内容の遵守を求めるという目的が存在する。また、自らの水利用権の根拠である水争いの裁定結果を明示するため、根拠となった水利碑の背面に新たな水案の経緯を刻み込み、碑刻一基をまるごと用いて裁定の根拠と結果を明示するという方法が採られる場合もある。さらに、ともに裁定結果を示すものであるが、碑陽に刑事判決が、碑陰には民事判決が刻されるというケースも存在する［田二〇〇六］。

四　水利契約

前近代の中国における水権とは水資源の使用権を意味し、所有権は名分上あくまで国家（王朝）の手の内にあった。税収確保のため、国家は土地所有者の把握を至上の課題とし、水権と地権はながらく不可分の関係に置かれてきた。しかし、明代後半（一六世紀末）から次第に各種の売水行為が史料に散見するようになり、清代後期（一九～二〇世紀）には水権の売買は一般的となり、水資源の使用権が地権から独立して売買される水権の商品化が進行した。さらに民国時代（二〇世紀前半）になると水権の売買が公然となされることとなる。

土地売買などと同様に、水利用権の売買・貸借に関する契約書は、本来、紙に書写され契約者双方がこれを保管したと考えられる。ただし、一部の地域では契約書が石碑の形で残されており、契約内容が契約者のみならず、広く地域社会に向けて公開された。これは水利用権の売買・貸借という行為がある種公然と行われていたことを示す証拠とも言えよう。その内容としては、個人が自らの水使用権を所属する村落に売却する事例や村落間において水使用権の売買を行う事例を確認することができ、後者は「合同」と呼ばれ、その取り決め内容が碑石に刻され、関与する複数の村落に同内容の碑刻が立石された。また、契約に際しては、立会人として売買斡旋人であり証人である中見人に加えて、渠長、公直、提鑼人といった水利管理者、民間の任意団体（会や社）の管理者である首事人や国子監の学生身分である監生が文書末尾に名を連ねる。これは上記の個人と村落との売買・貸借契約においても同様であり、単一の村落、あるいは水源を共有する複数の村落を単位として設置された水管理組織と地域エリートが売買・貸借契約の仲介の任を担ったことを意味する［井黒二〇〇九］。

五　水利図

上述の各種主題が文字にて記されるものであるのに対して、これらを図化することで空間構造をビジュアル化し、より直接的な理解を目指すものが水利図である。[10] これには人工的に開削された水路の流路を描く水路図と、河川の流れを描く河川図があり、水利施設や自然環境といった空間構造を示し、流域の村落や水利施設を記載する。水利規約や契約を刻した水利碑の碑陰に描かれる場合が多く、その内容理解を助けるという意味もある。村落における非識字層の存在に着目すれば、水利図が果たした役割は時に本文に勝るとも劣らず重要であったと考えられる。流域中に存在する村落ではあるが、用水権を持たないために水路図には描かれないなど、水利図における受益者・非受益者の弁別は明確である。また、相当デフォルメされて描かれたものが多いが、これが当該地域の人びとが認識した水源を共有する空間であり、彼らの意識した水利社会がそこに描かれたとも言えよう。

第三節　水利碑の特性

以上の分類作業を通して、（一）水利用権の来歴と所在の明示、（二）規約・契約内容の明示、（三）受益者と非受益者の弁別、（四）同一水源利用者間の連帯強化、（五）地域社会および流域の空間構造の可視化といった水利碑の目的が抽出される。では、これらの目的を達成するために水利碑はいかなる特性を持つ必要があるのであろうか。

碑刻全般の特性については、森田憲司と船田善之によって「同時代性」、「個別具体性」、「現地密着性」、「伝存（出現）の偶発性」、「偏在性」が指摘され［森田二〇〇六、船田二〇一一］、田東奎は水利碑の特性として「公開（性）」、「透明（性）」および「権威の顕示」を挙げる［田二〇〇六］。水利碑の特性という問題を考える上で、董暁萍・藍克利および田東奎の両書は必須の研究である［董・藍二〇〇三、田二〇〇六］。前者は山西省中部の霍州市と洪洞県にまたがる四社五村と総称される村落群の水利用の歴史を文書・碑刻・聞き取り調査の成果に基づき分析し、不灌漑水利と呼ばれる独特の伝統的水利用方式を世に知らしめた[11]。水利碑に関しては、内容と類型、叙述内容、祭祀および水利用との関係性などの点について詳細な分析がなされる。後者は用水権をめぐる争いを解決するための「仕組み（機制）」として水利碑を取り上げ、地域や時代を横断する多様な水利碑を駆使して、その特性や利用のあり方を明らかにする。両書は水利碑研究の好著であるばかりでなく、良質の資料論であり、カルチュラル・スタディーズとしても高く評価されうる内容を持つ。

そこで、両書の研究成果を参考とした上で、前節での分類化の結果とそこから抽出された水利碑の目的から水利碑の特性をあらためて考えれば、「公開性」・「実用性」・「現地密着性」の三点が浮かび上がる。

公開性に関しては、同じく水利規約を記した水利簿（水冊）との性格の違いから説明ができる。水利簿が管理組織によって保管され秘匿《ひとく》されるものであるのに対して、水利碑は水源地や分水地点、水利祭祀の場である廟宇などオープンスペースに立てられ、その内容は地域社会に向けて広く開示された。この両者の性格の差異に関しては、管理者のもとに秘匿される水利簿に改竄《かいざん》や誤りの可能性があるのに対して、公開性を有する石碑に誤りや矛盾があれば、後世まで保存・継承されるはずがないという地域社会の共通認識が存在したとされる［董・藍二〇〇三］。つまり、水利碑の公開性こそが規約内容の無謬《むびゅう》性を担保するものであったということである。さらに、水神を祀る廟宇の殿前や殿内に水利碑が立てられ、境内に歴代の水利碑が林立するという状況は、記録の永続性を象徴する石材の堅牢さともあいまって、水利碑に神聖性を付与することとなった[12]。

また、水利用に関わる自らの権利を主張する上で、水利碑に記された祖先や自身の名前がその根拠となったことはすでに述べた通りであるが、これも人びとが普段目にすることのできるオープンスペースに水利碑が存在することによって成立しうる。そこでは、碑刻の中に自らが属する村落の名を確認し、自らの祖父や父、自身の名を見いだせれば充分であり、識字率の低さは問題にならない。また、碑刻本文の内容については、村の識字層によって村人への解説がなされるなど［董・藍二〇〇三］、水利碑は地域社会の内部に存在する活きた歴史であり、自らのアイデンティティの源でもあった。

次に、水利碑に顕著な特性として実用性が挙げられる。水利用に関しては、歴史的経緯に基づく先例こそが主張の根拠であり、生起したすべてのイベントが現在の水利用に関する権益を保証する証拠として重要な意味を持った。一般的に地域社会の日常の水利用に対して公権力の介入は少ない。ただし、水争いが地域社会の調停能力を超える場合、地方の官庁、さらには中央政府へと訴状が送られ、公権力に裁定が委ねられる。その際に重要な根拠となったのが具体的なイベントの内容を記した水利碑であり、当事者双方が歴代の水利碑の記載内容に依拠して自らの主張を展開するだけでなく、公権力による裁定においても水利碑に記される前例が踏襲された［張二〇〇八C］。水利碑は水利用という日常的な生活の一場面において、国家と地域社会をつなぐ存在でもあったのである。

さらに、証拠である以上はそれが現実に目に見える物体として存在する必要があり、逆に自らに不利な記録を載せる水利碑は、しばしば改竄・破壊すべき対象となった。一度ないし数度の編纂を経る典籍資料とは異なり、碑刻は刻字立石された時点でのテキストを保持する傾向（同時代性）を持ち、その存佚は偶然性に左右されるとの見解も存在する［森田二〇〇六］。その一方で現存する碑刻は歴史的選択を経たものであるという見解が示すように［董・藍二〇〇三］、高い実用性を持つ水利碑に関して言えば、その時々の状況によって残されるべくして残された、あるいは明確な意図を持って破壊・改竄されたものも多い。立石後においても、状況が変われば、刻された名前を抉《えぐ》り取り、さらには碑刻そのものを破壊することによって、先人の功績は消滅し、その子孫の権利が剝奪され、前例そのものが葬り去られたのである。これら破壊や改竄も水利碑のもつ実用性が惹起《じやつき》したものとも言えよう。

水利碑の実用性は、限定された地域と人びとを対象とすることで成立するものであり、ここに水利碑の現地密着性が重要な意味を持つ。水源地や分水地点、水神を祀る廟宇などに立石された水利碑には、当初から明確な「観衆」が設定されていた。それは碑刻に名が刻まれた村落であり、そこに暮らす村人たちである。したがって、水利碑とこれが本来設置された場との間には極めて密接な関連性があり、碑刻の移動の背景には地域社会の明確な意志が存在した。本来の立石地を離れ、「観衆」の目が届かない場所に移された水利碑は、もはやその実用性を発揮する「場」を喪失したこととなり、破壊され消滅したにも等しい[13]。

また、著名な文人や官員ではなく、地域社会の水管理者らによって撰文・立石されることの多い水利碑は、民間碑刻、あるいは村碑とも呼ばれ、事実関係が飾ることなく率直に記されるとともに、人名や地名など地域に密着した個別具体的内容が豊富に盛り込まれた。こうした現地密着性は、同一水源利用者間における親近感や連帯感を強め、地域社会の水利用に関する秩序維持に大きく作用した［田二〇〇六］。また、水利祭祀および水利施設の維持管理に関わる協働を通して地域社会の一体感が培われるとともに、これが水利図により可視化された水源を共有する「まとまり」として記載された。水利碑は地域社会をその内部においてつなぎあわせる存在でもあったのである。

公開性、実用性、現地密着性という水利碑の特性は、それぞれが相互補完的な性質を持ち、互いに因となり果となる関係にある。したがって、いずれが失われても水利碑の目的は達成されず、その機能は果たし得ない。これは地域社会における水利用のあり方を考える上で重要な意味を持つ。つまり、水利碑が破壊され公開性を失った時に、あるいは移動され現地密着性を失った段階で、その実用性は消滅し、水利用にかかわる諸権利もリセットされる。そこで改めて水利用権の再確認がなされ、先例に則って、あるいは新たに改変を加えられた規約が再設定され、これを刻んだ水利碑が立石された。繰り返される水利碑の立石と喪失は、それが実用性を有するものであるからこそ起こりえた事象であり、逆に言えば実用性を喪失した段階で水利碑は無用の長物と化し、廃棄され石材として再利用される運命にある。ここに、水利碑の「動き」を明らかにすることで、地域社会の変容や水利用方法の変化を読み解くという方法論が成り立つ所以が存在するのである。

小結

水利碑をめぐる良好な資料状況はすでに述べてきたところであるが、その反面、水資源および利用方法の変化、地域社会の変容に伴い、水利碑のもつ実用性は失われ、廃棄・破壊される碑刻はあとを絶たない。さらには水利碑の存在を知る現地の人びとも老齢化し減少しつつあることから、調査・研究は喫緊の課題である。その際、テキストとしての碑刻資料の収集・解読を継続的に実施するだけでなく、モノとしての碑刻が辿った歴史的経緯を復元するために、現地の人びとへの聞き取り調査を行い、水利碑と地域社会の「現代史」を明らかにする必要がある。くわえて、研究・管理機関における近・現代の文物調査・保護関係の資料を調査・収集し、聞き取り調査との総合化を図ることが求められる。

水利碑の利用法に関しては、これまで主流であった同時代の典籍資料の隙間を埋める「横」の利用から、碑刻群の総体的な調査・利用を通して、同一地域における時代を異にする碑刻を「縦」に並べて地域史を通観するという視点が必要となる。これは主題別の碑刻利用の長所とも言うべき点であり、そこから新たな研究の方向性として環境史研究および地域研究とのマッチングが想定される。水利碑は水という生命維持に不可欠な資源を人類がいかに分配・利用してきたかを記録するものであり、その歴史的な経緯はそのままに人間と自然環境との関係史を物語るものとなる。生活と密着する主題と水利碑の現地密着型の特性は極めて高い親和性を持ち、地域の特性や文化的伝統、地域社会の変容を解明する上で水利碑は不可欠の資料となりうるのである。

注

1　特に新出の碑刻の扱いについては、筆者らも十二分な配慮をし、利用にあたっては関係機関の承諾を得るとともに、現地研究者との共同研究の一環として調査・分析を行っている。

2　その他、地中に埋められた碑刻としては、北京郊外の房山石経が有名であるが、地下埋蔵の目的は末法の世に備えるためであり、当初より法滅の後に取り出して用いることが意図されている。やはり見られることを最終的な目的としたものと言えよう。

3　こうした碑刻の文化史的意義については、時代や地域は異なるものの師尾二〇〇六に述べられる碑刻の開放性と閉鎖性という見解が示唆に富む。

4　水利碑を専門に取り上げる資料集には、白・藍・魏二〇〇三、董・藍二〇〇三、范二〇〇一・二〇一一、国務院三峡工程建設委員会弁公室・国家文物局二〇一〇、黄・馮二〇〇三、南風化工集団股份有限公司二〇〇〇、山西省考古研究所二〇〇四、水利部長江水利委員会一九九八、王一九九一、渭南地区水利志編纂弁公室一九八八、許二〇〇六、翟二〇〇七、張二〇〇四、張・卜・丁二〇〇六、中国科学院考古研究所一九五九、周二〇一一、左一九九九がある。また、明清時代の漢中水利を研究した魯・林二〇一一にも多くの水利碑録文が収められる。

5　同様の観点から、森林資源の開発・利用に関わる碑刻資料を収集した唐二〇〇八は特筆すべき成果である。

6　趙一九九七および毛二〇〇九に碑刻資料学に関する代表的な研究者とその著作、それぞれの分類方法がまとめられる。

7　水利石刻に関しては、金二〇〇二および毛二〇〇九が主題別検討の事例として取り上げる。

8　石標に関しては、金二〇〇二が多くの実例を載せる。

9　摩崖に関しては、国務院三峡工程建設委員会弁公室・国家文物局二〇一〇、中国科学院考古研究所一九五九、山西省考古研究所二〇〇四に実例が載せられる。

10　毛二〇〇九に「水文、水利図碑」の項が設けられ、六種の水利図の解説がなされる。

11　森田二〇〇九は同書の学術的価値をいち早く見抜き、国内の学界に紹介した研究である。

12　水利碑のもつ神聖性について附言すれば、地域社会における水争いの裁定および規約違反者に対する処罰も水利碑の前で行われたとされ、田二〇〇六では水利碑刻の所在地が水利権裁判所となったと表現される。なお、同氏は漢白玉（アラバスター）という碑刻の材質が水利権の神聖性と不可代替性を体現したとされるが、管見の限り、漢白玉を用いた水利碑の数は僅かであり、一般的な状況を示すとは考えにくい。

13　ただし、董・藍二〇〇三に水案裁定の内容を記した水利碑を用水路の中に沈めるという事例が報告されており、一見すると本章での行論と齟齬をきたすかにも思える。ただし、この行為の眼目は、水争いの再発防止を祈願し水利碑を保護するという点にあり、水争いが発生した場合には、水路から水利碑を拾い上げて裁定の根拠とするという聞き取り結果も存在する。

第二章

石碑の行方——山西洪洞霍泉に見る前近代水利秩序のルーツ

はじめに

清代中国において土地法（民事法）秩序を支えた慣行は、その社会的安定化を目指す中で、碑を立てるという手段によって確認・追認されるものであった［寺田一九八九］。水利について見れば、歴代の国家によって水法が制定されたが、その内容は治水や漕運にかかわる施設の維持管理に関するものがほとんどであり、わずかに洪水防止のために盗決（水利施設の破壊・改変をともなう違法使水）に重罪が科せられたことを除いて、分水にかかわる規程は存在しなかった［好並一九六八］。したがって、水争いの裁定（水案）にあたっても、水法の個別の条文が適用されることはなく、旧例や旧規と呼ばれた慣行の遵守が求められることとなる。くわえて、水は常に流れ去るものであり、土地家屋とは異なり、所有権の所在を明確化することが困難である。近代的な慣行水利権の概念を引き合いに出すまでもなく、水の分配・利用をめぐる争いにおいては、歴史的経緯に裏付けられた慣行が重要な役割を果たし、これにより水利秩序が維持されたのである。

水利に関わる慣行は水利碑という媒体によって具現化された。水利碑が立てられるきっかけは水利施設や廟宇の建設など様々ではあるが、中でも重要なのが水争いの発生である。水争いが発生し、当事者からの訴えがなさ

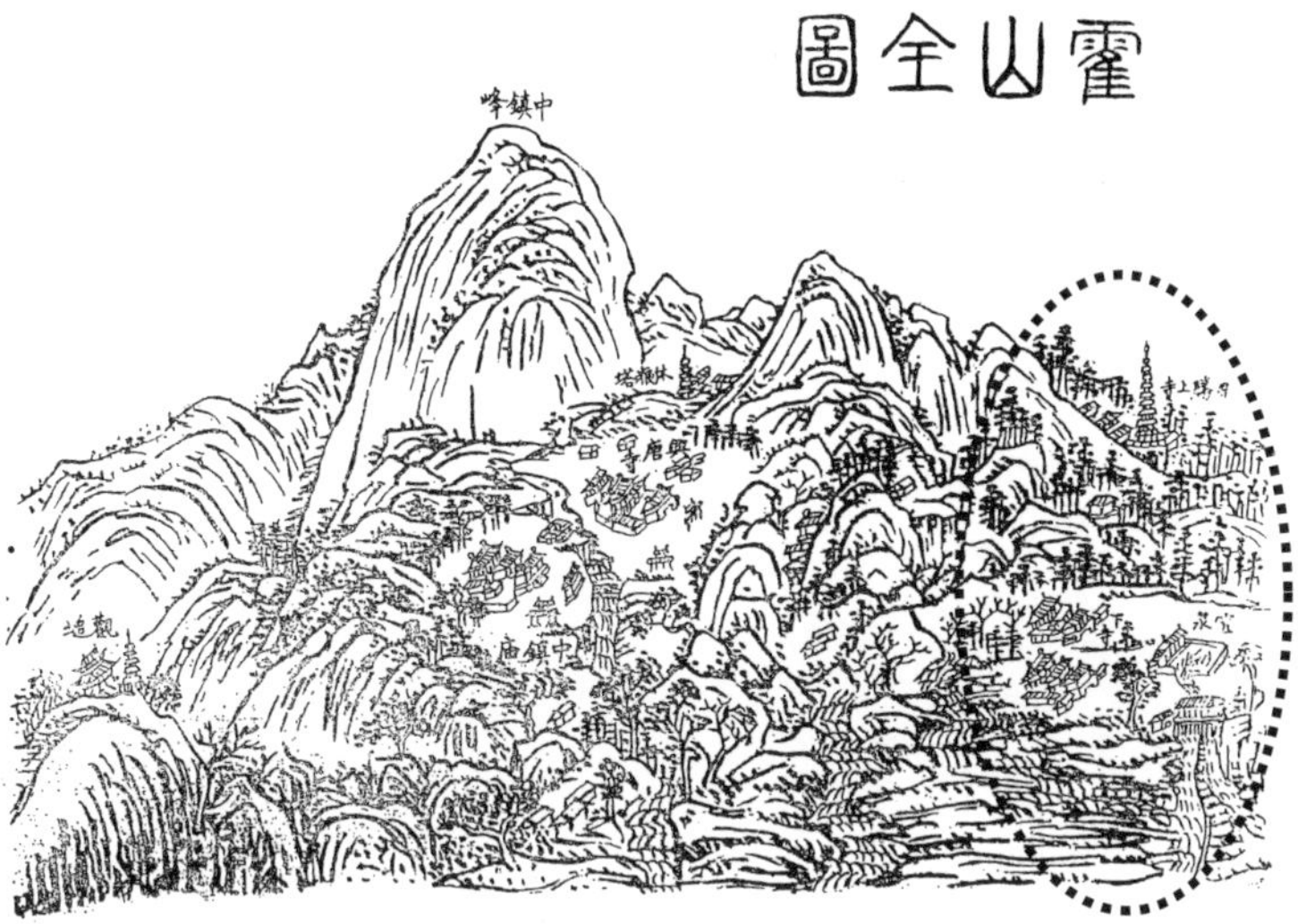

【図2-1】霍山全図（釈力空1986より）

れると、地方官は実地検分および関係者への事情聴取を行った上で、よほどの特殊なケースを除いては「率由旧章」と称されるように旧例に基づいて紛争発生以前の状態への復帰を命じ、違反者を処罰した［張二〇〇八C］。そこで、裁定の際に事実認定の根拠として用いられたのが「古碑」などと呼ばれた既存の水利碑であり、裁定の後には新たな碑刻が建立されるなど、水利碑に基づく事実認定とその経緯・結果を記した新たな碑刻の立石という行為の積み重ねによって、秩序は維持され、慣行は再生され続けていったと言えよう。

水利碑が水案裁定の際に事実認定の主たる根拠となり得たのは、それが人々の眼前に公開されたモノとして存在していたからである。こうした水利碑の役割を考える上で、光緒七年（一八八一）に山西霍州下楽坪郷賈村に立てられた「賈村社水利碑記」（［董・藍二〇〇三］所収）に興味深い記載が見える。

それこの四水なるは、ただに我が村の霊秀の奇なるのみならず、実に我が村の養命の源となるなり。ただ社に碑記なく、つねに強覇の患いに遭う。古碑ありて、州署の土地祠に立つると雖も、未だ我が村の廟に立てずんば、而して人習い見ず。古図ありと雖も、地勢屢しば更り、地名屢しば易らば、而して人習い聞かず。……（中略）……近ごろ光緒元年にまた下楽坪の段姓に上渠北巣の東北角の大泉の三処を築塞せられ、訟結すること連年たり。これみな社に碑記なく、我が村の人これを習い以てその実を察する無く、これを語りその詳を得る能わざるによる。[1]

水利碑の立石には規約内容を確認し、不法行為および水争いの発生を抑制して規約内容の遵守を求めるという目的が存在した。さらに遠く離れた霍州城ではなく、人々が居住する霍村の廟に水利碑が置かれ、これを直に目にすることによってこそ、水利用に関する旧例を理解し、その詳細を語り継ぐことが可能となるという。ここからは旧例といい慣行といっても、これを具現化する水利碑なしにその内容が継承されることはないという認識がうかがえる。水利碑は人々の眼前に存在すること自体に意味があったのである。さらに言えば、たとえ文面を読むことができなくても、皆が公平にそれを見ることができるという事実こそが重要であったとも考えられよう。

より古い事例に事実認定の根拠を求めるとともに、それが人々の目の前にモノとして存在することが重要であったとするならば、水案の発生時においていかなる水利碑が現存していたのかが鍵となる。さらに、各時代の水案裁定において根拠として用いられる水利碑が何であったのかを確認していくことで、水利秩序がどの段階で固定化されたのかを判断することが可能となろう。とくに一九五〇年代に各地の水利システムが大幅に改変されるが、この時点において存在した最古の水利碑がいつの時代のものであったのかという点は重要である。以下、山西省洪洞県霍泉【図二-二】の事例を取り上げ、当地における前近代の水利秩序の最終形がいかなる段階において成立したのか、さらにその時点においてなぜ水利秩序の固定化が起こったのかという問題を考えてみたい。

第一節　洪洞霍泉水利と広勝寺水神廟

洪洞県は山西省を縦断する汾河の中流域に位置し、その東北一七キロに広勝寺水神廟がある。境内には現在も滾々と涌き続ける霍泉があり、その神である大郎神が祀られる。モンゴル時代の建築の遺構として、さらに「売魚図」・「戯劇図」・「下棋図」など極めて良好な保存状態を保つ各種壁画によってその正殿である明応王殿の名はあまりに有名である［赤松一九八六、Jing2002、馬二〇〇八］。廟内および門前の分水地点には計三一基におよぶ水利碑が鑲嵌・立石される【図二―二】。これら水利碑には、灌漑用水の分配方法や違反者に対する罰則、歴代の渠長のリスト、水神祭祀に関する各種規程などが刻され、一二世紀より一九世紀にいたる霍泉水利の具体的状況を通観することができる。

このうち、現存する最古の水利碑は金代天眷二年（一一三九）に立石された「都総管鎮国定両県水碑」（以下、「都総管碑」と略する）である。その高さは一五五センチ、

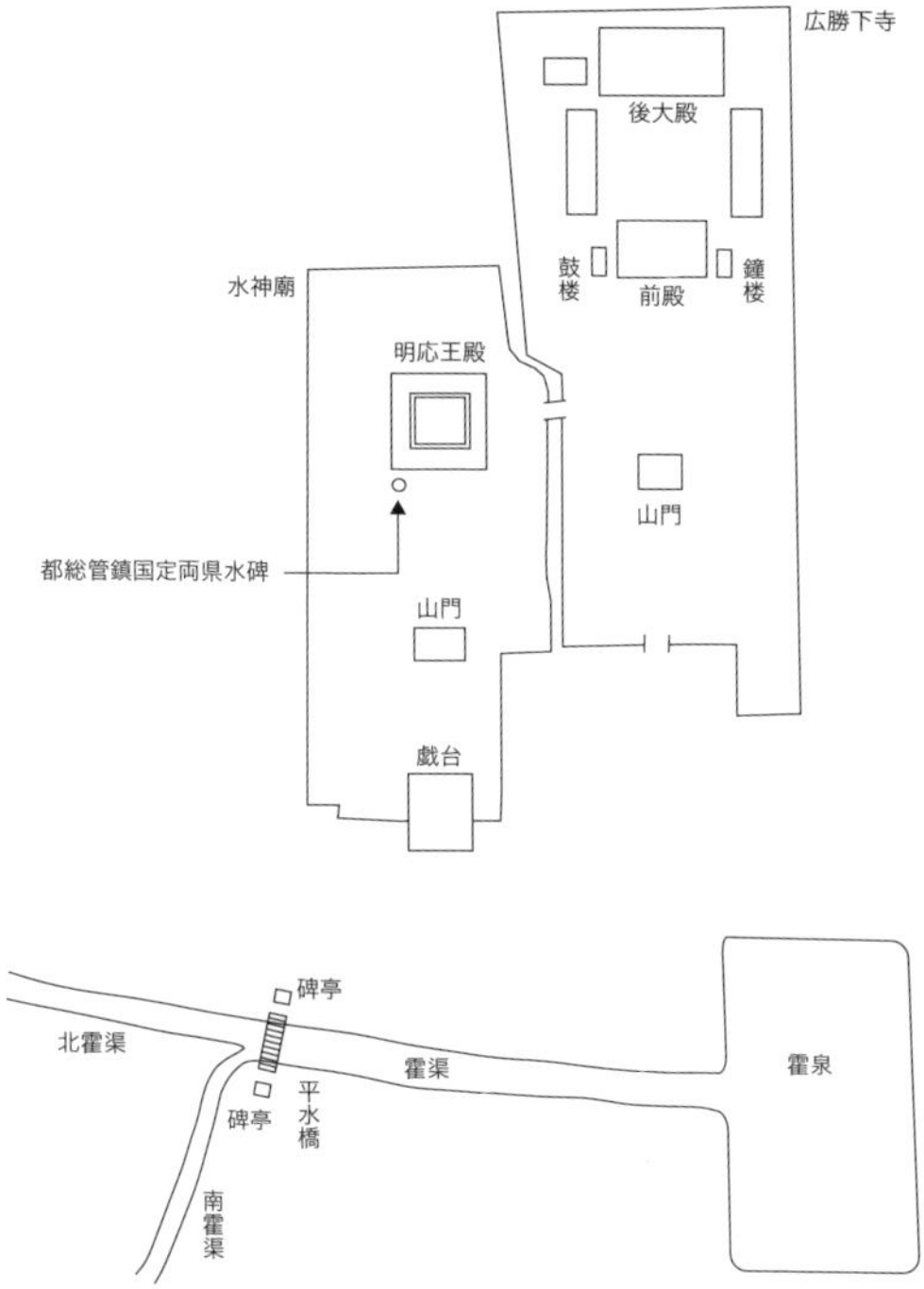

【図2-2】広勝寺水神廟平面図（柴2001, p.140を基に作成）

幅九一センチ、円首の碑形で方趺を有する。明応王殿南壁の西側に置かれ、中央より左右・下方向にはしる断裂部分はセメントで補修される。同碑に関しては、民国二〇年（一九三一）に王堉昌によって編纂された『山西各県名勝古蹟古物調査表』「趙城県名勝古蹟古物調査表」に「名称：都総管鎮国定両県水碑、時代：金天眷二年六月、地址：広勝下寺、所有者：公有、現状：尚完好」とあり、続けて備考欄に以下の記載が見える。

> 碑は洪・趙両県の水を争うを解決する事を記す。朝散大夫少府少監権平陽府判官楊丘行の撰、平陽府押司官喬木の書幷びに題額。題は都総管鎮国定両県水碑の十字。査するに洪・趙の両県の水を争うに、常に此の碑に依拠して弁駁を為す。[2]

洪洞県と趙城県の間で霍泉水の分配をめぐって争いが生じると、「常に」本碑に依拠して各自の正当性が主張されたという。さらに、こうした状況は水利碑とともに水利秩序を支えたモノである水冊（渠冊、水利簿）からも確認することができる。

水冊とは水路ごとに作成された渠規や渠条と呼ばれる水利用規程を集成した規程集であるとともに、使水権者の名前、それぞれの耕地面積や税負担額を根拠に定められた使水量を記載する帳簿でもある［郭・薛二〇〇五、田二〇〇六、饒二〇〇九］。水冊は民間の水利組織に保管され、渠長や水甲頭など水利組織の責任者のみが閲覧を許された。そのため、渠長などの任にあたった地域社会の有力者によってしばしば捏造《ねつぞう》・改変・隠匿される危険性をもはらむものであった。

近年、民間に保存されていた未公開の水冊の存在が明らかにされその内容が公開されたものもあるが、[3]現存する水冊の数は極めて少なく、そのほとんどは地方志などに断片的に記載されるに過ぎない。しかしながら、洪洞県に関しては、『洪洞県水利志補』に水路ごとに作製された四〇種にのぼる水冊が用水路図（渠図）とともに一括してまとめられるという恵まれた史料状況にある。これは、民国六年（一九一七）に洪洞県知県の孫奐崙によって編纂・出版されたものであり、自序によれば水争いが頻発する難治の地とされた洪洞県において、その根本的な解決を目指し、水冊の編修が計画された。旧来の各水冊の記載内容が当時の状況とかけ離れたものであったため、以降の水案裁定の基準とすべく同書の編纂がなされたという[4]〔森田一九七七A〕。本書の編纂にあたってその根本材料とされたのが水冊と水利碑であり、孫自身による現地調査を経てその内容がまとめられたのである。その内の一つ、「南霍渠渠冊」の冒頭に載せられるのが「都総管碑」であり、同渠冊に掲載される四〇条におよぶ渠条の末尾には「天眷二年六月日、都鎮国定」の文言が記される。

『洪洞県水利志補』冒頭の「洪洞県渠利一覧表」によれば、南霍渠の修冊年月は雍正三年とされる。長年にわたって追加・改訂がなされ、書写を繰り返すという水冊の性質から考えると、これら渠条がそのまま金代天眷二年に作成されたものであると考えることは難しい。あくまで重要なのは、雍正三年の修冊時において水利規程の起源が金代天眷二年にあったという認識が受け継がれている点である。この事例は霍泉の水利秩序の形成とその定着という問題を考える上で、金という時代が一つの画期をなすものであったという推定を可能とする。以下、「都総管碑」の内容を読み解くとともに、現在にまでの本碑が辿った顚末《てんまつ》を明らかにすることでこの推定を裏付けてみたい。

なお、洪洞県霍泉に関しては、関連史料が豊富に存在することにくわえて、山西地方の中でもとりわけ著名な水利地点であることから、これまでにも森田明を始めとして多くの研究者の関心を集めてきた〔森田一九七七A・一九七七B・一九七八〕。とりわけ、近年、張俊峰によって従来の研究とは一線を画する研究成果が相次いで公表されている。専著にまとめられた洪洞水利に関する研究は、徹底した現地調査を通して碑刻や水冊が網羅的に収集されるとともに、地方志や聞き取り調査のデータを加えた十全な内容を備えるものである〔張二〇一二〕。したがって、本章があつかう近世前期の霍泉水利の事例は、明清時代以降を主たる対象とする森田氏・張氏らの研究と相補い合うものであるとともに、その前史であり出発点となる事実関係を明らかにするものとなる。なお、筆者は二〇〇二年七月、二〇一〇年三月、同八月の三度にわたり洪洞県広勝寺を訪れ、関連する水利碑を実見する機会を得た。以下、実地調査の知見を交えて考察を進めていく。

第二節　「都総管鎮国定両県水碑」現代語訳

「都総管碑」の拓影は李・王・張二〇〇八および汪二〇〇九に載せられるが、後者は文字がほとんど見えない。録文は『山右石刻叢編』巻一九、左一九九九、黄・馮二〇〇三に収録されるが、誤字脱字や体裁の点などにおいて一長一短である。また、李光暎撰『観妙齋蔵金石文考略』巻一五に「定両県水碑、天眷二年、楊丘行纂、喬木書弁題額」、孫星衍・邢埴撰『寰宇訪碑録』巻一〇に「定雨《ママ》県水碑、楊邦《ママ》行撰、喬木書、□□□□、天眷二年」、呉式芬撰『攈古録』巻一六に「定両県水碑、楊邦《ママ》行撰、喬木書弁題額、□□□□、天眷二年」とあるが、いずれも碑刻の所在地は記されない。

碑刻史料を扱う上で、正確な録文の提示は同一のテキストを共有するという意味において不可欠の作業である。また水案裁定の過程において官司間において頻繁な文書のやりとりが見られるが、文書行政システムの分析には官司間の序列を示す平出・空格など、原碑そのものの様式の検討が必要となる。そこで、煩をいとわず、校訂録文を章末に掲げ、以下に現代語訳を提示する。録文は調査時のメモを基に作成し、改行・平出・空格・小字の別もあわせて明示する。

［現代語訳］

天下の物を裨益することにおいて水に勝るものはない。これを得れば利益は多く、失えば利益は少ないことを知るべきである。平陽府は水は潤沢で土地は肥沃であり、民の風俗は盛んでありながら慎ましい。まさしく古の帝王堯が都を置いた地である。平陽府の東北九〇里あまりに霍山があり、山の南には霍泉があり、地より湧き出でて流れて川となる。民は霍泉を導いて二本の水路に分け、一方を南霍、一方を北霍と呼んだ。両水路は趙城県・洪洞県内を流れ、両県の民はみな灌漑の利に依って生計を立てた。

宋の慶暦五年に趙城・洪洞両県の人々は霍泉の水を用いて灌漑を行う耕地の割合が不均等であるとして争いを起こした。この時、有司に事実関係を調査させたところ、霍泉の水は総計一三〇の村々の一七四七戸の耕地九六四頃一七畝八分に灌漑用水を供給し、水車四五基を動かしているとのことである。趙城県の人々に灌漑用水の総量の内七割を、洪洞県に三割を供給することと裁定を下し、両県の訴訟は落着した。灌漑対象の戸籍・用水の供給量は石碑に刻まれながく拠り所となってきた。これにより今におよぶまで長年の間、霍泉の利用をめぐる訴訟が起こされることはなかったのである。

本朝の天会一三年に、平陽府が受けた趙城県からの上申に、「灌漑用水利用戸の虞潮らの訴えによれば、洪洞県の人戸が灌漑用水を盗用しています」とある。平陽府より数度に亘り官を遣わして処置させたが両県の争いを決着させることはできなかった。天会一五年一〇月に再び平陽府より牒文を発して平陽府判官の高金部に処置を委ねたところ、幹線水路の中に木隔子を設置してあらためて上流側に隔てを設けたことにより、水の流れは一定となった。両県の報告によれば、民はこの措置をまことに公平なものと認め、別に偏向を訴える文書が提出されることは無かった。

天眷元年四月八日に、平陽府が拝受した枢密院の上畔に「枢密院が受理した元帥府の箚子に『封を致し書き付けをした文書にて届けられた平陽府趙城県の張山らの訴えによれば、高府判が新たに南岸の湧水口を塞いでしまいました。さらに以前より置かれていた霍河を三対七に分ける分水口の東側五歩の湧水口の近くに石造の堰を創建したので、水の勢いは増し、高く石堰の上面にまで水が漲り、あちこちに流出しております。あふれ出た水は合流して南霍河に入り、張山らの北霍河に流入する水は現にその一〇分の二が減っております。高金部によって創設された石堰を除去せられんことをお願い申し上げます』とあった。枢密院は平陽府に張山らの訴えが事実かどうか明らかにさせよ」と命じた。平陽府は前後して争い訴えられた灌漑用水の不公平な利用状況と官を遣わし処理させた内容を枢密院に上申した。

同年八月二六日に平陽府が拝受した枢密院の上畔に「上申の内容によれば、現に一一村の人戸が何故にいまもって納得しないいかを確定することができないようである。再び平陽府官に委ねて趙城・洪洞両県の知県および一一村の人々と一緒に、長年のきまりに則って適宜処置させよ。なお両県の人々に訴訟の文書を送らせないようにせよ」とあった。平陽府は欠員を理由に再び枢密院に上申した。その後、一〇月一一日に平陽府が拝受した行台尚書省の上畔に「すでに銭帛都勾判官朱伸に命じて両県の知県と呼び集めた一一村の人々にはかつて適宜処置させたのであり、長年のきまりに準拠して、三対七に分ける分水口を定め、灌漑水利を分割利用させよ。なお両県にこれ以上訴訟の文書を上申させるな」とあった。

天眷二年二月二七日に平陽府が拝受した行台尚書省の上畔に「新授中京留判官朱伸の報告によれば、『水案裁定の任務を行うために、更に官一員を派遣して私と共に処置させて下さい』とあったので、すでに絳陽軍節度副使の楊楨に命じて朱伸と共に処理させた」とあった。同年四月九日に洪洞県の人戸張方らは、平陽府判官の高金部の分水の措置は不公平であり、さらに朱勾判の分水措置も公平ではないとして、元帥監軍行府に訴え出た。そこで元帥監軍行府は、「新たに着任した皇帝のおそば近くの官員を派遣して奉直大夫楊楨と共に裁決させて下さい」と元帥府に願い出た。そこで「今、河東南路兵馬都総管鎮国上将軍完顔謀离也に命じて、両県の官吏と関係者を引き連れて、自身で水争の原因となった分水地点に出向いて子細に取り調べ、さらに長年のきまりを参照して処理し、双方ともに良きようにせよ」と元帥府から行台尚書省に指示が下された。

行台尚書省の上畔を拝受した完顔謀离也は、趙城・洪洞両県の人戸が争う水案裁定のために官吏を派遣するとともに、自身も両県が争う分水地点に至って取り調べを行った。以前、高府判は石堰と分水施設をあらたに設けたが、これは旧来より定められたものではなく、不公平であるので撤去させた。また、両県が以前に立てた分水の碑文を参照したところ、そこに記される趙城県の引水口の内側は、南北の闊さ一丈六尺一寸で深さは一尺七寸である。洪洞県の引水口の内側は、東西の闊さ六尺九寸で深さは一尺六寸である。あらためて引水口内側の現在の流水量を測って比較したところ、趙城県の水深は一尺四寸で、旧時と較べて三寸浅くなっている。洪洞県の水深は五寸で、旧時と較べて一尺一寸も浅くなっている。そのため洪洞県の現在の供給量は三割に及ばないのである。

両県の現在の流水量を総計すれば、合計して水深は一尺九寸であり、むかしの碑文内に記される分配割合と較べれば、この内趙城県は一尺を得て、洪洞県は九寸を得るべきである。但しこの割合によって分水したならば、現在洪洞県の引水口の外側は、地勢が低くなって水流が急であるため、一寸を減らして水深八寸を供給することとすべきである。趙城県の水はほぼ深さ一尺ほどであるが、これもまた引水口外側の地勢が高く水流は緩いため、深さ一寸を加えて、合計一尺一寸を供給するべきである。

遂に南北両渠を流れる水を堰き止め、別の水路を利用し流れを分散させることとした。両引水口の内側の幅は、旧来の寸法に依ることは当然として、その他に両渠の引水路の用水量を調整するため、洪洞県への分水口の西壁より北に向かって垂直に闊さ二尺の石柱を設置して、水を遮り南霍渠内に流入させることで決着させた。趙城県は水七割、洪洞県は水三割を得ることとなり、古碑と照らし合せても、その分配割合に相違は無い。それぞれすでに両県の官吏と用水戸の承服の文書を受け取り、この他に偏向を訴える文書も無いので、その内容を保証する文書を添えて、事の仔細を記して再び上申した。元帥府および行台尚書省は文書を照らし合わせ終え、平陽府はただちに行台尚書省の上畔を拝受した。

智と仁とに共通するのは性に根付くということである。物が惑うところを決断することを智と言い、人の不足に恵むことを仁と言う。両渠の訴訟の解決にあたり、しばしば官に命じて処置させたが、その案件を裁定することはできなかった。完顔謀离也公は自ら分水地点に到ると、黙って実情を計り、もろもろの利害を見て、詞訟を解決に導いた。これはまさに智である。この措置により、ただちに両県の灌漑用水利用戸に公平さをもたらし、一挙に皆が利を得ることとなった。これはまさに仁である。仁智の道はここに尽きよう。私は平陽府幕官の末席を汚しており、特に命を承けて、今その事績を採取し、さらに記文を撰述した。これを石に刻み、趙城・洪洞両県に帖文を送って碑亭二宇を置かせ、一宇は両県の分水渠のほとりに建立させ、一宇は本府の公庁内に建立させ碑刻を安置して、今後再び諍いや争いが起こらぬようにさせる。天眷二年六月某日に記す（以下、人名は省略）。

第三節　水案から見た霍泉水利の展開

一　唐宋時代における水路の開削と水案の発生

霍泉を利用した水利は南霍・北霍の二渠の開削に始まり、両水路が通過する趙城・洪洞の両県に灌漑用水を供給した。『〔洪武〕平陽志』巻一・津梁・洪洞県霍泉条によれば、唐の貞元年間（七八五～八〇四）に南霍・北霍の開削がなされ、趙城県・洪洞県の耕地八九一頃に灌漑用水が供給された[5]。また、『〔万暦〕洪洞県志』巻二・水利志・南霍渠条によれば、貞元年間に開削された南霍渠は洪洞県内の曹生・馬頭・堡裏・上庄・下庄・坊堆・石

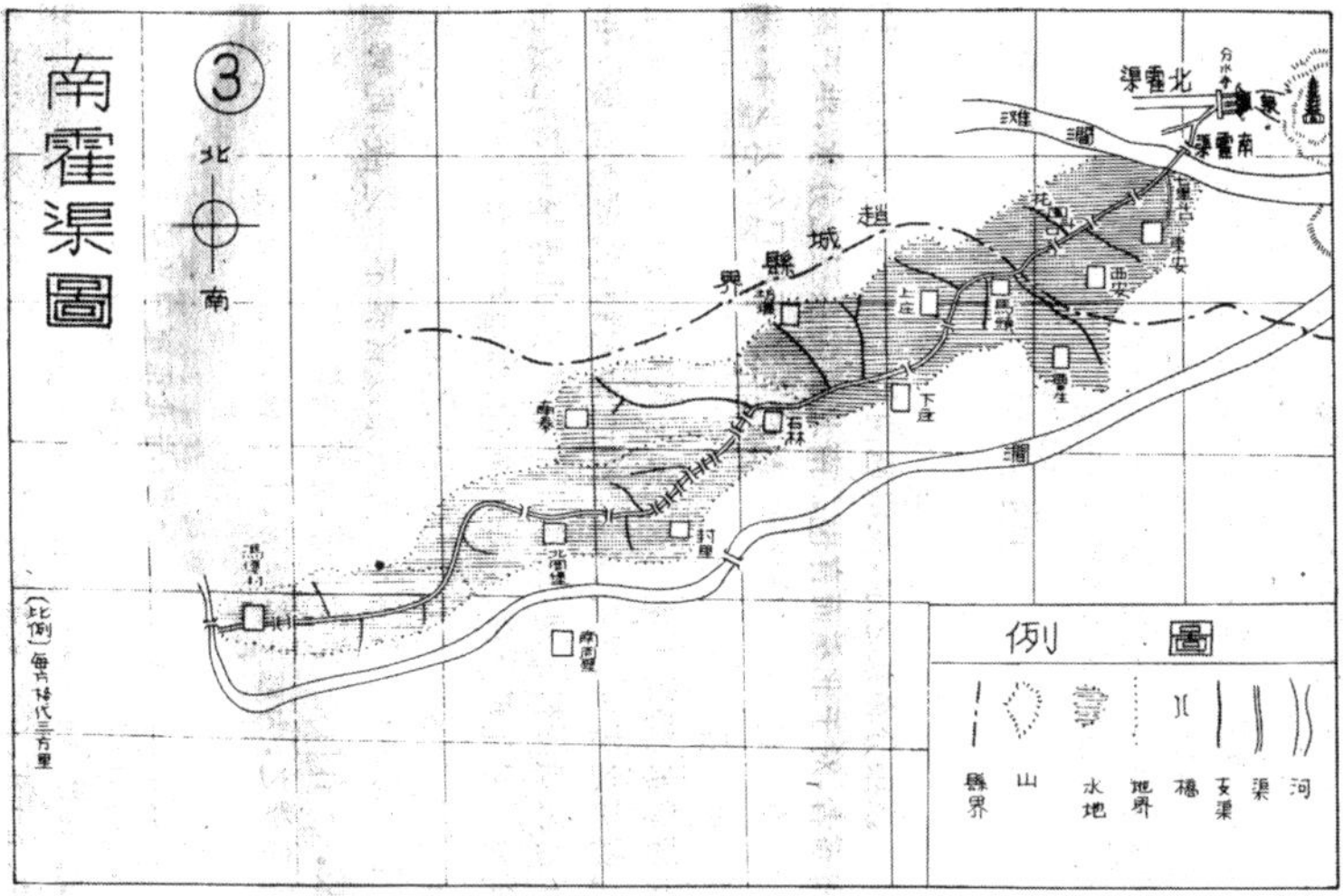

【図2-3】南霍渠図（『洪洞県水利志補』「南霍渠渠冊」より）

橋頭・南秦・南羊・周壁・封村・馮堡の一二村社、計一三九頃の地に灌漑用水を供給したとする[6]【図二-三】。

南北両霍渠の開削時期を唐代貞元年間とする両地方志に対して、雍正四年（一七二六）平陽府知府劉登庸の撰になる「建霍渠分水鉄柵詳」[7]によれば、唐の貞観年間（六二七～六四九）より霍渠の利用が始まり、水源から一〇〇歩の地点において南北の両渠に分けられた。水源からまっすぐに西に流れる北霍渠引水口の幅は一丈六尺一寸で、水源からの水の七割を二四の村荘に供給する。湾曲して南に流れる南霍渠は引水口の幅六尺九寸、残る三割を一三の村荘に供給したとする。[8]趙城県に七割、洪洞県に三割という灌漑用水の割当が唐代から始まると認識されていたことが分かる。

ここに見える三対七の分水割合は、いわゆる「三七分水」と呼ばれるものである。これが霍泉のみならず、晋祠難老泉や介休洪山泉など、山西地方の著名な水利地点に共通して見られる現象であることから、これまでにもしばしば議論の的となってきた［趙二〇〇五、張二〇一一］。そこでは、三対七に水を分ける理由として、灌漑耕地の面積に比例するとするもの、地形の高下や流速の違いにより実際の分水量はほぼ同一となるとするもの、この割合が山西以外にも見られる中国の治水哲学ともいうべき黄金分割率であったとするものなど、様々に意見が分かれるがいまだ定論をみない。

唐宋時代よりの慣行とされるこの分水割合の根拠を明確化することは困難であるが、筆者は当初から分水の割合に傾斜をつけることによって、五対五という微妙なバランスの上に成り立つ「平等性」が回避されたのではないかと考える。「都総管碑」に見える対立・係争もこの「三七分水」が守られないという「公平性」の欠如に由来するものであり、決してそこでは平等な割合での分水が求められたわけではない。ここからは、水利秩序の持続性が「平等性」に由来するものではなく、歴史的経緯に裏付けされた「公平性」に基づくものであったとの理解を導くことが可能となろう。

さらに、この問題に関しては、董・藍二〇〇三によって明らかにされた不灌漑水利という水利用のあり方が重要な示唆を与える。不灌漑水利、すなわち灌漑をしない（させない）水利用とは、山西省臨汾地区の四社五村と呼ばれる地域で受けつがれてきた伝統的な水利用方式である。極端な水不足のなかで地域内の全人畜の生命を維持するため、灌漑用水としての利用をかたく禁じ、生活用水としての利用にのみその目的が限られた。そこでは、豊かなみのりと潤いある生活を希求する人間の根源的な欲求を制御するための秩序として、兄弟関係に擬制され水管理をになう主社村とその管理下におかれた附属村、水利権をもつ村落ともたない村落、水路の上流部に位置する渠首村と中下流の村落など、村落間における複合的な階層化がなされた。

つまりは、費孝通の差序格局を思いおこさせる、階層化された不平等な社会秩序によってまもられる用水機会の均等性こそが、不灌漑水利方式の骨子であったと考えられる。これも「平等性」ではなく、「公平性」によって水利システムが維持されたことを示す事例と言える。なお、好並隆司は浙江処州府麗水県の通済堰の事例に基づき、財産の多寡によって差別を設けつつも、実質上平等の使水、すなわち伝統的な「均水」を行うとしたことを指摘する［好並一九六八］。前近代の分水や均水がもつ「非平等性」はより深く分析されるべき問題である。

「都総管碑」に目を戻せば、続いて北宋慶暦五年（一〇四五）に起こった灌漑用水の分配を巡る趙城・洪洞両県の水争いの経緯が記される。両県の官による現地調査の結果、霍渠を利用する地域として一三〇の村荘、計一七四七戸、およびその土地九六四頃一七畝八分の数値が挙げられ、流域中に四五基の水車が稼働するとの報告がなされた。この調査報告に基づき旧来の基準にのっとって趙城県に七割、洪洞県に三割の灌漑用水を供給するとの分配割合が再確認されたのである。

この慶暦五年の水争いに関しては、『［順治］趙城県志』巻二・水利志・霍泉条に水争いの当事者として趙城県の郭達古と洪洞県の燕三の名が挙げられ、裁定を受けて水例と呼ばれる灌漑用水利用規程が定められ碑銘一座に刻されたとされる。[9]「都総管碑」においても「両県の元と置き定めたる分水の碑文」（二二行目）と記載される慶暦五年時の数値は、後代の水案においても依拠すべきデータとして参照され続ける。ただし、この慶暦碑に関しては各種石刻書や地方志などにもその内容や存在についての言及はなく、[10]また後述する明代隆慶二年（一五六八）に発生した水案の際にはすでにこれが存在していないことも明らかである。天眷二年以降、早い段階で喪失した可能性が高い。

二　金代の水案とその裁定結果

天会末年に発生した霍泉をめぐる水案の最終的な裁定は完顔謀离也に委ねられた。完顔謀离也は趙城・洪洞両県の知県と関係する灌漑用水利用戸とともに実際に現地に赴き、陡門と呼ばれる引水口を測量する。その具体的データに基づいて北宋慶暦年間の碑刻に記された数値との照合を行い、現状を勘案したうえで用水の割当量を決定した。当時、問題となったのは水量の減少という事態であった。趙城県側への供給量は北宋慶暦五年時と比較して一八パーセントが減少し、洪洞県側への供給量に至っては八一パーセントが減少するという事態に陥っていた。これにより、特に減少率の大きい洪洞県側への供給量は総量の三割という基準を遥かに下回ることとなっていた。

こうした事態に対処するため、霍渠用水の総量が測定され、その数値をもとに三対七の割合での趙城・洪洞両県への供給量が改めて再確認された。ただし、洪洞県側においては水路が削られて低くなり、趙城県側では逆に堆積物によって土地が高くなるという地形変化が生じており、洪洞県側への供給量の極端な減少という事態を重くみて、攔水石と呼ばれる施設を増設して洪洞県側に水を供給する南霍渠に不足分を流入させることとした。雍正四年「建霍渠分水鉄柵詳」によれば[11]、北宋開宝年間(九六八~九七六)に初めて設置された攔水石(逼水石)とは、高さ二尺、幅一尺の石柱で、これを北霍渠の南、南霍渠の西に設置し、霍泉より西に向かい直流して北霍渠に流入する灌漑用水を遮ることで南霍渠への流入量を増加させた。またこの他に、長さ六尺、幅三尺、厚さ三寸の門限石と呼ばれる石塊を南霍渠の渠口に設置し水勢を緩和したとされる[12]。

完顔謀离也によって攔水石の修復がなされ、三対七という旧来からの分水割合を遵守することで、洪洞県側への灌漑用水供給量を増加させることで、洪洞県側の訴えを充分に配慮した形での決着がはかられた。完顔謀离也による水争裁定の報告を受けて、元帥府と行台尚書省はその結果を承認し、行台尚書省よりこれを認可する上畔[13]が下される。さらにこれまでの経緯を記録するため権平陽府判官の楊丘行に碑刻の撰文が命じられ[14]、二碑に刻されて分水地点と平陽府官衙に碑亭を設置し立石された。この二碑は同じ内容のものであるが、それぞれに異なる役割を持つものであった。分水地点における碑刻は趙城・洪洞両県の使水戸に対して灌漑用水の利用規程を伝え遵守させるという役割を担い、平陽府官衙に置かれた碑刻は後世の水案勃発時における裁定に際して事実認定の根拠として用いられることが想定されていた[15]。

三　明代の水案に見る事実認定の根拠

明代隆慶二年に立石された「察院定北霍渠水利碑」[16]には、趙城県の王廷琅による水利施設の撤去に端を発した水争いの経緯が記される。王廷琅は劈水石[17]と呼ばれる分水のための石柱を撤去し、さらに水路内の浚渫を行うことで北霍渠への流入量を増大させた。この行為に対して洪洞県側に水を供給する南霍渠の管理責任者である渠長の董景暉は、平陽府に訴状を提出して是正を求めた。趙城県知県の徐某の調査報告に基づき、平陽府は巡撫山西監察御史宋纁[18]に呈文を送る。[19]ここで、平陽府が現状の調査にあたって第一に参照したものこそ、金代天眷二年の「都総管碑」とそこに記される北宋慶暦五年の数値であった。実際の測量データを碑刻の記載内容と照らし合わせ、その数値を基に平陽府は引水口の幅を復元し、さらに南霍渠への流入量を増大させる攔水石を再設置することで、問題の解決が目指された。具体的な方法としては、石材を用いて北霍渠を補強することで引水口の幅を減少させ、南霍渠への流入量を増加させて慶暦年間の数値に近づけた。さらに攔水石の再設置にあたっては調査時における南霍渠の水深が「都総管碑」のデータと比較して三寸増していたため、その分を差し引いて一尺七寸の石柱を用いることとされた。

当時、引水口は北霍渠では灌漑用水の浸食によってその側面が削られ、慶暦年間の数値と比較して一尺八分の広がりを見せていた。引水口の拡大による北霍渠流入量の増加とは逆に、南霍渠への流入量は減少し、水勢の弱まった南霍渠の幅は旧時に比して一尺五寸もの縮小が見られた。さらに南霍渠への流入量を増加させるために設置された攔水石が同じく水流の浸食によってその機能を低下させていたことも、南霍渠への流入量を減少させる原因となった。平陽府の呈文を受けた監察御史宋纁は批文を下し、「都総管碑」の記載に準拠して、引水口の深さと幅を補正し、攔水石を修復するよう命じる。さらにその費用は察院の贖銀罪米より支給され、工事終了の後の報告が求められた。[20]しかしながら、董景暉はこの裁定に対して不服の意を表し、一一月初三日に至り再び察院

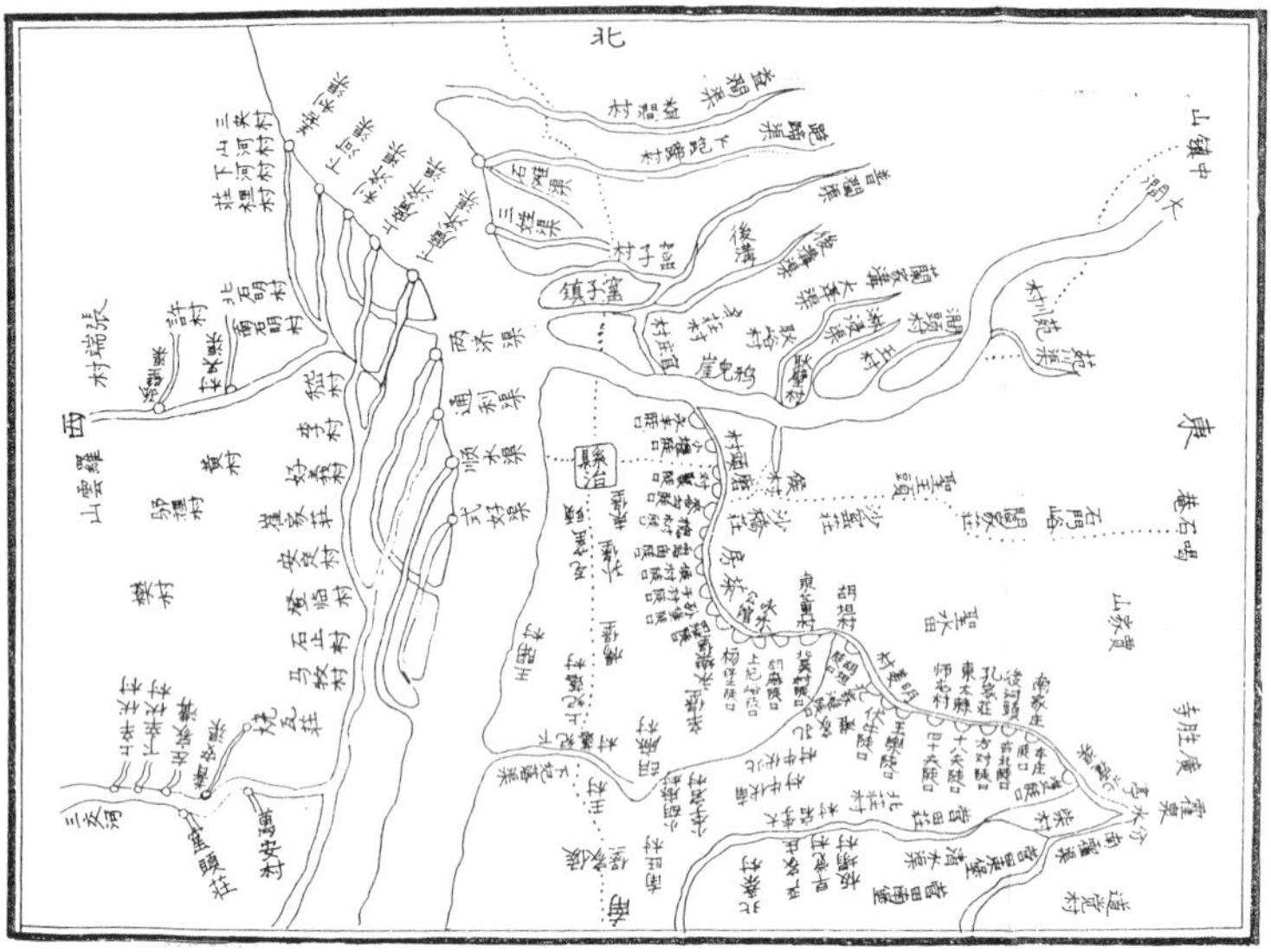

【図2-4】趙城県全境渠道総図（『［道光］趙城県志』より）

に再調査を求める。これを受けて平陽府は再度実際の状況を調査するとともに、南北両渠の渠長に水争いの原因を問いただす。[21] 南北両渠長の言によれば、今回の水争いの原因は引水口の幅や水深の問題ではなく、水利規程を遵守せず、勝手に引水路の開導・浚渫《しゅんせつ》を行うなどの違反行為を行った点にある。よって禁例に違反する勝手な用水路の開導、および浚渫という行為を防止すれば、従来の規程は遵守され、水争いの勃発を防ぐことができるというものであった。

　これにより、平陽府は門限石・攔水石の二石をともに撤去することで両県に公平な処理を期するが、ここでさらに別の問題が浮上する。門限石に関しては「都総管碑」に記載されないため、撤去を行ったとしても洪洞県側からの異議申し立てが起こる可能性はない。これに対して、攔水石は同碑にその詳細が記されており、もし今撤去したとしても、後日再び洪洞県側が同碑に依拠して攔水石を設置しようとすれば、趙城県側はこれを了承せず必ずや水争いの原因となる。そこで今二石を撤去するに際して、両県に石碑一基ずつを立石し、今回の裁定結果を承諾した旨を明示すべきであるとの提言がなされる。この裁定案により、門限石・攔水石の二石が共に撤去されることとなり、被告たる趙城県の王廷琅が行った劈水石の撤去に対しては何ら罪を問われることなく、逆に告発人たる洪洞県の董景暉が罪に問われることとなった。この結果は、門限石の撤去と同様に、劈水石に関する規定が存在しない、あるいは存在したとしても碑刻に記されるなど明文化されていなかったという理由によるものであろう。

水案裁定にあたり平陽府が根拠としたのもやはり「都総管碑」であった。そこに記されるデータと現状との比較を通して修復措置を実施せんとする姿勢からは、最古の事例を記す「都総管碑」に裁定の基準を求めるという認識が読みとれる。また、今回の裁定結果は最終的に二石の撤去という措置に落ち着くこととなったが、以後の洪洞県側による「都総管碑」に依拠した攔水石の再設置が危惧されたことは、当該碑刻の記載内容こそが灌漑用水利用戸の用水利用に関する最も重要かつ根本的な基準であり続けたことを意味する。

第四節　二つの金碑

これまで見てきたように、より古い規定に準拠点を求める慣行としての水利規程の性質によって、「都総管碑」の記載内容は係争者各自の論拠として利用され続け、王朝交替にも左右されることなく後世への規定力を有し続けた。三七分水という規程自体は北宋慶暦碑にまで遡るものであったが、実際の水案裁定の場において利用されたのは「都総管碑」に記される情報であり、これが事実認定の根拠となった。

ただし、同碑については、奇妙な問題点が存在する。「都総管碑」の録文を収める『山右石刻叢編』においては、その所在地を「今平陽府に在り」とし、胡聘之の目睹《もくと》した碑刻が当時の平陽府衙に置かれたものであるとす

「都総管鎮国定両県水碑」（2002年7月著者撮影）

る。また、一九九九年に出版された『黄河金石録』では、「碑、今山西洪洞県広勝寺に立存す」と記され、分水地点に立てられたもう一方の石碑（筆者が目睹し得た水神廟南壁の碑刻）を写したものであることが分かる。つまり両書に収録される碑文はそれぞれ別の碑刻から写し取られたものとされるのである。

さらに、この二碑に関しては、『山西各県名勝古蹟古物調査表』の「趙城県古蹟古物調査表」に上掲の記載があるのとは別に、「臨汾県名勝古蹟古物調査表」にも「名称：趙城洪洞水利碑、時代：金天眷二年六月、地址：旧平陽府庁前、所有者：官有、現状：記載なし、保管：県府、備考：平陽府尹完顔謀离也立石、判官楊丘行撰、押司官喬木書。碑為定洪・趙両県南霍・北霍水利而立。共二碑、一在分水渠上、一在平陽府前」として、「趙城県名勝古蹟古物調査表」とは異なる記載内容が見られる。「現状」についての記載がないものの、同調査表においてすでに散佚《さんいつ》した碑刻については「已佚」の記載が見られることから、民国二〇年時点において両碑刻の現存が確認されたと考えられよう。

ただし、平陽府官衙の碑刻を記録したとする『山右石刻叢編』の内容と筆者が確認した広勝寺水神廟の碑文とには奇妙な一致が存在する。『山右石刻叢編』の録文にはいくつかの欠字が見られ、広勝寺水神廟の碑刻は中央より左右・下方向に断裂している。この『山右石刻叢編』の欠字部分が完全に水神廟碑の断裂部分と合致するのである。さらに、碑文三〇行目の言偏のみが確認できる文字（録文中の「訟」字）は、現存する水神廟碑でもそのつくり部分が剝落し、言偏しか確認することができない。つまり、胡聘之が『山右石刻叢編』に移録した平陽府衙に置かれた碑刻と水神廟に現存する碑刻は同一の箇所が断裂し、さらに同一箇所が剝落するのである。よほどの偶然でもないかぎり、別々の箇所に置かれた二碑が同じ破損状態を止めることは考えにくい。これは胡聘之が移録した碑刻こそ現在、水神廟に置かれる碑刻そのものであることを意味しよう。

『山西各県名勝古蹟古物調査表』の記載を信じれば、民国二〇年以降のいずれかの時点において広勝寺の碑刻が失われ、平陽府から広勝寺にもう一碑が移されたと考えられる。これは民国二〇年以降の段階においても、同碑の存在意義が存在していたことを示す。碑刻の存佚は人為的な倒壊・損傷および水害や地震といった自然災害に大きく影響され、大半の碑刻がこうした原因により失われたことは間違いない。しかし、様々な環境の変化を経ながらなお現在も立ち続ける碑刻は、その存佚が単に偶然性のみに左右されるものではなく、それが残存するだけの意味を持ち得たために、残されるべくして残ったことを物語る。さらに、これは金代において二〇世紀にまで続く水利秩序の固定化が始まったことを示唆するとも考えられよう。では、宋慶曆碑は失われ、金天眷碑が残された理由はいかなる点に求められるのであろうか。

第五節　金初の多重権力構造と地域社会の対応

天会末年に起こった水案の裁定にあたっては、当事者である両県の使水戸および現地の平陽府・趙城県・洪洞県に加えて、元帥府・枢密院（後に行台尚書省に改称）・元帥行府の間で頻繁に文書のやり取りがなされる。以下、碑刻内容に沿って完顔謀离也の裁定に至るまでの経緯を追い、金碑が後世に伝えられた背景を考えてみたい。これは金初の華北統治のあり方を浮かび上がらせるとともに、地域社会の側がこれにいかなる対応を見せたのかを明らかにすることにもつながる問題である。

天会一三年（一一三五）、趙城県の使水戸虞潮らによって洪洞県の使水戸による盗水が趙城県に訴えられ、趙城県より平陽府に申文が送られた[22]。趙城県の上申を受けて平陽府は官を派遣して調査・処理に当たらせるが決着をみることはなく、二年後の天会一五年（一一三七）に再び平陽府より府判官の高金部[23]に牒文[24]が送られ再度裁定が図られる。牒文を受けた高金部によって木隔子と呼ばれる分水施設が設置され分水の変更がなされた。これにより、いったんは決着を見るかに思えた趙城県と洪洞県の水争いは、再び趙城県の使水戸の張山らにより高金部の灌漑用水分配措置に対する反論として再燃する。張山らの反論は所轄の趙城県より平陽府に上申がなされ、これを受けて平陽府から枢密院に上申が行われた。

平陽府からの上申の回答として天眷元年（一一三八）四月八日に枢密院の上畔が下る。この枢密院の回答は元帥府の箚子を受けてなされたものであり、平陽府に再び実情を調査させ張山らの訴えを再調査させるというものであったが、ここで注目すべきは枢密院の上畔に元帥府の箚子が引用される点である。宋代における下行文書としての箚子は中書門下（元豊改制以降は三省）、枢密院より発せられた文書形式である[25]。これに対して、「都総管碑」や『三朝北盟会編』、『大金弔伐録』などに見える金初の用例においては、いずれもその発給先は元帥府に限定される[26]。この発給先の違いはいかなる状況の変化を意味するであろうか。当該箇所における文書の移動を理解するためには、当時の元帥府と枢密院の関係性を考慮する必要がある。

金初における元帥府と枢密院の変遷に関しては、すでに三上次男、外山軍治、王曾瑜により詳細な検討がなされる［三上一九五九、外山一九三六、王一九九六］。三氏の研究を参照して太祖朝より熙宗朝に至る間の枢密院と元帥府をめぐる状況を概述し、両者の関係を再検討してみよう。天輔六年（一一二二）、完顔杲が枢密副都承旨に任じられ、翌七年（一一二三）に中書省とともに広寧府に設置された枢密院は天会四年（一一二六）に至って西京と燕京の二箇所に分置された。これら西京・燕京両所の枢密院はそれぞれ北宋攻撃に際して右翼軍として山西攻略の任を負った左副元帥ネメガ（宗翰）、左翼軍として河北攻略を行った右副元帥オルブ（宗望）を首班とする元帥府に属する行政機関として、新たに版図に加わった山西・河北の地における各種案件の処理に当たった。

元帥府官の勢力の消長に起因する統廃合を経て、両枢密院は燕京枢密院に一本化される。その後天眷元年九月に至って燕京枢密院は行台尚書省に改組されるが、[27]これは「都総管碑」において枢密院の語が確認できる下限が天眷元年八月二六日であり、続く同年一〇月一一日の上畔には発給先が明記されないものの、天眷二年二月二七日の時点では行台尚書省より上畔が下されるなど、天眷元年九月時点での行台尚書省への改組との齟齬は見当たらない。燕京枢密院が改組された行台尚書省は引き続き河北・山西を管轄範囲としてその行政管理にあたったのである。

一方、軍政機関たる元帥府は旧北宋領の華北地域に旧遼朝領たる燕雲十六州および西北路を加えた広大な地域を管轄区域とし、民政機関である行台尚書省（枢密院）を属下に配した。ここからは上京会寧府にあって中書・門下・尚書の三省を通して東北地域の統治にあたる金皇帝との明確な政治ブロックの区分けを想定し得る。[28]すなわち国家根本の地たる東北地域には皇帝を頂点とし三省によって行政管理が実施される直接統治体制が採られたのに対して、新領土たる華北・西北地域に関しては、元帥府の属下に民政機関たる枢密院を配する間接統治体制が敷かれたのである。こうした状況のもと新領土の行政管理が元帥府に一任されたことにより、元帥府の発する劄子が管理区域内の案件において最終判断として意味を有することとなった。

この後、天徳二年（一一五〇）一二月に至って元帥府は枢密院に改組され、行台尚書省は廃止される。一連の改廃は三ヶ月後の天徳三年三月に燕京遷都の詔が発せられていることから見て、明らかに海陵王が意図した遷都政策の一環である。これにより上述した政治ブロックは解消され、皇帝のもと尚書省による行政管理の方式に一元化される。[29]「都総管碑」の記載は、まさにその過渡期的状況にあった元帥府・行台尚書省（枢密院）による華北統治の具体的事例と言える。

平陽府からの報告を受けて天眷元年八月二六日に枢密院の上畔が平陽府に再び下され、府官を派遣して趙城・洪洞二県の知県と水争いに関わる一一村の使水戸とが共同で従来の規程に則り灌漑用水の分配を行うようにとの指示が下された。これを受けて平陽府側からは担当すべき府官の欠員を理由として再度枢密院に上申がなされた。枢密院は銭帛都勾判官[30]朱伸を当地に派遣して案件の解決を図るが、翌天眷二年二月二七日には行台尚書省に朱伸からの報告が届き新たな担当官の派遣が求められる。これに対して、行台尚書省は絳陽軍（絳州）節度副使の楊槙を派遣して朱伸と共同で対応に当たらせる。しかしながら、これまでの度重なる官員の派遣によっても当該案件は解決されることなく、遂に洪洞県側からの訴えがなされるに至った。

今回の水争いの発端は趙城県側からの洪洞県に対する訴えであったが、高金部・朱伸らによる調停を不服とした洪洞県側はこれまでの趙城県→平陽府→枢密院（行台尚書省）→元帥府という上申方法に対抗して、元帥監軍行府への訴えという方法を採った。この元帥監軍行府とは河中府にあった元帥右監軍撒离喝を指す。撒离喝の駐屯地に関しては、『三朝北盟会編』巻一八二所引の『金虜節要』によれば、右監軍就任時（天会一四年、一一三六）に雲中（西京）に駐屯したとされる。しかし、王曾瑜が『金史』巻七七・宗弼伝、『金史』巻八四・杲伝によって、撒离喝が天眷二年前後に河中府に駐屯したと指摘するように［王一九九六］、洪洞県との位置関係から見ても天眷二年四月当時河中府に駐屯したと考えられる。劉斉廃止に伴い陝西より帰還した撒离喝は河中府に止まり、陝西方面への押さえとなったのである。

合議制に基づく元帥府のあり方から判断すれば[31]、行府より文書は行台尚書省を経ることなく直接元帥府へもたらされ合議にかけられたと考えられる。新領土たる華北に置かれた行台尚書省は宰相府としての役割を有さず、管轄下の民政事務担当機関に過ぎなかった。したがって、完顔謀离也の派遣を実際に決定したのは、行台尚書省ではなく元帥府であったことは間違いない。これは元帥行府からの訴えが元帥府へと上申されたであろうこと、さらに民政官としての「平陽府尹」完顔謀离也ではなく、ことさらに軍政官「河東南路兵馬都総管鎮国上将軍完顔謀离也」を派遣するようにとの決定がなされていることからも裏付けられる。この時、行台尚書省はこの元帥府の決定をそのままに伝達する役割を果たしたにすぎない。

さらに、元帥行府を経由しての元帥府に上申がなされた背景には、当時の元帥府内の複雑な政治的状況が関係する。都元帥不在の元帥府における実質的トップたる左副元帥撻懶は山西を掌握したネメガの没後、その軍事力を背景に燕京にあった太宗の長子宗磐との連携のもと強力な政治力を発揮する。一方、送り手たる元帥右監軍撤离喝は天会三年(一一二五)に始まる華北攻撃に際して河北・陝西の攻略に従事し、以降、河中府に駐屯して山西・陝西方面における勢力を拡大させていた。

左副元帥撻懶および宗磐らの専権に対しては、早くからこれに反対する声は強く、最終的に天眷二年七月における宗磐誅殺《ちゅうさつ》、さらに翌八月の撻懶誅殺という結末を迎える。こうした反宗磐・撻懶勢力の中心となったのは太祖の庶長子斡本(宗幹)と完顔希尹であり、元帥府官としては軍事面において撻懶に匹敵する実力を有した右副元帥兀朮の働きが大きい。さらに張楚廃止後の傀儡《かいらい》政権首班選定を巡り、撻懶との確執が見られた撤离喝も撻懶誅殺の後、右副元帥に昇任していることから、反宗磐・撻懶勢力の一翼を担ったと考えられる。さらに、張方の状告を受けて、元帥監軍行府撤离喝が派遣を求めた完顔謀离也とは後に海陵王の天徳二年一〇月辛未、謀反の誣告を受けて撤离喝とともに一族二十余人とともに誅殺される人物であり、両者が密接な関係を有していたことは確実である。[32]

当該案件の最終的な裁決はまさに宗磐・撻懶派誅殺の約一ヶ月前になされたものであった。元帥監軍行府撤离喝を経由する洪洞県の状告が充分に効力を持ち得たことは、撒离喝との密接な関係のうかがえる完顔謀离也の派遣によって解決が図られることからも明らかである。こうした状況は、撒离喝ら地方駐屯軍団の動向が元帥府の施策に影響力を及ぼし得たことを示すとともに、当時すでに撻懶・宗磐らの専権に幾分かのかげりが指しつつあったことを意味しよう。

完顔謀离也の裁定に至る経緯の中で最も重要な意味を持つのが、洪洞県からの訴えが軍政機関たる元帥府に持ち込まれたという点である。金の華北支配にともなって元帥府に代表される軍政機関と行台尚書省など民政機関が並存するという多重権力状態が生まれていた。民政機関たる行台尚書省への訴えでは有利な判決を引き出しえなかった洪洞県側は、軍政機関たる元帥府への訴えという方法によって最終的に自らの主張を反映させた裁定結果を勝ち取ったのである。軍政機関と民政機関の両立という権力の多重性に対して、地域社会の側はこの複雑に絡み合う権力の網にただ屈するのではなく、その間隙を縫って自らの主張を通すべく選択的に訴え先を変えていったこととなる。さらに、霍泉水利をめぐる争いにおいて、地域社会の側の主体的な動きが生み出したものは単に水争いの勝利という一事に止まるものではなかった。それこそが以下に述べる新たな渠条の作成であり、それは水利秩序の再編をも意味した。

第六節　渠条の作成と水利秩序の再編

『洪洞県水利志補』所載の「南霍渠渠冊」に見える水利規程（渠条）が金代天眷二年六月に都鎮国、すなわち河東南路兵馬都総管鎮国上将軍の完顔謀离也によって定められたとされることについては、すでに述べた通りであり、計四〇条におよぶ渠条すべてがこの時に完備されたとは考えにくいのも確かである。ただし、これを全くの偽託であると考えることもできない。その理由は「都総管碑」とともに広勝寺水神廟に現存する延祐六年（一三一八）「重修明応王殿之碑」[33]に、

南北の二渠、これを七として三とするは、土人の相い伝え、此の例定まるに比《いた》る。嘗て朝廷を経て理を争うこと数年にして後已む。見に豊碑有り、県に在りて考《しら》ぶべし。其の陡門、夾口、堤堰を定め、其の渠長、溝頭、水巡を設け、富豪強をして敢て其の情を恣ままにせず、上中下を次じ乃ち其の便を節するを得さしむ。歳中に霖雨の漲溢し、防埈の欠壊するに値らば、民の富貧、役力の多寡を験べ、即ちに塞ぎて之れを実たす。頗しく少や緩みて堕る者有らば、科罰するに虚示無きなり。而して旧と立つる条款は、斑斑として日星の若くして、又た誰か敢て一字を増減せんや。[34]

と記されることによる。ここに見える「嘗て朝廷を経て理を争うこと数年にして後已む。見に豊碑有り、県に在りて考ぶべし」の言は明らかに金初の水案とその結果を記す「都総管碑」を指す。したがって、これに続く諸規程（旧立条款）が金代に作成され、モンゴル時代の延祐年間に至るまで一字の増減をも許されないほど厳格に継承されたと言うのである。

ここに記される規程内容は、（1）陡門、夾口、堤堰などの水利施設の設置、（2）渠長、溝頭、水巡などの水管理責任者の設置と違反者に対する取り締まり、（3）使水戸を上中下の三等に分類すること、（4）長雨によって水路の堤防が切れた際に、各戸の経済力を勘案して修復の役割を担わせること、という四点にまとめられる。これを「南霍渠渠冊」所収の「天眷二年六月日都鎮国定」と記された四〇条の渠条と比較すると、

（1）一、上接せる趙城県の陡門は三座……（中略）……一、中接せる洪洞県の陡門は三座。[35]

（2）・（3）一、各村の溝頭は、管する所の上中水戸もて、輪転して充当す。狡猾を顧覔するを得ることなかれ。下水戸を以て応当せば、白米五斗を罰す。[36]

（4）一、猛雨の渠堰を衝破す、或いは渠を淘うの時候、渠長・溝頭は衆夫を会集し、差撥修理するに等有り。[37]

として、部分的にではあるものの、それぞれに対応する条文を確認することができる。つまり、四〇条の内には、金代天眷二年に作成され、モンゴル時代にも継承されていた部分が確実に存在することとなる。さらに深くこの問題を考えるためには、「南霍渠渠冊」およびそこに含まれる渠条の成り立ちを明らかにする必要がある。

雍正三年、すなわち平陽府知府劉登庸による分水鉄柵の設置に連動する形で修冊がなされた「南霍渠渠冊」の内容をまとめると、以下の五つの部分に分かれる。

（一）「都総管鎮国定両県水牌」として金碑の内容がそのままに収録される。

（二）「再び牌上の水例条一本を抄写するを行い、後に再び南霍渠禁口の石椿一条を整理するを要め、已に前後の争告せる公事内の詞因を看て、理会施行せよ」[38]として、以下、唐代貞元年間以降の水案と規定内容が記される。さらに、「今興夫の数目、並びに科罰の名項を将て、須らく議すべき渠条の者を開写す」[39]として四〇条の規程内容が並び、その末尾に「天眷二年六月日都鎮国定」と記される。

（三）「興定二年四月初九日、平陽府南霍の実排使水の渠条を給す」[40]に続いて、渠長、溝頭など水管理責任者の選出に関する四条項が記される。

（四）「南霍渠水輥日期」として、村ごとに割り当てられた使水量が日・時をもって記され、「辛亥年南呂月日記」と結ばれる。

（五）水門の修復工事に対して各村が供出すべき人夫の数が記されるとともに、管理責任者に渠条を毀損することを戒め、「如し辺葉を失少し抹損する者有らば、渠例に照依し、白米五碩を科罰し、官に充てて使用す」[41]と締めくくる。

最後の一段には年月が記されないものの、そのほかは年代順に（一）・（二）金代天眷二年、（三）興定二年と

並ぶ。これら年次が記された箇所以外に渠条の制定ならびに渠冊の作成に関する言及があるのが（二）の部分である。そこでは、

伏して以えらく万物を潤生するは、水土の利、衣食の源より善きはなきなり。民の生を養うは、斯れ大なり。窃かに見るに平陽府霍山に霍泉の聖水有り、十分を以て率と為し、三七もて均分す。趙城は水七分を得て、北霍泉渠と名づく。洪洞県は水三分を得て、名づけて南霍泉渠と為す。沢流は絶うる無し。其の両県の人民は皆な澆漑の利に頼り、共に一百三十村庄、計一千七百四十七戸を灌す。該《そ》の水田は地九百六十四頃一十七畝八分、水碾磨四十五輪を動かす。続く大朝登基してより渠条を立つ。本渠の一十三村の大小溝の総地土、使水の日期は、茲れ三村の渠長有りて、共村の得たる癸巳年の古旧の渠条、累しば兵革を経て失迷し、憑りて照らすべき無きを将て、所有《あら》ゆる去歳の渠長は、新に従いて置立し、古旧の渠条例一簿を抄写し、渠（条？）を以て照験し科罰す。古旧の条例に、渠長は下三村もて充当し、馮堡・周村・封村は周歳にして輪流し、以て保結に憑る。[42]

とあって、この前半部が「都総管碑」によるものであることは一目瞭然である。問題はこれに続く「続く大朝登基してより渠条を立つ」の箇所である。初出論文においては、前段部分の「水碾磨四十五輪を動かす」までが「都総管碑」に記される宋代の状況を示すものであることから大朝を金と解したが、やはり多くの事例が示すようにこれはモンゴルを指すと考えるべきであろう［于二〇〇五Ａ・Ｂ、陳二〇〇九］。こう考えることによって、「癸巳年の古旧の渠条」、さらに（四）の末尾の「辛亥年南呂月日記」という記載に関しても、これがモンゴルの華北侵攻以降、クビライ時代以前において、年号を用いずに干支をもって年月を記した状況とも齟齬は生じない。つまり、癸巳年（一二三三）の旧冊に基づいて、辛亥年すなわちモンケ即位の歳である一二五一年に新たに渠条が制定されたこととなる。

【表2】洪洞県内における渠条・渠冊の作成時期

No	渠名	開削時期	渠条作成および修冊時期	水利碑・水案
①	通利渠	興定2年	洪武29年：光緒34年	康熙年間：光緒年間
②	南霍渠	貞観年間	天眷2年：興定2年：癸巳年：辛亥年：雍正3年	天眷2年
3	潤源渠	天聖4年	康熙39年	至元18年
④	小霍渠	慶暦6年	慶暦6年：天会14年：大定29年：正徳12年：乾隆24年：同治10年	
5	副霍渠	建文4年	康熙31年：同治11年	永楽14年：弘治11年：民国2年
6	麗沢渠	至元年間	万暦38年：雍正8年：乾隆年間：道光年間：光緒17年	
7	清泉渠	慶暦2年	隆慶5年：天啓元年：乾隆19年	
8	清水渠		乾隆5年	乾隆4年：同治3年
9	長潤渠	元祐9年	嘉慶年間：道光18年	大定5年：延祐4年
⑩	広利渠		興定2年：雍正6年：民国4年	
11	衆議渠	天聖3年	雍正元年：乾隆52年	
12	晋源渠	至正元年	咸豊5年	
⑬※	清潤渠	天会2年	天会2年：嘉靖10年：順治16年：道光25年	
14	陳珍渠		雍正11年：乾隆13年	
⑮	園渠	天会13年	天会13年：皇統6年：咸豊4年	洪武5年
⑯	連子渠		中統4年：道光12年	順治2年
17	要截渠	大中祥符元年	乾隆43年：宣統3年	
18	通沢渠		乾隆57年	
19	崇寧渠	宋代	乾隆16年	
20	沃陽渠		道光年間	
㉑	南沃陽渠	崇慶元年	崇慶元年：至正21年：万暦18年：康熙23年：康熙61年：光緒14年	康熙59年：道光22年
22	通津渠		嘉慶6年：道光25年：光緒2年：光緒21年	
23	先済渠	天聖2年	万暦36年	
24	潤民渠	貞観年間	康熙32年：乾隆年間：同治7年	康熙31年：同治7年
25	淤民渠	弘治元年	同治9年：光緒7年	

（表2続き）

26	西安渠		民国4年	
27	汾州里渠	至大2年	弘治13年	民国4年
28	天潤渠	弘治4年	乾隆29年	
29	潤渠	至元年間	嘉慶11年	嘉慶6年
30	広平渠	貞観年間	康熙28年：乾隆42年	
31	普潤渠	永楽元年	嘉靖25年：康熙29年	
32	万潤渠		道光11年	
㉝	第二潤民渠	皇統2年	皇統2年：至正年間：万暦29年	
34	広済渠			
35	普潤渠			嘉慶7年
36	下広平渠			
37	万尊渠			
38	益民渠			
39	潤民渠			康熙32年
40	均益渠		康熙54年	

（注）○は明代以前に渠条の作成もしくは修冊がなされたものである。No. 13※に関しては、開削時期および渠条作成時期を天会2年（1124）とするが、この時期には金はまだ華北に侵攻していないことから、天会12年（1134）もしくは天眷2年（1139）の誤りと考えられる。

以上をまとめれば、天眷二年に都鎮国によって渠条が制定され、興定二年に平陽府より渠長および溝頭の選出に関する規程を加えた渠条が発給され、これが一二三三年に再び書写された。これを基にして一二五一年に使水日期の条文を加えて渠条が再作成されたこととなる。やはり、南霍渠渠条の起源はあくまで天眷二年に都鎮国によって定められた渠条にあったのである。さらに注目すべきは、興定二年に平陽府より渠条が給付されているという点である。癸巳年の旧冊に見える「渠長は下三村もて充当し、馮堡・周村・封村は周歳にして輪流し、以て保結に憑る」は、(三) に挙げたこの興定二年四月初九日に平陽府が給付した南霍実排使水の渠条に見える「一、趙城県、洪洞県は相い争い詞訟を為すを礙《とど》め、各おの渠長一員を立て、各村の溝頭を拘集して水戸を智治せしむ。十三村の使水は、昼夜長流し、番を分ちて地土を澆漑するに、一月零四もて一遭し、各おの其の済くるを得」[43]に対応する。

さらにこの問題に関しては、南北両霍渠と同じく霍泉を水源とする重要幹線水路である副霍渠の渠冊に興味深い記載が見える。『洪洞県水利志補』「節鈔副霍渠渠冊」冒頭の「創修副霍廟記」（永楽一四年、一四一六）によれば、

始め宋朝の慶暦六年より例を定む。小霍渠条の因りて破損せるが為に、天会十四年十月内に、本県に経詣し再び渠条に印押するを行い、給付して照用せしむ。金の大定二十九年三月内に至り、重ねて本県令納蘭に経詣し印押を行う。[44]

とあり、宋代慶暦六年（一〇四六）に定められた小霍渠条が破損したため、金初の天会一四年（一一三六）一〇月に洪洞県にこれを持参して県官の捺印・押字を受けて給付された。さらに、大定二九年（一一八九）三月にもかさねて洪洞県令納蘭某よりの捺印・押字を受けている。

重要なのは、金代において渠条に対して官による捺印・押字がなされ、これが給付されるという一連の手続きが踏まれていることである。「都総管碑」に記される霍泉をめぐる水案が金代天会一三年に始まり、裁定の根拠とされたのが宋慶暦五年碑であったことなど、両者の共時性は顕著である。そもそも副霍渠は南北霍渠と同じく霍泉を水源とするいわば同一の水系とでもいうべきものであることから、天眷二年時における南霍渠の渠条も平陽府尹完顔謀离也の捺印・押字という認可を得て発給されたものと考えて無理はない。さらに、興定二年の平陽府による渠条の給付もこれと同様に、平陽府に持ち込まれ認可を得た渠条が給付されたことを意味しよう。

もちろん、「創修副霍廟記」において天会一四年の印押に際して、「再行」の文字が用いられている以上、宋代においても渠条に対する官からの認可・給付という方法が用いられていた可能性もある。ただし、管見の限り、直接的にこれを記す史料はない。さらに、『洪洞県水利志補』に収録される全四〇種の渠冊のうち、その起源を明代以前にさかのぼることができるものはわずか八例に過ぎないが、それらの内、「副霍渠渠冊」と中統四

年（一二六四）に修冊がなされた「連子渠渠冊」を除いては、いずれも金代にその起源が求められる【表二】。その一例として、「園渠渠例」には「惟うに園渠簿集の中、先民の樊璵、商順らの挙げたる天会十三載曁び皇統六禩の有司の印し給せる文状を得て、爰に両渠の用水日期並びに興工の条例各おの一本を載す」[45]として、やはり天会一三年（一一三五）と皇統六年に官が捺印の上で発給した文状に用水の期日と供出人夫の数が示された条例が載せられているとする。これらが意味するところは、渠条に対する官からの認可と給付という方法が金初に始まるものであり、官からのお墨付きを得た渠条が給付されることにより、その規定内容は公式にも認められるものとなったということである。ここに、官による渠条の認可と給付という行為を新たな出発点として、水利秩序の再編がなされたという結論が導き出されるのである。

小結

金の華北支配にともなう多重権力構造の発生という状況のもと、宋代に作成された渠条や碑刻を用いて水案の裁定がなされたものの、その過程においては地域社会の側が主導的に訴え先を選択するという動きが見られた。こうした社会の動きは、水案裁定の後に渠条に対する捺印・押字という形で官からの認可を得て水の分配・管理を行うという制度を生み出すことにもなる[46]。渠条の認可と給付という方法で官による水分配・管理への関与が強められるとともに、公的な権威の裏付けを得ることで、ここを新たな出発点として水利秩序が再編されたのである。宋代に作成された渠条や碑刻の内容自体は、金代の渠条や碑刻に収録されることで保存されながらも、新たに官によって認可された渠条が給付され、碑刻が立石されるにより、その存在意義は失われモノ自体が消え去っていったと考えられる。これにより、金代に再編された水利秩序は、金碑という「最古」の碑刻を拠り所として後世にまで維持されていくこととなったのである。

もちろん、同様の状況は金からモンゴルへ、さらにモンゴルから明へといった国家の交代期にも同様に生じうるものである。しかしながら、南霍渠の事例に見られるように、それでも金碑は残された。宋・金交替期に宋碑は失われ、金・モンゴル交替期に金碑が残された背景には、金代における官の水分配・管理への関与が渠条の認可と発給という制度に基づくものであったという状況が存在する。多重権力構造のもとにおかれた金代華北社会において、公的な権威の裏付けが求められたことになろう。さらに、こうした傾向はより複雑な権力の多重性を生み出すモンゴル時代においても継承され、よりその内容を整えていったことは次章にて明らかにしたい。

注

1　夫此四水也、不特為我村霊秀之奇、実為我村養命之源也。但社無碑記、毎遭強覇之患。雖有古碑、立於州署之土地祠、未立於我村之廟、而人不習見。雖有古図、地勢屢更、地名屢易、而人不習聞。……（中略）……近於光緒元年又被下楽坪段姓築塞上渠北巣東北角大泉三処、訟結連年。此皆由社無碑記、我村人習焉無以察其実、語焉不能得其詳焉。

2　碑記解決洪・趙両県争水事。朝散大夫少府少監権平陽府判官楊丘行撰、平陽府押司官喬木書幷題額。題都総管鎮国定両県水碑十字。査洪・趙両県争水、常依拠此碑為弁駁。

3　近年発見された水冊の代表的なものに、白・藍・魏二〇〇三が取り上げた劉屛山「清峪河各渠記事簿」があり、その後に鈔曉鴻と李輝によりその初稿本が発見された［鈔・李二〇〇八］。

4　然窃以為若因畏難而苟安、既隣於自棄、以不治為難治、則近於誣民。値茲連年亢旱之時、正与吾人以切実研究之会。是以於一渠案之来、務先詳詢其沿革、考究其利弊、徴求冊例、捜索碑碣、必無遺漏而後已。於其形勢也、則親勘而手絵之。

5　源詳図考、唐貞元間、居民導分両渠、一北霍、一南霍、漑趙城・洪洞両県地八百九十一頃。

6　南霍渠即霍水支流、禁口往南流者是也。唐貞元間、導水開渠、漑洪洞曹生・馬頭・堡裏・上庄・下庄・坊堆・石橋頭・南秦・南羊・周壁・封村・馮堡十二村地一百三十九頃有奇。社人春秋報賽、如霍水例。

7　拓影および録文が黄・馮二〇〇三、李・王・張二〇〇八、汪二〇〇九にある。

8　自唐貞観以来、分漑洪・趙両邑、於泉源下流百歩許、創立南北両渠。従泉直注而西者名北霍渠、渠口寛一丈六尺一寸、得水七分、漑趙城県永楽等二十四村荘、共田三百八十五頃有奇、西北入汾。従泉折注而南者名南霍渠、渠口寛六尺九寸、得水三分、漑趙城県道覚等四村、南漑洪洞県曹生等九村、共田六十九頃有奇。三七分水由来久矣。当該碑刻は現在、分水口上に架かる平水橋の北側に立石される。碑陰には「建霍渠分水鉄柵図」が刻され、霍泉より分水口に至る渠道が図示される。本書の表紙カバーと扉に同図を載せる。

9　宋慶暦五年、因本県郭達古与洪洞燕三競使水、遂定水例。碑銘一座。

10　呉式芬撰『金石彙目分編』巻一一・平陽府洪洞県待訪条には、『［雍正］山西通志』を引用する以下の記述が見られるものの、編纂時において現存が確認されてはいない。「宋分水碑。山西通志、霍泉在洪洞東北三十里。唐貞元間、導両渠。宋慶歴時、立分水碑。」

11　宋開宝年間、因南渠地勢窪下、水流湍急、北渠地勢平坦、水流紆徐、分水之数不確。両邑因起争端、閧鬥不已。於是、当事者立限水石一塊。即今俗称門限石是也。長六尺九寸、寛三尺、厚三寸、安南霍渠口、水流有程、不致急瀉。又慮北渠直注、水性順流、南渠折注、水激流緩、於北渠内南岸南渠口之西、立擱水柱一根、亦曰逼水石。高二尺、寛一尺、障水西注、令入南渠、使無緩急不均之弊。此古設二石之意也。

12　洪洞・趙城両県の水争は灌漑用水の減少という状況に起因するものであった。その反面、霍水は夏秋の間において流域中に氾濫を引き起こすほどの増水を見せた。『［万暦］洪洞県志』巻一・輿地志附橋梁に収録される洪洞県丞喬逢辰撰「恵遠橋記」には、「洪洞隷平陽、壮哉県也。其始為城者、適当大路津要、駅驂之所奔馳、商旅之所往来、輪蹄之声、昼夜不息。而城之北三里有霍水焉。当夏秋霖潦、漲水瀑至、雖期会之急若星火然、且不得渡。迨乎孟冬、則又労民費材、以［搆］輿梁、世以為病、而莫知改作」として、天徳辛未（三年、一一五一）に橋屋を備えた恵遠橋を架設するに至った状況が記される。洪洞県は山西地域における交通・流通の大道たる汾河流域の中間地点に位置し、呂梁山と太行山系の山々に挟まれた南北交通の要衝に当たった。県城の北を流れる霍水は夏秋の間に渡河を困難とするほど増水し、附近の人々は毎冬の橋梁修復に悩まされ続けたのである。

13　上畔に関しては、「畔」を「判」の音通として、上位の判語を示すとも考えられるが、その用例が金代太宗朝に集中し、下限としては世宗朝の一例が確認できるのみである。そのいずれもが金側の使用例とされることから、金代初期に用いられた文書の形式を指し、皇帝を含む上位機関の命令指示を伝達する下行文書の総称であると考える。なお、「都総管碑」において上畔の語が確認できる六ヶ所の用例は、いずれも「准奉〇〇〇上畔」、あるいは「奉上畔」と表記される。また、枢密院（行台尚書省）を冠する場合には枢密院（行台尚書省）にて改行、単独で用いられる場合には一字空格という形式が一貫して遵守される。この上畔という文書形式は、金初における元帥府に従属する行政機関としての行台尚書省（枢密院）のあり方に由来するものであろう。新領土たる華北に置かれた行台尚書省は宰相府としての役割を有さず、管轄下の行政事務担当機関に過ぎなかった。その結果、北宋期において宰相府より発せられた箚子は上位の元帥府より発せられる文書として形を変え、その下位にあった行台尚書省より発せられる行政指示文書として新たに上畔という様式の文書が創出されたと考えられる。また、上畔を文書以外に用いる用例として、『三朝北盟会編』巻一一〇所引の傅雱『建炎通問録』に金よりの正使である王秉彝が自らを指して「上畔人」と称する事例が確認できる。上畔を受けて出使した者の意であろうか。

14　楊丘行に関しては、『金史』巻一〇五に立伝される楊伯雄、および同書巻一二五に立伝される楊伯仁の父としてその名が見え、天徳三年には太子左衛率府率の任にあったことが分かるものの、「都総管碑」に記載される平陽府判官としての事跡は確認できない。また、ここで楊丘行に記文の撰述を命じる「公旨」が下るが、これがいかなる種類の文書を指すかは不明である。ただし、碑刻中において行台尚書省よりの「上畔」と同じく一字空格の処理がなされることから、これと同等のレベルの文書と考えられる。

15　時代が降る事例ではあるが、『洪洞県水利志補』「節鈔潤民渠冊」に収録される同治七年（一八六八）「襲府尊洪趙水利碑記」の末尾に「此碑在平陽府大堂滴水簷西牆根立、曾椎碑文数張、平陽府刑房巻内存一張、洪洞県刑房巻内存一張」とあり、平陽府衙門に立てられた水利碑から拓本がとられ、平陽府の刑房と洪洞県の刑房に一通ずつ保管されたとされる。

16　拓影および録文が左一九九九、黄・馮二〇〇三、李・王・張二〇〇八、汪二〇〇九にある。

17　分水地点に設置された劈水石に関する明確な記載はないが、趙城県の王廷琅によって撤去された結果、趙城県に八割、洪洞県に二割の割合で分水がなされることとなったことから考えて、南霍渠側への流入量増大の為に設置された攔水石と同様の働きをしたことが分かる。

18　宋纁、字は伯敬、河南商丘の人、嘉靖三八年（一五五九）の進士。『明史』巻二二四に立伝されるが、山西監察御史在任中における水案裁定の事跡は記載されない。

19　本府呈委趙同知・胡通判会勘得、董景暉等所告山泉渠口、考験金天眷二年復立碑文内載両県原定分水古碑、趙城県陡門内水南北闊一丈六尺一寸、深一尺七寸。洪洞県陡門内水東西闊六尺九寸、深一尺六寸。後因年遠、灰石朽壊、歴年空淘移損、将北霍渠北岸砌石被水冲刷無踪、西壁原立攔水石二尺去其大半、以致南霍渠不及分数。拘集両県渠長人等丈量得、北霍渠南北闊一丈六尺八分、比碑文内載多闊［一］（五）寸八分、用石補砌改正、止照碑文原定闊一丈六尺一寸。洪洞県前少闊一尺五寸、増砌補足、亦照碑文原定闊六尺九寸。並立攔水石、照旧闊二尺、仍将洪洞県多深三寸、墊砌止深一尺七寸等因、具呈照詳。

20　蒙批深闊、攔水石倶照碑文改正補立、灰石匠作工費、於両県積貯本院贖銀罪米三七道支、事完具数繳。蒙此遵依行令、洪洞・趙城二県修完回報訖。

21　及審両渠渠長近来屢屢相争謂何。各称原無争闘狭浅深、止因不遵禁例、毎私行開淘、故紛紛告擾。看来若無私行開淘之事、則旧規一定、決無相争。今撤去二石、依然如旧、此正行所無事息争之良法也。但門限石碑文不載、今去之、洪洞之人已無詞矣。而攔水石則碑文所原有者、恐後日仍復争立、趙城之人決不肯従、適滋多事之端。合無候詳允日於両県各立石碑一通、以杜後詞。庶両河相安、官兵亦倶便矣。将董景暉取問、罪犯具招。呈詳蒙批、董景暉依擬発落。二石倶去、誠両便之道也。

22　当該碑刻中には幾多の文書のやりとりが記されるが、これらの文書の受給者は記されない。ただし、撰文、書並びに題額、立石など碑刻に関わるすべての行為が平陽府官の手になるものであり、さらに碑文中において平陽府を指して本府と称することから、碑文中に示される文書の最終的な受給者は平陽府であると考えられる。なお、天会一三年におけるネメガの中央への召還の後、一一月に至ってその腹心であった平陽府尹の蕭慶も任地を離れ、山西におけるネメガの権益は完全に失われた。蕭慶の後任に関しては不明である。当該時期の洪洞県令として天眷年間における劉徽柔の就任が確認できる（『［万暦］洪洞県志』巻三・歴官表）。

23　高金部に関して詳細は不明である。金部が北宋の戸部に属する金部司を指すと考えられることから、高金部は北宋において金部司官を歴した投降者であろうか。管見の限り金代における金部司の存在は確認できない。

24　金代における牒文の用例としては、北宋攻撃時に元帥府より北宋の三省・枢密院に宛てて発せられた事例［金少英校補、李慶善整理『大金弔伐録校補』中華書局、二〇〇一年、二一八～二一九、二二三～二二五頁〕、および主に世宗の大定初年に尚書礼部より各地の寺観に宛てて発せられた出給文の事例が確認できるが、ここでは平陽府より府官の高金部に宛てて発せられた下行文書を指す。

25 北宋期における劄子とは、本文中に述べた下行文書としての用法以外に、両制以上の官が臨時に上殿奏上を行う際に用いられた上行文書としての用法を持つ。『帰田録』巻二参照。なお、下行文書としての劄子の用例として、『金石萃編』巻一三二に収録される「永興軍中書劄子」が挙げられる。

26 金代における劄子の用例としては、元帥府より北宋の文武百官軍民耆老僧道に宛てて発せられた事例が確認できる。『三朝北盟会編』巻七九・靖康二年二月九日乙巳条、同一〇日庚午条。

27 『金史』巻四・熙宗本紀・天眷元年九月丁酉条。

28 北宋滅亡後の新領土を元帥府の特別行政地区とするという理解は三上次男によって示された〔三上一九五九〕。ただし、氏のこうした卓越した見解も史料的裏付けを欠くものであり、確固たる根拠が示されてはいない。「都総管碑」に見える元帥府劄子の事例は、氏の見解を裏付ける重要な史料となりえよう。

29 正隆元年（一一五六）正月に中書・門下の両省は廃止され、唐代以来の三省制度はここに消滅し、尚書省および属下の六部に行政管理権は一元化されることとなる。『金史』巻五・海陵本紀・正隆元年正月条。

30 銭帛都勾判官に関連して、『金史』巻三・太宗本紀・天会八年八月甲申条に「黄龍府置銭帛司」の記載が見え、さらに『金史』巻八四・白彦敬伝には銭帛司都管勾就任の事例が見える。なお、『遼史』巻四八・百官志・南面財賦官条にも長春路、遼西路、平州路の三路に置かれた銭帛司の名が見えることから、遼制に由来する官職とも考えられる。

31 繆荃孫撰『藕香零拾』所収『偽斉録』巻下には、劉斉廃止に伴う事後処理を目的として元帥府から発せられた指揮が収録される。その末尾には元帥府官の署名が附されるが、当時空位の明らかな都元帥および陝西攻撃に従事していた抜离速、撒离喝をも含めた元帥府官全ての署名がなされることは、本来的に元帥府の決定が元帥府官の合議を経てなされるものであることを示すものと言えよう。

32 完顔謀离也は『金史』においては、「謀里也」・「謀里野」と記され、景祖の第九子謾都訶の子とされる。また『三朝北盟会編』および『建炎以来繫年要録』など南宋側の史料中には、「没立」・「没立郎君」の名が見える。『建炎以来繫年要録』巻一九三所引の熊克『小歴』において、世宗即位に関連して海陵王時代の悪政が列挙され、その中で兵部尚書没立の誅殺を伝える記事が見えることから、没立は謀离也と同一人物と解する。謀离也誅殺に関しては、『金史』巻七六・宗義伝、および同書巻八四・杲伝参照。

33 『山右石刻叢編』巻二一、黄・馮二〇〇三に録文があるほか、斉・蔣一九九九に拓影、李・王・張二〇〇八、汪二〇〇九に拓影と録文が載せられる。

34 南北二渠、七之而三、土人相伝、此例比定。嘗経朝廷争理数年而後已。見有豊碑、在県可考。定其陡門、夾口、堤堰、設其渠長、溝頭、水巡、俾富豪強不敢恣其情、次上中下乃得節其便。歳中値霖雨漲溢、防堎欠壊、験民之富貧、役力之多寡、即塞実之。頗有少緩而堕者、科罰無虚示也。而旧立条款、斑斑若日星、又誰敢増減一字哉。

35 一、上接趙城県陡門三座……（中略）……一、中接洪洞県陡門三座。

36 一、各村溝頭、所管上中水戸、輪転充当。毋得顧覔狡猾。以下水戸応当、罰白米五斗。

37 一、猛雨衝破渠堰、或淘渠時候、渠長・溝頭会集衆夫、差撥修理有等。

38 再行抄写牌上水例条一本、後再要整理南霍渠禁口石椿一条、看已前後争告公事内詞因、理会施行。

39 今将興夫数目、並科罰名項、開写須議渠条者。

40 興定二年四月初九日、平陽府給南霍実排使水渠条。

41 如有失少辺葉抹損者、照依渠例、科罰白米五碩、充官使用。

42 伏以潤生万物者、莫善于水土之利、衣食之源也。民之養生、斯大矣。窃見平陽府霍山有霍泉聖水、以十分為率、三七均分。趙城得水七分、名北霍泉渠。洪洞県得水三分、名為南霍泉渠。沢流無絶。其両県人民皆頼澆漑之利、共灌一百三十村庄、計一千七百四十七戸。該水田地九百六十四頃一十七畝八分、動水碾磨四十五輪。続自大朝登基立渠条。本渠一十三村大小溝総地土、使水日期、茲有三村渠長、共村得将癸巳年古旧渠条、累経兵革失迷、無憑可照、所有去歳渠長、従新置立、抄写古旧渠条例一簿、以渠（条？）照験科罰。古旧条例、渠長下三村充当、馮堡・周村・封村周歳輪流、以憑保結。

43 一、趙城県、洪洞県礙為相争詞訟、各立渠長一員、拘集各村溝頭智治水戸。十三村使水、昼夜長流、分番澆漑地土、一月零四一遭、各得其済。

44 始自宋朝慶曆六年定例。小霍渠条因為破損、于天会十四年十月内、経詣本県再行印押渠条、給付照用。至金大定二十九年三月内、重行経詣本県令納蘭印押。

45 惟園渠簿集中、得先民樊璵、商順等挙天会十三載暨皇統六禩有司印給文状、爰載両渠用水日期並興工条例各一本。

46 金末の事例ではあるが、『洪洞県水利志補』「節鈔沃陽渠冊」に収録される「古沃陽渠序一」に「往往有見斯利者、有等奸邪之人、心生巧計、詞訟未已。為此、赴官告給執照、定立渠例、以為永久之計。不致詞訟頻興、永為一定之例。崇慶元年（一二一二）四月給主典秦松」の記載が見える。水争いの発生を防ぐために、地域社会の側から官に働きかけて執照の給付と渠例の制定が求められている。

【凡例】

［　］は碑刻の破損・摩滅により判読不明であるが、諸本との校勘、もしくは前後の文脈より筆者が推定した文字、□は一字欠を示す。

題額：都總管鎭國定兩縣水碑

1 竊以利天下之物者、莫善于水。得之則其利博、不得之則其利鮮。斯可知矣。伏見平陽府者、水土演以且肥、民俗殷而猶儉。乃

2 古帝堯所都者也。府東北九十餘里、有山曰霍山。山陽有泉曰霍泉、湧地以出、流而成河。居民因而導之、分爲兩渠、一名南霍、一名北霍。

3 兩渠游趙城・洪洞縣界而行、其兩縣民皆頼灌漑之利、以治生也。自宋時慶曆五年分、有兩縣人戶爭霍泉河灌漑水田分數不均。是時、

4 責有司推勘、據兩縣分析到、霍泉河水共澆漑一百三十村莊、計一千七百四十七戶、計水田九百六十四頃一十

七畝八分、動水［碾］磨
5 四十五輪。趙城縣人戶合得水七分、洪洞縣人戶合得水三分、兩詞自此而定。其戶籍水數若干、具在碑石、永
爲來驗。迨今積有年矣、不
6 聞詞訟。至
7 本朝天會十三年、趙城縣申、據使水人戶虞潮等狀告、有洪洞縣人戶盜使水。府衙數差官規畫不定。至天會十
五年十月內、再牒委府
8 判高金部規畫、定於母渠上置木隔子、更隔上岸、水勢勻流。取到兩縣官吏、委是均平、別無偏曲不均文狀。
至天眷元年四月八日、准奉
9 樞密院上畔、
10 元帥府箚子、咨送封題到平陽府趙城縣張山等狀告、高府判掓行填塞了南岸海水泉眼、更於元置定霍河三七分
限口次東五步外
11 海泉出水口、頓然掓修石堰一道、壅起水勢、高漲于上面、流過諸處、泛出泉眼、合流入南霍河、增益水多、
山等北霍河水見減二分。乞去
12 除掓起石堰。下本府仍分析所告虛的。府衙具前後爭告使水不均、及差官定奪詞因、申過　樞密院。當年八月
二十六日、准奉
13 樞密院上畔、據所申因、依緣不見得指定一十一村因甚未肯准伏、再委廳幕與兩縣知縣幷一十一村人戶、依准
積年體例、從長規畫。
14 仍責兩縣人戶、各無詞訴文狀申上。爲本府闕員、申覆　樞密院。去後於十月十一日、准奉　上畔、已下錢帛
都勾判官朱伸計會兩縣

15 知縣及勾取一十一村人戶、從長規畫、依准積年體例、立定三七分限口、分使水利。仍取責兩縣各無詞訴文狀
連申。天眷二年二月二
16 十七日、准奉
17 行臺尚書省上畔、據新授中京留判官朱仲告、爲定水公事頭［役］、乞更差官一員、同共規畫。已下絳陽軍節
度副使楊楨同共規定。當年
18 四月九日、洪洞縣人戶張方等經
19 元帥監軍行府狀告、府判官高金部定水不均、及朱勾判亦定不［均］。乞差新到任近上官員與楊楨奉直同共定
奪。今下河東南路兵馬
20 都總管鎭國上將軍完顏謀离也將帶兩縣官吏幷合干人戶、親詣□定水頭、子細檢驗、及參照積古體例定奪、務
要兩便。准奉
21 上畔、差委前去定奪趙城・洪洞兩縣人戶水利不均公事。尋親詣到兩縣所爭分水處、驗覰得、先前高府判剏立
水櫃幷分水去處、委是
22 不依古舊置定到痕跡、是有不均、遂行去圻了當。及將兩縣元置定［分］水碑文內照得、該寫趙城縣陡門內水、
南北闊一丈六尺一寸、深
23 一尺七寸、洪洞縣陡門內、東西闊六尺九寸、深一尺六寸。遂再將陡門［內］見行流水等量得、趙城縣深一尺
四寸、比舊時霍水淺三寸。洪
24 洞縣深五寸、比舊時霍水淺一尺一寸。其洪洞縣見今水數不及三分。尋［將］兩縣見流水相併等量得、共深一
尺九寸。依古舊碑文內各
25 得水分數比附、內趙城縣合得一尺、洪洞縣合得九寸。若便依此分定、緣［洪］［洞］縣陡門外、地勢低下、

水流緊急、減一寸只合得水深八寸。

26 趙城縣水只與深一尺、又緣陡門外、地勢高仰、水流澄漫、以此更添深一寸、共合得一尺一寸。遂将兩渠水堰塞、令別渠散流。兩陡門内

27 闊狭、依古舊尺寸外、将兩渠陡門中用水㪷量、定於洪洞縣限口西壁、向北照直、添立石頭闊二尺、攔水入南霍渠內、以此立定。趙城縣

28 水七分、洪洞縣水三分、考驗古碑、水數無異。各已取到兩縣官吏幷使水人戸准伏、別無偏曲、執結文状、具解申覆。

29 元帥府幷

30 行臺尚書省照驗訖、却奉　上畔。噫、智之與仁、根乎性者也。決物所惑曰智也。賙人不足曰仁也。以兩渠之［訟］數命前官經度措畫、詞不

31 能定。自公親詣分水之所、默而計之、悉見諸利害、折去詞訟、智也。卽使兩縣溉田人戸得水平、壹舉皆蒙利、仁也。愚所爲仁智之道、于是

32 乎盡矣。丘行忝在幕官、特承　公旨、今摭其事、再爲之記、刻于其石、帖趙城・洪洞兩縣置碑二亭、一亭於兩縣分水渠上竪立、一亭於本

33 府公廳內竪立、免使更有交争者。

34 天眷二年六月　日　記高貴・楊澧鐫　平陽府押司官喬木書幷題額

35 朝散大夫少府少監權平陽府判官楊丘行撰

36 鎮國上将軍平陽府尹兼河東南路兵馬都總管完顏謀离也立石

第三章

切り取られた一場面

――モンゴルの分地支配に見る水の分配と管理

はじめに

碑刻資料の魅力はなんと言っても内容の個別具体性にある。そこには、ある特定の一時期の、限定された地域における、「特殊な」事件が生き生きとしたストーリーをもって描き出される。その反面、石板という物理的に限られたスペース内においてストーリーを完結させる必要性にせまられ、実際には複雑に絡み合う関連事項や背景を捨象し、わずかに一場面を切り取ることでようやく成立しうるものでもある。[1] 他の資料と同様に、一長一短を有する碑刻資料ではあるが、テーマによっては他の資料からは窺い知ることのできない、具体的な実相を浮かび上がらせることができるものであり、その代表例として地域社会における水利用というテーマがある。

地域社会の水利用は極めてローカルな問題であり、公権力や知識人の目にとまることが稀であったため、編纂史料に記録されることは少なかった。ただし、その有無が生命維持や生産活動に直結する社会においては、水資源は人びとの生活全般に関わるファクターであり、水争いの経緯や分水規定など、水利用に関わる様々な事象を記録した水利碑には、地域社会における政治・経済・文化・生活など諸方面の問題に関わる内容が凝縮される。これを読み解くことにより、地域社会とそこに生きた個人の姿を生き生きと甦らせることが可能となる。

また、金・モンゴル時代の華北社会を考える上で、個別具体的な知見を積み上げるべきテーマとして、モンゴル王族や功臣に分与された位下や投下と呼ばれる分地の問題がある。とくに、クビライ時代以前の段階においては、分地に加えて、金末以来の軍閥集団である漢人世侯が各地に割拠する複雑な多重権力構造が生み出されていた。当該時代における分地支配のあり方を具体例に基づいて検証することは、モンゴル帝国による中国支配ならびに統治下の地域社会を理解する上で不可欠な作業であるとともに、その連続面の分析を通して、金代における華北統治のあり方をも明らかにするという複合的な意義が存在する。

安部健夫によれば、諸王侯の領地を意味する投下は「一の社会的・経済的現象である。各時代を通じて、国内諸地に散在するこの種の地土は、その持ち得た悉ゆる契機において、当時の社会的情勢と経済的動向とに干与すること至大であった。ある時代の諸王侯領地に就いての正しい理解が、その時代の社会経済史に対する全般的理解への、必要欠くべからざる諸前提の一を成すべきものであること、従って論を俟たぬ」と位置づけられ［安部一九七二A、一二三四頁］、分地の問題が持つ時代を通じた社会経済史上における意義が明確に示される。

この社会経済史上における位置づけに関連して、本章においてはモンゴル時代の華北分地領における水の分配と管理というテーマをとりあげる。モンゴル時代の分地に関しては豊富な研究の蓄積があるが、モンゴル王族や貴族・功臣など各分地の領主を比定する作業を除けば、その多くは戸口・税糧・差発などいわゆる版籍の問題に関心が集中してきた。これは統治の根本としての人口数と耕地面積の把握に基づく税収の確保を至上の課題とする為政者の視点に立って統治のあり方を捉えようとする研究者の意識的、無意識的な姿勢に由来するものであろう。

ただし、これまでにも述べてきたように、華北における水資源は農業生産、生命維持を左右する制限要因であり、その分配・管理の方式は統治のあり方をも映し出すものである。さらに、金代に始まる官の水分配・管理への介入と水利秩序の再編という事象を歴史の流れの上に位置づけ、後世に与えた影響を評価するためには、モンゴル時代の状況を明らかにすることが不可欠である。くわえて、一般的には明清時代においては民間の水利組織が中心となり、水の分配・管理がなされたと理解される。官から民へと水分配・管理の主体が移りゆくとすれば、モンゴル時代はその中でいかなる役割を果たしたのか、モンゴルの統治は華北社会にいかなる影響を与えたのか、など重要な問題がここに含まれる。

そこで、本章においては、翼城県の翔皐泉をめぐって引き起こされたモンゴル時代の水争いの事例を取り上げ、水の分配と管理をめぐる問題に投下領主を始めとする諸権力がいかに関与し、さらに地域社会の側がこれにどのように対応したのかを考察する。翔皐泉水利に関しては、すでに張俊峰によって二篇の専論が公表されている〔張二〇〇八A・B〕。そこでは各種水利碑が駆使され、内部出版の地方資料や現地の人々へのインタビューの分析を通して、極めて示唆に富んだ考察が展開される。また、程発瓉「灤池与喬沢廟（上下）」と翟銘泰『翼城灤池水文化』はいずれも現地の研究者による取り組みであり、その考察内容はもとより、他では知り得ない碑刻録文を収録するなど学術的価値は非常に高い〔程二〇〇六、翟二〇〇七〕。これら先行研究を参照するとともに、二〇〇六年八月、二〇一〇年八月の二度にわたって実施した武池村喬沢廟および灤池碑亭における現地調査の知見も交えて述べていく。

第一節　翼城翔皐泉水利と喬沢廟

まずは、『〔乾隆二年〕翼城県志』巻五・山川・灤水条により[2]、翔皐泉の概要をまとめてみよう。翔皐泉（別名灤池泉）は翼城県の東南一五里の翔山（別名澮高山、翔皐山）[3]の麓に湧く霊泉池に源を発する。そこから二本の水路を流れ、流域中の一二の村々の田地を灌漑した後、李村において汾水の支流である澮水に流入し、さらに交水と合する。同泉水は冬期においても水温一六度を保つ温泉であり、[4]現在でも翼城県最大の泉域を形成する［翼城県志弁公室二〇〇七］。ただし、翔皐泉は歴史上、幾たびも渇水状態に陥るという不安定な水源でもあった。『［民国］翼城県志』巻一四・祥異条から、水量変動と地震に関する記事をまとめた翟銘泰と程発瓉の研究によれば、弘治一八年（一五〇五）と崇禎一三年（一六四〇）には「大旱」、康熙六〇年（一七二一）と光緒三年（一八七七）には「灤水涸」、雍正元年（一七二三）には「灤水復出」の記載が見える。大干ばつの際に泉水が枯渇していることは明らかである。さらに同条の康熙年間の記載を見ると、七年（一六六八）六月、三〇年（一六九一）夏、三四年（一六九五）、五五年（一七一六）三月・五月・七月、五七年（一七一八）五月・八月、五九年（一七二〇）六月と五〇年ほどの間に繰り返し地震に見舞われており［程二〇〇六、翟二〇〇七］、泉水枯渇の要因として地震による地殻変動という可能性も考えられる。

　後至元四年（一三三八）一一月に立石された朝散大夫中書戸部侍郎楊守則撰[5]「喬沢霊応記」[6]によれば、唐代よりモンゴル時代に至るまで翔皐泉は幾度となく枯渇と湧出を繰り返し、近くは天暦己巳（二年、一三二九）の旱ばつの際にも秋に至るまで水が涸《か》れ続けた。その後、湧き出した泉水によって、まこもだけを栽培する葑田のように水が田地に満ち足りたという。ただし、同記文には続けて「今その泉水の涸るること、已に八載を逾ゆ」とあり、丙子年（後至元二、一三三六）に県令の王霓が喬沢祠にて祈りを捧げ、民を動員して水のない池を浚《さら》わせたところようやく池に水が満ちたとされる。[7]つまり、天暦二年から後至元二年に至るまでの八年間、泉は涸れ続けていたのであり、天暦二年秋の湧出はあくまで一時的なものに過ぎなかったこととなる。翔皐泉は豊かな水を湧出し、南梁村ら諸村に灌漑の利をもたらす一方で、繰り返される泉水の枯渇という不安定性が村々の間に水利秩序を生み出し、さらにはこれを打ち破る争いを頻出させたのである。いつ涸れるかもしれない泉水の不安定さとこれに頼らざるを得ない人々の不安感こそが、当該地域の歴史を考える上で不可欠の前提となる。

武池村喬沢廟に現存する至元九年「重修喬沢廟神祠並水利碑記」によれば、喬沢廟には上下の二宮があり、それぞれに殿宇が立ち並ぶ壮観を誇ったが、金末の戦乱の中で上宮は完全に破壊され、下宮もわずかに廊廡を残すだけとなった。これが戊戌年（一二三八）と甲子年（至元元、一二六四）の二度の修復を経てすべてが一新された。現在、水源池の一角には池源管理所が立ち、敷地内の欒池碑亭には清代の碑刻五基（六通）が現存する。[8] また、南梁村から分かれた牛家坡村にも喬沢廟と喬沢行宮[9]が存在し、前者は南梁衛生院弁公室として用いられ、後者には雍正年間（一七二三～一七三五）の「重修喬沢尊神行祠碑記」と道光年間（一八二一～一八五〇）の「重修行宮碑記」があるとされるが［中国人民政治協商会議山西省翼城県委員会二〇一〇］、いずれも詳細は不明である。[10] さらに、翔皐山上の喬沢廟についても、その現存を確認することができない。

当地域に現存する最も著名な関連施設は武池村の喬沢廟である。古くは、敷地面積およそ一〇〇〇平方メートルを有し、中軸線上に舞楼（戯台）、大殿、献殿、配殿などの建築物が立ち並ぶ偉容を誇ったが、戦争と文革期の混乱の中で戯台[11]を除くその他の建築物はすべて失われた［翟二〇〇七］。現在ではモンゴル時代の遺構として極めて重要な戯台と一二基（一四通）の碑刻が残るにすぎない。[12] 以下、本章にて主に用いる三通の碑刻に関する情報をまとめておく。なお、各碑の録文を章末に載せる。

（一）大定一八年（一一七八）「【首題】大金絳州翼城県武池等六村取水記、【篆額】重定翔皐水記」（李時敏記、王処厚書丹、［立石関係者］県尉蒲察、主簿拏懶、県丞蒲察、県令耶律、水甲頭甯徳ら、李宝刊）、［録文］楊・曹二〇〇六、程二〇〇六、翟二〇〇七／一七五×五三センチ／円首方趺／（二）の碑陽。

（二）丁巳年（一二五七）[13]「【篆額】大朝断定使水日時記」（前龕谷県令坦夫屈譲撰書丹并篆額、李達男翼城県商酒監李和校勘、［立石関係者］武池村水甲頭李松、権千戸忽哥赤ら、綿山介子郡皇甫珍琛刊）、［録文］楊・曹二〇〇六／一七五×五三センチ／円首方趺／（一）の碑陰。

翼城県武池村喬沢廟内の水利碑（2006年8月著者撮影）

（三）　至元九年（一二七二）【首題】重修喬沢廟神祠並水利碑記」（本県教授吉大祐撰、進士崔之任書丹并篆額、［立石関係者］南［梁］村張国綱、令旨差平陽路都提河所臺監薛、廟官趙善能ら、脩内司里人馬泰刊石）、［録文］程二〇〇六、翟二〇〇七／寸法不明／円首方趺／下部欠損／碑陰なし。

中でも、金・モンゴル時代の翔皐泉水利を考える上で最も重要であるのが、（二）丁巳年「大朝断定使水日時記」である。翔皐泉水の分水日時をめぐって起こされた争いを裁定するため、辛亥年（一二五一）五月二七日に武池村水甲頭の寧琪・李三等に対して平陽路都提河所が発した帖文をもとに、前後の状況をくわえて、丁巳年（一二五七）二月一五日に刻字・立石したものである。本碑は金・モンゴル交替期における当該地域の政治的、社会的状況を活写する重要史料であるにもかかわらず、これまで楊・曹二〇〇六に録文が収録されたことを除いて、ほとんど利用されてこなかった。張氏の専論においても、本碑に関してはその記載内容の一部が用いられるにすぎず、モンゴル時代の政治的背景の考察は不十分である。また、張氏の研究においては、時代の大きく異なる碑刻資料（金代から清代）を同列に並べて検討するという方法がとられる。ただし、時代がくだる資料に記される過去の記載内容については疑わしい点も多く、金・モンゴル時代の状況を考察する上で、根本資料はあくまで上記三碑に限定される。

第二節　宋金時代における水案

「大朝断定使水日時記」の検討に入る前に、その前段階として唐から金代に至る間の翔皐泉水利をめぐる動きを見ておこう。翔皐泉水利に関する最も早い記録は、冒頭に挙げた『〔乾隆二年〕翼城県志』に見える唐代嗣聖年間（六八四～七〇四）に県令張懐器によってなされた水路開削事業である。『〔嘉靖〕翼城県志』巻三・官師志・張懐器条に収録される盧照隣撰の「去思碑」によれば[14]、張懐器の発案による水路開削によって各地に水の恵みがもたらされ、豊かに花々が咲き誇る情景が現出した。ここで「五郷の境」と呼ばれる灌漑実施地域が後に一二村と呼ばれ用水権を有する村落群を形成する。

一二村のみが用水権を有し、その他の村庄にはその権利がないことを明記した最古の史料が至元九年「重修喬沢廟神祠並水利碑記」であり、そこには「此の水、上下一十二村を澆すの外、其の余の隣接せる村社は幷びに使水の分無し」と明記される。この一二村とは、最上流部に位置する上三村（南梁村、崔庄、下流村）に川西梁と故城を加えた上五村、さらにその下流側に位置する下六村（呉村、北常村、武池村、馬冊（柵）村、南史村、東鄭村）とその下流の西張村を加えた村々である【図三－一】。

これら一二村のうち、下六村が用水権を獲得した経緯に関しては、これが下六村にとって自らの用水権を主張する上でのルーツであったため、様々な場面で言及される。その起源は、宋代熙寧三年（一〇七〇）に求められる。武池村の李維翰と寧翌らは銅銭一〇〇〇貫余りを準備して故城村の常永（常永政）[15]らから用地として数十段余りの土地（計八畝）を購入し、故城村内の崔忠の水磨が置かれていた地点の下手に堰を築いて用水路を開削し

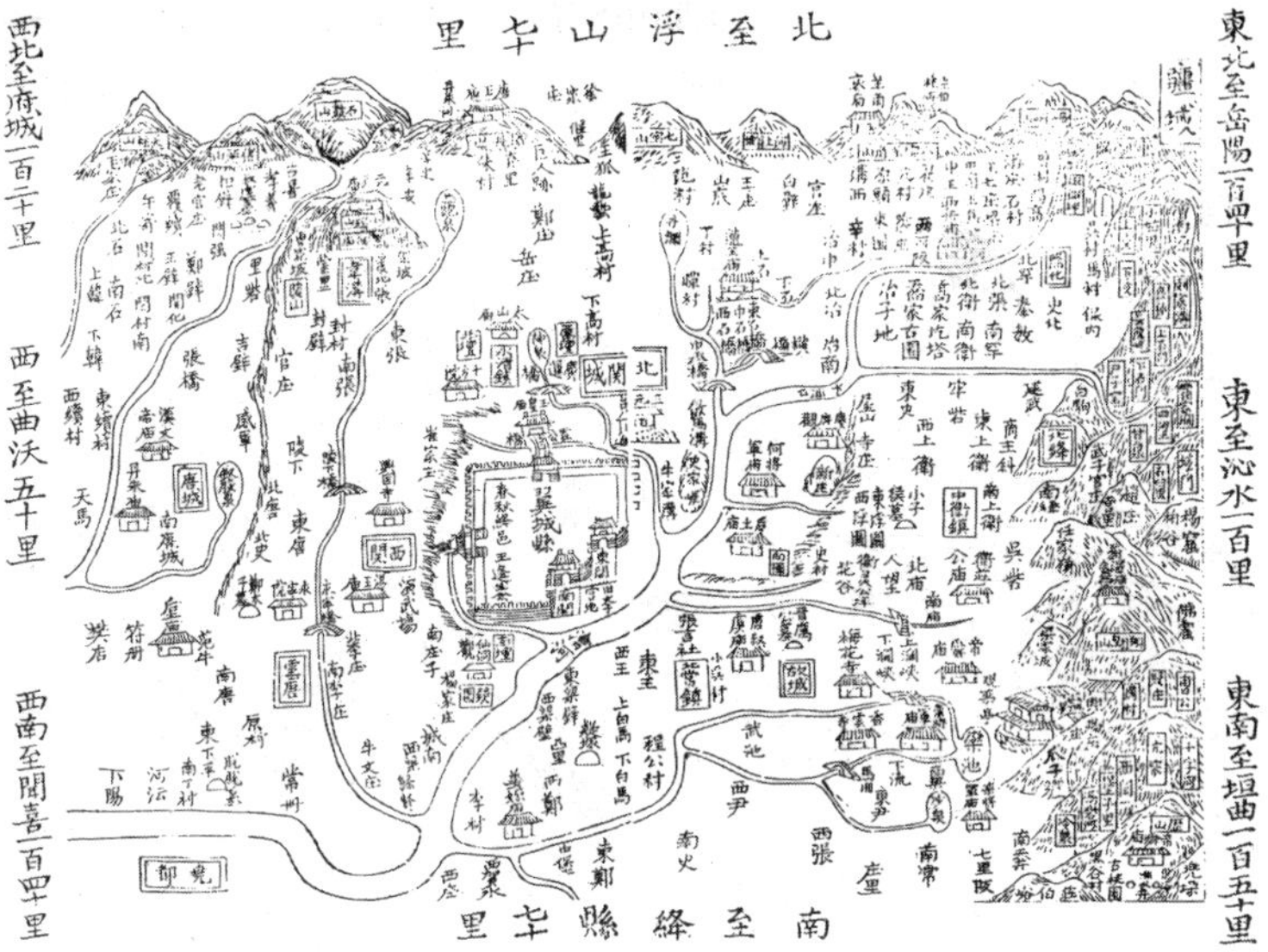

【図3-1】翼城県四至図（『［光緒］翼城県志』より）

た。ここで水源とされたのは、上三村が利用した後に天河[16]に流れ込んでいた余剰水であった。李維翰らは銅銭一〇〇〇貫余りを用いて用地の購入を予定していたが、故城村の常永はその金を受け取らず、下六村に自由に余剰水を利用することを認めた。その義気に感じて、以後、上三村に故城村と川西梁を加えて上五村とする呼び名が用いられることとなったという。

この時、下六村の使水時間が設定された。水路用地の購入に際して供出した金額に応じて、呉村（七時辰）、北常村（三〇時辰）、武池村（九一時辰）、馬冊村（一九時辰）、南史村（一一時辰）、東鄭村（二一時辰）で合計一七九時辰となる。これに六村が輪番で利用するとされた一時辰を足した計一八〇時辰が六村全体の使水時間である。一時辰を二時間として三六〇時間、すなわち一五日で一巡することとなる。ここで定められた六村の使水日時こそが以降の根本規定となり、その経緯を記した碑記が熙寧四年（一〇七一）六月一日に立石されている。

最下流部に位置し、下六村には含まれない西張村の用水権獲得の経緯は不明であるが、至元九年「重修喬沢廟神祠幷水利碑記」によれば、「止だ故の崔忠磨の下に依りて河を截ち堰を打るに、内に石堰の間に自ら透流するの水有りて、西に往きて行流し、馬柵村の南橋の下を穿つ。其れ西張（以下欠）村□各おの河を截ち堰を打り、輪番に使水し、上を以て下に流し、西張村に接し、東鄭村に与う」とあり、西張村が李維翰らによって建造された堰から漏れ出る水に限ってこれを利用することが認められていたことが分かる。

これに関しては、乾隆五六年（一七九一）立石の「灤池水例古規碑記」[17]では、大観四年（一一一〇）に南梁村と下流村の水争いあたって、侍郎の李若水[18]により「仲秋落番の後、南梁の使水するは復た熙寧年間の旧規に照らし、任意自在に澆灌し、有余の水の馬冊橋の下に退入するは、東鄭、西張は河を截ち堰を打りて使用す」[19]との裁定がなされたという。しかしながら、大定一八年「大金絳州翼城県武池等六村取水記」による限り、こうした状況は金代大定年間の段階でもまだ生まれていない。そこで次に、西張村の用水権をめぐる問題を記したその内容を確認してみよう。

先に見た熙寧三年の李維翰らの水路開削に際して、当初は下六村以外の梁壁村、西鄭村、李村も薛守文らが代表となって共同出費を行い、六村と行動を共にすることを約束した。しかし、計画が動き出したところで薛守文らはその成功を危ぶみ、みずから共同実施の申出書を取り下げて脱退を宣言した。にもかかわらず、李維翰らをリーダーとする六村の人々が難所を越えて水路を開削し成功を目前にした途端に、梁壁村らは薛守文を代表としてふたたび用水路の使用料を支払うことで水の利用を認めるよう県に訴えたのである。翼城県および絳州では下しえなかった裁定は熙寧二年（一〇六九）に設置されたばかりの提挙常平司官の井秘書丞[20]に委ねられた。これにより、薛守文らの訴えを退け、下六村の使水のみを認め、梁壁・西鄭・李村には水の使用が禁じられた。その裁定結果が碑に刻されたとするが、これが上述した熙寧四年碑であった可能性が高い。

さらに、李維翰らの水路開削からほぼ一〇〇年を経た金代大定七年（一一六七）に旱ばつに見舞われ水不足に悩む西張村の魏真らは、六村の建造した堰を断ち切ろうとして官に訴えを起こした。これに対して、絳州および翼城県は武池村の李忠らに三対七に水を分ける分水口を設置し、西張村に水を分け与えるよう要求した。これを不服とした李忠の房姪李春は高年の李忠に代わって、州県を経由せず、直接中都に赴き尚書戸部へその不公平を訴えた。尚書戸部は河東南路都転運司都勾判官の中議大夫大某に審問を命じる。原告の西張村魏真からの聞き取りを経て、これまで六村の人々は石堰から漏れ出た水をも利用して灌漑を行ってきたのであり、新たに分水口を設けるべきではないとする結論を導き出し、これを尚書戸部が認めて符文が下り認可された。[21]

しかしながら、西張村の魏輔らはなおもこの裁定結果を不服として、再度尚書戸部へと訴えを行った。尚書戸部から符文が下され、今回は河東南路兵馬都総管府総判の孟奉信に裁定が委ねられる。孟奉信は以前の裁定の文書をチェックするとともに、自ら現場に赴いて翼城県の官員らとともに各村の人々を集めて現地調査を実施した。[22]孟奉信が下した裁定結果は以下の通りである。

測量結果によれば、六村が建造した石堰の長さは約一二・三メートル、幅はおおよそ二・三メートルで、これは熙寧碑の内容とも合致する。さらに、熙寧碑によれば、梁壁・西鄭・李村の三村の薛守文らは武池村李維翰らの水路工事に際して全く協力しなかったのに、かえってその水を奪い取ろうとするのは全く理にかなっていないとして、これを碑に刻んで立石し、西鄭村らの水の利用を認めなかったのであり、もともと西張村のために碑を立てたのではないと孟自身の見解が述べられる。

さらに、孟奉信の見解が続く。碑文に記される流出した内の三割は王守忠の一戸に灌漑を認めたものであり、西張村の人々の姓名は熙寧碑には記されていない。また碑に記される「流れる」とは石堰の間から漏れ出た水を指すのであり、ほかに何らかの言葉が記されているわけではない。熙寧碑はすでに今から一四〇年あまりの年月を経た「異代」の碑文ではあるが依拠すべきものである。くわえて、金朝による支配が確立した後、熙宗の天眷新制以前において訴えがなされなかったのであるから、[23]すでに決着はついている。また、上流の西梁村ら五村の開徳ら八〇人あまりも証言をしており、西張村の魏輔、魏寔、尚慶ら三人の取り調べを行い、その他七四人からの口書きも得ている。

以上により、先に河東南路都転運司都勾判官の大某が上申し尚書戸部が下した裁定の符文では「魏輔らが尚書省に不実な訴えをしたことは杖一百六に断ずるべきである」とするが、二等を減じて三人にはそれぞれ杖八〇とする。この度の結果は後の水案の際に依拠すべき前例として保存するため、大中議、孟総判らの裁決内容を碑に刻んで立石することとした。これにより、大定一一年に李時敏により撰文がなされ、大定一八年に立石されたのである。つまり、西張村の用水権はこの段階では明らかに否定されており、「灤池水例古規碑記」に記される大観四年の李若水の裁定により西張村の用水権が認められたという内容が事実であったとは考えにくい。

宋金時代の水争裁定においては、中央政府への上告と官員の派遣が繰り返されている。これは地方に水利行政を専管する機関が設置されていないことに由来する。また、熙寧碑に関しては、これが一四〇年も前の、しかも異なる王朝のもとで作られた石碑ではあるがとの断りを入れながらも、金の統治下においてもなお事実認定の根拠としてその効力が認められている。孟奉信の述べる「西張村の人戸の為に碑を立てず」、「西張村の衆人の使水の姓名無し」などの言からは、熙寧碑があくまで使水を認められた下六村のために立石されたものとしてその対象が明示されているとともに、そこに姓名が記されることが用水権の根拠となるとの認識がうかがえる。ただし、この熙寧碑も以下に述べるようにモンゴル時代にはすでに存在していない。ここでも、宋碑は失われ、金碑は残されているのである。前章でとりあげた洪洞霍泉の事例との共通性が見てとれる。

第三節　「大朝断定使水日時記」現代語訳

続いて丁巳年「大朝断定使水日時記」の検討に入る（一二〇頁参照）。まずは、内容の検討に先立ち、その全体像を確認しておこう。本碑は大きく三つの部分に分かれる。まず、前段として一行目から四行目にかけて、熙寧三年の武池村ら下六村による水路開削と使水日時の確定に関する内容が記され、本碑立石に至る経緯が記される。続いて五行目から二六行目までが平陽路都提河所から武池村の水甲頭寧琪、李三らに宛てて発せられた帖文である。つづく二七行目から末尾までが、本碑の撰述および立石に関与した人物の題記となる。したがって、本碑の中核をなすのは五行目以下の帖文であるが、本碑の重要性に鑑み、以下、全文の現代語訳を提示する。

［現代語訳］

翼城の東南一五里の翔皐山の麓に喬沢神祠があり、廟宇や碑銘が立ち並ぶ。殿宇の後ろには清く冷やかでこんこんと湧き出る泉があり、翔皐泉と呼ばれている。熙寧三年に武池村の李維翰と寧翌らが銅銭一〇〇〇貫余りを用意して、故城村の常永らから土地数十段余りを購入し、苦労の末に水路を開削して水を引き澆漑を行った。購入した水路の用地は計八畝、その歩数（以下二字欠）も碑記に記録されている。一五日ごとに一巡して灌漑を行うこととし、武池村は九一時辰の使水時間を得、呉村・北常・馬冊・南史・東鄭の五村は合計で八八時辰の使水時間を得たことも、歴代の水利規定を確定した古碑に記されている。

貞祐年間（一二一三〜一七）に天兵が南下し、辛卯（一二三一）以降ようやく情勢が定まったが、数年に亘る戦乱を経たため、水路の補修はなされず、水は用水路をはずれて谷筋を流れゆくありさまであった。そこで武池村の寧彦・李達・李松・盧彦・李実・邢徳らは下五村の人々を集めて、それぞれの使水の日時を勘案して費用を算出し、再び水路の用地を購入して水を引き灌漑を行った。革命をきっかけとして、上村（北常村）が使水時間を変更しようとしたので、（武池村は）官に訴えをなし、翼城県から平陽河渠所、都総府を経て、古例に準じて使水の日時が確定された。ある日、武池村の父老らはわたくし坦夫屈譲に「確定された水利規定を記して石に刻み、永遠にこれを伝えるべきです。これは、将来の訴訟を未然に防ぐことになりましょう」と語り、序文の執筆を求めてきた。私は固持することもできず、実際の経緯をあらあら記すこととした。

うけたまわった帖のあらましは以下の通りである。皇帝のご加護に基づく、バトゥ大王の令旨によって権威づけられた、平陽路都提河所が受け取った翼城県武池村の寧琪と李三の告に「古例によれば下六村の人戸は喬沢神泉の水を一五日ごとに順番で一巡することとし、合計一八〇時辰を灌漑にあてることとなっておりました。この内、呉村は七時辰、北常村は三〇時辰、武池村は九一時辰、馬冊村は一九時辰、南史村は一一時辰、東鄭村は二一時辰であり、各村が使水する一七九時辰を除いて、これらとは別に一時辰があります。以前からこのように取り決められていたにもかかわらず、引水の終了時間を遅らせたり、規定量以上を引水したり、さらには使水日時自体を争うような状況が発生しているようであります。お取りはからいをお願い申し上げます。」

これにより、本所が取り調べを行い、聴取した北常村の王慶の調書によれば、「辛卯年までは北方に避難をしており、同年に年寄りや子供らをつれて故郷に帰ってまいりましたが、祖父の王倚が亡くなってしまいましたので、本村（北常村）の人々と史総領は私、王慶を本村の水甲頭の身役に当たらせました。従来通りに呉村の使水時間を一日とし、本村や武池村など六村で一五日に一巡することとしました。辛卯年に故郷に戻ってから今まで水を使っておりますが、以前の使水の日時については年若いため存じ上げません」と述べた。

そこで、さらに史総領（名は信）を取り調べたところ、以下のように陳述した。「癸未の歳（一二二三）に本県の楊元帥と本村（北常村）の王十官人と一緒に翼城県城を復興いたしました。その年の八月には、王十官人が本村の人々を率いて村を復興し、荒れ地を切り開いて木々を刈り取り、水路を開削して翔皐山の麓に湧く泉水を引き入れようとしましたが、故城村の西大渠が鉄砲水によって破損してしまったために、水を引くことができませんでした。そこで王十官人は故城村の喬大戸に頼んで村の東の水路を開くための土地を購入し、ようやく水を流すことができたのです。癸巳の歳（一二三三）に、武池村の李万戸から楊元帥に使水の日時を確定するよう訴えがなされ、先に取水する者に差発を多くするとして、北常村の使水日時を五日、武池村を五日とするよう裁定されましたが、本村（北常村）は呉村に一日を分与していたので、本村が実際に使水できるのは四日であります。庚寅の歳（一二三〇）から乙未の歳（一二三五）に至る間の大朝の条理が行われるより以前に占有した土地や家屋についてはすでにこれが基準となっております。使水についても今まで土地の占有と何ら変わりありません。」

さらに馬冊村の王政と呉村の聶泰らからも現在の使水状況について聴取を行ったが、どうもそれぞれの語る内容が異なるようである。そこで、再び原告の寧琪らの告状を調べたところ、「古碑に大定一九年（一一七九）の五月に、省部が委官を派遣して下六村の人戸の土地面積を調べて使水の日時を確定し、呉村は七時辰、北常村は三〇時辰、武池村は七日七時辰、馬冊村は一日七時辰、南史村は一一時辰、東鄭村は二一時辰としたとあります。後に大朝に属することとなりましたが、本県の人々は兵乱の最中に土地を離れて散らばってしまいました。癸未の歳に本県の楊太守によって翼城県城が復興されましたが、同年の二月には葛伯の賽不拝ら賊人によって城は破られ（以下欠字）、同年の九月になってあらためて楊大元帥が県城を復興しました。丙戌の歳（一二二六）には本村（武池村）や北常村の人々は耕作を開始しました。乙未の歳から戊申の歳（一二四八）に至る一四年の間については、現に下五村の水甲頭が本路提河所でサインを頂いた使水日時の帳簿という証拠が存在しております。また、もともと使っていた使水の木牌が長年の使用により文字がすり切れ破損してしまったので、丙申の歳（一二三六）の二月に本路提河所の李官人らのもとに赴き再度サインを頂き作成しました。丁酉の歳（一二三七）の三月には分水口の補修を行いましたが、その際には各村の使水の日時を勘案して人夫の数を決定し、北常村の王四らもこれにサインしております。さらに同年の三月二五日には、北常村ら下六村の王四郎らが古い水路が崖の崩落によって水が流れなくなったために、水路の周辺の故城村の喬三郎の麻の耕地を購入して水を流そうとしました。その際には各村の使水の日時を勘案して、それぞれの拠出金を算出しました。同日に話し合いがなされ、購入費用は銀一二両と決定されましたが、このうち武池村がその半分を用意し、呉村や北常村らの五村が残りの半分を用意することとなりました。これに関しては現に当時の契約書が残っており、さらには北常村ら五村の王四らの借金の抵当文書も証拠としてあります。辛丑の歳（一二四一）二月一七日に受け取った楊明安の印押が付された批帖には、『北常村の史総領ならびに随村の大戸・水甲頭人らに言い渡す。今まさに水を引いて灌漑を行う時であり、水路に堆積物が溜まっているならば、昔からの規則に則って、人夫を供出して水路を浚い、順序通りに水を引き入れて灌漑せよ。みだりに水の流れを変えてはならない』とあり、現に王慶らがこれにサインしていることが証拠となります」と述べている。

さらに南史村の高倫と高珪、東鄭村の趙仝らが連名で提出した書面によれば、むかしから下六村は半月（ごとに一巡するという使水方法）を祖法としており、いままでこれを改めたことはないという。また、張徳真に委ねて提出された書面によれば上五村の南梁崔荘の崔五、下流村の李歹和、故城村の喬安和らのそれぞれの言辞にも齟齬はない。

辛亥の歳五月二三日に、蒙令旨差平陽路提河ダルガのカラウン（Qalaγun：匣剌渾）が本所の官および張通事らとともに現場に赴き、武池村に立つ古来の碑文、各村の使水日時および水路を調べるとともに、水争に関わる北常村および武池村の双方の人々に相対した。ここで「北常村の王慶と史信らから聴取した書面を調べたところ、

『大朝に属してより云々』との言がみられるものの、使水についてはついぞ別に根拠となるものはない。これに対して、武池村の寧琪ら書面には、その内に古来の碑文が引かれ、乙未の歳から戊申の歳に至る一四年間の各村のサインが押された使水の文暦と木牌、楊明安の批帖、古例に則って人夫を供出し水路の浚渫を行ったことなど、本村（武池村）には現にそれぞれについてこのような証拠をもっている。ただいまをもって裁定を下す。下六村の使水の村々は定められた使水の日時に従って順次交代で使水することとし、かってに他村の使水分を奪ってはならない。なお六村の水甲頭は毎年の押字すべき使水日時の帳簿を持参して、提河所に赴き押字を受けることとする。奉此。」との文書が（提河所に宛てて）発せられた。

使所が調べて、辛亥の歳五月二七日にそれぞれの言辞を子細に書き連ねて、平陽総府に再度上申した。六月一五日に蒙宣差平陽路都ダルガのジャライルタイ（Jala(yi)rtai：扎剌児歹）・ノヤン[24]の代わりに[25]クラカイ（Qulaqai：霍剌海）・ノヤンとネケル[26]のシンコラ（Šinqor-a：信忽剌）の宣差総府官が題押した。「ただちに文書を下し照らし合わせよ。承此。」との文書が下された。先に記した内容の通りに執り行え。送られてきた文書と上申の書類とがあわせて下すべきものである。呉村七時辰　北常村三〇時辰　武池村七日七時辰　馬冊村一日七時辰　南史村一一時辰　東鄭村二一時辰。右、武池村水甲頭の寧琪と李三らに付す。照会せられよ。准此。辛亥年五月二七日帖す。提河所次官段　押　提河所長官劉　押　提河所達魯花赤匣剌渾　押。丁巳年二月望日立石。前龜谷県[27]令坦夫屈譲撰、書丹幷びに篆額、李達の男の翼城県商酒監李和校勘、綿山介子郡皇甫珍琛刊す。（以下省略）

第四節　水案の裁定者たち――漢人世侯とジョチ家の支配

本水案裁定において重要な役割を果たすのが、「楊元帥」、「楊太守」、「楊大元帥」、「楊明安」と称される人物である。この内、楊明安の「明安」がmingγanすなわち千戸を意味することは明らかであり、いずれも同一人物である楊宜を指す。『[嘉靖]翼城県志』巻六・陵墓志には延祐三年（一三一六）の沁州学正段天章撰「楊宜墓表」が収録される[28]。これによれば、五代の祖である楊明が宣和年間（一一一九〜一一二五）に北宋に仕え、高祖の楊発から曾大父の楊時までは金に仕えた。特に楊時は大定年間（一一六一〜一一八九）に翼城県令を務め、その孫の楊厳と楊栄がともに絳州銭穀使となるなど、いずれも翼城およびその近隣地域の官職に就いていることが目を惹く。楊宜は楊栄の子であり、貞祐の戦乱の最中に従弟の楊琛・楊仁・楊海・楊義および姪の楊紹先・楊茂先らと族人を率いて自立した後、ムカリのもとに投降し、モンゴルに帰属した。

これら族人の中から特に楊琛が抜擢され、行大元帥府事として翼城に鎮し、守平陽四門主管義軍の任を委ねられた。タガイ都元帥の蜀攻撃に際しては[29]、先鋒をまかされた楊琛とともに楊宜も戦功を収め、翼城県令の職を得ている。三〇年あまりにおよぶ在任の後、至元元年（一二六四）に没すると、長子の楊汝真が翼城県令の職を嗣ぎ、次子の楊汝舟は翼城県丞となるなど、一族で翼城県の要職を独占・世襲した金末モンゴル時代初期の典型的な漢人世侯である[30]。

楊宜の県令就任の時期に関しては、その在任期間が至元元年までの三〇年あまりであったことに加えて、タガイ都元帥、すなわちタガイガンブ（Tayai Gambu：塔海紺不）の四川遠征がオゴデイ六年（一二三四）に始まることを考えあわせれば、一二三四〜三五年には楊宜は翼城に帰還し県令に就任したこととなる。また、先の墓表を一見すると、楊琛こそが楊元帥、あるいは楊明安に相当するかにも思えるが、楊宜の翼城県令在任中の事跡として特筆されるのが東山の炭鉱整備と南川の水案裁定であり、後者が「大朝断定使水日時記」に述べられる内容であることから、やはり楊宜が水案の裁定者であったことは間違いない。モンゴルへの投降の時期は明記されないが、ムカリの山西南部攻略に伴うものとすれば、チンギスの一三〜一四年（一二一八〜一二一九）にかけてのことであろう。

楊宜とほぼ同様の足跡を曲沃の靳氏を率いた靳和に見ることができる。『山右石刻叢編』巻二六に収められる段成己撰「絳陽軍節度使靳公神道碑」によれば、翼城の西北に隣接する曲沃県では、己卯年（一二一九）のムカリ率いるモンゴル軍の攻撃に際して、靳和に率いられた集団がモンゴルに投降し、当地における従来の権益の保持が認められたという[31]。さらに、この靳和の投降は単に曲沃一県のみを左右するものではなかった。『［乾隆］新修曲沃県志』巻三・曲沃県地表には「興定三年、靳和の部する所を以て蒙古に帰し、遂に澮水を分かちて界と為し、南は金に属し、北は蒙古に属す」[32]との記載が見え、靳和のモンゴルへの投降によって澮水以北はモンゴルの領域に組み込まれたとされる。これが事実であるとすれば、同じく澮水の北に位置する翼城県もこの時にモンゴルの勢力圏内に入ったと考えられる。

漢人世侯と投下領主との関係を考察した池内功によれば、投下領主の分封地内の漢人世侯は領主との隷属関係を有し、朝廷に属する軍民官と諸王の封地の守土の臣という双従属制をもっていたとされる［池内二〇〇二］。これは、靳和の子の靳用が一六歳の時にバトゥ（Batu：抜都）に見え、平陽の工人を束ねる命を受けていることなどにも見られる現象であり［海老沢一九六六］[33]、楊氏もバトゥとの関係を構築することにより翼城県における世襲的な権益を手にしたと考えられる。また、靳和の姪の靳鳳の長女は、至元元年（一二六四）に喬沢廟の修復を主導した翼城県令の楊思孝（楊宜の従弟楊佺の子）に嫁しており、曲沃靳氏と翼城楊氏との間には通婚関係も確認できる[34]。

楊宜の水案への関与は癸巳年に始まる。武池村の李万戸による使水日時の確定を求める訴えを受けて、楊宜は「先取水、差発多」という基準を設け、北常村の使水日時を五日、武池村を五日とする裁定を下した。この決定は以前に取り決められた六村の取水日時を改変するものであり、さらには取水順によって差発の多寡を決定するといった事例はその他の時代・地域にも見られない。相当に専断的な裁定であったと言わざるを得ない。これが北常村の行為を不服とする武池村によってなされた対抗措置であろうことは後に詳述するが、うち続く戦乱に伴う人々の離散と地域社会の再建という特殊な状況がこの巨大な変化の背景に存在していたと考えられる。さらに、辛丑年二月一七日に至ると、楊宜は捺印した批帖を下して北常村の行為を完全に否定し、熙寧三年の規定への復帰を意味する古例の遵守を求め、新たな水路の開削を禁止する裁決を下す。

楊宜によって批帖が発せられ二度目の裁定案が出されてから一〇年後の辛亥年にこの楊宜の裁決案をも数ある証拠のうちの一つとして、最終的な裁決を下すのが平陽路都提河所である。本碑においては、「本路提河所」（一三行目）、「使所」（一九行目）とも称されるが、正式な名称は「平陽路都提河所」（五行目）であろう。水案裁定にあたり、関係者への聴取や現地調査を行った担当官司であり、所属の官員として「蒙令旨差平陽路提河達魯花赤匣剌渾」、「提河所長官劉」、「提河所次官段」、「李官人」らの名が確認できる。この平陽路都提河所の発した帖文の冒頭に「皇帝福蔭裏、抜都大王令旨裏」と記されることから、バトゥ大王の令旨が帖文の発給根拠であり、平陽路都提河所はバトゥを領主とする位下領の所属機関であることとなる［劉二〇〇七、船田二〇〇九］。

本官司の設置年代に関しては碑刻には明記されないが、「乙未より戊申に至る一十四年、見に下五村の水甲頭の本路提河所に於いて押したる使水時辰文暦の照証有り」とあることから、遅くとも乙未年には「本路提河所」が存在していたことになる。つまり、丙申年の分撥以前にすでに本官司は設置されており、これがもともとバトゥ位下領の所属機関という性質のものであるとすれば、平陽路がすでにチンギス時代よりジョチ家の分地として与えられていたものであり、丙申年の分撥はこれを再度確認する作業であったとする松田孝一の見解を傍証するものとなるが［松田一九七八、三五頁］、乙未年段階での所属関係は不明である。

この平陽路都提河所が最終決定を武池村の寧琪らに通知するのに先立って、裁定案を上申し許可を得たのが平陽総府である。都総府とも称されるこの官司には、「宣差総府官」として、「蒙宣差平陽路都達魯花赤扎剌児歹官人」、「霍剌海官人」、「伴等信忽剌」の名が確認できる。総府のダルガが「蒙宣差」を冠することから、大ハーンの宣命を受けて任命された官であることが分かる。

海老沢哲雄が『国朝文類』巻四〇・経世大典序録・投下条の記載「今の制、郡県の官は、皆な命を朝より受く。惟だ諸王の邑司と其の受け賜わる所の湯沐の地とのみは、自ら人を挙ぐるを得るも、然ども必ず名を以て諸れを朝廷に聞し、而る後に職を授く」[35]を引用して述べるように、分地の官員の任命方式は「実質的には諸王側が任命権をもつが、形式的には国家から公的官員として辞令を受けて職につく」という手続きを必要とするものであった［海老沢一九六六］[36]。一方、先に見た都提河所のダルガは「蒙令旨差」を冠していることから、これが位下領主であるバトゥの令旨によって直接任命された官であるとともに、都提河所が位下領の所属機関であることがより明確となる。

本案件においては、最終的な裁決案が平陽路提河所ダルガから提河所に提出され、さらに提河所から平陽総府への申覆と総府官らによる承認を経て、決定事項として提河所から帖文が発せられた。この経緯から考えて、都総府と都提河所の関係は「総府―使所」の統属関係にあったと言えよう。したがって、都総府とはバトゥの平陽投下領全域を総覧する最高位の行政機関であり、至元二五年（一二八八）に廃止された平陽投下総管府[37]の前身と考えられる。その属下にあって平陽位下領内の水利行政を統括する機関が都提河所であった[38]。

なお、海老沢哲雄は至元二年（一二六五）前後に投下州県のダルガへの遷転法の適用や州県の省併などの地方支配機構の整備・確立と五戸糸徴収権回収という方法を通して、諸王の食邑支配を弱体化させ、中央集権的支配を確立せんとする試みがなされたとし、その一例として至元二年にバトゥ王家がはじめて五戸糸を中央政府に請求したことを挙げる［海老沢一九六二］。ただし、至元九年「重修喬沢廟神祠並水利碑記」の末尾にも「令旨差平陽路都提河所臺監薛」[39]の署名が確認できることから、至元九年時点においても平陽路都提河所官の任命権が位下領主の後継者の手にあったことが分かる。[40]

では、平陽路都提河所は何を根拠に最終裁定案を導き出したのであろうか。平陽路都提河ダルガのカラウンが現地調査を行い、その結果を踏まえて提河所に発した裁定案に述べられる根拠は以下の五点である。

（一）　古碑文。
（二）　乙未から戊申年までの平陽路都提河所が簽押《せんおう》した用水帳簿。
（三）　丙申年に平陽路都提河所李官人が新たに簽押した使水木牌。
（四）　丁酉年に下六村が故城村喬三郎の麻地を購入した際の契約文書と抵当文書。
（五）　辛丑年の楊宜簽押の批帖。

このうち、（一）古碑文と呼ばれる碑刻には、大定一九年五月に省部すなわち尚書戸部から派遣された官が下六村の人戸の土地面積を調査し、これに基づいて決定された各村の使水日時が記されていた。金代大定年間における中央政庁からの官の派遣と水案の裁定という経緯からすると、この古碑文とは一見、上述の大定一八年「大金絳州翼城県武池等六村取水記」を指すようにも思える。しかし、その年代が一致せず、さらに大定一八年碑には各村の使水日時が記されないという決定的な違いがあり、両者は別の碑であると考えざるを得ない。

この古碑文は「歴代断定水例古碑」（二行目）とも称されることから、宋代煕寧三年の決定事項と金代大定一九年の決定事項をともに記した碑刻であった可能性が高いが、具体的な内容は窺い知れない。ただし、『［成化］山西通志』巻一五に収められる王磐撰「元中書右丞謚忠毅鄭公神道碑」に本碑を想起させる記載が見える。[41]これによれば、至元三年（一二六六）に鄭鼎が平陽路総管として任地に赴いた際に、翼城の北常村と武池村の間で水案が持ち上がった。鄭鼎が北常村からの賄賂に屈することなく下した裁定は、この後に地中から掘り起こされた

「漑田の古碑」が記す内容に完全に合致するものであったという。使水の分数・程式を記したとされるこの「漑田の古碑」こそ、「大朝断定使水日時記」に見える「歴代断定水例古碑」であった可能性が高く、おそらくは辛亥年における裁定の後、至元三年に至るまでの間に再度使水日時の変更を図った北常村の人間によって本碑は地中に埋められたのであろう。

ここで、宋・金代の水利規定を記す古碑以外に水案裁定の根拠となった物的証拠がいずれも乙未年以降のものであることに注目すべきであろう。平陽路都提河所による関係者への聞き取りの中で、北常村の史総領が述べるくだりの中に「庚寅より乙未の年に至るまで、大朝の条理已前に占到せる地土、房舎は已に占して定と為す。使水も今に至るまで地業を占めると何ぞ異らんや」との言が見える。つまり、庚寅年から乙未年の「大朝の条理」に至る間の土地と建物の占有状況こそが現在の権利を決定する根拠となるものであり、これは水の利用に関しても相当するというのが史総領の主張である。

ここに述べられる「大朝の条理」とは、癸巳年の第一回戸籍調査と甲午年（一二三四）から乙未年にかけて行われた第二回戸籍調査とその結果としての乙未籍冊の作成を指すと考えられる。諸氏の見解を整理した松田孝一によれば、乙未籍冊に登録された戸数は甲午～乙未年の調査によって登録された一〇〇万戸あまりの戸数であり、これには癸巳年の調査報告数も含まれていたとされる［松田一九八五］。この時、戸口調査と並行して土地建物など不動産に関する調査もなされ、これが土地・水利紛争裁定の際に、各自の所有権・使用権を主張する根拠と位置づけられたのではないだろうか。

安部健夫は中統五年（一二六四）からの鼠尾簿作成に際しては、丁口とともにその産業（田畝、牛羊など）も記載されたと考える［安部一九五四］。これがクビライ時代以前にも該当するであろうことは、同論文に引かれる『通制条格』巻一七・科差に収められる中統五年八月の聖旨において、オゴデイ時代に民戸の貧富を調べて差発を課したとする記載からも明らかであろう[42]。貧富の判断にはその動産・不動産の調査が不可欠である。また、差発を形成する税糧と科差のうち、一種の財産税を意味する後者は直接的には金の物力銭の系統を引くものであった［安部一九七二A］。物力銭に関しては、『金史』巻四七・食貨志・租賦条に「民の田園、邸舎、車乗、牧畜、種植の資、蔵鏹の数を計り、銭を徴するに差有りて、之れを物力銭と謂う」[43]とあり、動産・不動産の多寡に応じて税額を設定するというものである。また、史総領の言中において庚寅年から乙未年という時間枠が設けられているることから考えて、乙未籍冊作成に際してこの六年間の占有状況が調査されたこととなる。したがって、根拠の（二）に挙げた平陽路都提河所簽押の用水帳簿の年代が乙未から戊申年までである理由も籍冊が作成された乙未年を起点とするという判断基準に基づくものであったと考えられる。

なお、用水帳簿の最後が戊申年で終わっていることから、本文中には明記されない武池村による水案裁定を求める訴えが翌年の己酉年（一二四九）以降、現地調査が行われ裁決がなされた辛亥年の間になされたものであることが分かる。また、平陽路都提河所が最終的に武池村水甲頭の寧琪・李三らに宛てて帖を発した日付は辛亥年五月二七日であり、これは都提河所が平陽総府に宛てて最終裁決案を送付した日であり、総府の認可はその後の六月一五日に下りている。最終決定案に変更がなかったため、その策定日時がそのまま発給の日とされたと考えられようか。

第五節　水案の当事者たち――地域社会の動向

つづいて、当事者たちの目線から本水案を見直してみよう。このたびの争いにおいて直接の係争者となったのは武池村と北常村である。原告である武池村の寧琪らは、北常村が金・モンゴルの交替期という混乱の最中に自らの使水権益を強化しようとして行った諸種の「違反」行為を反故とし、熙寧以来の旧来の方式へ復帰させようとして翼城県への提訴に踏み切った。都提河所の聞き取りの中で明らかにされた北常村の「違反」行為とは、癸未年における新たな水路の開削と辛卯年における使水日時の変更という二点である。それぞれの経緯については「大朝断定使水日時記」現代語訳の中で述べた通りであるが、文中では直接的な言及がなされない背景などを補いながら、あらためて検討してみよう。

癸未年八月、王十官人の主導のもと北常村の再建が開始された。すでにムカリ率いるモンゴル軍の山西侵攻は断続的に五年の長きにおよび、主たる都市部はモンゴルの勢力圏内に入っていた。しかしながら、呂梁山脈南部や中条山脈中に点在する青龍・鼇背・葛伯・弾平らの諸砦[44]に拠った金側の抵抗勢力との争いは依然止むことなく、モンゴル軍の手におちていた都市を奪還するなど、一進一退の攻防が繰り広げられていた。翼城県においても楊宜によって同年初めに県城の修復が開始されたが、その直後の二月には葛伯寨に拠った賽不拝らの攻撃の前に再び県城が陥落するという事態が起こる。楊宜のモンゴルへの帰属の後においてもなお引き続く戦乱のため、老幼を引き連れ各地へ離散する人々が相次ぎ、村は放棄され耕地は荒れ地へと姿を変えていったのである。

同年夏に賽不拝らから県城を奪回した後、ようやく本格的な復興が開始される。王十官人は北常村の再建を目指し、荒れ地を開墾し木々を切り倒して耕地の整備を進めた。さらに、浚渫や堰堤の補修がなされぬままに放置され、鉄砲水によってその機能を喪失していた故城村の西大渠からの取水をあきらめ、あらたに喬大戸から故城村の東側の土地を買い受けて水路を開削し、北常村に翔皐泉水を導いた。その結果、丙戌年に至ってようやく武池村、北常村では再び耕作を開始することができることとなった。

この王十官人に関しては、その数字「十」が排行を表し[45]、官人が男子に対する通称[46]であると考えられる以外に詳細を知り得ない。同様の呼称を持つ人物として至元九年「重修喬沢廟神祠並水利碑記」に「武池村の寧七官人、名は彦」の記載が見え、その名は「大朝断定使水日時記」では李達、李松、盧彦、李実、邢徳らとともに水路の再開削を主導した武池村の人物として第一に挙げられる。王十官人、寧七官人ともに村の復興および水利の開発・整備を展開した村の指導者であり、史総領と呼ばれる北常村の史信、李万戸を名のった武池村の李松なども同様であろう。このうち李松に関しては、碑刻末尾の立石者の筆頭に「武池村水甲頭」としてもその名が見える。

　水甲頭とは地域社会の水利組織の責任者を指し、地域や時代によって呼称は様々であるが、一般的には渠長の名称が用いられることが多い[47]。「大朝断定使水日時記」において、北常村水甲頭の王慶の陳述の中で、辛卯年に故郷北常村に戻った王慶が祖父王倚の物故を受けて、同村の衆人と史総領により水甲頭の身役に充てられたとの言が見えることから、形式的には水甲頭は村民の推挙によって選出されたことが分かる。ただし、大定一八年「大金絳州翼城県武池等六村取水記」に見える武池村水甲頭の李春が同じく水甲頭の李忠の房姪であり、李忠も煕寧三年に水路を開削した李維翰の曾孫である。したがって、実際には水甲頭は村内の大戸によって承継されるものであり、北常村王慶の水甲頭就任も祖父王倚を引き継ぐものであったと見ることができよう。なお、王十官人は北常村の復興を主導し、新たな水路開削にあたった中心人物であるにもかかわらず、平陽路都提河所の聴取対象とはなっていない。当時すでに王十官人が没していたと考えれば、王慶の祖父王倚こそが王十官人である蓋然性が高い。

　「大朝断定使水日時記」の二八行目以降には、碑刻立石に関わった在地の顔ぶれが並ぶ。その筆頭にはすでに述べたように武池村水甲頭李松以下、八名の名が挙がり、続く二九行目には「同立石人李秩」以下の人名が並ぶ。この内、最終行の「匠人喬珍の男の（喬）成」が同碑を刻字した石匠であることを除くと、三〇行目の「権千戸忽哥赤」および「李通事」、三一行目の「怒古歹官人」および「劉通事」が目にとまる。その名から見て、フゲチ（忽哥赤：Hügeči）とネグデイ（怒古歹：Negüdei）はともにモンゴルで、これにセットとなる通事が名を連ねていることとなる。両者とも「権千戸」、「官人」といった肩書き、もしくは呼称が添えられてはいるものの正式な官職名は附されず、またその名が在地の人々の間に交じって現れることをどのように考えればよいだろうか。

この問題を考える上で参考となるのが、『洪洞県水利志補』に収録される「節鈔連子渠冊」地畝条に見える以下の記載である。

宋の南渡するの後、平陽は金に隷す。元光元年、金の平陽公胡天作、蒙古に降る。蒙古の憲宗二年、漢地を分かちて宗属を封ずるに、各村に蒙古一戸を住劄せしむ。北張村の夏兀蘭、敬村の鮑宣は、本渠の水地を将て占佃すること数年たり。夏兀蘭、鮑宣の潞州に調せらるるに、本渠の地戸の程詳、姚進らは、資を備えて収贖し、各おの旧に依りて佃種す。[48]

金末の封建九侯の一人、平陽公の胡天作が元光元年（一二二二）にモンゴルへ投降したことは、『金史』巻一一八・胡天作伝によっても裏付けられる。楊宜や靳和らが対峙した葛伯・鰲背・弾平・青龍らの諸寨との連携のもと、平陽をめぐってモンゴル軍と一進一退の攻防を繰り広げた胡天作であったが、青龍堡の攻防戦の最中、虎忽失来や王和らの裏切りによって捕らえられ、モンゴルへと投降するに至った〔王二〇一〇〕。

これに続くモンケ二年（一二五二）の宗属の分封についてはその具体的内容を明らかにし得ないが、問題なのはここで各村に「蒙古一戸」を「住劄」、すなわち住みとどまらせたという記載が見える点である。ここでは北張村の夏ウラン（兀蘭：Ulan）と敬村の鮑宣がこれに該当することから、「蒙古」とはモンゴル牧民ではなく、モンゴルに帰属した者の意味となろう。数年にわたって連子渠流域の灌漑地にて耕作を行っていた夏ウランと鮑宣であったが、潞州へと派遣されることとなり、その土地を元の所有者である程詳と姚進らが買い戻して以前の通りに耕作を行ったという。これは平陽路洪洞県の状況を物語るものであり、同じく平陽路に属する翼城県の「大朝断定使水日時記」に見える「権千戸忽哥赤」や「怒古歹官人」らを各村に駐劄したモンゴルであり、意思疎通のために「李通事」や「劉通事」らが配されたと考えることもできよう。

さらに、これらの事例がともに「平陽」において見られたという点が興味深い史料を想起させる。郝経がモンケに対して、王族の分地支配下における搾取の苛酷さを説いた「河東罪言」(『郝文忠公陵川文集』巻三二)である。これによれば、

> 平陽一道は抜都大王に隷す。又た真定、河間道内の鼓城等の五処を兼ぬるは、属籍の最も尊きを以て、故に分土は独り大にして、戸数は特に多し。……(中略)……今王府又た一道を将て細分し、諸妃王子をして各おの其の民を征せしめ、一道の州郡は分かれて五、七十の頭項と為るに至り、一城或いは数村を得る者有りて、各おの官を差わして臨督せしむ。[49]

丙申年の分撥によってジョチ家の投下領とされた平陽路では、[50]妃や諸子らによって分地がより細分化され苛酷な支配がなされたという。これまでにも、多くの研究者によってモンゴル王族による典型的な分地支配の姿を伝えるものとして取り上げられてきた著名な史料であり〔愛宕一九四三、海老沢一九六六、岩村一九六八〕、その執筆年代はモンケ五年(乙卯:一二五五)に比定される〔蔡二〇〇九〕。つまり、上述の「節鈔連子渠冊」のみならず、「大朝断定使水日時記」ともほぼ同じ時期・地域の状況を記したものとなる。そこであらためて末尾の「各おの官を差わして臨督せしむ」の語に注目すると、一城あるいは数村という単位にまで細分化されたそれぞれの分地に官を派遣するという姿は、すでに見てきた「大朝断定使水日時記」の権千戸フゲチやネグデイ官人、さらに「節鈔連子渠冊」の夏ウランや鮑宣とも重なり合うものとなろう。

話を戻せば、武池村水甲頭李松によって北常村王十官人の新水路開削に対抗するため、翼城県令楊宜に対して使水日時の確定を求める訴えがなされた。訴えを受けた楊宜が下した裁定こそが先に見た「先取水、差発多」という新たな規程であり、これにより北常村の使水日時を五日、武池村の使水日時を五日とする裁定がなされた。

このたびの両村の使水日時を熙寧以来の使水日時である北常村の三〇時辰（二日六時辰）、武池村の九一時辰（七日七時辰）と比較すれば、北常村の使水量の増加と武池村の減少は明らかである。にもかかわらず、この楊宜の裁定に対して、北常村の史信は北常村の使水日時のうち、一日分は呉村へ分け与えているため、実際の北常村の使水日時は四日であること、さらに乙未年以前の水利用に関する権益は土地所有に関するものと同様に認められるべきものであると反論する。このうち、呉村への一日分の使水量の分与については、都提河所による北常村の水甲頭王慶への聞き取りの中で、辛卯年の時点で呉村の使水日時を一日とするとの言辞が見られることからも裏付けられる。問題なのは、北常村にとってこの楊宜の裁定結果が自らに不利なものと認識されていた点である。その理由は碑文中には明記されないが、水の流れと村落分布の関係から明らかとなる。

『［民国］翼城県志』巻七・溝渠・常流水渠・灤水条に記される下六村に関わる水路の流路をまとめれば、水源池の北から流れ出した水は川呉村（呉村の後身）より西に向かい、北常村を経て西南流し、武池村、馬冊村、南史村の諸村に至り、その下流側に東鄭村、西鄭村、西張村が位置する。これは民国七年（一九一八）一二月の調査に基づく『山西省各県渠道表』翼城県渠道表・已成之渠・灤池渠条において、「渠の経過する地」として挙げられる「一は牛家坡、下澗峡、上澗峡、故城、川呉、北常、武池、南史、東鄭、西鄭、西張等の十一村を経る」[51]の順序とも合致する。翻ってみれば、至元九年「重修喬沢廟神祠並水利碑記」に記される熙寧三年の使水規程および「大朝断定使水日時記」に記される古碑のいずれもが呉村、北常、武池、馬冊、南史、東鄭という順序で各村の使水日時を記していた[52]。つまり、この順序で水が流れる水路こそが、熙寧三年に下六村が共同で開削した水路であり、さらにはこれが北常村の王十官人が「不能行水」とした故城村の西大渠に相当しよう。

癸未年に従来の下六村の共用水路が使用不能になったとして、王十官人によって新たに開削された水路は故城村の東を通るものであった。村落の分布から判断して、下六村のうちでこの新水路によって導水可能となるのは呉村と北常村の両村に限定される。同一水源からの引水であることから見て、この新水路の開削によって従来の下六村が共同で開削した水路への引水量が減少することは明らかである。さらに、北常村が一日分もの使水日時を呉村へ分与した理由もここにある。呉村に有利な条件を与えて新水路開削という行為を認めさせるという思惑が働いたのであろう。

こうした北常村単独での新水路開削とこれに伴う呉村への使水日時分与という行為に対して、李万戸は楊宜への訴えを行ったのであり、その裁定結果としての「先取水、差発多」の先取水とはまさしく上流側の北常村、さらには呉村をターゲットとするものであったこととなる。もとより旧水路の機能不全と新水路の開削によって、武池村の可能使水量は減少していたはずである。したがって、煕寧以来の規定である七日七時辰から五日へという自らの使水日時の減少（おそらくは現状）を認めることと引き替えに北常村の違反行為を反故とするため、武池村から楊宜に働きかけがなされたと考えられる。

では、武池村はいかなる論理のもとに北常村の「違反」を訴えたのであろうか。原告である武池村水甲頭の寧琪の陳述内容からその「正義」の論理を分析してみよう。寧琪の主張した証拠とは、前節で取り上げた平陽路都提河所の裁定根拠となった五点のうちの（一）〜（四）の四点に加えて、丁酉年三月に分水口の補修を行った際に、各村の使水日時を基準として差夫の人数を決定したが、これに対して北常村の王四も署名をしているという事実である。

最後の点に関しては、根拠の（四）に挙げた丁酉年に下六村が水路の開削のため故城村の喬三郎から用地を購入した際の契約文書と北常村ら五村の抵当文書が証拠となることと同じ理由による。つまり、下六村の水利に関しては、六村共同での出資と人員供出がその正当性を示す条件であり、使水日時の多寡に応じて設定された負担額と供出人員数は文書に明記され、各村の水甲頭らにより署名がなされることで、その有効性が発生したのである。こうした認識は下六村の自らの水利のルーツに規定されたものであろう。熙寧三年における用地の購入と水路の開削という行為に六村の一員として加わり、さらにその名が熙寧碑に刻まれたという事実こそが、自らの用水権を保証する根源であった。さらに、その権利は水利施設の補修や新たな水路開削のための資金と労働力の供出という折々の行為を通じて再確認された。これは同時に、梁壁・西鄭・李村などが熙寧三年の事業に参加しなかったことが用水権の獲得を不可能にしたこととも相表裏する。これらいずれもが、熙寧碑自体ではなく、これを記録した金碑によって証明されたことも見逃せない。

加えて指摘すべきは、上五村との関係性である。今回の水争いは北常村と武池村との対立、つまり下六村内の用水権をめぐる争いである。上五村と下六村との関係は、上五村が取水し終えた後の余剰水を下六村が利用するとともに、上五村の取水量については規程がなく自由に必要量を取水することができるというものである。とすれば、下六村内の争いは上五村にとってはかかわりのない、もしくは取るに足らない出来事となろう。しかし、都提河所の取り調べは下六村の関係者および水甲頭以外に上五村にまで及んでおり、張徳真によって上五村各村の代表者の陳述がまとめて上申されている。これは、下六村の水争いに関しても、上五村の見解を問う必要があったことを意味する。翔皐泉水利はあくまで上五村と下六村、後には西張村を加えた一二村が用水権の保持者であり、その総意にこそ「正義」が存在したのである。

第六節　水の分配と管理に対する公権力の関与

裁定根拠の（二）に挙げた乙未から戊申年までの用水帳簿とは、「下五村」の水甲頭が平陽路都提河所にて捺印をうけた使水日時の帳簿である。ここで下六村ではなく、下五村とされる意味に注目すべきである。本碑中における「下五村」のその他の用例としては、戦乱が収まった辛卯年以降、土地を再度購入し水路を開削するために武池村の寧彦らが出資を募ったのが「下五村」であった。さらに、これに続く文脈において、「上村」が「革命」を理由に使水日時の変更をはかったために訴えをなすにいたったと記されることから、下五村と上村はそれぞれ別の村落を指すことが分かる。

さらに、水案の最終裁決案において、北常村の王慶・史信らの陳述書に記される「大朝に属してより」という文言に対して、平陽路提河ダルガのカラウンが「使水は終に是れ別に見る無し」と評する。モンゴルへの帰属という政治的な大変動をきっかけとして使水日時の変更を求めたのは北常村であり、武池村が訴えた「上村」とは北常村を指す。したがって、平陽路都提河所官の捺印を得た下五村とは、北常村を除くその他の五村であり、北常村はこの手続きを行っていなかったこととなる。さらには、武池村の寧彦らが新たな水路の開削を計画した際には、すでに対立が決定的となっていた北常村への参加呼びかけはなされず「下五村」によって実行されたと考えられる。

ここで、北常村が使水の帳簿に提河所の捺印を得ていないという事実の持つ意味を正当に評価するためには、当該時代に特徴的な水資源の管理・分配制度を明らかにする必要がある。モンゴル時代の水管理分配制度に初めて注目した長瀬守は以下に挙げる「用水則例」の記載によって、宋元時代において用水戸が引水灌漑に至るには、水門を管理する斗吏が渠司に赴いて状を提出し、これに対して官が「申帖」を発給してようやく水門が開かれ灌漑が開始されたとした。この「申帖」には上下斗門の水量、水を承けた時刻、灌漑した苗色頃畝などが記されたとする［長瀬一九七一］。さらに、蕭正洪は唐宋元代の「申帖制」から明清時代の「水冊制」へと水管理・分配方式が変化すると考え［蕭一九九九］、この見解は中国における水利権の歴史的展開に関連してしばしば言及され、ほぼ通説として定着した感がある［常二〇〇一、王二〇〇五］。

しかしながら、両氏の理解には二つの問題点が存在する。まず一つ目が名称に関する問題点である。両氏が依拠した資料は、いずれも至正初年に李好文によって編纂された『長安志図』巻下の『涇渠図説』に収録される「用水則例」である。該当部分を両氏が用いたであろう通行本の乾隆四九年（一七八四）畢沅校刊の『長安志図』によって示せば、

凡そ水を用いるに先ず斗吏をして状を入らしめ、官の申帖を給し、方めて斗を開くを許す。旧例に上下の斗門子に仰せて預め先ず状を具し、斗下の郗分の利戸、種到せる苗稼を開写し、渠司に赴きて告し、水限の申帖を給して、方めて斗を開くを許すとあり。[53]

灌漑用水を利用するにあたって、毎年利用者（村落）が管理部門に利用予定村落（戸）の名称および予定水量、播種量などを報告し、官側から用水許可証である「申帖」が発給されてはじめて灌漑を行うという方法・制度が用いられたとされる。ただし、「用水則例」の当該箇所に関しては、嘉靖一一年（一五三二）刊の『長安志図』および嘉靖二六年（一五四七）刊の『涇陽県志』巻四[54]に収録されるテキストでは、上記の畢沅校本の傍線部「申帖」を「由帖」に作る。また、四庫全書本の『長安志図』においても同句を「由帖」に作る。

さらに、由帖が証明書を意味する語として用いられることからも[55]、畢沅校本の「申帖」が「由帖」の誤りであることは明らかである。由帖に関しては、『元典章』典章三・聖政巻二・均賦役によれば、至元二八年（一二九一）に頒行された『至元新格』に収録される「科差条例」中の一条として、各戸の花名を記し、捺印・押字がなされた、雑役賦課の納税通知書ともいうべき由帖が発給され、村・坊に掲示されたとされる[56]。こうした方式自体はすでに金末の事例にも確認できる。『遺山先生文集』巻二〇「資善大夫吏部尚書張公神道碑銘幷引」には「再び寿張主簿に調せらる。時に北鄙兵を用い、科役の適従する無し。公物力を差次し、鼠尾簿を為り、按じて之れを用う。保社に号引有り、散戸に由帖有りて、榜を通衢に掲げ、民を喩すに当に出すべき所を以てす」[57]とあり、

モンゴルの華北侵攻に伴う混乱の中、科役の割当はその基準を失い無秩序になされていた。そこで、寿張県主簿となった張正倫は、各戸の物力をランク分けして鼠尾簿を作成し、これに依拠して課税額を決定し、その通知のために保社に対しては号引を発給し、散戸に対しては由帖を発給して、これを通りに掲げることで割当額を明示したという。これらの事例から、モンゴル時代における納税通知書としての由帖の発給とその公示という方法が金制を継承するものであることは明らかである。さらに、水利用に関しても、この科役割当の場合と同様に、報告された耕地面積や播種量を勘案して、各戸の使水量が決定され、その内容が由帖の発給という方法で伝えられたということになろう。

次に二点目の問題は、この制度が用いられた時期に関するものである。長瀬氏によれば、「申帖」を用いた水分配・管理の方法は宋元時代に特徴的なものとされ、蕭氏は「申帖制」を唐宋元代の方式とするが、その根拠については示されない。おそらくは、両氏がともに依拠した「用水則例」に「旧例」の記載が見えることが、モンゴル時代以前から同方式が存在したとする根拠になったと考えられるが、これも明確に時期を示したものではない。また、ペリオ将来敦煌漢文文献「唐開元水部式残簡」（P.二五〇七）に見える「凡そ田を澆するは、皆な仰せて預め頃畝を知り、次に依りて取用せしむ」[58]の記載をもってこの方式が用いられたとする見解もあるが［王二〇〇五］、由帖の語は現れず、やはり説得力は弱い。

そこで「大朝断定使水日時記」が記す水分配・管理の方法が重要となる。つまり、翔皐泉水利に見られる水利用に至るプロセスとは、六村の水甲頭が毎年使水の日時を記した帳簿を平陽路都提河所に持参し捺印を受けるというものである。さらに、これが裁定以前より行われていた方法を踏襲するものであることは、乙未年から戊申年に至る間の提河所の捺印を受けた使水日時の帳簿が現存していることからも明らかである。加えて、事実認定の根拠としても挙げられる使水の木牌に関しても、提河所における捺印を経ることで効力を得るものであった。使水木牌に関しては、清代には村落が使水を完了して次の村落へと使水の順番が移動する際、分水日時の割当、使水上の規定や注意事項を記載した木板[59]が回送された事例が知られる。

さらに注目すべきは、金が滅亡した翌年の乙未年の段階において、官への水利帳簿の提出とこれに対する認可という方法が用いられている点であろう。これは前章で取り上げた洪洞霍泉水利の例に見られた渠条の官への提出と官による捺印・押字を通した認可と給付という方法とも相通じるものである。もちろん、両者の間には毎年の提出が求められた水利帳簿と不定期に作成される渠条という違いはあるものの、その手続きに関する類似性は明らかである。さらに、やはり前章で検討した天眷二年六月に都鎮国によって作成されたという渠条四〇条のうちには、「各村未だ支水の文帖を得ざるに、擅ままに自ら地一畝を澆すれば、白米一碩を罰するを准す」[60]の記載が確認できる。もはやこの「支水の文帖」が由帖と同じものを指すことは明らかであろう。

水利帳簿の届け出と官による認可を経て由帖が発給され、土地面積や播種量に基づいて戸ごとに使水量が指定され、使水戸が水利用を行うという水分配・管理方法は金代に始まり、モンゴル時代に継承されたものであったと考えざるを得ない。したがって、乙未年から戊申年に至る一四年間の北常村の帳簿が存在しないということは、地域社会における事業への共同参加という水利規程に違反するにとどまらず、政府が定めた水資源管理分配方式にも反する行為でもあったこととなる。さらに言えば、水利規程である渠条と使水戸の名や耕地面積などを記した水利帳簿の両者を併せたものが水冊の内容である。明代中期以降にその利用が本格化する民間水利組織の自立的水管理を支えた水冊も官より認可を得ることで効力を発揮するものであり、ここにも渠条の認可・給付が始まる金代を前近代水利秩序の形成期と位置づける根拠が存在する。

以上により、長瀬氏が「申帖」の語を用いたこと、さらに蕭氏がこの制度の起源を唐代にまでさかのぼらせたことについては誤りであり、金代に萌芽が見られ、モンゴル時代に完成された方式であったと考えざるを得ない。

ただし、蕭氏がこの水分配・管理の方式をもって、国家や政府が地域社会の水利というミクロな局面にまで管理の手を及ぼした制度であるとした上で、モンゴル時代以降、国家は地方社会にその管理権を委譲していき、ついには民間の水利組織による水管理方式である水冊制へと変化していくとした流れについては、十分に首肯し得る[蕭一九九九]。つまり、金・モンゴル時代は国家・公権力が地域社会の水利用という「些事」にまでその管理の手を伸ばした最後の時代であり、その完成形として毎年の水利帳簿の提出と由帖の発給という煩瑣なまでの手続きを要する制度が確立をみたのである。これは裏を返せば、公権力が地域社会への介入の度合いを高めることでもある。ここからは、地域水利というミクロな局面にまで公権力が関与し、水分配という民の生活・生業に直結する問題にまで管理の手を及ぼそうとしたモンゴル帝国の統治の基本方針がうかがえる。

　こうした水分配・管理への介入を可能にした要因としては、平陽路都提河所に見られるように、地方の水利行政専管機関が設置されたことが重要である。これを前代と比較すればその違いは明らかであろう。宋金時代の水案裁定において、地域の水利行政を専門に扱う機関は設置されず、州県での裁定が行き詰まった場合には中央政府への上申がなされ、そのたびに官員が派遣される、もしくは地方の関係機関に調査を委ねるという方法が採られている。これに対して、平陽路都提河所は中央政庁への上申を行うことなく、平陽総府への報告と認可によって裁決を下しており、より効率的な統治の形態を採っているとも言えよう。

　もちろん、これが位下領における事例であることを考えれば、そのままに大元ウルス全域へと一般化することはできない。ただし、翔皐泉水利をめぐる争いに対して最終裁定がなされたのが、モンケ即位の歳である辛亥年五月二七日であり、前章で見た洪洞南霍渠冊が再作成されたのが同じく辛亥年八月（南呂月）であったことを考えると問題はより広がりを見せる。翼城県に隣接する曲沃県の西海温泉に関して、『［乾隆］新修曲沃県志』巻一九・水利・温泉条によれば、大徳一〇年（一三〇六）一〇月一五日の「防禦条款」にモンケの聖旨を引用して、[61]

平陽路における灌漑に対しては、二人の監督者を派遣し管理にあたらせ、順番に使水して一巡させること、さらに「霍渠水法」に依拠した水資源管理・分配に関する規程を制定することとされるのである。[62]

王一の研究によれば、一九八二年に民間から発見された「霍例水法」は、元・明・清・民国時代を経て受け継がれてきたものであり、一九四三年のわずかな増加分を除いて原文をそのままに踏襲するものであった。また、この「霍例水法」とは、元の大徳一〇年に霍州などの四〇以上もの水法を参照して、曲沃の民俗風習を勘案して新たに作り出されたとされる［王一九九〇］。残念ながら、一九八二年に発見されたという「霍例水法」の現在の所在を知ることはできず、王氏の論考においてもその一部が引用されるにとどまり、全体像を知ることはできない。この「霍渠水法（霍例水法）」が、洪洞・趙城の霍泉水利に関する規程であったとすれば、南北霍渠の規定を根本材料として平陽一帯に広く通行する水利規程が作成されるとともに、灌漑時には監督官の派遣がなされるという方式が採用されるなど、モンケ時代に地域の水利用に関する制度が整えられ、官の介入を強める形での再編がなされたこととなるのである。

小結

モンゴル時代においては、華北支配の直後からすでに地域の水利行政を管轄する専門機関が設置され、村ごとに設けられた水管理責任者である水甲頭には、毎年、水利帳簿をこの水利行政機関に提出して認可を受けることが義務付けられていた。こうしたあり方は、金代における渠条の認可と給付という方法を下敷きとするものであり、水利用許可証ともいうべき由帖の発給自体も金代にまでさかのぼる可能性が考えられる。中央政府のみならず、分地領主や漢人世侯など、金代にも増して複雑さを加えたモンゴル時代の権力の多重構造のもと、より確実なよりどころを求める地域社会の動きが官による水分配・管理体制を支えたと言えよう。明代以降、民間の水利組織が水冊に基づいて水管理に中心的な役割を果たしていくが、これは金・モンゴル時代が官による水の分配・管理への関与という点での到達点であるとともに、以降の民間への管理へと移行する転換点であったことを意味している。

注

1 例外的に、儒教や仏教の経典など長文のテキストを刻む場合に複数枚の石材が用いられることがある。また、通常の記文を記す場合にも長文であれば、石材の一面のみならず、その背面や側面に連続して文章が刻まれることもある。

2 灤水、出邑東南十五里。王世家出翔皐山之西、蓋水経・括地諸書所謂澮水者也。今不名澮而名欒者、疑欒賓生此、後欒成死哀侯難、小子侯賜此以為祭田、故易澮為欒。後人漸譌欒耳。又名霊泉池、広畝許、分流二渠、漑東南十二郇田、至李郇与澮水合、流入澮・交。唐嗣聖間、張令懐器導之。明弘治間、涸数歳。崇禎間亦涸数歳。我朝世祖昇之先三四年、其水忽涸、至憲宗御極之年復出焉。

3 『大明一統志』巻二〇・平陽府・山川に「澮高山、在翼城県東南一十五里。其形如鳥張翼。又名翺翔山、山産銅鉄、山下有灤泉」とある。

4 至元九年（一二七二）「重修喬沢神廟幷水利碑記」に「沐神之休者、在茲温泉」とある。

5 撰述者である楊守則は後段にて詳述する翼城の漢人世侯楊氏の一族であり、当地および翔皐泉水利とも関係浅からぬ人物である。

6 本碑に関しては、翟二〇〇七に録文が載せられ、「南梁池旁」に現存するとあるが、筆者の現地調査時には確認することができなかった。

7 其最可称者、翼之東有山曰翔皐、翔皐之麓有泉一区、灌漑之利独秀南川。泉之始無所考、自唐以来或出或涸、碑志具載、茲不復書。天暦己巳、旱暵為災、飢饉荐至。是年之秋、池水漸洩、至冬尽為葑田。詩謂陵谷変遷、信不誣矣。

8 王二〇〇五によれば、本章で取り上げたもの以外に、順治六年（一六四九）「灤池復涌碑記」、康熙五三年（一七一三）「重建廟碑記」、乾隆五六年（一七九一）「本府裘大老爺断明起落番次水例碑記」（「灤池水例古規碑記」碑陰）、乾隆六〇年（一七九五）「重修廟碑記」が現存するとされる。また、この他に南梁鎮灤池の墻上に嘉靖から同治年間にかけての「灤池重修等刻石」一二石が現存するとされる。

9 翟二〇〇七では、翔皐山上に徽宗より廟額が賜与された喬沢廟が現存するとされるが、その詳細は不明であり、政和元年の田灝撰碑に関しても現存を伝える資料はない。また、同書には「牛家坡灤池辺《喬沢廟》」として「勅封喬沢廟」と記す廟額の写真を載せるが、これについても具体的な位置などに関する説明はない。

10 王二〇〇五によれば、南梁鎮灤池喬沢廟内に乾隆五年（一七四〇）「灤池烟祀碑記」が現存するとされる。本廟を指すとも考えられる。

11 一九五八年の改修の際、戯台西北角の斗栱に「泰定元年（一三二四）十二月十七日、武池村創建舞楼一座。都維那頭邢□・邢徳・都維那頭李温・姪男李思諒」の墨書題記が発見された。創建年代は不明であるが、過去に「至元［十五］年（一二七八）□月□日重修舞楼一座」と記す石刻があったとする説もある［柴一九九九、車二〇〇一、蘇・張二〇〇一、馮二〇〇六、楊・曹二〇〇六、羅二〇〇八］。なお、武池村喬沢廟の戯台については、桜木二〇〇二において紹介がある。

12 王二〇〇五によれば、本章で取り上げた以外にも下記の碑刻が現存し、山西師範大学戯曲博物館に拓本が所蔵される。嘉靖一〇年（一五三一）「創立廊廡碑記」、同上「武池等［六］村続置過水渠碑記」、万暦三六年（一六〇八）「武池村勅封喬沢廟創建献殿碑記」、崇禎一三年（一六四〇）「重修廊房記」、順治一三年（一六五六）「重修建池廊碑」、乾隆一一年（一七四六）「重修舞楼碑記」、道光三年（一八二三）「添砌舞楼東西弐門記」。

13 本碑の立石年代に関しては、王二〇〇五ではこれを元代延祐四年（一三一七）とするが、篆額の「大朝」の語やその記載内容から判断して、これが憲宗モンケ七年（一二五七）であることは確実である［胡二〇〇〇、于二〇〇五A・B、陳二〇〇九］。

14 県東有翔高泉者、公之奨勧、咸令導引、五郷之境、同沾此潤。遂得三春桃花、迸出長渠之口、九秋萍葉、平縁広路之脣。激溜栄紆、分源漑灌。是以奇樹蓊鬱、芳畦靃靡、紫穂飄香、青花吐色。既符崔瑗通溝致甘雨之謡、有類殷裒開畝洽豊年之頌。

15 「大朝断定使水日時記」では「常永」と、「重修喬沢廟神祠並水利碑記」では「常永政」とされる。

16 『［民国］翼城県志』巻七・溝渠・天河条に「発源於寺児口、経牛家坡北、名曰池後頭溝。寛約五六丈、及至灤池西、為一大河灘、再下即成河、俗名曰天河。与灤水源極近。自此沿河出水、清流不断、即天旱時亦未乾焉」との説明がなされる。

17 南梁村灤池碑亭に現存。録文が程二〇〇六、翟二〇〇七、中国人民政治協商会議山西省翼城県委員会二〇一〇に収録される。

18 『宋史』巻四四六・忠義伝に載せられる李若水伝に記される、金への投降をうながすネメガの誘いを断固拒否し、罵倒を浴びせながら自ら死を選んだ忠義の臣「李侍郎」の名はあまりに有名である。李若水の吏部侍郎への就任はすでに金軍により開封が包囲された靖康元年（一一二六）の事であり、大観年間（一一〇七～一一一〇）においてはいまだ国子学にあった可能性が高い。

19 仲秋落番之後、南梁使水復照熙寧年間旧規、任意自在澆灌、有余之水退入馬冊橋下、東鄭、西張、截河打堰使用。

20 原文では「委提挙井秘丞帰断」とある。本碑の録文を載せる楊・曹二〇〇六では当該箇所を「委提挙□秘丞」とするが、後半の再出箇所では「井提挙」と記載する。その他、程二〇〇六、翟二〇〇七はいずれも「委提挙幷秘丞」、「幷提挙」につくる。筆者が原碑を確認したところ「井」であることが確認できたが、該当する井姓の人物を史料中に見いだせない。提挙が農田水利を職務とする提挙常平司を指すことから、熙寧二年に置かれた提挙常平司の官、具体的には提挙常平広恵倉兼管勾農田水利差役事と解する。

21 三七分水に関しては、本書第二章を参照。

22 原文「孟奉信」の奉信は散官と考えられるが、評点本『金史』巻八七・徒単合喜伝の校注にて指摘されるように、『金史』巻五五・百官志・吏部にその名は見えない。あるいは文散官正六品上の奉政大夫、同下の奉議大夫、従六品上の奉直大夫、同下の奉訓大夫、いずれかの誤りとも考えられるが成案を見ない。

23 原文では「幷撫定後、（一字空格）新制已前、不曾争告、已定公事」とする。金による華北旧北宋領の制圧に続く「新制」とは、天眷元年（一一三八）の制度改革を指すと考えられる。三上次男によれば、太宗の天会一二年（一一三四）から熙宗の天眷初年におよぶ改革の対象範囲は官制、地方制度、官吏選挙制度、礼制、儀制、服制、暦法、天文などにまでおよぶものであった［三上一九七〇］。従来は、官制改革の面からその重要性が指摘されてきたが、本事例によってこれが社会においても大きな画期であったことが分かる。なお、これは前章で見た洪洞霍泉水案とも大きく関わる問題である。

24 原文は「官人」。モンゴル語「noyan」の訳語。

25 原文は「替頭裏」。モンゴル語「oron-a」の訳語。

26 原文は「伴等」。伴等の「等」は通常は「当」の文字が用いられる。杉山正明によれば、『元朝秘史』の榜訳では、しばしば遊牧君主のネケル nökör（僚友）の訳語として使用され、属僚・属吏の意にも用いられる。さらに「実際の行政処理にあたっては、とくに夏期については大カアンに従って上都地区におもむいている各官庁のトップから、大都の「伴当」のもとへ問い合わせの使者が送られ、折り返し回答・上申が返送されるといった具合であった」とされることから［杉山二〇〇四、一五九頁］、ここでも蒙宣差平陽路都ダルガのジャライルタイ・ノヤンが平陽を離れている間に、平陽に残っていたクラカイ・ノヤンとシンコラが代わって職務を遂行したと考えられる。都提河所から都総府への申覆が五月二七日、これに対する都総府からの認可が六月一五日に下されていることから、この間に都ダルガのジャライルタイ・ノヤンへの上申と回答がなされたとも推測できる。

27 『金史』巻二六・地理志・臨洮路条に蘭州の属県として龕谷県が見える。

28 君諱宜、絳之翼城石鄭庄里人也。五代祖諱明、宋宣和間、仕至顕官。高祖諱発、佩虎符、為隆州大将軍。曾伯祖諱載、金千夫長、守玄洞砦。曾大父諱時、大定間為翼城令。曾祖妣席氏生五子棟・桓・楷・松・材。材則君之大父也。祖妣張氏・李氏生二子厳・栄、倶充絳州銭谷使。栄則君之考也。妣張氏生君及二季曰福曰達。君形貌魁碩、有識慮。値貞祐之変、金主南渡、河北群県尽廃、兵凶相仍、寇賊充斥。君曁従弟琛・仁・海・義、姪紹先・茂先等、乃奮然興起、帥郷党族属、為約束以自守。及太師以王爵領諸将兵来略地、遂以衆帰之。抜琛於行間、超升行大元帥府事、鎮翼、表授忠勇校尉、佩銀符、守平陽四門主管義軍。福知龍平県事、達佩金符、金台府長官。時青龍・鰲背・葛伯・弾平諸［砦］（柴）未降、互出攻撃、肆為剽劫。君曁琛等悉平之、民頼以安。及塔海都元帥西征庸蜀、辟琛為先鋒、君与焉。凡所攻抜、不避矢石、屢有成効。凱還、君以労遂授今職。君之為治也、不事表襮而民愛之、不任刑罰而民畏之。作事必為遠計、使人守其成法。県之東山炭窟、年歳既久、穿劚益深、屢有圯圧之患。君相視其地、創為開置、民甚便之。邑之南川水利、漑田甚広、数村争訟不已。君為断理、皆服其平、至今以為定例。民立祠而事之。所蒞凡三十余年、無少玷闕。至元元年冬十一月庚辰、葬於百草嶺上馬跑泉側、従先塋焉。娶李氏・郝氏・郭氏、婦道母儀、皆可為法。子男三、孟汝真襲君職、次汝舟授本県丞、倶有能名。季汝霖隠徳不仕。一女曰珎、適劉氏。孫男三、琪成都路弾圧官、挨鄂州省都鎮撫、贇隠士。孫女五、皆適望族。曾孫男二、長曰文炳、河東宣慰司奏差、幼曰文質、未仕。曾孫女適梁氏・張氏。琪将終、召其子文炳等曰吾大父去世五十余年、而休声美実、郷党尚伝誦之。不載誌金石、無以昭示後之子孫也。汝曹毋忽。延祐三年春、文炳持其世系・行実、謁文於予。予雖謝不能、請之益固、姑摭其実以誌之。

29 タガイ都元帥の四川攻撃に関しては、本書第五章を参照。

30 なお、『[光緒]翼城県志』巻一五・人物によれば、墓表に挙げられた以外にも、楊佺（翼州太守）、楊奉先（元帥）、楊紹先（節度副使）、楊茂先（霊石県尹、宣授征行大元帥）、楊思明・思忠・思孝（翼城県尹）、楊泰（成都路千戸）、楊瑛（岳州千戸）の名が見える。やはり翼城およびその近隣の職を得た者が多い。

31 歳己卯、王師復南下、公率□□□□□□逆於境。国王太師嘉其意、授以征南帥。慮人新拊定、営騎寇攘侵擾、仍命公董正一邑事。時四境遺民守巣未下者□葛伯・鰲背・弾平・青龍諸寨、互出没劫掠、人不得寧処。公選子弟壮健者数千人、教以武事、敵至則荷戈以禦、去則負耒以力穡。卵翼存拊、如保童稚。人始知［有］生意、而卒免屠戮餓莩之患、而敵終亦自斃。

32 興定三年、靳和以所部帰蒙古、遂分澮水為界、南属金、北属蒙古。

33 『程雪楼文集』巻六「靳同知墓碑」に「十六、見諸王抜都、命長平陽工人、遷曲沃翼城令、有能声」とある。

34 『山右石刻叢編』巻二六「絳陽軍節度使靳公神道碑」。

35 今制、郡県之官、皆受命於朝廷。惟諸王邑司与其所受賜湯沐之地、得自挙人、然必以名聞諸朝廷、而後授職。

36 海老沢哲雄によれば、「一般に諸王の封邑の官司は、実質的にはともかく、少なくとも形式的には、国家の側で一種の公的官司として設置されるべきものであった」とされる［海老沢一九六六、四〇頁］。

37 『元史』世祖紀・巻一五・至元二五年四月辛酉条に「省平陽投下総管府入平陽路」とある。

38 モンゴル時代における水利行政担当機関として、関中三白渠の水利を管轄した宣差規措三白渠使司が太宗オゴデイの一三年（一二四〇）に設置されているが［本書第五章参照］、これと比較してもより早期の事例となる。全国的な施策としては、至元七年（一二七〇）に各路に水利施設の維持管理と水利用に対する監督管理にあたった（提渠）河渠司が設置される。カラホト文書に見える河渠司（提挙河渠司）については高一九七八を参照。

39 「大朝断定使水日時記」の例からすると、「令旨差平陽路都提河所臺監薛」の前には「蒙」の字が存在する可能性があるが、「重修喬沢廟神祠並水利碑記」の下部が欠損しているため、前行末尾の文字を確認することができない。また、後掲注50の「霍州経始公廨橋道碑」には「宣差平陽路都達魯花赤薛［闍］官人」の名が確認できる。

40 愛宕一九四三においては「河東におけるバトゥの分地が世祖の即位とともに、元朝の州県に転化した」とする。

41 至元三年三月、授昭勇大将軍平陽路総管。是歳春大旱、公下車之日、雨沢霶霈、闔境霑足、民大歓悦。翼城県有北常・武池、灌漑民田、二村争求。其一自知理屈、賚厚賂祈請於公、公執而鞭之五十七、為立程式均□□□、両村民大感悦。其後民寇有発地得漑田古碑者、視之其分数程式、［与］公所断、若合符節。

42 欽奉聖旨条画内一款、諸応当差発、多係貧民。其官豪富強、往往僥倖苟避。已前哈罕皇帝聖旨、諸差発験民戸貧富科取。今仰中書省、将人戸験事産多寡、以参等玖甲為差、品荅高下、類攅鼠尾文簿。

43 計民田園、邸舎、車乗、牧畜、種植之資、蔵鏹之数、徴銭有差、謂之物力銭。

44 青龍砦に関しては、『大清一統志』巻九九・関隘・青龍堡条に「在吉州城東南。元史穆瑚黎伝、大兵薄青龍堡」とある。葛伯砦に関しては、『［雍正］山西通志』巻六〇・古蹟四・聞喜県条に「葛伯寨、南四十里、湯王山下。相伝葛伯阻兵処」とあるが、同書垣曲県条に「葛城、南五里、距亳十五里、土人名葛伯寨」とも記され、その位置を特定することができない。なお、中条山脈は太行山脈とともに宋金交替の折りに「義士」、「忠義人」などと称される反金抵抗勢力が立て籠もった地域であった［村上一九七九］。

45 劉敏中「馮氏先塋碑銘」（『中庵先生劉文簡公文集』巻五）に「考諱欽、字子温……（中略）……県官欠則以摂県事、処決無爽、而有能声。郷里視之為鉅人長者、不忍斥其姓字、以公之季仲在四、故但以四官人称之。其為敬愛如此」とある。

46 趙翼『陔余叢考』巻三七・官人条を参照。

47 「大金絳州翼城県武池等六村取水記」の末尾に「小甲頭寧徳」以下の名が見える。渠長の下に溝頭が置かれたように、小甲頭は水甲頭の下にあって補佐の任にあたったと考えられる。

48 宋南渡後、平陽隷金。元光元年、金平陽公胡天作降蒙古。蒙古憲宗二年、分漢地封宗属、各村住劄蒙古一戸。北張村夏兀蘭、敬村鮑宣、将本渠水地占佃数年。夏兀蘭、鮑宣調潞州、本渠地戸程詳、姚進等、備資収贖、各依旧佃種。

49 平陽一道隷抜都大王。又兼真定、河間道内鼓城等五処、以属籍最尊、故分土独大、戸数特多。……（中略）……

今王府又将一道細分、使諸妃王子各征其民、一道州郡至分為五、七十頭項、有得一城或数村者、各差官臨督。

50 杉山一九九〇Aにおいて、同じく平陽に属する霍州に現存する丁酉年「霍州経始公廨橋道碑」の冒頭には「長生天之力中、皇帝福蔭裏、抜独大王令旨」とあり、霍州におけるバトゥの権益を証明することが明らかにされている。

51 一経牛家坡、下澗峡、上澗峡、故城、川呉、北常、武池、南史、東鄭、西鄭、西張等十一村。

52 使水の順序に関しては、場合によって下流側から先に使水するという規程が存在することもあるが、「重修喬沢廟神祠並水利碑記」に「截河打堰、輪番使水、以上流下」の語が見られることから、ここでは上流側から使水を行い、順次下流側が使水するという方法が用いられていたことが分かる。なお、武池村喬沢廟内に現存する順治六年（一六四九）「断明水利碑記」に「至于下六村、則首呉村、次北常村、再次武池村、馬冊村、南史村、東鄭村」の記載が見える。

53 凡用水先令斗吏入状、官給申帖、方許開斗。旧例仰上下斗門子預先具状、開写斗下郤分利戸、種到苗稼、赴渠司告、給水限申帖、方許開斗。

54 嘉靖一一年刊『長安志図』と嘉靖二六年刊『涇陽県志』巻四に収録される『涇渠図説』の両テキストを比較すると、その異同箇所の多くにおいて後者が正しい。詳細は本書第五章に譲るが、後者が単行本の『涇渠図説』を参照した可能性が高いことを指摘しておく。

55 由帖に関しては、『中国社会経済史用語解』（財団法人東洋文庫、二〇一二年）に「租税の内訳を証明する帳簿。または、各官庁の長官から部下の成績を上司に証明する官文書」（公文書・総記、四六〇頁）、あるいは「証明書のこと」（公文書・証明書・証文、四八三頁）と解説される。

56 至元二十八年、中書省奏准至元新格、諸科差税、皆司県正官監視人吏置局科攤、務要均平、不致偏重。拠科定数目、依例出給花名印押由帖、仍於村坊各置粉壁、使民通知。其比上年元科分数有増損不同者、須称元因、明立案験、以備照勘。

57 再調寿張主簿。時北鄙用兵、科役無適従。公差次物力、為鼠尾簿、按而用之。保社有号引、散戸有由帖、掲榜於通衢、喩民以所当出。

58 凡澆田、皆仰預知頃畝、依次取用。

59 清代に洪洞・趙城・臨汾の三県を流れる通利渠で用いられたのは縦二尺、横一尺五寸、厚二寸の長方形の木牌である［森田一九七七B］。新庄一九四一に民国期に包頭にて用いられた「輪流水牌」が掲載される。

60 各村未得支水文帖、擅自澆地一畝、准罰白米一碩。

61 周知のように、モンゴル時代の命令文の形式として、文書発令者の権威の源泉を示すために、文頭に「某某皇帝聖旨裏」の文言が記される場合が多いことを考えると、これも直接モンケの聖旨を引用するものかどうかについては疑問が残る。

62 元大徳十年十月十五日、奏定防禦条款。奉蒙哥皇帝聖旨、平陽路百姓澆地、撥両個知事管者、輪番使水、周前一盤、照依霍渠水法、立定条例、泮池水仍照宋金来三分不改。

【凡例】

［ ］は碑刻の破損・摩滅により判読不明であるが、他の録文との校勘、もしくは前後の文脈より筆者が推定した文字、□は一字欠、【 は下欠を示す。

（一）篆額：重定翔皐水記

1 大金絳州翼城縣武池等六村取水記

2 昔箕子演洪範九疇、敍五行、則云一曰水。且以水先於火木金土之上者、謂天一生水而有潤下之功也。又老子曰水善利萬物、則言其信不誣矣。　　蓋萬物得水、

3 而滋榮者也。余嘗覽史傳所載、疏河導水、以溉民田、而爲民利者、代有其人。烏能偏舉、以致文繁。由是言之、則水利之興行也、其來遠矣。只據　　今所見備言、取水

4 之難。何則以其屢經競水、未能弭爭、故爲説難也。至水緊關水過路、買地開渠、費用財貨、不爲不多矣。具

畚鍤役人力、不爲不衆矣。已經　　歷歲月、僅能成就、不爲
5 不久矣。以是會計動及萬數、不施工力、欲使水者亦難也。今南梁村之東約二里有一泉。其源奮涌、淸冷可愛。
因其泉而有廟貌焉、　亦甚嚴潔。凡有水旱疾疫之災、
6 禱之無不應者。福廕萬室、澤潤一方。考之圖經所載、東南距縣一十五里、有山曰翔臯山。山之麓有泉曰翔臯
泉者、卽此水也。　亙數千百年之綿邈、不知何代之所
7 出也。自唐大曆二年、始有碑記、多紀靈異之跡。下迄于宋大觀四年閒、縣宰王君邇會合邑人、願集　　神前、
後響應之　　實、以聞　朝廷、至五年賜號曰喬澤廟。
8 時王君以秩滿而歸、新令尹田君灝蒞事之初、以賜廟號之事作記立碑焉。曁
9 本朝大定九年冬、　耶律公來宰是邑。下車之後、百廢備舉、政事不煩、民獲安堵。越明年、夏旱、二麥將
槁、百穀未植。　公深慮之、躬率僚佐、詰旦詣　喬澤祠、［祈］
10 禱甚敬、精誠所感、頃刻之閒、雲容四合、不須臾而膏澤霶沛、有此靈應。邑人丁殿試利用著感應記、刻之于
碣。遂致諸村使水人户相謂曰　　神宇踈漏、凡屋之弊者
11 重葺、廊之少者增修。人皆樂事勸工、不日而工用告畢。是民知報本之義、以上答　　神休也。豈不韙歟。其
泉水澆西梁・故城・南梁・崔國愽莊・下流五村人户民田也。
12 至熙寧三年閒、武池・吳村・北常・馬柵・南史・東鄭六村人户李惟翰・寧翌等與衆謀曰可惜此水。始自創意
擘畫、買地開渠。續有梁壁・西鄭・李村人户薛守文等狀告、乞
13 與上六村同共取水。纔及下手、薛守文等意恐不成、下狀退免。六村人户李惟翰等、截河壘堰、買渠取泉、水
隨地勢、縈迂盤屈、經歷懸崖、曲折引水、纔得行流。未及澆
14 溉、却有梁壁等村薛守文等狀告、乞依例納買渠錢、使水澆田。州縣定奪未決、卽委提舉井祕丞歸斷。舉其略

曰、薛守文等纔見功效已成、便欲攘奪其利、情理切害。
15 又有云、只令上六村使用財力人使水、薛守文等不得使水。文案已於當時刻之于碑。後至大定七年內、西張魏
眞等爲天旱水小、將堰斸豁、經　官理會。此時本州
16 縣抑遏李忠等、要安置三七分水夾口。李忠等經詣　尚書戶部、告論偏曲。時有房姪李春、見忠年高、恐行
履不前、乃謂曰、春代伯訴。請必無慮。遂不憚其勞、徑往
17 告下。蒙　符下河東南路轉運都勾大中議歸勘取問得、魏眞等具實詞因、自來使六村人戶石堰縫內透漏流出
水澆地、不合開夾口。蒙申奉到　尚書戶部
18 符、准斷了當。在後有西張魏輔等、却經　尚書戶部番告、蒙　符下河東南路兵馬都總管府總判孟奉信定
奪。蒙追照元斷文案、躬親去所爭處、與本縣
19 官員同共勾集隨村人戶、行跕撿視、相驗訖、步量得六村澗河引水石堰、長約八步、闊約一步半、截水入渠。
當職親讀視過碑文、相度當此、官司見得梁壁等三村人
20 戶薛守文等不曾與分毫功力、便要侵奪使水、情理不堪。行下如此文字、立碑革撥、不令使水、不爲西張村人
戶立碑。又碑文內止該流出水三分與王守忠一戶澆
21 夾河地土、亦無西張村衆人使水姓名。其流字係言石堰閘自透流之水、別不是存留字語言、合准一百四十餘年
已前異代碑文、幷撫定後　新制已前、不曾爭
22 告、已定公事。又上流西梁等五村人戶開德等八十餘人指證、及責得西張村魏輔・魏寔・尚慶三人、又賫令七
十四人招伏、幷運都勾申奉到　尚書戶部准斷
23 符文、幷見斷魏輔等、准　上尚書省訴不以實者、杖一百六、部　符文減二等、　制文魏輔・尚慶・魏
寔等三人、各杖八十、見有如此歸着、及告示文案等。見今

24 收執。李忠者、乃李惟翰之親曾孫也。惟翰能行之於前、李忠・李春能繼之于其後、可謂無忝於祖矣。至今、
水澆之地、皆稱膏腴沃野矣。以之蓺麻植稻、播穀種麥、無所
25 不宜。至六七月之間、桑麻映日、禾稼如雲、歳享厚利、則李公之於六村之民、豈曰小補哉。暇日、李公因會
等議曰、往年、西張爭水、止用井提舉文案碑定斷了當。
26 因歎曰、我輩俱老矣。切慮將來歳久年深、假令有爭水使用如前日者、則晩生後進、諸事未諳、倉卒之際、無
所依據、恐致錯失。當如何哉。安得不思患而預防之。我今
27 欲將大中議孟總判斷定案驗、鑱之于石、垂示子孫、以爲照據。詢于衆曰、可乎、不可乎。衆人樂從、皆曰可。
且曰、古人有言曰有備無患。豈可因循而不爲。遂命工磨石。
28 一日、李公等遇門託僕爲記、實以短拙不才、推拒再三、其請益堅、辭不獲已。因所見聞、直書其事耳。井
大中議・孟總判等斷定文案、併鐫于碑。噫、李公之名、將傳之永
29 久、可謂不朽矣。時大定歳在單閼八月上休日。 李時敏記 王處厚書丹 小甲頭 寧德 李裕 劉温舒
李佺 石冉立 趙立 邢忠 李昂 王宜 李先 郭定
30 水甲頭武池村 李祐 李彥 李忠 李春 北常村 王因 王忠 馬栅村 張公哲 南史村 高興
東鄭村 趙演 鄭彥 大定戊戌重陽日立石
31 縣尉 蒲察 主簿 孥懶 縣丞 蒲察 縣令 耶律 李宝刊

（二） 篆額：大朝斷定使水日時記

1 [翼城] 東南半舍、翔皐山下、有喬澤神祠。廟貌碑銘在焉。殿後泉水清冷、奮然湧出、謂之翔皐泉也。熙寧

三年、武池村李維翰・寧翌等備價銅錢千餘貫、於故城村常永等處買地數十餘段、縈迂盤折、開渠引水、澆溉
所買渠地八畝、步數亦□
2 □碑記存焉。每十五日、輪轉一番澆溉。武池村得使水九十一時辰、吳村・北常・馬冊・南史・東鄭等五村得
使水八十八時辰、亦有歷代斷定水例古碑。貞祐間、
3 天兵南下、辛卯已後稍定。其水經隔兵刼數年、不曾修治、皆隨澗行流。以此武池村寧彥・李達・李松・盧
彥・李實・邢德等糾上下五村、驗使水分數、出備價銀、再買渠地、開引澆溉。其因革命、有上村欲更改使水
日時。是以陳訴、自本縣至於平陽
4 河渠所、都總府、依古例斷定使水日時。一日、武池村衆父老謂坦夫屈讓曰、所斷水例、可錄而刊石、以傳不
朽。庶使將來更無訟也。因命予作序。予不能辭、略紀其實。所奉文帖該、
5 皇帝福蔭裏　　　拔都大王令旨裏、平陽路都提河所據翼城縣武池村寧琪・李三告、依古例下六村人戶使
喬澤神泉水、每十五日、輪轉一番、澆溉計一百八十時辰。內吳村七時辰、北常村三十時辰、武池村九十一時
辰、馬冊村一十九時辰、南史村
6 一十一時辰、東鄭村二十一時辰。逐村使水日時、一百七十九時辰外、有一時辰、係從來交割、恐有遲滯補塡、
及內有爭差日時、乞施行。本所爲此尋行勾責得、北常［村］王慶狀稱、辛卯年已前、在直北住坐、當年將引
老小前來還鄉、祖父王倚亡化［了］
7 當。有本村衆人史總領令慶充本村水甲頭身役、節連上次、吳村使水一日、本村・武池等六村十五日輪轉一
番。自辛卯年到家使水至今、已前使水日月、年小並不知。及取責得、史總領名信分析、癸未年與本縣楊元
帥・本村王十官人復立
8 城池、當年八月內、王十官人引領本村衆人、復立本村、開荒劚栿、開渠取翔臯山下泉水、將故城村西大渠山

水吹泥了當、不能行水。有王十官人請到故城村喬大戶、要買伊村次東地面上水渠地來、方能行流。癸巳年間、
武池村李万戶告、楊元帥
9 定立使水日時、斷定先取水差發多。北常村使水五日、武池村五日、本村被吳村分了一日、本村見使水四日。
庚寅至乙未年、
10 大朝條理已前、占到地土・房舍、已占爲定。使水至今、與占地業何異。及取責得、馬冊村王政・吳村聶泰等
狀稱、見今使水詞因、本所爲恐前後不同、再責得、元告人寧琪等狀稱、古碑大定一十九年五月內、省部委官
斷定下六村人戶、驗地畝數、使水日時、[吳]
11 村七時辰、北常村三十時辰、武池村七日七時辰、馬冊村一日七時辰、南史村一十一時辰、東鄭村二十一時辰。
在後經屬
12 大朝、本縣人戶、爲値兵革失散。癸未年間、蒙本縣楊太守立翼城縣住、至當年二月內、被葛伯賽不拜賊人將
城攻破□□□□□□□□□陳等村、至當年九月內、卻有楊大元帥復立城池、丙戌年本村・北常村人戶
寫種田地、乙未至戊申
13 一十四年、見有下五村水甲頭於本路提河所押了使水時辰文曆照證。又爲元立使水木牌、多年其字擦抹損壞、
因此、丙申年二月內、赴本路提河所李官人等處重別押到、丁酉年三月內、修水洞口、驗各村使水日時差夫、
有北常村王四等點指。
14 又丁酉年三月二十五日、北常村等下六村人戶王四郞等爲古渠道懸嶮損□、□水不能通流、靠渠上地面屬故城
村喬三郞麻地、要過水流。驗各村施水日時、出備價錢。此日議定、價銀一十二兩、內武池村出備一半、吳
村・北常村等五村出備一半、見有
15 元立文契、亦有北常等五村王四等立到懸錢文字爲證。辛丑年二月十七日、蒙楊明安印押批帖、道與北常村史

總領并隨村大戶・水甲頭人等。如今、正是引水澆田地時分、上下渠路浸澱、照依自古例、差撥人夫、開淘通
快、資次引水澆田、無得
16 攙偸改水道。見有王慶等押字爲照。及據南史村高倫・高珪、東鄭村趙仝連狀稱、自古以來、下六村半月爲祖、
至今竝不曾更改。又委張德眞狀申、取到上五村南梁崖莊崔五、下流村李歹和、故城村喬安和等各各詞因、俱
有向順。於辛亥年五月二十三日、蒙
17 令旨差平陽路提河達魯花赤匣剌渾・本所官并張通事行馬就武池村、看元立古來碑文各村使水日時并渠路、及
對兩爭人、照過北常等村王慶・史信等所責文狀、雖稱自屬
18 大朝、使水終是別無見處。武池寧琪等狀、內有自古碑文、乙未至戊申一十四年、各村押了使水文曆、木牌、
楊明安批帖、驗古例差撥人夫淘渠、本村見有逐起如此顯證。今來斷定、下六村使水村分、照依坐去使水日時、
資次輪轉、無得因而攙奪。仍下
19 六村水甲頭、將每年合押使水日時文曆、前來呈押。奉此。使所照得、辛亥年五月二十七日、備細開坐各各詞
因、申覆平陽總府去來。至六月十五日、蒙
20 宣差平陽路都達魯花赤扎剌兒歹官人替頭裏霍剌海官人及伴等信忽剌
21 宣差總府官題押了當、須合行下仰照驗。承此。照依前項事理施行。□具准行文狀申來、須至付下。
22 吳村柒時辰　北常村參拾時辰　武池村柒日柒時辰
23 馬册村壹日柒時辰　南史村壹拾壹時辰　東鄭村貳拾壹時辰
24 右付武池村水甲頭寧琪・李三等照會。准此。
25 辛亥年五月二十七日帖
26 提河所次官段　押　提河所長官劉　押　提河所達魯花赤匣剌渾　押

27 丁巳年二月望日立石。前龕谷縣令坦夫屈讓撰書丹幷篆額　李達男翼城縣商酒監李和校勘　綿山
介子郡皇甫珍琛刊
28 武池村水甲頭李松　盧彦　寧顯卿　李實男繼榮　焦林　寧琳　李廣成　李万户名松孫李千
29 同立石人李秩　邢德　盧德　王德　寧善　李泉　李厚　陳顯　李清河　李順　王政
常資　寧寛　王義　宋恩　史信　屈讓男顯貴　張存貴
30 權千户忽哥赤　李通事　張慶　聶安　王順　盧慶　盧善祥　邢敏　李泉　寧全
李松女夫劉泉　邢憲　劉海　張德現　趙典現　寧顯卿男珍
31 怒古歹官人　劉通事　張信　張政　李秀　王林廣　王善德　王文清
張廣山　常貴　焦廣　焦陵　李榮　宋泉
32 李穆　丁成　李顯慶　吴順　李福祐　寧德道　李英　程聚廣　陳興宝　丁永
劉冉成　李山　匠人喬珍男成　陳福　李秀男恩

（三）題額：なし

1 重修喬澤廟神祠竝水利碑記　本縣敎授吉大祐撰　進士崔之任書丹　幷　篆額
2 夫神爲人之主也、良多庇俗之功。人賴神之休也、固有尊崇之理。邑之東山曰翔皐而極高、下有涌泉。蓋喬者
高之稱也。泉能澤其萬物而有神焉。故號曰喬澤。歷代［而名不易］
3 者此也。其源也清、其流也遠。利及一方、福浸萬室、雖値乎凶年、不告困失、所一境六鄉秀在於此也。自經
長亂、將熙寧四年六月初一日、［所］立水利碑記、遂致破碎。【

4 當此之時、有本村崔聚、慮後湮滅、特詣　翼安軍節度使處、告到水例公據、今尚收執。嗟乎、沐神之休者、在茲温泉、用水之利者、寔有二例。上村者以爲己業【

5 出工力、自南梁・崔庄等村近泉出水之地、南梁・崔庄於東西二池取水、亦不計時［候］。厤白地土、蒲汀稻圃、花竹米園、任意自在澆溉、竝無妨［礙］外、有下流村、接連南【

6 渠取水、自在澆溉。川西梁於東池內取水、往北行流、自在澆溉。然驗各村地盤、一體澆溉。上村使餘之水、退落天河。自熙寧三年、有武池村李維翰・寧［翌］等、糺集下［村人戶］

7 ［自］故崔忠磨下、截河打堰、買地開渠、取上村殘零餘水。故城村常永政爲不要買渠地價、六村人戶許令自在澆溉村南夾河地土。次後通稱爲上五村也。更有［吳］□【

8 等不要買渠之資。其六村水甲頭等、許令自在澆溉、至石灰窯西吳墓坳地土、［已］有元立碑記顯然外、下六村人戶各驗元出買渠價錢、分番使水、定作日期。吳村［七時辰、北］

9 常三十時辰、武池九十一時辰、馬柵一十九時辰、南史一十一時辰、東鄭二十一時辰、通計一十五日、輪番一次、計一百八十時辰、內餘一時辰、令六村人戶交番、［周而］

10 復始。六村人戶於故崔忠磨上幷東西二池以下渠路幷無淘橛之分、止依故崔忠磨下、截河打堰。內有石堰閒自透流之水、往西行流、穿馬柵村南橋下、其西張【

11 村□、各截河打堰、輪番使水、以上流下、接西張村、與東鄭村、幷此水澆上下一十二村之外、其餘隣接村社、幷無使水之分、各遵古例、交番灌溉、無有差別。不委［先］【

12 四月閒、有川西梁鄭先・呂宜、指證下六村北常王慶等三百八十餘人、於東池西北、創開新渠一道。有本村陳堅・崔之奇・李容經詣　本縣陳告、未蒙歸斷。又有崔［□等詣］【

13 平陽路都提河所陳告、蒙受理、差官前來定奪、勾集到下六村水甲頭北常村王慶・武池張五・馬柵王興・南史

高倉使・東鄭馬德・吳村鄭道等、各取［書］訖、不合創開【
14 招伏。及有武池村寧七官人名彥指證［過］、從來止於故崔忠磨下、截河打堰、取上村殘零餘水、已上至東西
二池次下渠道幷無洎槪之分。當此蒙　委差解官【
15 勤・王慶等六村人夫、將創開渠［道］、即日塡壘復平。王慶等六人各斷訖、負罪而退。及將上村照依古例、
入水池盤、澆漑爲用。既而上下之閒、桑麻映日、禾稼如雲、□【
16 復興。歸仰之祠尚闕、凡綬賜者寧無歉乎。然敗壞也、固有其數、且成就也、亦在於人。元有上下二宮、殿宇
崢嶸、至哉、茂以加矣。［神］壯奇異也、儼然［望］而畏之。【
17 金國末年、兵火所費、止存者下宮之廡序焉。久而鞠爲荊棘之墟、交作狐狸之徑。［時］方秏亂、民悉離散、
絕享祀之禮、積有年矣。一日、敎授崔公邦昌・崔均・呂宜集衆［議］【
18 喬澤神者、所尚從來也遠、其利溥哉。止非益於一十二村、幷百里之境、每逢旱歲、禱之而嘉霖必作、悉能霑
丐。且廟貌久廢、安可坐而不復興耶。由是、詢謀僉同、遂【
19 構上宮、恊心乃力、［芟］其繁蕪、命工匠而製材木、［堵］墻墉而塗墍茨。正殿告成、新像俱［設］、時則戊
戌歲也。俄而上宮自構之後、越十餘［載］、棟梁有損者。偉有本縣令【
20 迺前　翼州元帥楊琛之姪、太守楊佺之嗣、患里人財殫力竭、遂身履其勤、督工率匠、去其朽木、葺以奇材、
從而壯麗一新、兼神所未完者完矣。時則甲子歲也。里【
21 也、克愼厥始、令［尹］潤色之也。克成［厥］終、可謂美矣。又［謂］善也。噫、神力之祐人也、不爲之不
大。里人之奉神也、不爲之不崇。今［尹］之好事也、不爲不嘉。既［而能］畢事【
22 聞于後。衆常屢議曰、敎授崔公以德行文章［著］名、爲［儒林］之領袖、備知水例終始、永爲之記、以永其
傳、不亦可乎。奈何不早爲之、所未及［如願］、崔公不幸而［壽］終、於［不］【

23 獲而已。遂屬于予、自愧蠅樞［草］舎、［焉］以代［鳳樓］。欲墨不［能］、遂述其［始］末、［記夫歳月］而
已。［銘曰］
24 惟山翔皐　有泉在側　山陽泉［涌］　名［乎喬澤］　一十二村　資其靈［液］
灌溉良田　［居民饒］益　［殿宇］神姿　兵災火［之］
25 灰燼之餘　止存空跡　［廊廡階］墉　［荊棘瓦礫］　倖哉里人　重脩以力
厥功告成　銘于［片］石　歸石［蒼蒼］　永光古［翼］
26 大元國至元九年歳次壬申十一月十八日記。同立石人　南［梁］村張國綱・□伯祥・張羽、崔庄崔用・崔□
戾・崔祿・褚進・孫繼琛・崔成、下流鄭天祥、川西梁□□□鄭三郎、□□□
27 提河所委差官印　同立石人　崔庄　崔世榮　張顯
28 令旨　差平陽路都提河所臺監薛　廟官趙善能　脩內司里人　馬泰刊石

第四章

祈雨祭祀と信仰圏の広がり――湯王信仰を中心に

はじめに

中国山西省東南地区（以下、晋東南と呼ぶ）は東を太行山、西を太岳山、南を王屋山の山々に囲まれた平均海抜八〇〇～一〇〇〇メートルの高原盆地である。山西省北部に位置する大同市の年平均降水量が四〇〇ミリ以下、中部の太原市が四五〇～五〇〇ミリで、ともに半乾燥地域に属するのに対して、晋東南は六〇〇～七〇〇ミリの半湿潤地域に属し、山西省内においては降水量の点でやや恵まれた環境にある。ただし、地形の面から見ると、山地と丘陵が全面積のほぼ九〇パーセントを占め、平野部は残る一〇パーセント程度に過ぎず、総水量一七・八億立方メートルを超える沁河水系を有しながら、一九八〇年代の時点においても利用効率はわずか六・七パーセントに止まる［李・潘二〇〇四、二四四頁］。[1] こうした気象・地理条件により、晋東南では前近代より降雨に依存する天水農業が主要な農業形態であった[2]【図四－一】。

この晋東南は神話や伝説に彩られた聖王たちの活躍の舞台でもある。高平県羊頭山の炎帝神農、太行山・太岳山の女媧、長子県の帝堯、陽城県の成湯・帝舜など、晋東南と聖王との関わりを物語る故事は枚挙に暇がない。[3]
こうした風土に培われた伝統は迎神賽社の盛行として表出する。山がちで土地が痩せた晋東南では質素倹約を尊

【図4-1】沁河図（『［雍正］沢州府志』巻15より）

ぶ純朴な民情が育まれる一方で、聖王や歴史上の人物を祭神とする祭祀行事が年間を通じて盛んに執り行われた。その際には地域民衆よりの資金供出によって楽団が招聘《しょうへい》され、雑劇やパレードが盛大に催された。[4] こうした習俗が経済的不遇にあえぐ民衆の不満や鬱屈を発散させる場として機能したことは言うまでもないが、[5] 北魏以来の伝統を有する賤民を中心とした音楽専業集団（楽戸）の出身地として名高く、現在に至るまでその後裔が居住する晋東南の独特な歴史的背景に基づくものと言える。[6]

迎神賽社の盛行に対しては、費用の醵出や農作業の怠慢が生計を圧迫し、税徴収を阻滞させる原因となること、さらに祭の場に男女が入り乱れることが風俗を乱すとしてしばしば官憲による取り締まりの対象となった。[7] ただし、民衆の娯楽として、あるいは不満のはけ口としての迎神賽社がたび重なる取り締まりにもかかわらず、綿々と継承されたことは諸種の史料が語るところである。中でも、雨乞いの儀式（祈雨祭祀）に関しては、天水農業を主要な農業形態とする晋東南では降水が農作物の収穫量を左右する制限要素となったために、その取り締まりに対して官憲も一定の譲歩をやむなくされた。天水農業に依存する晋東南の人々は聖王に対する信仰を恵みの雨をもたらす雨神信仰へと転化させ、様々なヴァリエイションを持つ祈雨祭祀を生み出したのである。[8]

王錦萍が述べるように、灌漑農業地域と天水農業地域においてはそれぞれの水神祭祀に異なる特徴が見いだせる。前者においては特定の泉や河川などの同一水源を利用する範囲においてのみ同一水神への信仰活動が見られるのに対して、後者においては水系に左右されることなく、信仰圏が広域化するという傾向を有する［王二〇〇三］。中でも、析城山湯王信仰は晋東南における水神信仰圏の広域化を代表する事例であり、関連史料も豊富に存在することから、これまでにも研究者の関心を集めてきた。[9]

中でも、代表的な研究として、馮俊傑、王錦萍、杜正貞らの論考が挙げられる。馮氏が一連の戯曲関連資料調査の一貫として信仰と戯曲との関わりから湯王信仰を分析したのに対して［馮二〇〇〇］、王氏と杜氏は地域社会と祈雨信仰の関わりを中心的なテーマとする［王二〇〇三、杜二〇〇七］。いずれも精緻な実証に基づく研究ではあるが、問題意識の違いにより天水農業地域における水神信仰の広域化はいかになされていくのか、あるいは広域化を促進する要素とはいかなるものであるのかといった歴史事象の背景、特に政治的側面に対する考察が充分ではない。また、後述するように三氏がともに依拠した史料には大きな矛盾点が含まれる。そこで、本章においては、あらためて陽城県析城山湯王信仰を取り上げ、晋東南における祈雨祭祀の歴史的展開を検討し、上記の諸問題に対する見解を提示する。[10] なお、筆者は二〇〇四年八月および二〇一二年三月に船田善之・飯山知保とともに晋東南より河南北部にかけて現地碑刻調査を実施し、各地で数多くの湯王（成湯）廟を訪ね関連碑刻を収集した。以下、調査時に得られた情報を用いて考察をすすめる。

第一節　陽城析城山と湯王信仰

暴君桀王を倒し殷王朝を建国した湯王（成湯）の功績のうちでも、最も人口に膾炙《かいしゃ》したのは、『呂氏春秋』順民篇などの記事をもとに鄭振鐸が『湯禱篇』[11]にてドラマティックに画き出した「桑林禱雨」の故事であろう。五年とも七年とも言われる大旱ばつに直面した民衆が湯王に自らが生贄となって雨を禱ることを求めた桑林の地を陽城県西南三〇キロの析城山に求める認識は宋代初期にはすでに確立されていた。[12]

王屋山系の高い峰々に取り囲まれた析城山の頂上部には周囲二〇キロあまりの聖王坪と呼ばれる平坦部が広がる。東西南北の四面を峰々が取り囲むさまがあたかも城門のようであることから析城の名が付けられた。[13]「坪」とは平地を意味する語であるが、特に山地や丘陵のただ中に位置する平坦部の地名として用いられる。陽城県の北に位置する沁水県の歴山にも同じく聖王坪と呼ばれる周囲二〇キロあまりの平坦地が存在し、そこには舜を祀る舜帝廟が置かれる。[14]析城山に湯王廟が置かれた環境と同様に、山々のただ中に周囲から隔絶された平地が広がる光景が聖王を祀る神聖な場所として選択された理由であろう。[15]

また、これら坪は霊的な空間であるに止まらず、実用的価値をも有する土地であった。清代道光年間（一八二一〜一八五〇）に平陽府の軍営牧場官が析城山の草地に着目し、放牧場として聖王坪を利用しようとした。これに対して陽城県知県の徐璈は民の耕作に害を及ぼすとして上官の意に逆らってまでこれを阻止したのである。[16]坪が耕作地としても放牧地としても優れた条件を備える土地であったことは明らかであり、モンゴル時代においても諸王の分地が設定された晋東南のなかでもとりわけ良好な牧地としてこれら坪が利用されたことは間違いない。

聖王坪には東西二つの泉があり、西は澄み東は濁る。[17]それぞれ湯王聖水池（太乙池）、皇后太子池と呼ばれ、[18]

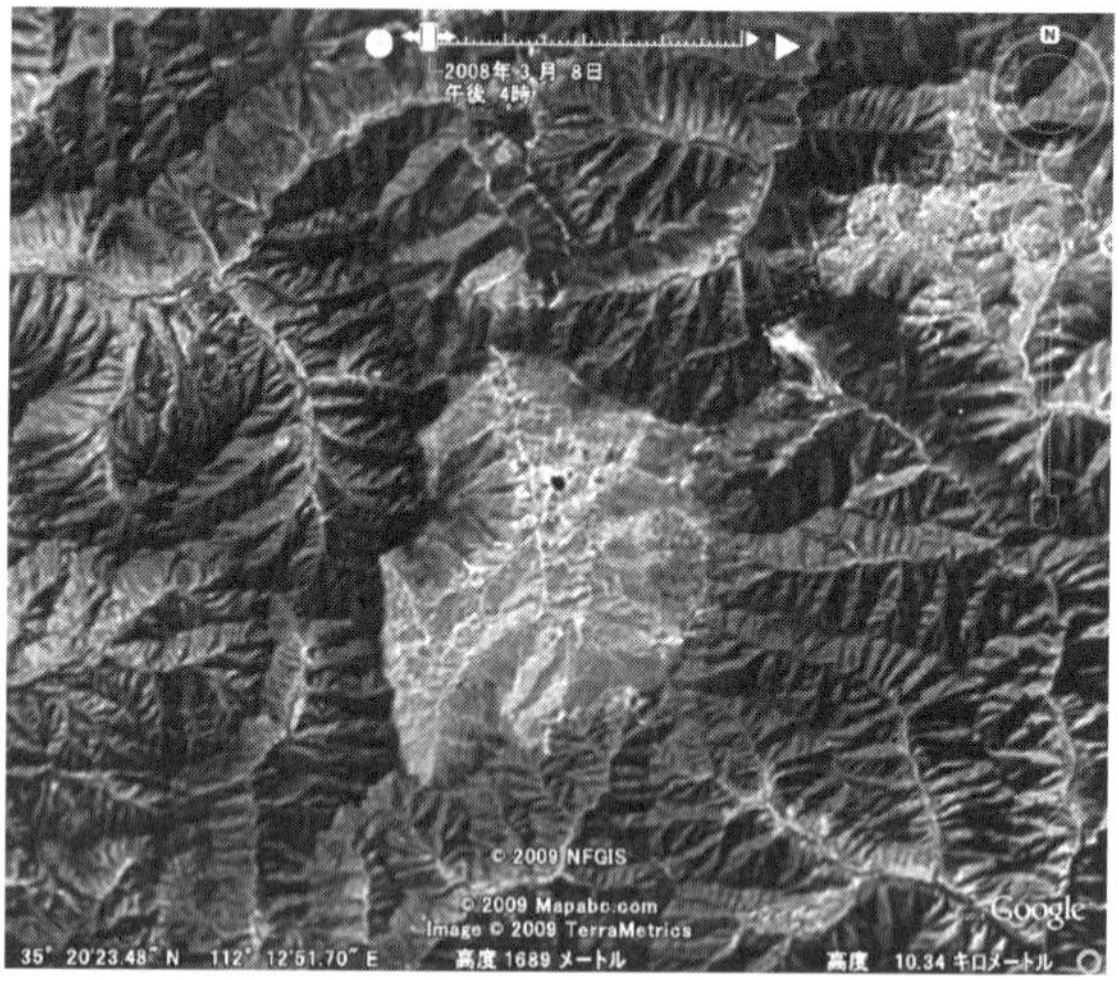

Google Earth画像に見る聖王坪。中央北よりに泉が見える

大旱害の際にも涸れることなく湧き出す泉は地下において済瀆に通じるとされた。[19] また、析城山より天に上った白気が王屋山の五斗峰に当たって雲に変化し、滴り落ちた水が山中の穴を通って済水の水源―太乙池（析城山頂の太乙池とは別）に注ぐとも考えられた。[20] この涸れることない聖なる水を求めて年ごとに万を超える人々が四方から析城山に集ったのである。[21]

降雨をもたらす雨神としての湯王の位置づけは桑林禱雨の故事に由来するものではあるが、史料の上でより具体的にその信仰活動が確認できるのは北宋時代以降である。金末モンゴル時代初期の沢州晋城を代表する士人である李俊民（一一七六～一二六〇）は自らの故郷である晋東南に関する詩文を数多く残した。以下、その文集『荘靖集』に載せられる「陽城県重修成湯廟記」の記載に基づき析城山湯王廟の歩みを辿ってみよう。なお、本碑記は陽城県城内に置かれた成湯西廟（俗称二郎廟）[22] 重修の際に記されたものであり、同書巻一〇に収録される「湯廟上梁文」もこの重修に際して執筆され、起工式にて読み上げられたものと考えられる。[23]

北宋熙寧九年（一〇七六）、旱害に見舞われた河東路に降雨をもたらすため、通判の王伾[24]を析城山に派遣し祈禱を行わせたところ、たちどころにその効果が現れた。そこで翌一〇年（一〇七七）五月に中央政府の礼部より析城山神に牒文を発して誠応侯の爵位を与え、[25] さらに政和六年（一一一六）三月には析城山の殷湯廟に「広淵之廟」

【図4-2】太行山図（『［雍正］沢州府志』巻15より）

の額を賜い、山神の爵位を誠応侯から嘉潤公へと格上げした。現在も析城山成湯廟の正殿西壖には政和六年四月一日に発せられた勅を刻した「勅賜嘉潤公記」が鑲嵌されるという。[26] 創建年代について詳細は不明であるが、北宋時代における析城山神への賜号と殷湯廟への賜額、さらに宣和七年（一一二五）の重修を経て、析城山湯王廟は析城山神を祀る嘉潤公祠と合わせて二〇〇棟にもおよぶ一大建築群として生まれ変わり、晋東南における湯王信仰の中心としての姿を整えたのである。[27]

しかしながら、絢爛たる廟宇が落成したその年の一〇月には、金の太宗が伐宋の詔を発し、早くも一二月には山西北部は左副元帥のネメガ率いる金軍の手に落ちる。さらに翌年、靖康元年（一一二六）正月には河北攻略を終えた右副元帥のオルブ率いる金軍が宋都開封を取り囲み、翌年二月の宋滅亡へと情勢は急速な展開を見せていく。碑記に見える「大金革命」とはこの宋金交替の戦乱を指す。

晋東南は古来より北方の遊牧集団が中原を攻略する上での重要な侵攻ルートに当たった。晋東南の高台を一気に駆け下り、王屋山を越えて河内の地に至れば、黄河を挟んで開封・洛陽を指呼の間に望むことができる。また、王屋山を南北に越えるには沢州より南に向かい天井関を経由する幹線ルート以外に、析城山を経由して済源に至るルートも存在した[28]【図四-二】。清代の史料ではあるが、『〔同治〕陽城県志』巻四・方輿・関隘条によれば、析城山の南に蓮花隘と呼ばれる隘路があり、河南への門戸でありかつ済源へと通じる道とされ、このルートを扼する上で聖王坪の湯王廟のみが軍隊を駐屯しうる地点とされる。宋金交替の際にも析城山を越えて河南北部へと至るルートが利用されたことであろう。二〇〇棟にもおよぶ廟宇を連ね、偉容を誇った析城山湯王廟もわずか一年あまりでその大部分が焼失したのである。

さらに、わずかに残った六〇棟の廟宇さえもおよそ一二〇年後の大朝壬寅年（一二四二）[29]の春の野火延焼によって焼け落ち、宣和重修の建築群は全て灰燼《かいじん》に帰した。ここで注目すべきは、析城山湯王廟が焼失したことにより、人びとは「行宮」において祭祀を行ったと叙述される点である。これによれば、金末モンゴル時代初期には析城山湯王廟を本宮とし[30]、各地にその行宮が存在するという状況が存在していたこととなる。では、こうした本宮・行宮の体系はいかに形成されたのであろうか、またそこではいかなる信仰活動がなされていたのであろうか。まずは、本宮および行宮における祈雨祭祀の内容について見ていこう。

第二節　湯王信仰に見る取水儀礼

戦中に山西学術調査研究団の一員として民俗調査を行った直江広治によれば、祈雨祭祀の儀礼は（一）晒竜王、（二）盗竜王、（三）巡廻、（四）取水の四種に大別される〔直江一九六八〕[31]。析城山湯王廟における祈雨ではこのうちの取水という方法が用いられた。中国各地で広く見られた取水の儀式内容に関しては、内田智雄に現地調査を踏まえた分析がある。取水とは神聖な池や泉から水を汲んできて降雨を祈る儀式であり、水によって雨を呼ぶという原始的な類感呪術の一種と解される〔内田一九四八〕[32]。

析城山での取水に関して、陽城県城南の成湯南廟（俗称南神廟）重修の経緯を記した延祐四年（一三一七）の王演撰「重修成湯廟記」[33]（『［乾隆］陽城県志』巻一二・芸文）によれば、沢州において舜や禹といった聖王を祀らず、湯王を祀るのは祈雨を理由とするからであり、人々は歴代の尊崇を受けた析城山の神池（太乙池）において取水を行ったとされる[34]。取水のより具体的な内容に関しては、清代の状況を記すものであるが『［乾隆］陽城県志』巻一六・志余に春分の数日前に各郷の人々は析城山の湯王池に往き水を汲み、旗を掲げ太鼓を鳴らして持ち帰ってこれを貯蔵する。翌年には前年に持ち帰った水を湯王池に注ぎ返し、あらためて水を汲み取る。これを「換水」と呼び、一年の「嘉き潤い」を祈願するとされる[35]。

内田・直江両氏の調査内容とも重複する部分は多いが、年ごとに水を換える「換水」という行為については、両氏の研究や民俗調査の報告にも関連の記録を見いだせない。年次変化の大きい晋東南の降雨条件が湯王の恩恵でさえも永久的なものではなく、あくまで一年限りの効力を有するものに過ぎないとの認識を生み出し、換水という風習として定着したとも考えられよう。

さらに、周辺地域の人びとが析城山に赴き取水を行った具体的事例として、金代正隆二年の張曦撰「潞州長子県重修聖王廟記」（『［光緒］長子県志』巻七・金石志）によれば、晋東南の沢州・潞州では旱害に襲われるたびに、人々はこぞって遠く析城山を伏し拝んで雨を祈った。それでも効果が得られない場合には、みずから析城山を訪れ、瓶を持参して水を請い、誠心誠意祈禱を行うことで降雨を得た。さらに敬虔な祈りを捧げようとする者は必ず廟を建てたので、聖王廟がそこかしこに存在するのだとされる[36]。直江氏の研究でも取水は古来臨時的な儀式であったものが、次第に定期的なものへと変化したとされる。金代長子県の事例に見られる旱ばつが厳重な時のみ析城山に赴き取水を行うという臨時的性格は、『［乾隆］陽城県志』に見える毎年定期的に実施される儀式として整備される以前の段階を示すものとも考えられる。

上記碑記においては直線距離で一〇〇キロ以上も離れた長子県から人びとが析城山に取水に赴いたとされるが、取水を行う場所は析城山に限定されていたわけではない。康熙一九年（一六八〇）の都広祚の撰になる「沢州大陽小析山取水記」（『［雍正］沢州府志』巻四六・雑著）によれば[37]、地域において人望のある人間が取水の任にあたり、銅鑼や太鼓を打ち鳴らし、旗指物をうち立てた人々を引き連れて小析山の嘉潤池に向かう。到着後には廟の階に伏して祝文を読み上げ、さらに池のほとりにて祝文を読み上げた後、金紙を池に投げ込む。その後、池の水が詰められ「水官」・「順序」・「潤沢」・「甘霖」と名付けられた四本の瓶を郷里に持ち帰り、当地の廟にて神前に供えて三日間の祭祀を行う。仲春に瓶を明け、孟冬に封をして収蔵しておく。翌年には前年に持ち帰った水を池に返し、ふたたび四本の瓶に水を詰めて持ち帰るというものである。

一年のサイクルで取水と換水を行うという大筋では析城山における方法と一致するものの、それぞれ名前の付けられた四本の瓶に水を詰める点や仲春に開封し孟冬に封をして収蔵するなど、より具体的な方法が見て取れる。もちろん、本史料は清代の状況を記すものであり、儀式内容も時代により変化を遂げたと考えられる。ただし、取水地点として小析山嘉潤池が選ばれた背景や聖なる水を持ち帰り祈禱を行うといった大枠は伝統的な習俗として継承されたものと考えられる。

大陽小析山の事例以外にも、沢州の東北に位置する省山や沁水県土沃村[38]、陽城県岳荘の湯王廟でも取水が行われている。中でもモンゴル時代における省山での取水の事例は地方官による取水実施の例として興味深い。沢州ダルガのクトゥク・テムル（Qutuq-temür：忽都帖木児）による省山での取水に関して、その経緯を記した至正二一年（一三六一）「忽都帖木児禱雨獲応記」（『山右石刻叢編』巻四〇）によれば、クトゥク・テムルは旱ばつに際して冠を解き素足にてわずかな供回りを引き連れて省山の湯宮に詣で祈りを捧げた後、持参した瓶に「霊液」を詰めて持ち帰り、州城内の五龍祠に安置し祈りを捧げたところ、にわかに雨雲が来たり降雨をもたらしたという。[39]

この事例において興味深いのはクトゥク・テムルが取水儀礼を執り行う中で、省山湯宮より持ち帰った霊液を城内の五龍廟に安置し祈りを捧げた点にある。つまり「聖水」、「神水」、「霊液」などと称される湯王のもたらす恩恵は直接的に各地に降雨をもたらすものではなく、あくまでこれら聖なる水を呼び水として、各地の地域限定的な龍王が実際に降雨をもたらすという構図である。[40] なお、本碑記に見える本宮とは析城山湯王廟ではなく省山湯王廟を指す。

【図4-3】析城山と関連の廟宇および祭祀地点

これまでに述べてきた陽城県近隣の取水地点には共通する要素が存在する。それは史料中において「析城の支派」などの記載が見られる点である。王演撰「重修成湯廟記」においても陽城県西南の岳荘の北の岡に湯王の行宮が置かれたのは「析城の余支」が地下を延びて再び地上に現れ出た場所だからだと述べられる。[41] また、岳荘の北岡に湯王行宮とは別に析城山の山神を祀る嘉潤公祠が置かれたことは、聖王信仰の一つとしての湯王信仰が存在しただけに止まらず、明確に析城山との関連性が意識されていたことを示す。

これらの事例から考えて、周辺の湯王廟が本宮とは別に独立した取水地点となり得た背景には、実際の地理環境として、あるいは観念上、析城山との地理的連続性を有することで湯王の恩恵に預かることができるとする認識が存在したと言えよう。これにより周辺地域では析城山まで赴かずとも、析城山に連なると認識された行宮にて取水を行うという習俗が定着したのである。

析城山湯王信仰の特徴が信仰圏の広域性にあることはすでに諸氏により指摘されてきたところである。その広域性を示す史料として、明末清初の陽城の人、白胤謙の「析城山新廟碑」(『東谷集』所収『帰庸斎文録』巻四)[42]によれば、「両河の民」、すなわち河東・河南の民衆が取水を目的として析城山に来訪し、神池の水を各地の行宮に持ち帰り祈雨を行い、収穫の後には行宮において雨の恵みに対して感謝の意を表す儀式を執り行ったという。さらに明の李咸は「前析城山賦」(『[雍正]沢州府志』巻四七)において、南は黄河の南、北は太原、東は開封、西は潼関に至るまでの範囲から人々は聖なる水を求めて析城山に至り取水を行ったとする[43]。こうした信仰圏の広域性は析城山との地理的連続性という観点からは説明することができない。

信仰圏の拡がりを考える上で各地における湯王廟の存在が鍵となることは言うまでもない。ただし、仁慈の君主、聖王としての湯王に対する信仰自体は古くより各地に見られ、全国に湯王廟は存在する。あまたある湯王廟の中でも析城山の祈雨という側面にのみ限定した形、すなわち「析城山」湯王信仰の拡がりを考えるためには、「行宮」の名が指標となる。そこで、次に本宮―行宮の体系がいかに形成されたのかという問題を考えてみたい。

第三節　至元一七年「湯帝行宮碑記」の矛盾

析城山湯王廟(本宮)と行宮との関係を考える上で、析城山湯王廟に現存する至元一七年(一二八〇)立石の「湯帝行宮碑記」が中心史料となり、馮・王・杜の三氏もいずれも本史料に立脚して信仰圏の拡大に対する検討を行っている。本碑は管見の限りにおいて地方志や金石書に収録されず、馮氏が行った析城山湯王廟の現地調査によって初めて報告された史料である。そこで、いささか冗長ではあるが、馮氏の録文を基に全文を示す[44]。

切かに以えらく聖帝の茲を垂るるは、志誠に頼りて感ずる所にして、神霊の佑けを顕すは、祈禱を必らずし以て□臨す。当に□沢の恩を思うべし、豊年の慶を作すべし。今随路の州県村の行宮の花名を後に開す。

沢州　在城右廂行宮一道　左廂行宮一道　南関行宮一道

陽城県　南右里一道　東社行宮一道　西社行宮一道　南五社衆社人等行宮一道　白澗固隆行宮一道　下交村石臼冶坊衆社等行宮一道　沢城府底行宮一道　芹浦柵村等孟津行宮一道　李安衆等行宮一道　四侯村衆社等行宮一道　洸壁管行宮一道

晋城県　馬村管　周村鎮行宮一道　大陽東社行宮一道　李村行宮一道　巴公鎮行宮一道

沁水県　在城行宮一道　士星（沃）村等行宮一道　端氏坊部行宮一道　賈封村行宮一道

高平県　［双］（□）桂坊　南関里行宮一道　城山村行宮一道

翼城県　□曲一道　呉棣村行宮一道　中衛村行宮一道　上衛村行宮一道　南張村行宮一道　北張村行宮一道

文（聞）喜県　郝庄等行宮一道

河中府漁（虞）郷県　故市鎮行宮一道

沁南府　在城　市東行宮一道　北門里行宮一道　水北関行宮一道　水南関行宮一道　南関行宮一道　東関行宮一道

武［陟］（陵）県　宋［郭］（部）鎮行宮一道

済源県　曲北大社行宮一道　西南大社行宮一道　南栄村行宮一道　画村行宮一道

河内県　清平村行宮一道　東陽管　東鄭村行宮一道　伯郷鎮行宮一道　北楊宮　西河鎮行宮一道　高村□行宮一道　五王村行宮一道　万善鎮行宮一道　長清宮　許良店行宮一道　清花鎮行宮一道　呉家庄行宮一道　紅橋鎮行宮一道　□陽店行宮一道　武徳鎮行宮一道　尚郷鎮行宮一道　王河村行宮一道

南水運行宮一道　［司］（□）馬村行宮一道　□□義店行宮一道
修武県　西関行宮一道　城内村行宮一道　□□河陽谷邏店行宮一道
沁州武郷県　□□州南門里街西行宮一道　五州度行宮一道
温県　南門里行宮一道　梨川社行宮一道　南冷村行宮一道　招賢村行宮一道　白溝［村］（□）行宮一道
垣曲県　璒坂村行宮一道　□□鎮行宮一道
河南府鞏県　行宮一道　石橋店行宮一道　洪水鎮行宮一道　力田村行宮一道
（偃）師県　行宮一道
太原府太浴（谷）県　東方村行宮一道
祁県　聖王泊下村行宮一道　团白（柏）鎮行宮一道
平尭（遥）県　朱［坑］（□）村行宮一道
文水県　李端鎮行宮一道　□盤行宮一道
維れ大元国至元十七年三月廿二日　立石人王掌　王□□　温志信　本廟李志清篆　石門村石匠馬□

本碑の内容は各地に置かれた析城山成湯廟の行宮をリスト化して碑刻に刻み、至元一七年三月二二日に立石したものである。三氏いずれの研究においても指摘されないが、本史料には重要な矛盾点が存在する。それが記載内容と立石時代の矛盾である。

矛盾点の一つとしてまずは行政区画の名称の問題が挙げられる。モンゴル時代の路は州県の上位に位置する地方行政区画であり、碑刻冒頭に記される「随路の州・県・村行宮」という言い方は正しくモンゴル時代の通例とも一致する。ただし、リストに含まれる名称のうち、「太原府」は太祖チンギス・ハンの一三年（一二一八）に金代の太原府から太原路へと変更がなされ、大徳九年（一三〇五）よりは冀寧路となる。[45]従って、あくまで本リ

【表4】行政区画変遷表

府・州	県	行宮数（道）	宋代	金代	モンゴル時代
沢　州		3	沢州	南沢州→沢州 ［天徳3年（1151）］	沢州
	陽城県	11	陽城県	陽城県→勣州 ［元光2年（1223）］	陽城県
	晋城県	4	晋城県	晋城県	晋城県
	沁水県	4	沁水県	沁水県	沁水県
	高平県	2	高平県	高平県	高平県
	翼城県	6	翼城県	翼城県	翼城県
	聞喜県	1	聞喜県	聞喜県	聞喜県
河中府			河中府	河中府	河中府
	虞郷県	1	虞郷県	虞郷県	河東県
沁南府		6	懐州	南懐州→懐州（沁南軍） ［天徳3年（1151）］	懐慶路
	武陟県	1	武陟県	武陟県	武陟県
	済源県	4	済源県	済源県	済源県
	河内県	18	河内県	河内県	河内県
	修武県	2	修武県	修武県	修武県
沁　州			威徳軍	沁州	沁州
	武郷県	2	武郷県	武郷県	武郷県
	温県	5	温県	温県	温県
	垣曲県	2	垣曲県	垣曲県	垣曲県
河南府			西京河南府	河南府→中京金昌府 ［興定元年（1217）］	河南府路→河南路
	鞏県	4	鞏県	鞏県	鞏県
	偃師県	1	偃師県	偃師県	偃師県
太原府			太原府	太原府	莫寧路
	太谷県	1	太谷県	太谷県	太谷県
	祁県	2	祁県	祁県	祁県
	平遥県	1	平遥県	平遥県	平遥県
	文水県	2	文水県	文水県	文水県

ストが正しく作成時の行政区画名称を用いたと仮定すれば、太原府の名称から考えて本リストの内容は一二一八年以前の状況を示すものとなる【表四】。

他の名称からもこの見解を検証してみよう。まず「河南府」はモンゴル時代初期には河南府とされ、後に河南府路、河南路と変遷を辿るが、至元六年（一二六九）の時点ですでに河南府路への改称が確認されることから、[46]至元一七年時点で河南府の名が用いられた可能性はない。さらに至元三年（一二六六）に虞郷県は臨晋県に統合されており、[47]至元一七年時点で「河中府漁（虞）郷県」という行政区画は存在しない。

以上の理由により、本リストが至元一七年時点の状況を示すものでないことは明らかである。ではリストに記された名称はいつの時点の状況を示すものであろうか。その手がかりとなるのが「沁南府」の名称である。『〔正徳〕懐慶府志』巻三・郊野に「河内県在城。一図城西北隅、二図水南関、三図東関、四図西関、五図・六図倶水北関」とあり「水北関」と「水南関」の地名が確認できること、[48]さらに沁南府の記載に続いて武陟《ぶちょく》・済源・河内・修武の各県の行宮が配されることから考えて、沁南府が明代の懐慶府を指すことは間違いない。

懐慶府の名称の変遷を追うと、北宋時代には懐州、金代には南懐州から懐州へ、モンゴル時代初期には懐州から、オゴデイ四年（一二三二）に懐孟州へ、さらに至元六年には懐孟路、延祐六年（一三一九）には懐慶路と変更がなされている。[49]宋から金、モンゴル時代にかけても沁南府という名称が用いられたことはない。ただし、節度州（節鎮）である金代の懐州は軍名として沁南軍の名を持った。次に、リスト中の「沁南府」を沁南軍の誤記であると仮定して、再び他の名称との齟齬が見あたらないかを検証してみよう。[50]

まず、沁南軍節度使の置かれた懐州は金初の南懐州から天徳三年（一一五一）に懐州へと改称され、[51]沢州も同じ天徳三年に南沢州から沢州への改称がなされた。その他、沢州所轄の県である陽城県は元光二年（一二二三）に勣州へとのぼされ、[52]河南府は興定元年（一二一七）に中京金昌府へとのぼされている。[53]これらの行政区画名称の変遷から見て、本リストに記載される行政区画は金代天徳三年以降、興定元年以前の状況を写したものである可能性が最も高い。なお、先に見た太原府が一二一八年に太原路へと改称されていること、さらに本リスト中に興定四年（一二二〇）に懐州所轄の県として設置された山陽県が含まれないことも[54]、上記の結論を裏付ける傍証となろう。

さらに、上記の見解を別の角度からも検証してみよう。行政区画名称以外に本リストにおける矛盾点として文字の異同が挙げられる。「谷」を「浴」と、「陟」を「陵」とする明らかな誤字や「偃」の脱字以外に、「文」と「聞」、「虞」と「漁」、「遥」と「尭」の三箇所に文字の異同が確認できる。これらはいずれも同音異字である。これら同音異字の問題が生じた理由を先の時代的矛盾を含めて整合的に解釈するとすれば、至元一七年に行宮リストを碑刻として立石するに際して、金代一一五一～一二一七年の間に作成されていたリストを元データとしてそのままに再利用した。さらに、文書、あるいは石碑の形態をとったであろう金代のリスト再利用するに際して、複数人の手により読み上げおよび書き起こしという転写作業が行われたために、同音異字など文字の異同が生じたと考えられる。

第四節　本宮・行宮体系確立の背景

前節での検証により、至元一七年「湯帝行宮碑記」に記される析城山湯王廟の行宮リストが金代天徳三年から興定元年の間になったリストを再利用し、これを転写することによって作成されたものであることが明らかとなった。つまりこれは一一五一～一二一七年の時点で析城山湯王廟を本宮とし、各地の湯王廟のうちの一部をその行宮とする明確な系列化がなされていたことを意味する[55]。

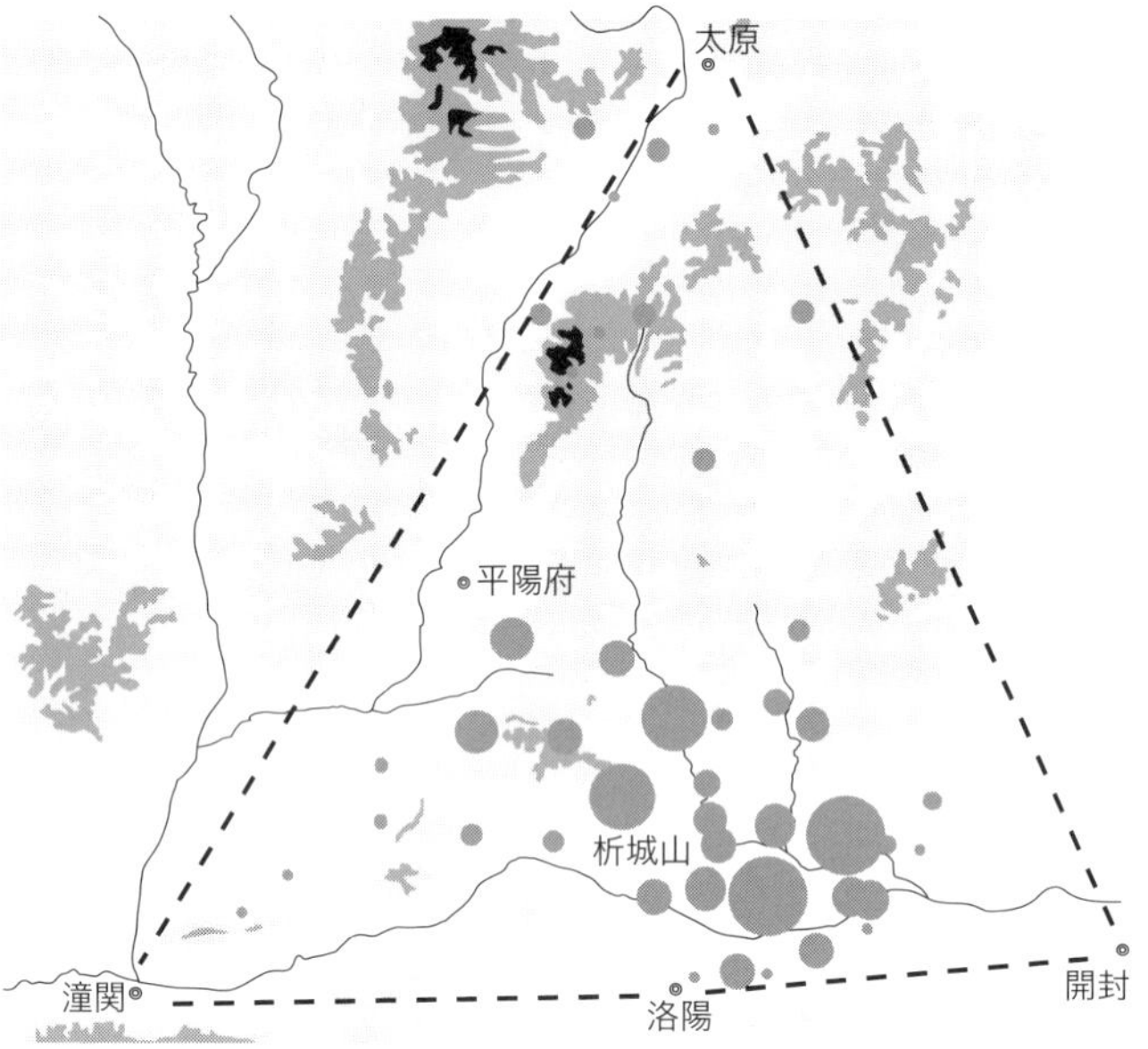

【図4-4】析城山湯王信仰の広がり（○は行宮の置かれた場所を示し、その大きさは行宮の数に比例する）

もちろん、析城山湯王信仰自体はこれ以前に各地に広まっていたであろうが、ここでは本宮―行宮関係が確定されたことに意味がある。さらに言えば、「湯帝行宮碑記」に金代のリストがそのままに転用されたことは、金代に確定された本宮―行宮体系が至元一七年時点においても根拠とすべき、あるいは実質的効果を有するものと認識されていたことを示す。では、こうした系列化がなされた背景にはいかなる状況が存在したのであろうか。

この問題に関して、上記リストの内でも特に河南北部における行宮の分布から考えてみたい。地理的に隣接する晋東南と河南北部の位置関係ではあるが、金代という時代性に着目すると一つの画期となる状況が生まれていることに気づく。近接する両地域ではあったが、宋代以前においてはそれぞれ異なる行政区域に属し、宋代においても晋東南が河東南路に属したのに対して、河南北部は済源県や温県が京西北路に、懐州が河北西路という大型行政区域に属した。[56]これが金代に至って初めて両地域がともに河東南路に属し、地理的親近性に加えて、行政・軍事上においても両地域は一つのエリアを形成することとなったのである。

心性の問題である信仰圏の拡がりが行政や軍事区画とは別の次元で展開されることは容易に想定し得る。ただし、行政区画の変化は人の移動を制限し、あるいはこれを促進する重要な条件ともなる。特に人的交流を考える上で広域を移動し物心両面における情報やモノを伝える商人の活動が大きな意味をもつ。晋東南と河南北部が同一の行政区域に属したことで、商人の販路は大きく拡大されたことであろう。信仰圏の拡大と商人の活動については、すでに杜正貞・趙世瑜に晋東南を出身地とした沢潞商人の販路に沿って済源黄龍信仰の拡がりが見られるとの指摘もあり［杜・趙二〇〇六、七〇頁］、人的交流に伴う信仰圏の拡大に対して、行政区画の変更は十分な影響を与え得たと考えられる【図四－四】。

最後に改めて心性の問題として析城山湯王信仰の拡散という事象を考えてみたい。すでに述べたように李俊民の「陽城県重修成湯廟記」によれば、宣和七年に嘉潤公祠と合わせて二〇〇棟にのぼる大建築群となった析城山成湯廟が宋金交替期の戦火によりその大半が消滅し、僅かに残った九間の大廟すらも壬寅年（一二四二）の野火延焼によって灰燼に帰したため、各地の行宮において湯王を祀ることとなった。

この「陽城県重修成湯廟記」が語る内容は極めて重要である。杜正貞は本記載内容に加えて沢州に現存する湯王廟の多くが金代に創建されたものであることから、析城山成湯廟の焼失がその「元気」を弱め、祭祀活動は周辺地域の行宮へと分散したと述べる［杜二〇〇七、三〇頁］。元気が弱化したためとする理由が妥当であるかについては不明とせざるを得ないが、桑林禱雨の舞台として信仰の中核の役割を担った析城山湯王廟の規模縮小および焼失を原因として、各地の行宮において取水が行われることとなったという結果自体には問題はないであろう。つまり、中核の喪失が信仰圏の拡散をもたらした大きな契機となったのである。

こうした前提の上で、金代に行宮リストが作成された背景を考えてみれば、宋金交替の戦乱により析城山成湯廟が大規模な縮小を被り、これにより各地の行宮での取水が盛んとなった。これにより、本宮である析城山湯王廟にとってはこれら行宮と析城山成湯廟との関係性を明示する必要性が生じ、行宮リストの作成という作業がなされた。いかなる必要性が生じたのかについては推測の域を出ないが、すでに第二節で取り上げた大陽鎮小析山の事例が一つの示唆を与えてくれる。

沢州鳳台県大陽鎮の小析山湯王廟は析城山湯王廟の行宮として取水地点を有するのみにとどまらず独自の信仰圏をも形成した。河南省博愛県柏山郷上屯村の成湯廟に現存する元貞元年（一二九五）の王継先撰「河内県広済屯舣建成湯廟記」によれば、大旱ばつに際して当地の人々が「小浙山の廟」に赴き祈禱を行った結果、恵みの雨がもたらされたという[57]。これは河南北部においても析城山湯王廟とは別に小析（浙）山湯王廟に対する信仰が広まっていたことを示す。析城山湯王信仰が拡がり行く中で、析城山以外において取水を行う行宮を第二の核として、さらに各地の湯王廟がこれに連なるという二次的な系列化も進展したと考えられる[58]。

金元交替直後の析城山成湯廟の焼失を経て、行宮リストが碑刻として立石されるに至った直接的経緯については史料の語るところではないが、戦乱を経て再び各地に湯王廟が建設・修復されていく中[59]、各地の行宮との系列化を明示することで、あらためて析城山湯王廟の本宮としての立場を明らかにし、経済的・精神的基盤を確立することが意図されたとも考えられよう。

小　結

時に悪弊陋習として官憲の取り締まりを受けた習俗も含め、様々なヴァリエイションを有した晋東南の祈雨祭祀の中でも、とりわけ広域に亘る信仰圏を獲得したのが析城山成湯信仰であった。人々は析城山頂聖王坪の太乙池にて水を汲み取り、旗幟をひるがえし楽器を打ち鳴らして聖なる水を各地に持ち帰り降雨を祈った。取水の場であるとともに信仰の中心となった析城山湯王廟は、北宋時代の神号・廟額の賜与により国家のお墨付きを得て、さらに大規模な修復工事を通してその偉容を整えた。

二〇〇棟にもおよぶ一大建築群も、宋金交替の戦乱の最中、わずか一年あまりでそのほとんどが消滅し、さらに金・モンゴル交替の直後には野火の延焼により完全に姿を消した。ただし、湯王信仰がこれで衰退したわけではなく、実際には中核の喪失によって広域化の趨勢は決定的となり、各地に建設・修復された湯王廟行宮において取水の儀式が執り行われることとなる。

行政区画名称の検証を通して、モンゴル時代至元年間の行宮リストを記すとみなされてきた「湯帝行宮碑記」が実は金代天徳三年から興定元年の間に作成されたリストを再利用したものであることが判明した。これは金代において確定された本宮―行宮体系が至元年間においても有効なものと認識されたことを物語る。その背景には、金代に河南北部と晋東南が同一の行政区域に含まれたことで物心両面に亘る移動・交流を活発化させたという状況が存在する。金代における本宮―行宮体系の成立と、これを継承し、碑刻の立石などの方法で広く衆人の前に提示したモンゴル時代において、後に明清時代に黄河以南や陝西東部にまで拡大を遂げる析城山成湯信仰圏の基礎が確立されたのである。

注

1　山西省全体の地表水利用効率は五五～六五パーセントとされる。
2　張一九八六（二一八頁）所載の一九八二年《山西省水利統計資料》によれば、晋東南の耕地面積に占める灌漑耕地の割合は一五パーセント（割合は筆者が算出、以下同）であり、山西省全体の三〇パーセントと比較して五割に止まる。また、一九三九年に中国農業経済研究所の錦織英夫らが行った山西省での農業調査報告に載せられる民国二四年（一九三五）度中国統計提要」によれば、耕地中に占める灌漑面積の割合は陽城・晋城らを含む「南斜面地域」〇・三パーセント、「潞安盆地」〇・七パーセント、沁水・武郷らを含む「東部山地」一・四パーセントといずれも極めて低い値を示す［錦織一九四一］。

3 晋東南における聖王信仰については、劉二〇〇八に関連論文が多数収録される。

4 『［同治］陽城県志』巻五・風俗・祭礼。

5 『［乾隆］陽城県志』巻三の論賛に「陽城山県僻処、阪隅土之所生、既無珍異奇瑰、足号於天下。且地高崖深谷、少平疇沃野以資播芸。即稼穡之利、民猶難之。若其布帛財賄、賓客飲食所供、多仰於外来、観其間者、歎瘁瘠焉」と資源に乏しく土地条件の悪い陽城県の経済的貧困が語られる。ただし、こうした環境が後に沢潞商人と呼ばれる遠隔地交易の担い手を生み出す土壌となったことは、杜・趙二〇〇六に詳しい。

6 楽戸に関しては、晋東南におけるフィールド調査を基に執筆された項二〇〇一に詳しい。なお、その成果の一部を含めた概説的通史として、項：好並二〇〇七がある。

7 『［乾隆］高平県志』巻一七・雑志。

8 祈雨祭祀の中には悪習陋俗として官憲による取り締まりの対象となったものも多い。高平県にて行われた捉旱水官と呼ばれる祭祀では、拝水官に指名された男子が神前に置かれた瓶の底に水が溜まるまで叩頭し続けることが要求され（『［乾隆］高平県志』巻一七・雑志）、鳳台県では身体に障害をもつ子や水子を旱魃と呼び、その子を産み落とした女性を龍母（旱婆）と呼んで、時に死に至らしめるまで冷水を浴びせかける澆龍母という風習が存在した（『［雍正］沢州府志』巻四二・文告「永禁悪習文」および同書巻五二・叢譚）。後者に関しては王一九九八に言及がある。

9 析城山湯王信仰と同様に広範な信仰圏を獲得したものに楽氏姉妹を祭神とする二仙信仰がある。壺関県真沢宮を中心として晋東南に広まった二仙信仰に関しては、張二〇〇八に詳しい。

10 これら以外にも王一九九七、延一九九七、馮一九九七がある。

11 同書の日本語訳に高木二〇〇五がある。

12 『太平寰宇記』巻四四・河東道・沢州・陽城県「析城山、在県西南七十五里。禹貢曰底柱・析城至王屋。応劭注漢書云、析山在陽城西南即此也。山頂有湯王池、俗伝湯旱祈雨於此。今池四岸生龍鬚緑草、無林木。」

13 『［同治］陽城県志』巻三・方輿・山川・析城山。

14 道光二三年（一八四三）、劉鄴栄撰「重修歴山聖王坪舜帝廟碑記」［田同旭・馬艶（主編）『沁水県志三種』山西人民出版社、太原、二〇〇九年」。

15 『[乾隆]陽城県志』巻一六・志余に析城山の霊性を物語る以下のエピソードが見える。樹木が無く草花だけが生える聖王坪には、例外的に三本の棠梨（ズミ）の木だけがあった。ある時、唐氏（湯氏に通じる）を名乗る三人がこの地を訪れた後、この三本の棠梨が一斉に花開いたという。平地のただ中に立つ三本の木は神の依り代と言うべきものであろう。

16 『[同治]陽城県志』巻七・職官伝・徐璈。

17 『水経注』巻九・沁水注。

18 正隆二年（一一五七）張曦撰「潞州長子県重修聖王廟記」（『[光緒]長子県志』巻七・金石志）。

19 『[雍正]沢州府志』巻二〇・壇廟・成湯廟。析城山の太乙池に通ずるとされた済瀆（廟）も著名な祈雨祭祀の場であり、済源県済瀆廟には龍が棲むとされる廟内の池に金や鉄でできた札を投げ込み降雨を願う「投龍簡」に関する歴代の碑刻が現存する。投龍簡に関してはChavannes1919を参照。

20 李濂「游王屋山記」（『[康熙]懐慶府志』巻一四・碑記）。

21 至元四年（一三三八）王演撰「陽城県右廂成湯廟禱雨霊応頌」（『[乾隆]陽城県志』巻一二・芸文）。

22 『[乾隆]陽城県志』巻三・壇廟・成湯廟「廟凡四。有成湯廟、有成湯東廟、成湯西廟、成湯南廟。東廟在立平坊、宋熙寧中建、一修於宣和時、再修於元至元・元貞時。西廟在懐古坊（俗名二郎神：括弧内は双行注、以下同）、不知何時建。明万暦年修。南廟在県東南二里（俗名南神廟）。国朝康熙十年、邑人田侍郎六善修。」

23 殷湯廟在県西南七十五里析城山上。宋熙寧九年、河東路旱、委通判王伾親詣析城山祈禱、即獲休応。十年五月某日、牒封析城山神為誠応侯。政和六年三月二十九日、析城殷湯廟可特賜広淵之廟為額、誠応侯可特封嘉潤公。宣和七年重修廟記云、本路漕司給係省銭、命官増飾廟像。及広其庭壇、高其垣墉、列東西二廡、斎厨廐庫客次、靡不畢備。華榱彩桷、上下相煥、以称前代帝王之居、而致崇極之意。以其余材完嘉潤公祠、合二廟凡二百有余楹。大金革命、廟止存九間共六十椽。大朝壬寅年春、因野火所延、存者亦廃、民間往往即行宮而祭之。

24 析城山に遣わされた王伾とは『続資治通鑑長編』巻三〇〇・元豊二年（一〇七九）冬一〇月壬寅条に見える「江陵府通判虞部郎中王伾《ママ》」と同一人物と考えられる。

25 『宋会要輯稿』礼二〇之九一「析神山神祠在沢州陽城県。神宗熙寧十年、封誠応侯。」

26　馮一九九七に碑影（三一二頁）および録文（二九六頁）が収録される。本碑刻に関しては『［乾隆］陽城県志』巻三・壇廟・成湯廟に「宣和六年、以広淵之廟題牓湯祠、加封析城山神嘉潤公、勅書勒石、安廟壁上」とあり、廟宇完成の前年の宣和六年（一一二四）に鑲嵌されたものである。

27　『山右石刻叢編』巻一六「析山謝雨文」によれば、重修以前の大観四年（一一一〇）七月一一日に王桓らが派遣され、降雨に対する感謝の辞がもたらされ、その内容が石碑に刻された。

28　『荘靖集』巻一・游済源に庚子（一二四〇）の春に沢州長官の段直が析城山を経由して済源に赴いたことが記される。

29　杜二〇〇七（三〇頁）においては湯王廟が全て焼失したとされる「大朝壬寅年」を一一八二年（金代大定二二）とするが、本碑記においては金を「大金」と呼び、「大朝」との明確な使い分けがなされることから、これを一一八二年とすることはできず、李俊民の生没年を考慮すれば一二四二年以外にはありえない。

30　ただし、馮一九九七（八〜九頁）にすでに述べられるように、聖王たる湯王を祀る中心地は湯王陵が置かれた栄河県であり、栄河県の本宮に対して析城山湯王廟は行宮という位置づけになる。『金史』巻三五・礼志・諸前代帝王条にも「三年一祭、於仲春之月祭伏犠於陳州、神農於亳州、軒轅於坊州、少昊於兗州、顓頊於開州、高辛於帰徳府、陶唐於平陽府、虞舜・夏禹・成湯於河中府、周文王・武王於京兆府」とあり、金代において国家祭祀としての湯王祭祀は栄河県が属する河中府において行われている。析城山湯王廟を本宮とするのは、あくまで晋東南を中心に広まった降雨をもたらす雨神としての湯王に対する信仰において見られた事象である。

31　直江一九六八においては河北省定県・山西省運城曲頭村・山西省大同・山東省恩県後夏寨・浙江省東陽の事例が取り上げられる。その他、何一九九二にも山西省楡社県における取水の事例が取り上げられる。

32　本書にて取り上げられる調査地点は山東省歴城県冷水溝荘および恩県後夏寨・河北省良郷県呉店村である。なお、山東省歴城県冷水溝荘の事例に関しては、中国農村慣行調査刊行会一九八一、第四巻・村落篇（三〇〜三四頁）および家族篇（六〇〜六一頁）に、恩県後夏寨の事例に関しては同巻・家族篇（四三三〜四三四、四三六頁）に、河北省良郷県呉店村の事例に関しては同書第五巻・村落篇（四一一、四四〇〜四四一頁）に聞き取り調査の内容が記される。

33　晋城市地方志叢書編委会一九九五（一一一一〜一一一二頁）によれば、『陽城金石記』が本碑記と同名の碑刻を収録するが、その立石年代は延祐七年（一三二〇）とされ、両者の関係は不明とされる。

34 濩沢即古舜沢、析城者禹［貢］（奐）之名山也。沢人不祀舜禹而祀湯者、蓋以湯嘗有禱。従古立廟其巓、神池亦在其傍。毎代崇奉、極尽尊厳。民歳請水以禱旱者、不勝数紀。

35 春前数日、各郷人往析城山湯王池取水、以旗鼓導帰、貯蔵之。明年、以旧所取水仍傾池中、而更取焉。曰換水、祈一年嘉潤。

36 析城山、湯之遺迹、廟貌見存、有聖像及皇后・太子凡三位。太子即大丁也。未立而卒。禹貢、析城城隅四門取像得名。中有［澹］（𡒄）泊、号湯王聖水池。後有皇后太子池。沢潞間凡遇旱暵、徧走群望。若不獲応、必躬造析城、挈瓶請水、信心虔禱、始得美雨。其或願心供養、必立祠宇。由是、聖王廟在在処処有之。

37 取水之挙、為甘沢計。昔七年之旱、商祖成湯実為民請命焉。大陽旧有湯王廟、鎮人祈報之所。析城之桑林、古聖王之遺蹟也。由析城而東有小析、山高下有池三、名嘉潤池。其析城之支派、抑聖王之徳沢所遺耶。湯廟巍然在望、晋豫人多取水於此。歴世以来、嗣為故典。其取水之法、以人得郷望者主之、往取以金鼓旌旗、導引詣廟、伏堂階祝之。又於池畔祝之、投金紙於池中、有異徴焉。池水汲凡四瓶、一曰水官、一曰順序、一曰潤沢、一曰甘霖。仍金鼓旌旗導旋、敬祭於本鎮之廟、捧四瓶供神前修祀事者三日、仲春開瓶、順其長養。孟冬封瓶法其収藏。咸修秩祀。次年之復取也。祝池浜計水還之池、復取水貯之瓶。迄今循例行之。

38 至治二年（一三二二）緱励撰「修建聖王行宮之碑」［馮二〇〇二、一〇九～一一五頁］。本碑に関する研究として、王二〇〇三がある。

39 至正辛丑、春□及仲夏、旱暵愈甚、百谷未播、四野就□。吾監州公忽都帖木児、奉命南来、下車之始、問其所以興雲雨、福斯民。州治□北有淅城山之□湯廟□□公□日□吉、免冠徒歩、稽顙懇請、禱獲恵□液、護持以帰、□奐于五龍之祠。未□祠而雲興、至則雨注。越宿祭告、復還本宮。神相休美、継□霶霈矣。

40 降雨をもたらす雨神の代名詞ともいうべき龍王に関しては、各地それぞれにて異なる名称および王号を持つ龍王が祭神として祀られた。『［乾隆］潞安府志』巻三一・芸文続「黎城県重修五龍廟記」によれば、黎城県には鰲山の蒼龍、隴阜山の昭沢龍に加えて、嵐山龍、石囤龍、蜡岡龍の五龍があり、それぞれが雲を興し雨を呼ぶとされた。また、『［同治］陽城県志』巻五・風俗・祭礼に「賽社迎神、断無不潔之粢盛。禱雨祈年、尤深厳粛。毎歳仲春各里人民向析城・崦山換取神水、儀従靡費」とされる陽城県崦山の白龍のように析城山湯王信仰と同じく広域の信仰圏を獲得したものもある。

41 析城踞本邑之西南、巍峩磅礴、周数百里。近邑之南、岳荘之北有崗隆然崛起。俯瞰城郭、襟帯山河、極為清曠爽塏之地、原其所自、亦析城之余支、遠脈伏而復見也。湯之行宮在焉。水旱疾疫、禱獲休応、雖無銘誌可考、寔未甚遠、徐迹廉級、壮若帝居、惟正殿戟門、嘉潤公祠巋然独存、亦各上漏旁穿、弗障風雨、居民拱視而莫能支。

42 『四庫全書存目叢書』集部・別集類二〇四。「鄰境両河之民、毎春夏交、咸斎沐奔走、拝取神池之水、用鼓楽旂輿、導供行宮曰虔歳事。秋獲後、各即其行宮、而報賽焉。改歳又然、循為故式、以斯疆内屢豊休禋不爽。」

43 成湯之廟、立于其巓。旱焉致禱、禱則興雨祁綿。以是、取水者三百六十千里、奔馳而不憚乎峻山遠水、崎嶇跋渉之艱難。南至于南河之南、北距太原之辺、東極東都、西抵潼関、罔不陳牲設幣、為之至止而告虔。

44 馮一九九七（二九六～三〇〇頁）によれば、本碑は高さ六四センチ、幅五〇センチで析城山成湯廟内に現存する。なお、転載に当たっては可能な限り原体裁を保つこととするが、紙幅の関係上、行政区画ごとに適宜改行を加えた。その他、表記上の措置として丸括弧（　）は馮氏による校訂、□は一字欠、角括弧［　］は筆者による校訂を示す。なお、筆者の校訂は主に各地方志によって行ったが、煩雑さを避けるため特に典拠は明記しない。

45 『元史』巻五八・地理志・河東山西道粛政廉訪司・冀寧路。

46 『大元聖政国朝典章』典章六・台綱巻二・体察「察司体察等例」。

47 『元史』巻五八・地理志・河東山西道粛政廉訪司・河中府。

48 『［雍正］沢州府志』巻二四・里甲には、懐慶府の「在城五関」として東関・南関・水南関・水北関・西関が挙げられる。また、《河南省》編纂委員会一九九三（二七二頁）によれば、水北関は沁陽市区の北二キロ、沁河の北岸に位置し、村内には湯帝廟が存在する。

49 『元史』巻五八・地理志・燕南河北道粛政廉訪司・懐慶路。

50 金代において軍名である沁南軍を地名として用いた例として、大定二一年（一一八一）の自覚述「明月山大明禅院記」（『［道光］河内県志』巻二一・金石志）に「明月在沁南軍内」とある。なお、本碑は河南省博愛県月山寺に現存する。

51 『金史』巻二六・地理志・河東南路・沢州。

52 『金史』巻二六・地理志・河東南路・懐州。

53 『金史』巻二五・地理志・南京路・河南府。
54 『金史』巻二六・地理志・河東南路・懐州。
55 馮一九九七（二八一頁）によれば、清代の状況として陽城・鳳台両県に一〇〇箇所あまりの湯王廟が存在したとされる。時代は異なるものの「湯帝行宮碑記」に記される八三箇所の行宮も、当時晋東南および河南北部に置かれた湯王廟のわずか一部に過ぎないと推定し得る。
56 『元豊九域志』巻一・京西北路および巻二・河北西路。
57 本碑刻に関しては管見の限りにおいて地方志や金石書に録文を見いだすことができないが、国家文物局一九九一（一八九頁）および郭・索二〇〇四（二〇九頁）によって内容の概略を知り得る。筆者自身も二〇〇八年九月に船田善之とともに当地を訪れ、本碑の現存を確認した。
58 「忽都帖木児禱雨獲応記」においても、城内の五龍祠に対して省山湯王廟が本宮と呼ばれたことはすでに指摘した通りである。
59 金・モンゴル交替期においても析城山において祈雨祭祀がなされたことは、李俊民『荘靖集』に「馮裕之析城山祈水設醮青詞」（巻九）、「丘和叔析城山祈請聖水表」・「馮裕之析城山祈請聖水表」（巻一〇）などの文章が収録されることからも分かる。

第二部

開発

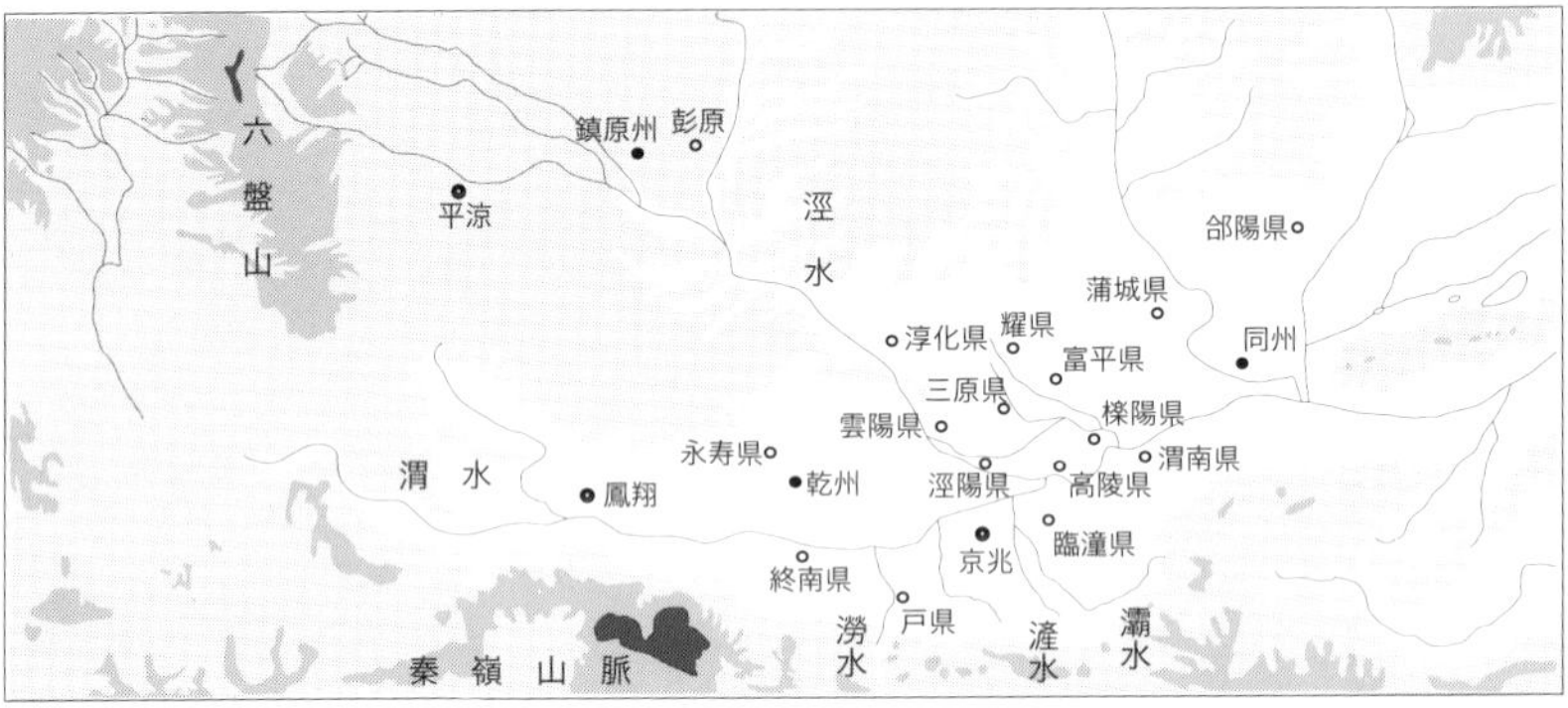

六盤山
鎮原州
彭原
平涼
涇水
部陽県
蒲城県
同州
淳化県
耀県
富平県
三原県
櫟陽県
雲陽県
永寿県
渭南県
渭水
鳳翔
乾州
涇陽県
高陵県
京兆
臨潼県
終南県
澇水
戸県
滻水
灞水
秦嶺山脈

カラコルム
大元ウルス
上都
大都
亦集乃
京兆
桂陽

第五章

農地開発と涇渠整備

――オゴデイ期より至元年間にいたる

はじめに

寧夏回族自治区涇源県六盤山に源を発する涇水は、甘粛省を経て関中平野に流れ込む渭水最大の支流であり、大量の黄土を含有することで流域中において肥沃な土壌を形成した。モンゴル高原から黄土高原、さらにティベット高原へと至る西北高原地帯のただ中に位置する屈指の農耕地域――関中平野においては、黄土層の堆積によって生じた土壌を肥沃な農耕地に変えるため灌漑用水の供給が不可欠であった。原宗子は土壌・水質データの検討を通して「涇水流域での農耕と耕作放棄―放牧の繰り返しが、涇水の泥土と水を「肥沃」にした」として、農耕と牧畜の複雑な関係を関中と黄土高原の関係の中に見いだす［原一九九七］。

戦国秦の鄭国渠に始まる涇水灌漑水路の開削・整備は、以降も歴代の国家によって絶えることなく続けられていく。北宋時代においても涇水流域は対西夏戦線の後方支援基地としての役割を担い、豊利渠の開削を中心とした灌漑整備事業が推進される［西岡一九七四、蛭田一九九九］。さらに一四〇年間もの長きに亘る金―南宋、モンゴル―南宋の南北対峙期においては、秦嶺山脈を距《へだ》て南北両軍がにらみ合う緊迫した情勢のもと、配備された軍団の長期に亘る駐屯を支える生産基地として涇渠灌漑網の整備を通した農地開発が進展していく。さらに、オゴデイ時代の金朝滅亡に伴うモンゴルの華北領有から、クビライ時代の南北統一に至る間、関中は対南宋との緊張関係以外にも政治的に極めて重要な位置をしめ、その領有を巡って複雑な政治的・軍事的抗争が繰り広げられた。高橋文治は当時の「関中」と「漢地」という二つの区分が単なる地理的区分を指すものではなく、投下領を含めた所属関係の上になりたつものであることに着目し、モンゴル全真教文書の検討を通して当該時期における関中の複雑な様相を活写する［高橋一九九七］。

本章においてはモンゴル時代の涇水灌漑の歴史的推移および渭北地域における屯田地の形成過程を検証する。これにより、遊牧集団を核として成立したモンゴル帝国が華北農業の基礎とも言うべき灌漑水利事業をいかなる認識のもとに実施していったのかを明らかにする。さらに、ともに華北地域にありながら「漢地」とは別のカテゴリとされた「関中」における灌漑整備・農業開発の政治的背景を考察し、関中の持つ政治的・軍事的意義を改めて問い直してみたい。なお、本書においては、関中平野渭水北部の涇水流域を渭北地域と称し、鄭国渠・三白渠等の涇水を利用した諸灌漑水路を涇渠と総称する。

第一節　『長安志図』の編纂

李好文の撰になる『長安志図』の巻下に収録される『涇渠図説』は涇渠灌漑水利に関する詳細な内容を多く含み、渭北地域における水利事業を考察する上で不可欠のデータを提供する。さらに当該地域における屯田の推移に関しても正史等には見えない独自の記事を載せるなどその有用性は高い。記載内容の検討に先立って、その編纂にまつわる経緯を各種序文より考察し、当該史料の有する性格をあらかじめ確認しておきたい。[1]

『元史』本伝によれば、李好文、字は惟中、大名路東明県の人。至治元年（一三二一）に進士となり、翰林国史院・礼部・国子監・御史台等の官職を歴任した後、至正四年（一三四四）より遼・金・宋三史の編纂に携わる。[2]著書として『太常集礼』・『端本堂経訓要義』・『大宝録』・『大宝亀鑑』が挙げられるが、[3]『長安志図』については触れられない。

まず、至正二年（一三四二）秋九月朔の日付を持つ李好文の自序より『長安志図』編纂の経緯を見てみよう。

嘗て暇日に因りて出でて近甸に至り、南山を望み曲江を観、北のかた故の漢城に至り、渭水に臨みて帰る。数十里の中、目を挙ぐるに蕭然として、瓦礫は野を蔽い、荒基壊堞は、究むるを得るべきなし。諸れを地志に稽うるも、徒だ其の名を見るのみにして、終に亦た敢て其の処る所を質さず。因りて昔見る所の図を求むるに、久しくして乃ち之れを得。是に於いて、志の載する所の宮室・池苑・城郭・市井を取るに、曲折方向は、皆な指識し暸然たるべし。千百世の全盛の迹、身履みて目之れに接するが如し。図は旧と碑刻有り、亦た嘗て鋟みて長安志の後に附するも、今皆な之れを亡う。有宋の元豊三年、龍図待制の呂公大防之れが跋を為す。且つ之れを長安故図と謂わば、則ち是れ志に前じて図は固より之れ有り。其の時は唐世を距たること未だ遠からず、宜しく其れ拠りて徴するに足るべきなり。然れども其の中に或いは後人の附益する者有りて、往往にして志と合わず。因りて同志とともに其の訛駁を較べ、更めて補訂を為し、釐めて七図を為す。又た漢の三輔及び今の奉元の治する所、古今の沿革廃置の同じからざるを以て、名勝古跡是れに止まらざらんや。涇渠の利沢は千世を被い、是れ皆な遺すべからざる者なり。悉く附して之れに入れ、総べて図二十有二を為り、之れを名づけて長安志図と曰うは、図もて志の設と為す所以を明らかにすればなり。[4]

陝西等処行御史台治書侍御史として奉元路（京兆）に赴いた李好文は、暇日を利用して周辺地域を巡るが、そこで彼が見たものは一面に広がる荒廃の様であった。これを契機に『長安志図』の編纂を思い立ち、北宋元豊三年（一〇八〇）の呂大防の長安城図（自序中「長安故図」）を参考とするが、これにはすでに後人の改竄が加わっていたため、改めて同志とともに補足改訂を為して七種の図を作成した。さらに名勝古跡などの記述のみならず、歴代その恩恵を被った涇渠の灌漑設備を遺漏なく収録することで、全二二種の図を含む『長安志図』を編纂したという。

ここで同志と呼ばれる『長安志図』の編纂協力者に関しては、その冒頭に記される「河浜漁者類編図説」と「前進士頻陽張敏同編校正」の記載が手がかりとなる。前者「河浜漁者」が李好文の自号であることは王重民が指摘するが[5]、後者に関しては『［万暦］富平県志』巻六・郷彦伝に以下の記載が見える。

張敏、頻陽の人、［泰］（大）定四年（一三二七）の進士。先世医を以て名家たり、人の病を視ること己の若くして、推して之れを納む。里中は仁厚を称う。敏は猶お端［樸］（於）にして孝を以て称えらる。初め解州判官、平陸令に右遷し、聞喜に調せられ、恵政有り。民は為に碑を立つ。陝西省左司郎中を歴官し、至る所廉謹を以て著称せらる。子は八人、縉と曰い、紳と曰い、綖と曰い、紞と曰い、緝と曰い、経と曰い、紀と曰い、綸と曰う。紞は吏部尚書、綖は欽天監丞たり、皆な士籍に名せられ、余は皆な隠徳す。人以為く先積の報いなりと云う。著す所に月山集有り。同に長安志を編す。遂に自ら月山山人と号す。[6]

泰定四年の進士である頻陽（富平の古名）の人張敏が『長安志図』編纂に関与したとされる。また、『［嘉靖］三原県志』巻一一所載の「元故贈中順大夫兵部侍郎上騎都尉清河郡伯京兆張公碑銘」によれば、時期は不明ながら張敏が陝西儒学提挙の任にあったとされることから、陝西行省左司郎中、あるいは陝西儒学提挙の任にあった現地出身の張敏らの協力のもとに『長安志図』が編纂されたこととなる。李好文の自序には続けて、

嗚呼、廃興は常無く、盛衰に数有るは、天理人事の関わる所なり。城郭封域、代わり因りて代わり革まるは、先王の疆理ここに寓す。溝洫の利、疏漑の饒は、生民の衣食ここに繋る。是の図を観る者は、則ちそれ有志の士の意を当世に游ばし、将に古今の宜に適《かな》い、生民の沢《ひろ》を流めんとするに、有助無くんばあらず。豈に特

だ山林に逃虚し、悠然と遐想し、高みに升りて賦する者、以て見聞に資するのみならんや。[7]

とあり、灌漑水路およびその開削・疏導の有用性を記述するのは、それが生民の衣食という生きるうえでの根本に直結するためであるとする。俗世を離れ山林に遊ぶ高雅の士の為にではなく、実際に政治の現場に携わる人々の助けとなるべくして『長安志図』は編まれたのである。

さらに巻下に収められる『涇渠図説』冒頭には「涇渠図序」と称される至正二年冬一〇月の日付を持つビチンデル（Bičinder：必申達而、必申達児）の序文が附される。

国家前代の故迹に因りて、石を梁して水を引き、塡閼に注ぎ以て民疇を糞い、屯田を広げ以て経費を助く。官を設けて属を分かつこと、古の郡守・刺史の如くして、職《もと》より其れ重きなり。然れども日久しくして、法禁弛みて人弊滋んなり。典守なる者或いは其の事とする所を知らず、積習垢玩、古人の良法美政をして幾んど熄ましめんとす。是れ年二十余にして、先君の宦もて関中に游ぶに従い、已にして涇溝の民の利害と為るを知るも、未だ其の詳しきを識らざるなり。のち三十年、遂に御史に備員し、甫めて至るに、聞くらくは前の祭酒李公惟中、今行御史台治書侍御史と為り、毎に撫字を以て念と為す。嘗て涇水を刻して図を為り、古今の渠堰の興壊廃置の始末を集め、其の法禁条例、田賦の名数、民庶の利病と与に、合せて一書と為し、之れを名づけて涇渠図説と曰う。索めて之を読むに、信なるかな其の治に裨くること有るをや。[8]

国初より灌漑施設の整備・屯田地の設定を通して農業開発が推進されてきたが、実際の従事者たる官員の無知や怠慢によりその有用性は損なわれていた。そこで、李好文は涇渠流域を図に刻し、灌漑水利の沿革、利用に関する法制禁令、田賦の種類と数量、人々の被る利益と損害と合わせて、水利技術書としての『涇渠図説』を著した。涇渠流域を図化することにより、その有用性と実情は一目のもとに明らかとなり、さらに禁令等を明文化することによって為政者たる官員に依拠すべき基準としての便をもたらしたのである【図五‐一】。

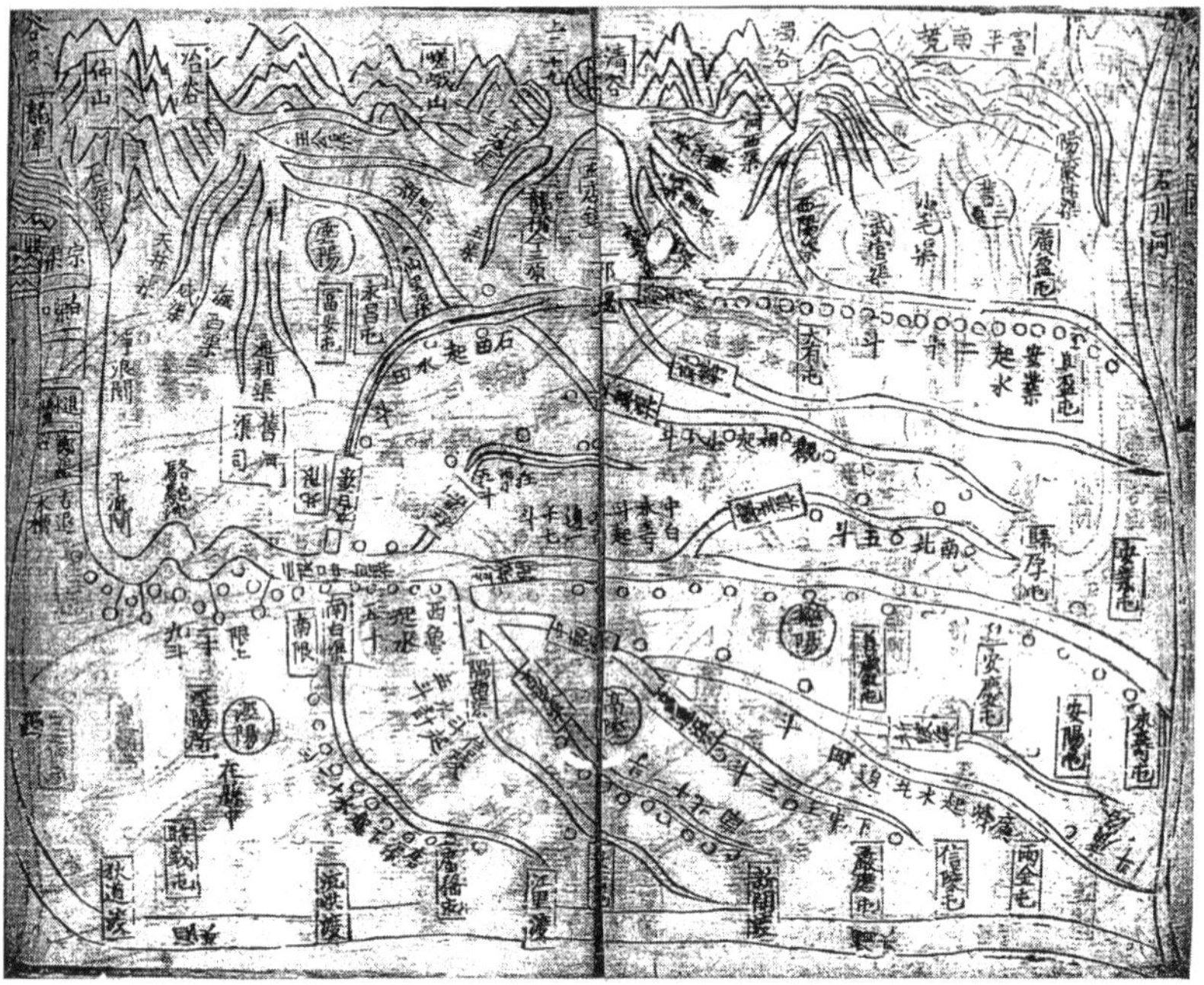

【図5-1】成化４年部陽書堂刻『長安志図』「涇渠総図」（曹 1990 より）

ビチンデルは号を樵隠といい、タングートの人である。芸林庫提点、江南行御史台監察御史を経て、陝西諸道行御史台監察御史の任にあった。彼の序文によれば、至正二年一〇月当時、涇渠図を含む諸種の情報を総合した『涇渠図説』と呼ばれる単行の書を求めて読むことが可能であったことが分かる。

『涇渠図説』と『長安志図』の関係については、辛徳勇は李好文が同一の版本を用いて同時に一部を『涇渠図説』として単行出版し、一部は『長安志図』巻下に収める形で出版したとする。さらに単行本『涇渠図説』の出版を念頭において『長安志図』が編纂されたため、ビチンデルの序文が『長安志図』巻下冒頭に配されることになったと結論づける［辛一九九六］。この結論に従えば、両書の成書時期はビチンデルの序文が附された至正二年一〇月以降ということになろう。しかしながら、ビチンデルが序文の中で「嘗て涇水を刻して……」と述べるように、至正二年一〇月の序文執筆時点においてすでに『涇渠図説』は一書として出版されており、ビチンデルがその刻本を見ていたことは確実である。よって辛氏が述べるように、単行本『涇渠図説』出版を念頭において『長安志図』の編纂がなされ、同時に両書が出版されたとすることはできない。

したがって、李好文の自序執筆時点である至正二年九月にはすでに『涇渠図説』は単行の書として出版されており、『長安志図』編纂にあたりそれを巻下に組み入れる形で同書が成立した、すなわちビチンデルの序文は『涇渠図説』の再版にあたり寄せられたものと考える方が妥当であろう。[9]『長安志図』に先んじて『涇渠図説』が編纂され、さらに『長安志図』出版に際してこれを巻下に組み入れることで再出版されたことは、涇渠灌漑水利に対する李好文の強い関心を示すとともに、読者層の需要の高さを物語るものと言えよう。

この二種の書籍が別個のものとして通行していたことは、『文淵閣書目』中において「涇渠図説二冊」が「長安図志《ママ》二冊」とは別の書籍として扱われることや、『千頃堂書目』中においても「涇渠図説一巻」と記載され、やはり「李好文長安図記《ママ》三巻」と別記されることからも明らかである。また、宮紀子が述べるように『文淵閣書目』に収められる書籍が主にモンゴル宮廷に収められていたものであるとすれば〔宮一九九九〕、『涇渠図説』の有用性は公に認められ、あるいは政策の一環として政府主導のもと編纂され、為政者に対する技術指導書としての役割を果たしたと考えられる。

また、現存する『涇渠図説』の最良の版本は『長安志図』に収録されるものではなく、『〔嘉靖〕涇陽県志』巻四に載せられるものである。同県志への収録にあたり、いずれの版本が用いられたかは明記されないが、嘉靖一一年刊の『長安志図』所収の『涇渠図説』の内容と対照してあまりに異同が多く、その大半が『長安志図』所収本の誤りであることから、『〔嘉靖〕涇陽県志』への収録に利用されたのは、単行の『涇渠図説』であった可能性が高い。

第二節　オゴデイ時代の渭北地域開発

一　涇渠水利開発の開始

金朝滅亡の六年後、太宗オゴデイの一二年（一二四〇）に涇渠の整備計画が持ち上がる。モンゴル時代の華北地域における最初期の水利開発事例である涇渠整備事業の経緯を記す史料として、『元史』巻六五・河渠志・三白渠条、『長安志図』巻下・設立屯田条、『［嘉靖］涇陽県志』巻四・水利志所載の楊欽撰「重脩豊利渠題銘記」[10]の三史料がある。それぞれの関連部分は以下の通りである。

①『元史』三白渠条

京兆に旧と三白渠有り。元の金を伐ちてより以來、渠隄は欠壊し、土地は荒蕪す。陝西の人の種蒔せんと欲すると雖も、水利を獲ざれば、賦税は足らずして、軍興は用を乏しくす。太宗の十二年、梁泰の奏すらく「請うらくは人戸・牛具一切の種蒔等の物を差撥し、渠隄を修成せんことを。之れを旱地に比さば、其の収は数倍にして、得る所の糧米は、以て軍に供すべし」と。太宗奏を準け、就ちに梁泰をして元と降せる金牌を佩び、宣差規措三白渠使に充て、郭時中をして之れに副え、朝廷に直隷し、司を雲陽県に置かしむ。用うる所の種田戸及び牛畜は、別に旨を降し、塔海紺不に付して軍前より応副せしむ。是の月、勅もて塔海紺不に喩すらく「近ごろ梁泰の三白渠を修めん事を奏さば、汝が軍前に獲る所の妻有る少壮の新民より、二千戸及び木工二十人を量撥し、官牛内より肥腯にして歯小なる者一千頭、内乳牛三百を選び、以て梁泰等に畀うべし。如し敷らざれば、各千戸・百戸内より貼補し、今歳十一月内を限りて交付し、数足らば、十二月趁《よ》り入工せしめよ。其れ耕種するの人収むる所の米は、正に接済の軍糧と為す。如し人戸を発遣するの時、或いは衣装を闕少せば、各千戸・百戸内より約量して支給し、軍を差わし護送し出境せしめ、沿途の経過せるの処も亦た防送を為し、在逃走逸するを致す毋れ。路程を験し給するに行糧を以てし、大口は一升、小口は之れに半せよ」と。[11]

②『長安志図』設立屯田条

庚子の年（一二四〇）八月、欽奉せる聖旨に、梁泰を以て宣差規措三白渠使に充つと。挑けたる梁泰の奏告に「京兆府に旧来三白渠有り。兵革以来、渠堰は欠壊し、地土は荒廃す。陝西の人戸は種蒔有りと雖も水利を得ずして、税賦は軍馬の用度に敷らず。渠堰を修成せば、畝ごとに一鍾を収むべし」と。奏を准け、梁泰に仰せて就ちに元と降せる御前の金牌を帯び、宣差規措三白渠使に充て、朝廷に直隷せしむ。[12]

③「重脩豊利渠題銘記」

延びて亡宋の熙寧に及ぶに、官の白渠を以て田を漑し、堰を修め民を疲せしめば、名は存するも而ども実は廃せらる。殿中丞の侯可に命じて仲山より石渠を削ちて涇水を引かしむるに、入る者は五尺にして、田万五千頃を漑せば、名づけて豊利と曰う。金国は之れに因りて行う。我が聖朝の癸卯の歳（一二四三）、三白渠使梁泰は経治に道有り、累歳堰を修め、増して十層に至る。四十余年、民安んじ物阜かにして、水の利を得。[13]

三白渠と総称される鄭国渠、白渠等の灌漑用水路はモンゴルの華北侵攻の間、堰堤の損壊によりその機能を停止し、渭北地域の田土は荒廃した。多量の泥土を含む涇水を利用した灌漑水利は、積極的な破壊工作を被らずとも泥土の堆積による用水路の淤塞《おそく》によって容易にその機能を失う。そのため泥土の除去を含む灌漑施設の整備工事を恒常的に行うことが必要とされた。梁泰は損壊した灌漑施設の再整備を行うことで、畝あたり一鍾の収穫が得られるとの上奏を行い[14]、以前にオゴデイの御前において賜与されていた駅伝の利用を認める金牌を帯び、宣差規措三白渠使として灌漑整備工事の任に赴くこととなる。梁泰による涇渠の改修は具体的には北宋熙寧年間に開削され、金代においても継続して利用された豊利渠の整備という方法を通して実行に移され、毎年の改修工事を経て、三年後には一〇層に及ぶ堤防を建造することとなる。

肥沃な泥土を含有する涇水は流域中に豊かな養分をもたらし、古来より豊穣な土壌を形成した。ただし、アルカリ性の性質を有するその土壌は灌漑用水の継続的な供給を不可欠とし[15]、涇水を用いた灌漑用水が確保されることで、主要作物たる大・小麦に加え、水田耕作による白米・粳米・糯米などの各種米穀類の生産を可能とした[16]。モンゴル軍の陝西侵攻を受けて、金の陝西駐屯軍は河南方面へ向けて強制的な人口移動を行い、これに加えて居民の秦嶺山中への逃避、河南への逃亡などにより、京兆一帯の生産機能は停止した。そのため、タガイガンブ（塔海紺不：Tayai Gambu）の軍中より「新民」と呼ばれる旧南宋領民二〇〇〇戸を送り込み屯田地を形成することで[17]、農業開発を再開し生産基地としての渭北地域の復興が図られたのである。その際に灌漑施設の整備は最優先事項であり、カラコルム政府に直属する機関として雲陽県に三白渠整備を専門に扱う官司が設置され、灌漑施設の整備・管理に当たることとなった。

梁泰の上奏を受け、高い生産性を有する渭北地域に着目したオゴデイはタガイガンブの軍中より二〇〇〇戸を遷徙して、渭北地域における灌漑整備・農地開墾に当たらせる。ここでオゴデイより勅諭の下されたタガイガンブとは金朝滅亡の半年後のオゴデイ六年（一二三四）七月に四川攻撃のために派遣された人物である[18]。翌七年（一二三五）に始まるオゴデイ第三子クチュを統帥として、第二子コデン、カチウン家アルチダイ等に率いられた三軍団方式による対南宋遠征は、バトゥ・グユク・モンケらが率いるロシア・東欧遠征との両面作戦として実行に移されたものであり［杉山一九九六、七六～七七頁］、この本格的侵攻に先立ち先遣隊の統帥としてタガイガンブが派遣されたのである。さらに本隊出兵の後には都元帥の肩書きを有して、コデンのもとに四川攻撃に従事することとなる。

塔海紺不の対四川戦線派遣と同時に中都へ派遣されたシギ・クトク（Siki-Qutuq：失吉忽禿忽）が中州断事官（イェケ・ジャルグチ）という官職を帯び旧金朝領の戦後処理に当たり、その首班としての役割を果たしたことをあわせ考えれば、タガイガンブには対四川攻撃を意識した中での陝西地方における戦後処理、加えて軍需物資・兵員の確保といった後背地および兵站《へいたん》補給線整備の任が課せられたと考えられよう。[19] 重責を帯びたタガイガンブではあるが、彼の出自およびその来歴などに関しては不明な点が多く詳細を確認することはできない。しかしすでに佐口透が指摘するように、チンギスの西夏攻撃の際の投降者として「監府塔海」という人物を史料中に確認することができ、両者を同一視する見解も存在する［ドーソン：佐口一九六八］。これに従えば、タングートのタガイガンブが旧西夏軍団を率いて同じく旧西夏領に隣接する陝西方面に派遣されたこととなろう。[20]

また、涇渠改修を中心とする農地開発の結果として得られた生産物が軍糧とされたことは、渭北地域が対南宋作戦における兵站基地としての性格を有したことを意味する。[21] 特に涇渠改修によって得られた米穀がタガイガンブの軍団への「接済の軍糧」とされたことが持つ意味は大きい。『国朝文類』巻六二所収の姚燧撰「興元行省夾谷公神道碑」によれば、タガイガンブに従い四川侵攻に加わった夾谷龍古帯は攻撃拠点としての興元府の重要性を述べ、軍隊を駐屯させ治安の維持にあたる必要を説く。さらに続けて以下の記載がなされる。

> 為に良腴便水の田を択び、投ずるに耕耒を以てし、仮して種牛を与え、秋穀の収むるを俟ちて、什もて四三を税す。之れを儲うるに庾に於いてし、之れを守るに吏を以てせば、征蜀の師、朝に至りて夕に稟まる。校ぶるに糧を関中に資め、千里を荷担するも、十石に一を致す能わざる者を以てせば、労費大いに省かる。実に蜀を征するの一奇なり。[22]

これは涇渠整備に先立つ三年前（一二三七）になされた提言であるが、当時より農具を支給し、耕牛や種子を貸与して興元府にて屯田を起こし、関中よりの補給に依存する方法からの脱却が求められたことが分かる。関中の地、中でも生産の中心たる渭北地域が陝西駐屯軍団への食料供給地であるとともに、対四川攻撃前線への主要な食糧供給地と認識されていたことは明らかである。

四川遠征の際の捕虜・投降民と考えられる二〇〇〇戸とともに渭北地域に送り込まれた木工二〇人は水利施設改修に携わる農業技術者を意味する。専門的技術者の指導のもと、遷徙された二〇〇〇戸を労働力とし涇渠の改修が行われたのである。この際にとりたてて「妻有る少壮の人戸」が選ばれたことは、当該地域における屯田の恒久的・永続的実施の意図を意味する。人口減少の著しい京兆方面に集団単位での入植を行い、農業技術者の指導のもとに涇渠の改修を通して、食料生産の核として渭北地域の再開発が実行に移されたのである。

涇渠整備事業の責任者となった梁泰に関しては、その出身および経歴等を記す記載は管見の限り存在しない。しかし彼とともに整備事業の責任者となった郭時中に関しては、李庭の撰になる墓碣銘「元故三白渠副使郭公墓碣銘」により具体的な事跡を確認することができる。[23]

戊戌の歳（一二三八）、天朝選挙を開くに、公西京に試し、復た第三に中り、多士に掄魁せば、監試官ジュクナイ（朮虎乃：Juqunai）、公を辟して山西東路考試官と為す。明年、業する所を携え中書耶律公に和林城に於いて謁す。一見し即ちに賞異を加えられ、屢しば詩の相い酬和する有り。時に方めて涇水の故道もて民田を漑するを議するに、公為に利害を条すること委曲にして、皆な中書公の意と合すれば、遂いに牘もて之れを奏す。上以為えらく材なりとて、其の階を升せて三品と為し、公に命じて弐と為さしめ、仍お銀符を賜う。昼錦するに、郷社の士林は之れを栄とす。官に到るに、規画方有りて、収は常歳に倍し、民は其の利に頼る。[24]

いわゆる「戊戌の選試」を経て、オゴデイ一一年（一二三九）よりカラコルムにあった郭時中によって涇渠改修の具体案が耶律楚材に提出され、楚材によりオゴデイに上奏されたこととなる。渭北地域の同州蒲城県出身である郭時中によってカラコルム中央政府における討議の場に具体的知見がもたらされたのである。なお、郭時中の撰になる己酉（一二四九）秋七月既望の日付を持つ『道徳真経蔵室纂微開題科文疏鈔』の序文中において、その肩書きが「宣差陝西規措三白渠副使」と記されることから[25]、太宗一二年より少なくとも九年間に亘り涇渠改修の責任者を務めたことが分かる。

二　全真教団の教線拡大と地域開発

オゴデイ時代における涇渠灌漑整備事業はカラコルムから梁泰・郭時中が派遣されることで中央政府主導のもとに実行に移されたが、ほぼ同時期に渭水以南の地において全真教団を中心とした灌漑整備が実施されている。その経緯は『陝西金石志』巻二七・薛友諒撰「棲雲王真人開澇水記」に明らかである[26]。

終南澇谷の水は、関中の名水なり。淵源は浩瀚にして、地形の高下に随い、崖を批ち壑に赴き、其の流れを枝分し、山を去ること一舎にして、径ちに渭に入る。然れども疏導の功無く、初め民の用と為る能わず。丁未（一二四七）の春、棲雲真人王公は門衆百余を領し、香を祖師の重陽宮に祀る。至るに汴梁よりし、尋いで会仙堂の西廡に館するに、其の山水明秀なるを愛す。一日、杖藜もて緩歩し、四境を周覧するに、其の徒に語りて曰く「茲の地の形勝、其れ此くの如き有り。宮垣の西は、甘水之れを翼け、已に壮観為り。若し一水をして東よりして来り、環りて是の宮を抱かしめば、双龍盤護と謂うべきにして、真に万世の福田なり。其れ得べけんや」と。即ちに一二の尊宿とともに、親から按視を為し、東南澇谷の口に抵り行きて其の地を度るに、渠を削ち引きて之を致すべしとす。是に於いて、諸れを時官に聞するに、太傅移剌保倹・総管田徳燦の二君、深くこれを嘉賞す。遂に給するに府檄を以てし、郷井の民庶に明諭し、応有《あら》ゆる犯す所の地土は、梗塞を致すこと無からしむ。公廼ち道侶を鳩会するに、僅んど千余人にして、袂を揮わば雲の如く、插を荷わば雨の如くして、役に趨き功に赴き、其の事具さに挙ぐ。曾て三旬ならずして、大いに告成の慶有り。澇の水は源源として来り、宮の東よりして北し、縈紆周折して、復た西のかた甘に合し、連ねて二十余里に延ぶ。村を穿ち落を度るに、蓮塘柳岸、蔬圃稲畦、瀟然として江郷の風景有り。上下磨を営むこと、凡て十区を数う。秦土の膏沃なりと雖も、但だ雨沢の恒ならざるを以て、多く耕作を害す。時厥の後より、衆は其の居を集め、農は其の務に勤め、荊榛の野を闢き、桑麻の地と為す。歳時豊登にして、了に旱乾の患無し。[27]

澇水の整備に主導的役割を果たした棲雲真人王公とは、王鶚撰「棲雲真人王尊師道行碑」によれば[28]、王志謹、東明の人、太古広寧真人郝大通に師事し、郝大通の死後、長春真人邱処機に従って中都に赴く。後、開封朝元宮にて住事を勤めその地にて没するとされるが、陝西における活動については触れられない。

一二四七年、門徒百人余りとともに祖庭重陽万寿宮に至った王志謹は、西に甘水が流れるその形状を見て、澇水をその東に導き東西より万寿宮を包み込む形「双龍盤護」での水路の開導を提言する。これを受けて以前より全真教団と極めて密接な関係を有したキタイ軍総帥耶律ジュゲ（Jöge：朱哥）、京兆総管田雄は王志謹の水路開削工事に対する保護のため、府檄を発して灌漑用地を確保し工事の阻害を厳しく戒める。[29]王志謹らは千人余りの門徒を集めて開削工事を行い、二〇〇里余りに及ぶ用水路を開削し、さらに一〇箇所に水車を設置して重陽万寿宮の寺産拡大に努めたのである。また、沿岸地域においても新たに開削された澇水を利用して農地が開墾され水田が営まれることとなったが、こうした新耕地が寺田として組み込まれていったと考えられよう。

寺観による水車および水力挽き臼の設置およびその運営に関しては、聖旨碑・懿旨碑《いし》・令旨碑などの形で現存する保護認可状において、他者の利用を禁止し、強奪を厳しく戒める寺観の専有物としてしばしば言及されるものであり、寺観経営の重要な収入源であった。また、寺観領内における土地や河川および灌漑水路の使用に関しても同様の措置が採られ、その独占的使用権が認められていた。[30]さらに、重陽万寿宮を取り巻く甘水・澇水の二川に関しては、「開澇水記」の書者でもある孫徳彧の伝記「皇元孫真人道行碑」（元統三年［一三三五］九月立石）[31]によれば、

仁宗道妙を弘めんことを志し、耆徳を簡び用いんと欲して、使を遣わし召して長春宮に赴き全真教を掌らしむ。……（中略）……終南に甘・澇の二谷有り。歳ごとに園林・水利を収め、以て其の徒を贍う。有司に詔し、侵奪煩擾せしむる毋れと。[32]

とあり、終南山に源を発する甘水、澇水の両河川を利用して「園林」、すなわち土壁にて周囲を取り囲む耕地形態を用いた蔬菜《そさい》の栽培および果樹や桑・楡の育成がなされる。さらに、水力挽き臼の運用、耕作地への灌漑用水の供給など、「水利」と総称される灌漑水利関連事業が全真教教団を支える資金源の一端を担ったのである。

また、「詔有司……」に関しては、「トラ年（延祐元年）大重陽万寿宮アユルバルワダ聖旨碑」[33]に以下の記載が見える。

あらゆる宮観に属する水土、人口、頭疋、園林、碾磨、店舎、鋪席、典庫、浴堂、船栰、車輛、彼らのいかなるものも、更に渼陂・甘・澇等三処の水例、甘谷の山林を、誰であろうとも、気力を倚むな、奪い要るな。[34]

ここでは、「水土」とは別に「渼陂・甘・澇等三処の水例」が保護対象として挙げられる。この内の渼陂とは終南山山裾の諸泉水が流れ込む貯水池であり、その水は北流して澇水へと注がれた。甘水、澇水の両河川に加えて、澇水左岸に位置する渼陂の「水例」（Mong：usun-u qauli［水の体例、きまり］）の保護が認められている。[35]「水例」に関しては、シャバンヌ（É. Chavannes）が水利施設とし［Chavannes 1904, pp.425-426］、ポッペ（N. Poppe）が水権と解釈したのに対して［Poppe 1957, p.94］、蔡美彪は水規・水法とする見解を示す［蔡一九九七、九四頁］。

通常、「水例」が灌漑用水の利用に関する諸規定を意味することから考えて、当該箇所を文面通りに読めば「渼陂・甘水・澇水の利用に関わる諸規定を遵守せよ」と解するべきである。ただし、続く「甘谷の山林」が万

寿宮下院の甘峪口遇仙観に属する地産を意味することから、「水例」も万寿宮の甘水・澇水両河川全域に対する特権的（あるいは独占的）な利用を認めた内容であったことは間違いない。したがって、「水例を遵守せよ」とは、実際には「重陽万寿宮の権限を侵すな」という命令となる。さらに言えば、その権限とは、灌漑用水および生活用水の利用と水力挽き臼の運営に関わるものであり、具体的には水門や堰、水車と挽き臼などがその対象物となろう。つまり、「水例」に関する三者の見解は、それぞれに一面を表したものであり、重陽万寿宮には、モンゴル政権によって終南山北麓を流下する甘水、澇水が形成した扇状地のほぼ全域における土地および河川・水利施設の特権的利用が許可されていたこととなる。[36]

こうした全真教団の積極的な教線拡大に伴う開発事業は渭北地域においても展開される。唐埜厚撰「円明朗照真人功行之碑」[37]および秦志安撰「復建十方重陽延寿宮碑銘幷序」[38]によれば、一二三九年に竹千戸らの要請によって涇陽県重陽延寿宮に招聘された円明子寇志静は、賈志玄・何志清らとともに荒地を開墾しその復興に努めた。また、朱象先撰「大元重修涇陽県北極宮記」によれば、[39]一二三五年より邢志元によって涇陽県の北極宮の修復がなされ、一〇年あまりの年月を費やして完成に至る。

さらにすでに述べたように涇渠改修の責任者の一人郭時中が全真教の道士白徳明・劉伯英・張大師らにより出版されることとなった『道徳真経蔵室纂微開題科文疏鈔』に序文を寄せ、さらに一二五一年に李志常より署提点重陽宮事に任命され京兆における全真教の活動の中心となる李道謙とも交友関係を持ち、李道謙が重陽万寿宮内に筠渓道院を建設する際に文章を寄せる。[40]郭時中と関中における全真教指導者たちとの間の密接な交友関係は明らかであり、全真教団の教線拡大を目的とした道観建設・寺産開発の動きが、オゴデイ時代に始まる政府主導の渭北地域開発と連動してなされたことが見て取れよう。

三　渭北開発の目的と意義

オゴデイ時代における涇渠の灌漑整備と渭北地域の耕地開発は、タガイガンブの軍中より二〇〇〇戸を派遣して入植を行い屯田地を形成し、その収穫物はタガイガンブの対四川攻撃の軍糧として利用された。つまり渭北再開発は対四川作戦の一環として実施された政策であり、その遂行のためにはオゴデイは重要な生産基地である渭北地域を確実に押さえる必要があったのである。しかしながら、当時の関中をめぐる所領関係を考えれば、この際のオゴデイ中央政府主導の開発事業実施には幾分かの疑問が存在する。太宗八年（一二三六）に実施された華北における諸勢力の整理、いわゆる丙申年の分撥によって渭北地域を含めた京兆一帯はトゥルイ家の所領とされていた［杉山一九九六］。また、松田孝一は『元史』巻一二三・直脱児伝の記載により、「トゥルイは陝西、河南攻略に功があり、その死後、河南、関西（＝陝西）の四万戸がその妃ソルククタニベキに所属した」とし［松田一九七九］、さらに『程雪楼文集』巻一八所収「伯徳那公神道碑銘」の記載により、解州に治所を置く陝西・山西のフレグの所領は、西征の後にも保存されていたとする［松田一九八〇］。

これに対して、高橋文治も涇陽県重陽延寿宮に宛てた庚戌年（一二五〇）五月のソルコクタニベキの懿旨およびフレグの令旨に基づき、当時、涇陽がトゥルイ家（恐らくはフレグ）の所領であったとした。さらに、同じ一二五〇年に発令された京兆のダルガ・管民官に宛てた重陽万寿宮の保護を命じるオゴデイ家メルギデイの令旨から京兆はオゴデイ家の所領であったと判断されるが、同時に、この前後に京兆周辺においてはトゥルイ家とオゴデイ家のかなり複雑な所領関係が存在していたとも述べる［高橋一九九七］。

渭北地域における水利開発に目を戻せば、オゴデイ一二年に始まる涇渠の整備は、大ハーン・オゴデイの命令により実行に移されたものであり、梁泰・郭時中が責任者として宣差規措三白渠使・副使に任命されカラコルムから送り込まれた。さらにこの宣差規措三白渠使司は中央政府に直隷するものと明言される。こうした事実に加えて、やはり中央政府より派遣されたタガイガンブの軍中より人戸が遷徙されたことを併せて考えれば、二〇〇〇の屯田戸はカラコルムの中央政府に直属するものであったと考えられる。また二〇〇〇戸の徙民による灌漑施設の修復と農業開発によって得られた収穫物がタガイガンブに軍糧として支給されたことも、屯田戸が中央政府の直轄民であったと考えれば当然の措置であると言えよう。

つまり、涇渠開発が開始されたオゴデイ一二年時点においては、丙申の分撥によってトゥルイ家の分地とされた京兆八州一二県の内、高い生産性を有する渭北地域を大ハーン・オゴデイの直轄領とする措置がなされたのではないだろうか。あるいは宣差規措三白渠使司が雲陽県に置かれたことから、涇陽県におけるフレグの権益を存続させたままで、雲陽県に二〇〇〇戸の徙民がなされたとも考えられるやもしれない。しかしながら、『元史』巻一〇〇・兵志・屯田条の記載によれば、至元三〇年（一二九四）以降の時点においてすらなお櫟陽県に七八六戸、涇陽県に六九六戸の屯田戸が確認できるに過ぎず、オゴデイ時代において二〇〇〇戸もの戸口が雲陽県内にのみ置かれたと考えることは難しい。やはり、二〇〇〇戸の遷徙は渭北地域全域に亘る屯田地の設立を意味したと考えられる。

また、地理的に見れば渭北地域は渭水を挟んで京兆を望み、洛水水系に沿って北上すれば陝北の要衝である延安に至る道筋に当たる[41]。さらに六盤山より涇水に沿って南下し京兆に至る道程は唐代突厥の京兆侵攻、さらに吐蕃の京兆侵攻の例にも見られるように、古来より北方遊牧民の京兆攻撃の主要ルートであった［張：梶山一九九七］。途中、涇州附近においては南北両岸より山が迫る険しい峡谷が続くが、雲陽に至ると京兆をも含む関中平野を一目の元に見渡すことができる。いわば西北よりの京兆侵攻の喉もともいうべき戦略的重要地であった。金代においても、雲陽県の西北に位置し、渭北地域を見下ろすことのできる仲山の山頂に山寨を築き、安撫司を置いて数万の兵が駐屯するなど、当該地域に対する防備は厳重を極めるものであった[42]。高い生産力を有する穀倉地帯であると同時に戦略的重要地である渭北地域を対四川攻撃を意識するオゴデイおよび中央政府が直轄地として欲する十分な理由は存在する。

では、高橋氏が提示する一二五〇年の涇陽県重陽延寿宮に宛てたフレグの令旨は何を意味するのであろうか。高橋氏は一二四五年段階において一時オゴデイ家の所領に属した孟州が一二五〇年五月に至ってグユク死後の新たな情勢（あるいはモンケ即位前の新たな情勢）をうけてトゥルイ家の所領として復活し、その確認の意味を含めてソルコクタニは孟州に懿旨を発令したのではあるまいかとする。ここで問題となる涇陽県における事例も高橋氏が述べる孟州における状況と同様に理解することができないだろうか。つまり、一二五〇年に至って一旦オゴデイ家の所属とされた涇陽の地におけるトゥルイ家の権益を再確認するため、重陽延寿宮に宛てて令旨が発せられたと考えるのである。またすでに述べたようにオゴデイによって派遣された郭時中が宣差規措三白渠副使の肩書きを有することが確認できるのは、偶然にも一二四九年の時点までである。オゴデイ時代にことさらに宣差規措三白渠使司が朝廷に直隷すると明言された背景には、当時京兆一帯に権益を有したトゥルイ家から渭北地域（あるいは京兆そのもの）を切り離す形での所属転換があったのであろう。さらにこれが後に再びトゥルイ家領として復活したため、「関中」にある涇陽が「漢地」の扱いを受けることとなったと考えられる。[43]

第三節　至元年間における華北農業水利振興策の展開

一　勧農政策の実施と水利規程の整備

これまで涇渠灌漑整備の事例を通して見てきたオゴデイ時代に始まる農地開発の動きは、至元年間に至り華北全域を対象範囲とする農業奨励政策として拡大実施されていく。至元七年（一二七〇）二月二二日、農業奨励・

水利振興をその職責として司農司が設置され、張文謙が司農卿に任じられた。後、一二月一日に至って大司農司に改編され、御史中丞のボロト（Bolo(t)：孛羅）が現職のまま大司農を兼任する。さらに同二六日には水利行政を管轄する都水監が大司農司の管理下に置かれ、水利行政を含めた農業政策の立案・施行の中心として大司農司が成立する。[44] モンゴル時代における農政関連の施策の展開および関係官庁の興廃とそれに絡む人的関係については、宮紀子の一連の研究によってその詳細が明らかにされた［宮二〇〇六A・二〇〇七・二〇〇八］。宮氏の研究は目配りの行き届いた十全なものであるため重複する部分もあるが、以下の行論に必要な水利に関わる官制と重要な政策についてまとめておきたい。

まず司農司設置に関わる条文を『大元聖制国朝典章』（以下、『元典章』）中に確認してみよう。『元典章』典章二・聖政巻一・勧農桑条によれば、

至元七年二月、欽奉せる皇帝の聖旨に「諸路府州司県の達魯花赤・管軍官・管民官・諸投下の官員・軍民諸色人らに宣諭す。近ごろ農桑を勧課するが為めに、已に嘗て遍く諸路の牧民の官と提刑按察司とに諭して講究し到れる先後合に行うべき事理は、再び中書省・尚書省に命じて衆議を参酌し、其の民に便なるものを取り、条目を定立し、特に司農司を設け、農桑を勧課し、水利を興挙せしむ。凡て栽種を滋養する者は、皆な附して行う。仍お勧農官及び水利を知するの人員を分布し、巡行勧農し、勤惰を挙察せしめ、所在の親民長官に委ねて本職を妨げず、常に提点を為さしむ。年終に農事の成否を通考し、本管の上司は司農司及び戸部に類申して照験す。任満の日、解由内に此の年の農桑の勤惰を明注し、部に赴きて照勘し、以て殿最を為す。提刑按察司は更に体察を為し、本を敦くし末を抑え、功効の必成するを期せ」と。[45]

とあって、司農司設置の前段階として諸路の地方官と提刑按察司とによって農業奨励に関して実行に移すべき事柄の検討と取りまとめが行われた。これが至元七年に至って中央政府のトップたる中書省と尚書省の両機関での

討議を経て、「条目」という形で制定される。また巡行勧農司とともに水利事業を主管する人員が地方に派遣され、現地視察を通して勧農政策の浸透、地方官の取り組みに対する視察がなされることとなった。農業水利振興は地方官の勤務査定と密接に関連し、毎年中央の司農司・戸部にその成績は各項目ごと取りまとめられ上申され、任期終了の際には勤務評定簿にその成績が明記されることとなったのである。当該聖旨は至元年間における農業水利振興政策の開始を告げるものであり、以降のすべての勧農政策の立脚点となるものであった。各地方官に農業水利振興に対する重要な責務が求められるとともに、地方監察機関たる提刑按察司は現地視察を通して地方の実情に応じた推進事項の取りまとめに関わり、さらに体察によって地方官に対する監督、各種振興策の推進に強力に拘わっていくこととなる。

　農業水利振興策、中でも灌漑水利の改修・整備に関して至元九年（一二七二）に改めて聖旨が下る。[46]『元典章』典章二三・戸部巻九・農桑・水利・興挙水利条によると、

　至元九年二月、欽奉せる聖旨に「各路の達魯花赤・管民官・管站打捕鷹房・僧・道・医・儒・也里可温・荅失蛮の頭目・諸色人らに諭す。近ごろ随路の水利を興すべきが為に、官を遣わし道を分ちて見数を相視せしめ、特に中書省・枢密院・大司農司に命じて集議せしめ得たるに、民に於いて便益なるは、皆な興開せしむべし。此の為に、今降したる聖旨に『大司農司に仰せて定め立てたる先後の興挙するの去処は、巡行勧農官に委ねて春首の農事未だ忙ならざる、秋暮の農工閑慢の時分に於いて、分布監督し、本路の正官と一同に開挑せしむ。用いる所の人工は、先に附近のいかなる人戸をも儘くし、如し敷らざれば、其の余の諸色人内より差補するを許すの外、堰・渠・閘を修めるの一切の物件に拋きては、必須《カナラ》ず官銭を破用せよ。各路に仰せて係官の差発内より実に従い応付し、省部に具申せしむ。務めて成功を要む。先に本路の定め立てたる使水の法度に従い、須管《カナラ》ず均しく其の利を得べくして、拘該の開渠の地面は、諸人の遮当するを得ず、亦た中間

に沮壊するを得ず。如し引く所の河水、粮塩を漕運する及び碾磨を動かすの使水の家に干礙するに、中書省の已に奏して准けたる条画に照依して定奪せば、両つながら相い妨げず。若し已に水利を興すに、未だ其の地を尽くさざる、或いは別に以て開引すべきの去処有らば、図を画きて大司農司に開申し、定奪し興挙せよ。勧農官幷びに本処の開渠官は、却って因而に取受し、非理に搔擾するを得ざれ』」と。[47]

とあり、先の至元七年の聖旨で見たように、至元九年二月以前の段階において水利事業を実行すべき地域に関しては、官を派遣してその実際の件数が把握され、この調査報告に基づいて中書省・枢密院・大司農司が合議を行い実施箇所が具体的に絞り込まれた。こうした準備段階を経て、至元九年二月に至り大司農司に上記の聖旨が下され、華北各地において灌漑水利の開削・整備が実施される。上述した至元七年二月の聖旨が華北全域を対象とした勧農政策の基本姿勢を示すものとすれば、この度の聖旨は中でも農業水利に関する以降の諸政策のベースとなるものであったと言えよう。

ここで「分道」派遣された官とは先に見た巡行勧農司官を指す。『大元官制雑記』巡行勧農司条に以下の記載が見える。

世祖皇帝即位の十余年、以為らく既に中原を定むれば、当に農桑を以て急務と為すべしとて、至元七年に司農司を立つ。又た按察司の例に依りて、四道巡行勧農司を設く。中都山北東西道、河北河南道、河東陝西道、山東東西道と曰う。道ごとに官は二員、使は金牌を佩び、副使は銀牌を佩ぶ。後に増して四員に至る。[48]

巡行勧農司は提刑按察司をモデルとして設置され、淮河以北を中都山北東西道、河北河南道、河東陝西道、山東東西道の四道に分け各地の現地調査を行うなど、まさに「分道」派遣された。さらに、この度の聖旨によって、巡行勧農官の巡回は春先の農事開始以前、さらに秋暮の農事終了後の年二回と規程され、水利開発実行地域に関しては当該地域の路の正官とともに灌漑施設の改修に当たることとされた。ここには地方官の勧農政策実施を監視・監督するという監察面での役割に加え、実際に水利開発の現場に赴き工事を指揮するという巡行勧農官の職責が見て取れる。

また、灌漑用水の利用に当たっては、「本路の定め立てた」使水の法度に依拠して、利用者が均しくその利益を受けることとされ、灌漑用水を遮るなどの違法行為が禁止される。[49] 取り立てて「本路の定め立てた」と記されるように、使水の法度と呼ばれた水利規定は各地方ごとの現地調査による報告を受けて定制化されたものであり、地域の実情を反映して様々なヴァージョンを持つものであったと考えられる。

さらに至元九年二月時点において灌漑整備実施枠から漏れた地域に関しても、必ず実行すべき箇所に関しては、図を描き大司農司に上申することで再度検討されるという措置が取られた。この灌漑施設・地域の図化という方法は、すでに至元七年の司農司設置以前における提刑按察司官の地方巡視の際に採られた方法であったろう。当時の著名な水利家郭守敬も西夏の故地中興路において漢延渠・唐来渠の灌漑整備に当たり、現地調査の結果に基づき灌漑水路・施設の図を作製し中央に報告している。[50] 水利施設ごとに詳細な地図が作製され、その情報に基づき中央において実施の可否が検討されたのである。『長安志図』に収められる「涇渠総図」、「富平県境石川漑田図」の二図も、その前段階に様々なヴァージョンの地図が存在していたことは当然考えられることである。巡行勧農司・提刑按察司などの現地視察を通して得られた各地の実情を反映する地図・データを利用することで、より広範な地域に対する各種施策の立案・施行が可能となり、それぞれの土地に応じた方法を用いて華北全域を対象とした農業水利振興策が推進されていくのである。

こうした至元七年の司農司設置に始まる一連の農業水利振興策の中心となったのは、張文謙・姚枢・商挺らクビライの側近ブレーンたちであった。彼らはクビライ即位以前に分地とされた関中において灌漑水利事業・農業開発に携わった後、中央政府の中枢として華北全域に亘る農業水利政策を立案施行していく。実際に灌漑水利事業に従事し、そこから得られた知見を基に華北全域レベルでの農業振興政策が実施されたと考えれば、関中における灌漑整備・農地開発は、華北全域に対する勧農政策のモデルケースとも言うべき重要な出発点の一つであったと言えよう[51]。

二　渭北地域開発の展開

モンケ時代におけるクビライ分地期、中統・至元初年の開発を経て、至元九年（一二七二）マンガラが安西王に封じられ、京兆八州一二県に含まれる渭北地域も安西王の分地とされた［松田一九七九］。至元一一年（一二七四）に安西王相に就任した李徳輝によって再び渭北地域の開発が実行される。『国朝文類』巻四九所収の姚燧撰「中書左丞李忠宣公行状」によれば、

皇子安西王の土を関中に有つの明年、十一年に当たり、奏して公を輔に求む。已にして故官を以て安西王相に改め、至らば則ち涇に瀕せる営牧の故地の数千頃を得べきを視、廬舎を起し、溝澮を其の中に疏す。牛種・田具を仮し、貧民二千家に賦予す。屯田は最たりて、一歳の入は粟麦石十万、芻槀束百万を得[52]。

とあり、安西王相の李徳輝は現地視察を通して、涇水流域の「営牧の故地」において農耕地数一〇〇〇頃を開墾可能と認め、住宅施設を建設し用水路を整備するなど屯田地の開発に努める。その結果、屯田地よりの歳入は粟麦一〇万石、芻槀一〇〇万束に上ることとなった。

李徳輝行状は関中における農業開発の実施を伝える史料としてしばしば引用されてきたが、「瀕涇の地」とされるその開発実施地域に関しては具体的な地域が特定されてはいない。これに関して、『秋澗先生大全文集』巻七六に「太常引」と題される楽府が載せられ、その七首目の前書きとして以下の記載が見える。

奉じて参政李侯仲実の北京行省より改めて安西王相を授かるに寄す。人来りて詩を予に徴せば、因りて此れ

を作りて奉じて寄す。時に涇陽に屯田し、財賦を規画す。[53]

この記載によれば李徳輝が安西王相として実施した農業水利振興は、直接には涇陽県を中心とする渭北地域において展開され、屯田地の開発が実施されたとする。よって、行状に見える「貧民二千戸」は涇渠流域中に居住した屯田民、すなわちオゴデイ時代に遷徙された二〇〇〇戸と同一の集団を指すことが明らかとなる。

至元一一年当時、涇水流域は「営牧の故地」であった。オゴデイ時代より河北・山西北部より当該地域に移住した中には遊牧集団も多く含まれており、彼らの移動・移住によって涇渠周辺の牧地化が進行したと考えられる。[54]こうした遊牧集団の渭北地域への移動の背景にはその地理的好条件があったことは言うまでもない。渭水を渡ればそこには安西王マンガラの冬宮安西王府があり、麾下《きか》の騎馬軍団が駐屯する。さらに涇水を遡れば夏宮である六盤山に至るというまさに生産基地・駐屯地として格好のロケーションに渭北地域は位置したのである。

李徳輝を中心とした安西王府による涇渠灌漑の整備と並行して、さらに広範な地域における灌漑水路の改修がなされる。『長安志図』巻下・諸渠条に以下の記載が見える。

至元十一年（一二七四）九月初二日、准奉せる大司農司の劄付に、呈し准けたる中書省の劄付に、先後講究し定めたる条画の使水法度内の一款の節文に、古より以来、清冶・濁谷・石川・金定・薄台等の水幷びに耀州の三原・富平、邠州管下の淳化県にて行流せる河水は、俱に田禾を灌漑し民に於いて久利の事に係る。並びに河渠司官の管属をして聴授節制せしめ、渠ごとに渠長一名を直て、涇水の例に依り、申破せる水直を請給せよ。[55]

至元十一年、中書省の劄付を受けた大司農司より劄付が発せられ、耀州・邠州に源を発し南流し三原県・富平県にて涇渠に流入する清冶水・濁谷水・石川河（漆阻水）・金定河・薄台河などの各河川に対しても灌漑工事の実施が求められた。「富平県境石川漑田図」に記されるこれら灌漑水路・施設の管理は河渠司に委ねられ、各用水路ごとに実際の管理にあたる渠長一名が任命されて、涇渠の利用規程に依拠して官が認めた供給量を放水することとされた[56]。

また『長安志図』巻下・建言利病条に載せる楊景道の建言によれば、

雲陽の人楊景道、嘗て涇水の善を論ず。一は則ち民は渠堰の労費に苦しむも、澆漑の利を獲るは罕れなり。二は則ち限畝の法の弊、論次不明にして、小民をして動もすれば刑憲に触れしむるを致さば、即ち上言せんと欲するも未だ果たさず。頗しく其の説を采り、以て左に附す。其の略に曰く、至元九年より十一年に至るに、二次大司農の箚付を准け、勧農官韓［副］（夫）使、耀州宋太守らの官一同に使水の法度を講究す。呈し准けたる中書省（の箚付）、以て定制と為す。其の節目は未だ詳びらかならざる有るが若しと雖も、然れども其の大綱は固より已に条挙す[57]。

とあり、ここに見える至元九年に准けた大司農の箚付とは、前節で見た『元典章』所載の至元九年二月に発せられた聖旨を受けて大司農司より発せられたものであり、さらに至元一一年の大司農司の箚付は前掲「諸渠」条中の箚付と同一のものを指すと考えられる。大司農司よりの箚付は、農業奨励を目的として巡視の任にあたる大司農司属下の巡行勧農官（勧農官韓副使）および「兼勧農事」の職責を帯びる地方官（耀州の宋太守）に宛てて発せられている。二度にわたる大司農司の箚付を受けて、巡行勧農副使韓某と耀州知州宋規[58]は共同で「使水法度」を検討し、実際に灌漑施設の管理に当たる河渠司官を監督指導して灌漑水利事業を実施していくのである。

至元年間における涇渠灌漑整備事業は、まさに中央政府主導のもとに展開する華北全域を対象とした農業奨励政策の一環として推進されたものであった。『長安志図』の記載からは、大司農司・巡行勧農司らが『元典章』中に見える聖旨を受けて、各地方に指令を発し事業が実施されていく状況がリアルに浮かび上がる。涇渠整備の事例は中央政府において立案された施策が地方においていかに実施されていったかを知る上で格好の材料を提供するものと言えよう。

小結

オゴデイ時代に始まる涇渠灌漑整備は大規模な集団入植による屯田の形成を意味した。金末よりの極端な人口の減少と生産力の低下という事態を打開するため、当時進行中であった対四川攻撃の際の捕虜・投降民二〇〇〇戸が集団単位で渭北地域に移され、農地開発と灌漑施設の整備にあたることとなり、その際にトゥルイ家領からオゴデイの直轄領へと転換がはかられたのである。こうした政府主導による水利復興事業は、新たに関中における権益を認められた全真教団の教線拡大の動きとあいまって渭北地域の開発にさらなる進展が見られることとなった。

至元年間に至り、華北全域を対象とした農業奨励政策が実施されていく。その中心として設置された大司農司は提刑按察司・巡行勧農司による地方巡視を通して得られた地図等のデータを用いて政策を企画立案し、地域の実情に合った形で水利規定を作成する。渭北地域における涇渠並びに諸河川の整備事業もこうした中央政府主導の政策の一環として推進されたものであり、『長安志図』の記事により『元典章』所載の聖旨を受けて勧農政策が地方において実際に展開されていく姿を確認することができる。

注

1 『長安志図』の各種版本・抄本に関しては、辛徳勇により詳細な検討がなされる。中国・日本に現存する各種版本・抄本の序文・跋文の検討を通して諸本の系統付けがなされ、現存する明刻本二種「成化本」・「嘉靖本」がいずれも李好文原刻の元刻本に基づくものであることが検証される［辛一九九六］。また楊文衡も現存する十四種の版本・抄本を挙げ、地図学の面から見た『長安志図』の特徴・技術レベルを検討する［楊一九九〇］。ただし、本論中に言及するように、『長安志図』巻下の『涇渠図説』に関しては、その最良のテキストはこれら『長安志図』の諸版本ではなく、嘉靖二六年（一五四七）刊の『涇陽県志』巻四に収録されるものである。よって、本書ではこの『［嘉靖］涇陽県志』所収のテキストを底本とし、「国家」・「聖朝」・「聖旨」等のいわゆる「聖なる語」を平出・空格するなど、元刊本の特徴を残す嘉靖一一年（一五三二）刊『長安志図』および畢沅の校勘を経た乾隆四九年（一七八四）刊霊巌山館本、四庫全書本を適宜参照する。

2　『元史』巻一三〇・李好文伝では三史の編纂に加わったとするが、至正四年三月の上表文を附する至正刊『遼史』の修史官員中にその名は見えず、至正四年一一月、至正五年一〇月の上表文を附する『金史』、『宋史』の修史官員総裁官中に嘉議大夫治書侍御史として名を連ねる。

3　宮一九九九によると、皇太子の経筵のテキストとしてつくられた『大宝録』・『大宝亀鑑』は中国史の教科書であるとともに帝王学の教科書であった。

4　嘗因暇日出至近甸、望南山観曲江、北至故漢城、臨渭水而帰。数十里中、挙目蕭然、瓦礫蔽野、荒基壊堞、莫可得究。稽諸地志、徒見其名、終亦不敢質其所処。因求昔所見之図、久乃得之。于是、取志所載宮室・池苑・城郭・市井、曲折方向、皆可指識瞭然。千百世全盛之迹、如身履而目接之。図旧有碑刻、亦嘗锓附長安志後、今皆亡之。有宋元豊三年、龍図待制呂公大防為之跋。且謂之長安故図、則此図前志固有之。其時距唐世未遠、宜其可拠而足徴也。然其中或有後人附益者、往往不与志合。因与同志較其訛駁、更為補訂、釐為七図。又以漢之三輔及今奉元所治、古今沿革廃置不同、名勝古跡不止乎是。涇渠之利沢被千世、是皆不可遺者。悉附入之、総為図二十有二、名之曰長安志図、明所以図為志設也。

5　王重民『中国善本書提要』（上海古籍出版社、上海、一九八三年）、一九一頁。

6　張敏、頻陽人、［泰］（大）定四年進士。先世以医名家、視人病若己、推而納之（疾中：二字衍字？）。里中称仁厚。敏猶端［樸］（於）以孝称。初解州判官、右遷平陸令、調聞喜、有恵政。民為立碑。歴官陝西省左司郎中、所至以廉謹著称。子八人曰縉、曰紳、曰絻、曰紞、曰緝、曰経、曰紀、曰綸。紞吏部尚書、綖欽天監丞、皆名士籍、余皆隠徳。人以為先積之報云。所著有月山集。同編長安志。遂自号月山山人。

7　嗚呼、廃興無常、盛衰有数、天理人事之所関焉。城郭封域、代因代革、先王之疆理寓焉。溝洫之利、疏漑之饒、生民之衣食繫焉。観是図者、則夫有志之士游意当世、将適古今之［宜］、流生民之沢、不無有助。豈特山林逃虚、悠然遐想、升高而賦者、以資見聞而已哉。

8　国家因前代故迹、梁石引水、注塡闕以糞民疇、広屯田以助経費。設官分属、如古郡守・刺史、職其重也。然而日久、法禁弛而人弊滋。典守者或不知其所事、積習垢玩、使古人良法美政幾乎熄矣。是年二十余、従先君宦游於（開：衍字？）関中、已知涇溝為民利害、而未識其詳也。後三十年、遂備員御史、甫至、聞前祭酒李公惟中、今為行御史台治書侍御史、毎以撫字為念。嘗刻涇水為図、集古今渠堰興壊廃置始末、与其法禁条例、田賦名数、民庶利病、合為一書、名之曰涇渠図説。索而読之、信乎其有裨於治也。

9　『長安志図』の成書年代に関しては、四庫全書提目に李好文の二度目の陝西行台治書侍御史赴任の際、すなわち至正四年から至正六年の間に『長安志図』が成立したとの見解が示される。しかしながら、李好文は至正年間の『金史』・『宋史』編纂に従事しており、二度目の陝西赴任は早くとも至正五年一〇月以降と考えられる。さらに『呉正傳文集』巻一八に「長安誌図後題」と称される跋文が載せられるが、これは成書の後、李好文より寄せられた『長安志図』に呉師道が附した跋文である。呉師道は至正四年八月には没していることから、これに先立つ時期において跋文が作成されたことは間違いなく、至正五年一〇月以降の二度目の奉元路への赴任の際に『長安志図』が成立したとは考えられない。よって第一次奉元赴任の際、すなわち自序の書かれた至正二年九月以降至正四年八月以前の間に『長安志図』の編纂は完了したと考えられよう。

10　「重脩豊利渠題銘記」の撰者楊欽は陝西行省都事として至正二〇年（一三六〇）の改修事業に関わった人物であり、その経験をもとにオゴデイ時代より至正年間に至る整備事業の経緯を記録する。

11　京兆旧有三白渠。自元伐金以来、渠堰欠壊、土地荒蕪。陝西之人雖欲種蒔、不獲水利、賦税不足、軍興乏用。太宗之十二年、梁泰奏「請差撥人戸・牛具一切種蒔等物、修成渠堰。比之旱地、其収数倍、所得糧米、可以供軍。」太宗準奏、就令梁泰佩元降金牌、充宣差規措三白渠使、郭時中副之、直隷朝廷、置司於雲陽県。所用種田戸及牛畜、別降旨、付塔海紺不於軍前応副。是月、勅喩塔海紺不「近梁泰奏修三白渠事、可於汝軍前所獲有妻少壮新民、量撥二千戸及木工二十人、官牛内選肥腯歯小者一千頭、内乳牛三百、以畀梁泰等。如不敷、於各千戸・百戸内貼補、限今歳十一月内交付、数足、趁十二月入工。其耕種之人所収之米、正為接済軍糧。如発遣人戸之時、或闕少衣装、於各千戸・百戸内約量支給、差軍護送出境、沿途経過之処亦為防送、毋致在逃走逸。験路程給以行糧、大口一升、小口半之。」

12　庚子年八月、欽奉聖旨、以梁泰充宣差規措三白渠使。拠梁泰奏告「京兆府有旧来三白渠。兵革以来、渠堰欠壊、地土荒廃。陝西人戸雖有種蒔不得水利、税賦不敷軍馬用度。修成渠堰、毎畝可収一鐘。」准奏、仰梁泰就帯元降御前金牌、充宣差規措三白渠使、直隷朝廷。

13　延及亡宋熙寧、官以白渠溉田、修堰疲民、名存而実廃。命殿中丞侯可自仲山削石渠引涇水、入者五尺、溉田万五千頃、名曰豊利。金国因之而行。我聖朝癸卯歳、三白渠使梁泰経始有道、累歳修堰、増至十層。四十余年、民安物阜、得水之利。

14　梁泰上奏中の畝当収穫見込みは、『漢書』巻二九・溝洫志に見える鄭国の言をふまえてなされたものと考えられ、かならずしも当時の実情を反映したものとは見なせない。

15　『長安志図』巻下・用水則例条の割注に「按、五県之地本皆斥鹵、与他郡絶異。必須常溉、禾稼乃茂、如失疏灌、雖甘沢数降、終亦不成。是以涇渠之例、一日而不可廃也」との按語が見える。当該地域における灌漑用水の使用は、水分の供給とともに土壌に含まれるアルカリ塩の除去をその目的とするものであった［西山一九四九］。

16　『長安志図』巻下・設立屯田条には至正二年時の生産物として、大麦・小麦・粟・白米・穈子・粳米が挙げられ、その収穫量が記される。

17　塔海紺不の軍中より遷された「新民」二〇〇〇戸に関して詳細は不明であるが、タガイガンブがオゴデイ六年（一二三四）より都元帥として対四川攻撃に中心的役割を果たしたことから、四川攻撃の際の捕虜・投降民であると解する。沖田道成によれば、クビライの鄂州攻撃の際の投降民である「新民二千戸」が懐孟、後に中興路に遷され水利事業に関与したとされる［沖田二〇〇二］。

18　『元史』巻二・太宗本紀・六年秋七月条。

19　『永楽大典』巻一九四一六所収『站赤』（太宗一二年）一二月一三日条には、孛利解［Bolidai?］・都魯班［Dolban～Dörben］らの上奏を受けて発せられた聖旨中の言として、「仰将射野物人等、随逐塔海欠不出軍者。若不曾射野物於中站経行人等、拠応有頭口内、各断一半没官」とあって、ジャサに違反して駅站（に附属する牧場草地）内において狩猟を行ったものを「塔海欠不」に従って従軍させるという記載が見える。この「塔海欠不」が塔海紺不と同一人物であるとすれば、禁令を犯した人々も対四川攻撃のための兵員として塔海紺不のもとに投入されたこととなる。

20　タガイガンブの駐屯地に関しても管見の限り資料中に確認することはできないが、騎馬軍団の駐屯地として絶好の条件を備える六盤山の可能性が高い。騎馬軍団の駐屯地、放牧地としての六盤山の詳細および京兆との関係に関しては、杉山一九九二・二〇〇〇を参照。

21　杉山一九九二（一三〇～一三六頁）によれば、モンケの四川親征時において「六盤山は遊牧軍事基地、京兆は備蓄基地、成都は中継基地」であり、モンケ本隊のベースキャンプとなった六盤山と様々な軍事物資が集められた京兆から前線へ軍需物資が送られたとする。

22　為択良腴便水之田、投以耕耒、仮与種牛、俟秋穀収、什税四三。儲之於庾、守之以吏、征蜀之師、朝至夕廩。校以資糧関中、荷担千里、十石不能致一者、労費大省。実征蜀一奇也。

23　『寓庵集』（『藕香零拾』所収）巻六。

24　戊戌歳、天朝開選挙、公試西京、復中第三、掄魁多士、監試官朮虎乃辟公為山西東西路考試官。明年、携所業謁中書耶律公於和林城。一見即加賞異、屢有詩相酬和。時方議涇水故道漑民田、公為条利害委曲、皆合中書公意、遂牘奏之。上以為材、升其階為三品、命公為弐、仍賜銀符。昼錦、郷社士林栄之。到官、規画有方、収倍常歳、民頼其利。

25　『正統道蔵』洞神部・玉訣類・難字号。

26　『道家金石略』（陳垣編纂・陳智超・曾慶瑛校補、文物出版社、北京、一九八八年）六二〇頁（一九二）にも録文がある。

27　終南澇谷之水、関中名水也。淵源浩瀚、随地形之高下、批崖赴壑、枝分其流、去山一舍、径入於渭。然無疏導之功、初不能為民用。丁未春、棲雲真人王公領門衆百余、祀香祖師之重陽宮。至自汴梁、尋館于会仙堂之西廡、愛其山水明秀。一日、杖藜緩歩、周覧四境、語其徒曰「茲地形勝、其有如此。宮垣之西、甘水翼之、已為壮観。若使一水由東而来、環抱是宮、可謂双龍盤護、真万世之福田也。其可得乎。」即与一二尊宿、親為按視、抵東南澇谷之口、行度其地、可削渠引而致之。於是、聞諸時官、太傅移剌保倹、総管田徳燦二君、深嘉賞焉。遂給以府檄、明諭郷井民庶、応有所犯地土、無致梗塞。公廼鳩会道侶、僅千余人、揮袂如雲、荷挿如雨、趨役赴功、其事具挙。曾不三旬、大有告成之慶。澇之水源源而来、自宮東而北、縈紆周折、復西合于甘、連延二十余里。穿村度落、蓮塘柳岸、蔬圃稲畦、瀟然有江郷風景。上下営磨、凡数十区。雖秦土膏沃、但以雨沢不恒、多害耕作。自時厥後、衆集其居、農勤其務、闢荊榛之野、為桑麻之地。歳時豊登、了無旱乾之患。

28 『甘水仙源録』（『正統道蔵』洞神部・記伝類・息字号）巻四。

29 移剌保倹・田徳燦は、それぞれ耶律朱哥・田雄を指す。杉山一九九二（一三三～一三五頁）において、朱哥の父、耶律禿花とその部下田雄が全真教団の信者かパトロンであり、陝西侵攻にあたって全真教団の力を利用したことが指摘される。この度の朱哥・田雄の王志謹に対する援助も明らかにこの両者の関係の上に行われたものである。なお朱哥と全真教団との密接な関係については、周一九九四を参照。

30 命令文中においては「水土」（yajar usun）と表記される。

31 撰者は鄧文原、書者は趙孟頫、篆額は趙世延。本碑拓影は『北京図書館蔵中国歴代石刻拓本匯編』第四九冊（一六七頁）、京都大学人文科学研究所所蔵石刻拓本資料［GEN0170X］、劉兆鶴・王西平（編）『重陽宮道教碑石』（三秦出版社、西安、一九九八年）四五頁にある。

32 仁宗志弘道妙、欲簡用耆徳、遣使召赴長春宮掌全真教。……（中略）……終南有甘・澇二谷。歳収園林・水利、以贍其徒。詔有司、毋令侵奪煩擾。

33 パクパ・漢文合璧聖旨碑として著名な当該碑刻に関連する研究・拓影・関連文献については、杉山一九九〇B、松川一九九五を参照。拓影がBonaparte1895（plate.XII）、京都大学人文科学研究所所蔵石刻拓本資料［GEN0086X］にある。

34 但属宮観裏的水土、人口、頭疋、園林、碾磨、店舎、鋪席、典庫、浴堂、船栰、車輛、不揀甚麼他的、更渼陂・甘・澇等三処水例、甘谷山林、不揀是誰、休倚気力者、休奪要者。

35 祖二〇〇〇には、これ以外に「水例」の保護を認めた命令文の事例として、「一二九八年霊寿祁林院聖旨碑」（八八～八九頁）および「一三〇一年霊寿祁林院懿旨碑」（九三頁）が挙げられる。

36 『関中勝蹟図志』巻三・大川水利附・西安府・渼陂条所引の『県志』に依れば、モンゴル時代末期に至り、渼陂の堤が破壊され農地化が進行したとされるが、これも保護者たる大元ウルス政府の統治力低下に伴い、全真教団の河川管理能力が弱まったことに起因するものであろう。

37 『金石萃編未刻稿』巻上および『道家金石略』六二五～六二六頁（一九七）。なお当該碑刻に関しては、撰者王某の官職が「安西府路河渠営田使司副使」であり、さらに関係者として「安西府路河渠営田使司副使李伯禄」・「安西府路河渠営田使司大使高挙」・「安西府路河渠営田使司大使商璘」ら河渠営田使司官が一同に名を連ねるなど、至元一七年二月立石時における両者の関係を示すものとして興味深い。

38 『[嘉靖]涇陽県志』巻九および『道家金石略』五一一～五一二頁（九五）。

39 『[宣統]涇陽県志』巻一六・文徴および『道家金石略』七四六～七四七頁（三〇二）。

40 『北京図書館蔵中国歴代石刻拓本匯編』第四八冊（五七頁）および『道家金石略』六一〇頁（一八〇）。

41 『[嘉靖]重修三原県志』巻一二・詞翰に収録される趙公諒撰「三原県重建龍橋楼記」によれば、至元二四年（一二八七）に三原県県衙が遷される龍橋鎮は、車馬がさかんに往来し商賈が湊集する南北交通の要衝であった。

42 『[嘉靖]涇陽県志』巻三・卓行・金・盧安撫条引『雲陽志』。

43 高橋一九九七において、フレグの令旨が発せられた一二五〇年当時、全真教の「漢地」代表である李志常が「関中」に位置する涇陽重陽延寿宮への関与権を有していたことが指摘される。

44 『元史』巻七・世祖本紀至元七年二月壬辰条、同十二月丙申朔条、同辛酉条。

45 至元七年二月、欽奉皇帝聖旨「宣諭諸路府州司県達魯花赤・管軍官・管民官・諸投下官員・軍民諸色人等、近為勧課農桑、已嘗遍諭諸路牧民之官与提刑按察司講究到先後合行事理、再命中書省・尚書省参酌衆議、取其便民者、定立条目、特設司農司、勧課農桑、興挙水利。凡滋養栽種者、皆附而行焉。仍分布勧農官及知水利人員、巡行勧課、挙察勤惰、委所在親民長官不妨本職、常為提点。年終通考農事成否、本管上司類申司農司及戸部照験、任満之日、於解由内明注此年農桑勤惰、赴部照勘、以為殿最。提刑按察司更為体察、期於敦本抑末、功効必成。」

46 『元史』巻七・世祖本紀至元九年二月戊申条にも「詔諸路開浚水利」の記載が見える。

47 至元九年二月、欽奉聖旨「諭各路達魯花赤・管民官・管站打捕鷹房・僧・道・医・儒・也里可温・荅失蛮頭目・諸色人等。近為随路可興水利、遣官分道相視見数、特命中書省・枢密院・大司農司集議得、於民便益、皆可興開。為此、今降聖旨『仰大司農司定立先後興挙去処、委巡行勧農官於春首農事未忙、秋暮農工閑慢時分、分布監督、本路正官一同開挑。所用人工、先儘附近不以是何人戸、如不敷、許於其余諸色人内差補外、摠修堰・渠・閘一切物件、必須破用官銭者。仰各路於係官差発内従実応付、具申省部。務要成功。先従本路定立使水法度、須管均得其利、拘該開渠地面、諸人不得遮当、亦不得中間沮壊。如所引河水、干礙漕運粮塩及動碾磨使水之家、照依中書省已奏准条画定奪、両不相妨。若已興水利、未尽其地、或別有可以開引去処、画図開申大司農司、定奪興挙。勧農官并本処開渠官、却不得因而取受、非理搔擾。」」

48 世祖皇帝即位十余年、以為既定中原、当以農桑為急務、於至元七年立司農司。又依按察司例、設四道巡行勧農司。曰中都山北東西道、河北河南道、河東陝西道、山東東西道。毎道官二員、使佩金牌、副使佩銀牌。後増至四員。

49 長瀬一九七一においては、『元典章』当該条中の使水法度がここでは均水法を指し、これにより均水法の貫徹が完成期を迎えたとされる。

50 『元史』巻五・世祖本紀・至元元年五月乙亥条に「詔遣唆脱顔、郭守敬行視西夏河渠、俾具図来上」とあり、中興路における灌漑整備に当たって（水路・施設を描いた）図を附して報告がなされたことが分かる。

51 関中以外にも懐孟路・中興路などにおける灌漑水利事業が依拠すべきモデルケースとなったと考えられる。

52 皇子安西王有土関中之明年、当十一年、奏求公輔。已以故官改安西王相、至則視瀕涇営牧故地可得数千頃、起廬舎、疏溝澮其中。仮牛種・田具、附予貧民二千家。屯田最、一歳入得粟麦石十万、芻藁東百万。

53 奉寄参政李侯仲実自北京行省改授安西王相、人来徴詩於予、因作此奉寄。時屯田涇陽、規画財賦。

54 ドルベト族の郝氏は郝和尚バアトル（抜都：Bayatur）の死後、太原より三原県に移住し、宣徳西京太原平陽延安五路万戸の職はその子天益、次いで仲威に継承される。また和尚バアトルの一二人の男子の内、天祐が陝西奥魯万戸に、天麟が京兆等路諸軍万戸に任じられる。『［嘉靖］重修三原県志』巻一〇・王磐撰「故五路軍民万戸河東北路行省特贈安民靖難功臣太保儀同三司追封冀国公諡忠定郝公神道碑銘」および『元史』巻三七・郝和尚抜都伝参照。なお周一九九四に引用される『［弘治］重修三原県志』巻一〇・王磐撰同碑によれば、「丙申年、従都元帥塔海征蜀、師還、其部亦留駐京兆、摂関中万戸府事」として、郝和尚バアトルがタガイガンブに従い四川より帰還した後、その部民とともに京兆に駐屯したとされる。

55 至元十一年九月初二日、准奉大司農司劄付、呈准中書省劄付、先後講究定条画使水法度内一款節文、自古以来、清治・濁谷・石川・金定・薄台等水并耀州三原・富平、邠州管下淳化県行流河水、倶係灌漑田禾於民久利之事。並令河渠司官管属聴授節制、毎渠直渠長一名、依涇水例、請給申破水直。

56 水直に関しては、『長安志図』巻下・洪堰制度条の割注に「又水法多言水直、直本是程字、亦音訛也」とあり、水直が水程の音訛であるとされることから、灌漑用水の割当量と解する。

57　雲陽人楊景道嘗論涇水之善。一則民苦渠堰之労費、罕獲澆漑之利。二則限畝法弊、論次不明、致使小民動触刑憲。即欲上言未果、頗采其説、以附于左。其略曰至元九年至十一年、二次准大司農劄付、勧農官韓［副］（夫）使・耀州宋太守等官一同講究使水法度。呈准中書省以為定制。雖其節目若有未詳、然其大綱、固已条挙。

58　当時の耀州知州宋某は、『秋澗先生大全文集』巻二一「送宋大使漢臣之任延安」および巻一三「挽宋耀州漢臣二首」に名の見える宋規であると考えられる。『［嘉靖］喬三石耀州志』巻五・官師志・元に「宋規、長安人、博学善古文辞。中統時、中論賦両科、拝議事官。嘗詣闕言便事、上悉嘉納。後為知州、尋至蜀道憲副。在州時、号鑑山先生、有鑑山補暇集」とある。また、『［嘉靖］陝西通志』巻二六にも略伝が載せられる。

第六章

屯田経営と水利開発
——至元末年以降を中心に

はじめに

太宗オゴデイ一二年（一二四〇）に始まるモンゴル時代関中平野の農地開発は、南宋よりの投降兵・民を用いた集団入植による屯田設置と灌漑水利システムの整備を二本の柱とし、相互に補完する形で推進された。こうした屯田経営と水利開発の関係は、『長安志図』巻下『涇渠図説』冒頭の「涇渠総図」に明らかである。図中には、雲陽・涇陽・櫟陽・高陵・三原の諸県を流れる涇水灌漑水路の名称が逐一詳細に書き込まれ、丸印にて各取水口の位置とその数が示される。また、図全体に亘って配された各屯の記載からはその位置関係や数が分かるだけでなく、涇水灌漑地域全域における屯田および屯田戸の果たす重要性をも看取することができよう[1]。

これまでにも、モンゴル時代の屯田事業に関しては、着実な研究が積み重ねられてきている[2]。その傾向としては、大元ウルス治下の各地に設置された屯田の全体像を描くというものから［好並一九五六、王一九八三］、特定の地域に限定してより深く考察を加えるというスタイルへと変化してきた。さらに近年では、考古学調査の成果と文献研究を融合し、モンゴル高原における軍事的要地であるチンカイ屯田の位置を解明した村岡二〇〇三に代表される諸研究が生み出され、従来の論争に決着をつけるとともに、今後の歴史研究の新たな可能性を示唆する。

しかしながら、文献史料に限定してみると、やはり諸文献は多くを語らず、そこからは断片的な情報を得られるに過ぎない。もちろん今後さらなる研究がなされることは必至であろうが、こうした各地の屯田を考察する上で、『涇渠図説』を中心としたまとまった分量の文献史料が存在する関中屯田の事例は、モンゴル時代における屯田のあり方を解明する上で重要な手がかりになり得る。

涇渠整備は至大年間（一三〇八～一三一一）に始まる王御史渠の大規模な開削等を経て、以後大元ウルス最末期におよぶまで継続して実施された事業である。また、渭北地域における屯田事業は、至元二八年（一二九一）に設けられた屯田総管府によって涇渠灌漑整備事業とともに一括管理されることとなるが、『涇渠図説』にはこの屯田総管府設置に関わるモンゴル語直訳体文書が載せられ、その詳細を窺い知ることができる。そこで、本章においては『涇渠図説』の記載を基にモンゴル時代の関中において屯田経営と灌漑水利の開発・整備という両事業を通して展開された地域開発の具体的内容を明らかにする。[3]

第一節　屯田総管府の設置

一　三路屯田総管府の設置をめぐる経緯

オゴデイ時代に始まった関中屯田経営と涇渠水利開発が再度本格的なスタートを切るのは、クビライ時代至元一一年（一二七四）からである。この時、農業政策の中心機関であった大司農司から各地の巡行勧農司官と地方官に宛てて農業奨励政策の実施を命じる劄付が下され、関中においても富平県下を流れる諸川の灌漑整備が求められるとともに、屯田・河渠を扱う専門機関として河渠営田使司が新設された。この後、一七年間に及ぶ存続期間を経て、至元二八年（一二九一）九月一五日に至り、安西・延安・鳳翔三路屯田総管府への改組がなされ、関中屯田経営・涇渠水利開発は新たな段階を迎えることとなる。

この改組に関して『元史』本紀が僅かに一文を載せるのみであるのに対して、[4]『涇渠図説』設立屯田条に収められる一通のモンゴル語直訳体文書からは、三路屯田総管府の設置をめぐる諸状況、さらに所属の屯田戸の来歴とその後の経緯などの具体的情報を読み取ることができる。まずは当該文書の試訳を提示し、同機関設置に至る事実関係を検証してみることとしよう。[5]

この年（至元二八年）九月一五日、上奏した事項の内の一件の節文に、「安西府・延安府・鳳翔府、この三路は以前に軍を用いて屯田を開いた（ところ）であり、本来これらの軍は正規に軍戸として登録された正軍ではない。成都府攻略に多忙であった時に、数ケ所より徴発したのであった。去年、（京兆）省の官人らが上奏したことには『この軍をもとどおりに民となさしめました。もしこの軍らを放出したならば、屯田の仕事・有益な仕事を誤ることになるでありましょう。この軍らを民とさせるとしても、（この措置は）ただこれらに耕作させて、罷めさせないのは、どうでしょうか。』と、也先帖木児（Esen-temür）ら京兆省の官人らが上奏文を携えてやって来た。『そのようにせよ。』と、聖旨があった。『屯田の役所を立てるには、三個の路に三処の営田司の衙門を立てるべきでありますが、営田司を立てさせず、一個の屯田総管府の衙門を立て、良き人に委ねて屯田の仕事を管理させればよいでありましょう。』と、上奏したならば、『そのようにせよ。』（と）、聖旨がなった。欽此。都省は咨文を送付する。欽しんで聖旨に依って施行せよ。」准此。省府（京兆行省）が調べ得たことには、営田（司）はすでにやめたので、もともと管轄していた戸・牛・土地・定額の粮草のすでに送付納入した（もの）、未だ納入していない（もの）、及びあらゆる手におえない事柄を移管することは勿論として、六盤以東の彭原などの所のもともと成都を支援する軍人であるものに関しては、改めて民屯と致したならば、別に官を設置した後、処理すべきである粮草（の徴収）に誤りが生じることを危惧します。もともと管理していた屯田千戸に暫く監督し取り捌かせるよう提案致します。[6]

記載内容の具体的な検討に移る前に、まず文書全体の骨子を示しておこう。当該文書は至元二八年九月一五日になされた陝西行中書省よりの上奏文のダイジェストである。行省の意見に先立ち、まず前年（至元二七年）における行省官エセンテムル（Eesen-Temür：也先帖木児）らの上奏文（と認可を与える聖旨）、さらに中書省の見解を反映した形での屯田総管府設置の決定（と認可を与える聖旨）を伝える中書省より陝西行省に宛てた咨文が引用される。これに対して、施行に際しての問題点とその改定案として陝西行省より提出されたのが本文書である。以下、上奏内容の具体的検討に移る。

ここで議論の対象となる安西府（京兆）・延安府・鳳翔府所属の屯田は、四川攻撃の際に各地より徴発された集団を母体として形成されたものであった。具体的には、至元九年（一二七二）一二月に、西平王アウルクチ（Auruqči：奥魯赤）・アルクテムル（Aru(q)-temür：阿魯帖木児）・トゥゲ（Tüge：禿哥）・南平王トゥグルク（Tuγluq：禿魯）および四川行省イェスデル（Yesder：也速帯児）らによる雲南北部の建都蛮鎮圧の間隙をつかれ、昝万寿の攻撃の前に陥落した成都回復のため、翌一〇年（一二七三）に京兆・延安・鳳翔の各地より徴発された兵士たちを指す。[7]彼らは前線の要求によって増援部隊として四川戦線に投入され、築城・屯田など後方支援・軍需物資供給の役割を担うこととなる。

中でも嘉陵江・渠江・涪江の三河合流域を扼し、東川地方の要衝たる釣魚城に臨む雲門山（馬駿山）・虎頭山（虎頂山）に要塞を建設するための増援要求に対しては、京兆から新たに徴発された五〇〇〇人が送りこまれ、同時に京兆・延安・鳳翔の諸色人戸六万人から六〇〇〇人が新たに徴兵され京兆にて駐屯し派遣に備えられた。[8]また、至元一五年（一二七八）には雲南鴨池から必要経費の自弁を行えない兵士が送還され、京兆にて屯田に従事している。[9]

同様に、六盤山以東に位置する彭原・鎮原・鳳翔の屯田に関しても、その主体が至元一〇年に成都攻撃のために徴発された延安路の民兵であったことが分かる。[10] したがって、京兆・延安・鳳翔における屯田は主として四川・雲南方面からの帰還兵、中でも至元一〇年より激化した成都回復を含む四川攻略のために京兆・延安・鳳翔の三路から徴兵された集団によって構成されたものであったこととなる。南宋平定の後、彼らは自らの郷里たる当該三路に帰還を果たすものの、従来の民戸に復帰することなく新たに屯田戸として編成された。この措置が後の民戸への改籍といった問題を引き起こす。

四川戦線への増援部隊として徴兵された兵士を主体として安西・延安・鳳翔の三路において軍屯が形成されたが、彼ら兵士たちは乙未年籍に由来する正規の軍戸として登録された存在ではなかった。[11] その結果として至元二七年に至り、彼らの民戸への改編が実行に移される。[12] これに対して陝西行省は民戸への改編に伴って、彼らが屯田を離れれば従来通りの経営は行い得ず、食糧生産および有益な仕事、つまり灌漑水利整備に支障を来すことを危惧する。こうした観点から民戸への改籍は行いながらも、屯田を解消しない方法、すなわち民屯への移行という対策を提案するに至るのである。この陝西行省の提案を承認する聖旨が下り、さらに中書省にて審議された結果、営田河渠司を三路それぞれに設置するのではなく、新たに三路の屯田経営・灌漑水利業務を一手に統括する屯田総管府を設置することが決定される。

ここで一路ごとに営田河渠司が置かれるのではなく、三路の屯田・河渠の両業務を統べる屯田総管府が新設された意義は大きい。これにより三路屯田総管府のもと総合的な見地からより広域に亘る施策が実行されることとなり、さらに後には三路屯田総管府を前身として陝西等処屯田総管府が設置され、関中における屯田・灌漑水利事業を主導していくこととなる。[13] 特に涇水を用いた大規模な灌漑水利システムの利用に当たっては、不断の整備と維持管理が必要であり、大量の労働力を確保する必要があった。また、複数の州県に跨がる灌漑水路であったため、関係各地の利害を調整することが新設なった屯田総管府に求められたのである。

二　サンガ執政期における民屯の拡充

前線よりの帰還兵を主たる構成員として屯田が形成される一方で、協済戸・交参戸[14]からも各屯田に充当されるケースを確認することができる。至元一一年に安西王府所属の協済戸二〇〇〇戸が、同時に各県の交参戸・協済戸のうちの下戸が櫟陽・涇陽・終南・渭南各県の屯田に投入されている。[15]さらに至元一九年（一二八二）に至って、再度安西王府所管の協済戸が充てられるとともに、終南山の要衝を防衛する駐屯軍を用いて安西・延安・鳳翔・六盤・平涼に屯田が増設された。[16]この際には軍戸・站戸・屯田戸の一部が怯憐口戸に改籍されるとともに、復帰する土地を持たない戸計に関しては民戸に編入して民屯を形成することで屯田地が拡張された。[17]

こうした戸籍の再整理を通して新たに生まれた余剰戸計を民戸として登録し、民屯を拡大するという方法は、サンガ（Sanya：桑哥）執政期においてさらに大規模な形で推進されることとなる。至元二七年（一二九〇）一二月甲申（一五日）に、兵部侍郎の靳栄らが安西・鳳翔・延安の軍戸に対する戸籍調査のために派遣された。[18]さらにこの直前には延安の屯田に対する会計検査がなされており、[19]この度の軍戸に対する戸籍調査が江南および各行省に対して行われた会計検査（理算）並びに戸口調査（抄数）の一環としてなされたものであることは明らかである。[20]これにより三万三二八〇丁の余剰人丁が生み出されることとなったが、これらを兵士とした上で軍戸として戸籍に編入しようとする枢密院の主張はサンガの反対により認められることはなかった。

では、この三万丁以上にのぼる人丁は戸籍上いずれに編入されたのであろうか。『元史』巻一七・世祖本紀・至元二九年三月壬子条によれば、サンガ執政期において延安・鳳翔・京兆三路の軍人三〇〇〇人が放出され、民戸として再編成された。これに対して、軍戸に復帰させて六盤において屯田を行わせんとする枢密院の提言はサンガ誅殺の後ほぼ一年を経て認可されることとなる。[21] こうした流れを考えれば、先の至元二七年時において析出された三万丁に上る人丁が民戸として再編されたであろうことは容易に想定し得る。さらに戸籍再編に加えて民田を没収して屯田へと所属を変更することでより直接的に屯田地の増大が図られたが、こうしたサンガの施策に対して農政を司る大司農の任にあった董文用が強く反対の意を表すも聞き入れられることなく、反って翰林学士承旨に遷されたことからも、この政策が実行に移されたことは明らかである。[22]

これら諸史料から、至元二七年に行われた軍戸に対する戸籍調査の実施を通して、その結果生み出された余剰戸を民戸とし再編成して民屯を創出する、さらに民田を没収して屯田とするなど民屯を対象とした屯田戸の増加および屯田地の拡大を意図したサンガの農業政策の一端が浮かび上がる。戸籍再編を行い軍戸から民戸へと改籍することは、そこから得られる収入を軍政機関から民政機関へと移管することをも意味した。

このように見てくると、至元二七年の陝西行省の上奏中に見える「この軍をもとどおりに民となさしめ」とは、まさにサンガ執政期になされた軍戸から民戸への所属変更を指すものであることは明らかである。これに対して、サンガ失脚後の至元二八年に至ってなされた措置が一部の屯田を除いては再び軍戸に復することはなく、民政機関たる行省に属する屯田総管府を設置して屯田経営・灌漑水利整備を委ねるというものであった。つまり、関中屯田に関わるサンガ執政期の施策は、関係機関の改組により外見上その姿を変え、さらには強圧的な実行方法を転換しながらも、民屯を維持するという規定路線として生き続けていくこととなったのである。[23]

三　陝西等処屯田総管府の構造

次に『[嘉靖]涇陽県志』巻九に収録される奉元路涇陽県の進士王欽が撰した「創脩陝西等処屯田総管府廨宇記」の内容を基に、陝西等処屯田総管府の職責および府治の変遷、その構成人員に関して見てみよう。

皇元車書混同し、品節庶物は前古より緻密たり。田疇稼穡の政、倉庾委積の事の如きに至りては、典領の任、秩は列卿に亜ぎ、属する所尤も重し。故に博く誠篤明亮の士を［求］め、以て其の任に充つ。是れ庶官を曠しくする無きなり。天下の屯、至重は関輔にして、屯府は其の一に居るなり。涇・櫟・終・［渭］・平涼所□（判読不明）の畯属を綱轄し、以て其の業を顕す。行省の臨む所にして、治は奉元省の垣右に在り、奉事に資易す。皇慶中、南北屢しば遷り、経理常に非ざるも、涇邑は［使？］を遣わし河渠を統領し、洪堰を葺理せしむるのみなり。因りて出納の重は、具さに総管に在るを慮る。後至元戊寅の冬、省檄して復た府治を涇邑に遷せしむるは、仍りて教督に便たらしむる為めなり。治の中堂、棟は撓み垣は傾敗して、風日を蔽らざること、積有年たり。至正丁亥の春、大中大夫陞《ママ》陝西等処屯田総管府達魯花赤兼河渠司事脱烈東魯迷失・武略将軍副総管王公・経歴張君等治の圮壊せるを見て、言えらく……[24]

これによれば、大元ウルス治下の諸地域に設けられた屯田の中でも関中における屯田は最も重要な意味を有するものであり、同時に陝西等処屯田総管府に課せられる職責もその首位に置かれるものとされた。モンゴル時代においては、ティベット高原および雲南・四川をも版図に含むとともに中央アジア・西アジアのモンゴル諸ウルスとの関係からも、関中地域の果たす役割が北宋や金代に比してより多面化したことも事実である。重責を担った陝西等処屯田総管府は涇陽・櫟陽・終南・渭南の各県に加えて平涼府に置かれた諸屯田を管轄対象とするとともに、涇水灌漑システムの維持管理が委ねられた。

この灌漑水利問題への対応の為に、皇慶年間には屯田総管府の治所が涇渠流域の要所であった涇陽県と、関中地域の中心たる奉元路の両所を転々とすることとなった。後至元四年（一三三八）に陝西行省の檄によって涇陽県に府治を定めるという措置が採られる。この度の府治移転が水利施設の監督・管理に便宜をはかるためであると明記されることからも、屯田総管府に寄せられた灌漑水利施設の整備と管理に対する強い要求が見て取れる。

さらに至正七年（一三四七）に至り、再度奉元路に府治が移転する。[25] 本「廨宇記」は移転事業の責任者となった陝西等処屯田総管府達魯花赤兼河渠司事のドレドルミシュ（Döre-dolmish：脱烈東魯迷失）の業績を記念する石碑建立のために執筆されたものである。なお、『長安志図』巻上「奉元城図」中に、城内の西南隅に義済院と並んで「屯田府」の記載を確認することができる。

ここに見える陝西等処屯田総管府達魯花赤兼河渠司事[26]とは屯田総管府の長官であり、この他に官員として総管、副総管、同知各一員が置かれた。この内、長官である達魯花赤・総管の両員は通常の行政文書中においてはそれぞれ達魯花赤・総管のみを称し、水利に関わる内容であれば「兼河渠司事」を並記することとされる。さらに『涇渠図説』設立屯田条によれば、首領官として経歴・知事・提控按牘が各一員ずつ、吏訳人として通事・訳史・司吏・奏差・都監・壕寨の計一五人が置かれた。[27]

第二節　関中屯田の構成

一　屯田の構成と納入糧

陝西等処屯田総管府所属の屯田戸数およびその耕地面積に関しては、『元史』兵志・『経世大典』序録屯田・『涇渠図説』に関連する記載が見える。この内『元史』および『経世大典』の記述から、両者が同一のデータに基づくことは明らかである。『元史』兵志・屯田条が『経世大典』屯田条を引き写す形で成立したものであり、両史料は『経世大典』の編纂が終了した至順二年（一三三一）五月以前のデータを基にした記録と考えられる。

これに対して『涇渠図説』に記載されるデータは前二者とは異なる時期の情報によるものであり、所轄屯田の違いがこれを裏付ける。『涇渠図説』に載せる陝西等処屯田総管府所属の屯田は終南・渭南・涇陽・櫟陽・平涼の五地域であり、この内の四県には令・丞各一員が置かれ、また平涼屯田に関しては陝西屯田総管府より提領・副提領各一人が候補者として挙げられ、陝西行省により任命された[28]。

これら五ケ所の屯田を管轄地域とするあり方は、前に見た「創脩陝西等処屯田総管府廨宇記」の記載とも共通する。「廨宇記」が至正七年以降に書かれたものであることは、その内容により明らかであり、加えて『涇渠図説』は至正四年にはすでに編纂を終えていたことから、当該史料は至正初年の状況を反映するものと言える。この両者の比較が成立すれば、長期に亘る屯田戸の推移を考察することが可能となり、極めて興味深い事実を提供することとなろう。しかしながら『涇渠図説』所載記事からは各県単位での戸数・耕作地面積を抽出することができない。よって、『元史』兵志と『経世大典』序録の記載によって、涇渠灌漑水利に関わる櫟陽・涇陽・終南・渭南の屯田の屯田数、納入糧に関して検討することとする[29]。

【表六-二】に見えるように、渭水を挟んで南北に配置された櫟陽・涇陽・終南・渭南四県の各屯田戸数は七〇〇戸から八〇〇戸、耕作地面積がほぼ一〇〇〇頃から一二〇〇頃と類似した値を示す。さらに具体的な時期は不明ながらもこれら四県所轄の屯田には共通して戸数の減少が見られ[30]、これにより戸当たりの耕作地面積は一頃五〇畝の値に近似する。よって、渭水南北に展開した四県の屯田は、一県所轄の屯田戸数を六五〇〜七五〇戸、一戸当たりの耕作地面積を一頃五〇畝とする集団として計画的に配置されたものと考えられよう。なお、この数値は好並一九五六・矢澤二〇〇〇において算出された左衛・右衛・中衛屯田の事例において、一人当たり五〇畝、一戸あたり一五〇畝とする数値とも一致する[31]。

また『涇渠図説』所載記事には、四県一府に置かれた各屯田数が記載される。それによれば、終南屯田所に九屯が置かれ、以下、渭南所一六屯、涇陽所九屯、櫟陽所九屯、平涼所五屯の計四八屯に四八九二戸が所属し、耕作地面積の総計は五六六四頃一二畝六分三釐八毫（荒閑地一六八七頃九七畝二分七釐八毫を含む）である。この記

【表6-1】屯田戸数および耕作地面積表

『元史』兵志

所在地	戸数	減少後戸数	屯数	屯当たり戸数	耕作地面積（畝）	戸当たり耕作地面積（畝）	減少後戸当たり耕作地面積（畝）
鳳　翔	1127				9012	8.00	
鎮　原	913				42685	46.75	
櫟　陽	786	650			102099	129.90	157.08
涇　陽	696	658			102099	146.69	155.17
彭　原	1238				54568	44.08	
安　西	724	262			46778	64.61	178.54
平　涼	288				11520	40.00	
終　南	771	713			94376	122.41	132.36
渭　南	811	766			122231	150.72	159.57
計	7354	3049			585368		
『経世大典』序録・屯田							
九地域総計	7500				580000		
『涇渠図説』設立屯田							
一府四県総計	4892		48	101.92	566412.64	115.78	

載からは各県別の耕地面積を窺い知ることはできないが、単純計算で一屯あたりおよそ一〇〇戸、一戸当たりの耕作地面積は一頃一五畝となる。ただし、これらの数値には戸数および耕地面積の値が極めて小さい平涼屯田が含まれていることを勘案すれば、平涼を除く四県屯田の一屯当たりの戸数、戸当たりの耕地面積の値はこの数値を上回り、特に後者は先に見た一頃五〇畝に近似するものと考えられよう。

さらに『涇渠図説』には『元史』および『経世大典』には見られない屯田の納入額とその品目に関する記載が見える。これによれば、至正二年の納入糧として大麦・小麦・粟・白米・糜子・粳米・糯米の穀物が総計で約七万石、これに加えて草料が納入されている。渭北地域における耕作の中心が大麦・小麦・粟であり、加えてわずかながらも灌漑用水を利用した白米・粳米・糯米などの米作がなされたことが分かる（内訳は【表六－二】参照）。

こうした各屯田戸より納入された穀物・草料は奉元路に置かれた千斯倉に納入されたと考えられる。千斯倉とは「奉元の穀蔵」と称された倉であり、[32]『長安志図』巻上「奉元城図」中においては奉元城内の西南隅に位置し、その東には義済院を挟んで屯田総管府が見える。ただし、その全てが行省の千斯倉に収められたわけではなかった。『呂涇野先生高陵県志』巻四・官師伝に収録される前中台監察御史奉訓大夫郭松年撰述の記文によれば、大徳年間に高陵知県となった張崇の治績に関して以下の記載が見える。

再び従仕郎高陵県令に遷る。高陵は古の劇県為りて、県に白渠の利有り。涇水を引きて灌漑せば、田は極めて膏腴にして、歳の収入は他邑に倍す。故を以て官は屯田を置き穀を輸して県倉に貯え、恒に万を以て数う。三二歳を歴るに、主者は変腐を慮んばかり、県に符して其の値を下げ民に与え、両済の法と為さしむ。而ども県官は貪恣多詭にして、糴して転売し、其の贏余を利すれば、民は恵を獲ず。[33]

【表6-2】至正2年の屯田の納入額および品目

品　　目	納入額（石）	総額に占める各作物の割合（%）
大　麦	26725.20	36.78
小　麦	26682.52	36.72
粟	17297.41	23.81
白　米	814.52	1.12
糜　子	155.05	0.21
粳　米	50.88	0.07
糯　米	934.20	1.29
計	72659.78	100

高陵県に設けられた屯田から上がる穀物の一部が県倉に収められたことが分かる。その具体的な割合は不明ながらも、奉元路の千斯倉への納入分とは別に各屯田の位置する県倉へも幾分かが納入され蓄えられたのである。ただし、それら穀物の払い下げに際して、主者（屯田総管府官）が県に符文を送り実施を命じることからも、本来的に屯田官の管轄に属する職務であり、県官には県倉に収められた穀物の管理が委ねられていたと言えよう。

二　涇渠水利における屯田戸の役割

これまで述べてきたように、陝西等処屯田総管府の二大職責は屯田経営と灌漑水利整備であった。では、各屯田において実際に生産活動に従事した屯田戸らは、灌漑水利の面にどのように関わったのであろうか。以下、灌漑施設の維持活動および灌漑用水の利用における屯田戸の役割を検討してみたい。

まず、灌漑施設の整備・開発に屯田戸がいかに関わっていたかを見ていこう。大徳八年（一三〇四）に起こった涇水の氾濫により、[34]河流中に設けられた堰は崩壊し、水路は土砂によって淤塞した。この災害に対して、陝西行省は灌漑施設管理の責任者たる屯田府総管夾谷バヤンテムル（Bayan-temür：伯顔帖木児）と現地責任者たる涇陽県尹王琚に補修および浚渫を命じる。この工事に従事する三〇〇〇人の内には、涇陽・高陵・三原・櫟陽といった涇渠水利の恩恵を被る諸県の民戸とともに、渭南・櫟陽・涇陽屯田所の人夫、すなわち三屯田所に属する屯田戸が含まれる。[35]同様の事例が『元史』巻六五・河渠志・洪口渠条にも見える。[36]至治元年（一三二一）一〇月に陝西等処屯田総管府より陝西行省に宛ててなされた洪堰整備[37]に関する提言によれば、涇渠水利の恩恵を直接に被る三原・涇陽・高陵の三県に加えて、渭水の南に位置する臨潼県の地方官、さらに涇渠流域中の涇陽・櫟陽、渭水南岸の渭南の三屯田所官が各地の耆老を交えて協議を行うこととされる。

特に注目すべきは涇渠水利の対象地域外である臨潼県の官員と渭南屯所官が協議に参加しているという点である。これは涇渠灌漑システムが直接的、あるいは間接的にもたらす影響の大きさを物語るものであり、同じ陝西等処屯田総管府に所属する各地域の屯田戸が涇渠整備という大事業に対して共に一定の責任と権利を有するという意識に立脚するものと言える。またここで洪堰整備事業に関与した人々の内、労働力としての民戸・屯田戸以外に技術者「金火匠」二人が含まれる。この度の工事においては火力を用いた岩盤掘削がなされることとなり、そのため彼ら専門的技術者の指導のもと掘削・採石作業が実施されたのである。[38]

このように灌漑水利施設の整備に当たって、屯田戸は民戸とともに労働力として実際の工事に従事したのであるが、では彼ら屯田戸はその権利として灌漑用水をいかに利用し得たのであろうか。『涇渠図説』に収録される灌漑用水の利用に関わる諸規程「用水則例」には、毎年一〇月一日に開始され七月一五日に終了する灌漑用水の使用順序を定めた「行水の序」が存在する。これによれば、下流より耕作地への灌漑を開始し、次第に上流にその順序が移るいわゆる均水法が実施され、上流域と下流域との間の利害調節が図られた。[39] さらに上記灌漑期においては昼夜を分かたず取水がなされ、政府機関所属の耕作地たる公田といえどもその順序を違えて取水することは禁じられ、大雨の際には取水が停止された。[40] また、「用水則例」においても、涇渠を利用する屯田戸は「使水屯戸」、あるいは「屯利人戸」という名称で呼ばれ、これら灌漑用水を利用する屯田戸も民戸とともに既定の使水順序に則って耕作地への取水を行うこととされた。使用順に関しては上流・下流といった地域間の差違はあるものの、公田の事例と同様に屯田戸・民戸といった戸計の違いによる差違は存在しない。

ただし、こうした規定と実際の状況との間の乖離《かいり》は当然想定しうる事態である。同じく「用水則例」に見える灌漑用水の使用順をめぐって屯田戸と民戸との間に引き起こされた問題を見てみよう。

又た五県の行使せる涇水斗口、旧例は下よりして上し、次序を挨排し放澆するも、却て地形の高低の等しからざるに因りて、累しば洪水の吹濯せるを経て、渠深く地高し。在前、官司権りに截堰を打立し放澆せしむ。今来体知し得たるに、其の余の斗分、公法を畏れず、屯利の人戸は地をもって実を尽くして報ぜず、人衆きに倚仗し、上に接して築打し堰を死す。下次の利戸の合に使すべき水直を将て改豁し、意を恣ままに放澆す。直ちに夜［深］に至りて、却て水直を将て下流に分豁せば、已下の利戸曾て隄備せずして、以て泛溢するを致す。不応の土畝に澆過し、或いは還りて河に入り、水利を虚費す。[41]

これによれば灌漑用水を利用する屯田戸が自らの耕作地面積に関して虚偽の報告をした上に、その人口の多さを頼りにかってに水利施設の改変を行い、使用順序を乱して取水を行った。これにより、下流の使水戸の耕作地への供給分が上流において消費されてしまい、さらに規定に違反して夜間に下流への放水を行ったために、下流域の耕作地において灌漑用水は氾濫し、灌漑を必用としない土地にまで用水が流入するなど下流の民戸に多大な被害を与え、灌漑用水の浪費がなされることとなったのである。

各地域・集団ごとに遷徙され、その集団のままにそれぞれの屯を形成した屯田戸は、自らが所属する集団の数に依存して様々な違法行為を行ったのである。ここで再び「涇渠総図」中の各屯の配置状況を見てみると、そのいずれもが灌漑用水路および涇水本流に近い位置に配置されていることが分かる。政府の推進する農業奨励策の一貫として、同郷の集団のまま取水に有利な地において編成されたという状況を利用して、彼ら屯田戸は使水規程を無視した違法な取水行為、施設改修を行ったのである。[42]

こうした使水に関する違法行為に対しては、官側による厳しい処罰がなされた。『涇渠図説』によれば「諸違官禁、作姦弊者、断罰有差」に続けて以下の記載が見える。

照得すらく、大司農司の元と定めたるに、若し水法に違犯し、多く地畝を澆する有らば、畝ごとに小麦一石を罰す。至元二十年（一二八三）、承奉せる宣慰司の劄付に、犯水の人戸に夫を倣すの家有り、亦た夫を倣さざるの家有り。議得すらく如し夫を倣さざるの家に係らば、畝ごとに小麦一石を罰し、興工の利戸は畝ごとに五斗とす。至元二十九年（一二九二）、陝西漢中道粛政廉訪司の講究し得たるに、水法に違犯せる夫を倣さざるの家は、歳ごとに半ばを減じ、小麦五斗を罰し、興工の利戸は畝ごとに二斗五升とするの外、罪を犯すに拠きては、畝ごとに笞七下、罪は四十七下にて止む。又た旧例を案ずるに、凡そ攙越盗用す、渠岸の修築牢ならず、不応の地土に澆漑す、渠吏蔽匿して申せず、及び護岸の樹木を斫り、故無くして三限に行立せる者は、皆罪罰有り。[43]

大司農司および至元二〇年の陝西漢中道宣慰司[44]の決定においては、水法に違反し多く使水を行った者に対しては、その規定量以上の灌漑面積に応じて小麦を徴収するという罰則規程が設けられるとともに、水利施設の補修工事へ人夫を出しているか否かによって、その額に差が設けられている。さらに、至元二九年の陝西漢中道粛政廉訪司の決定によって、灌漑面積に応じて笞刑が科せられることとなった。最後の旧例が具体的にいかなる規程を指すかは不明であるが、違法取水や盗用、水路堤防の補修不全、規定外の土地への灌漑、水路管理にあたる吏人の不正隠匿、護岸の樹木伐採、水門の置かれた三限口に理由なく立ち入るなどの行為に対しても、処罰規程が存在していたことが分かる。

こうした取水にまつわる違法行為の原因は、取水戸の個人的資質のみならず、制度面での不備や運用上の問題点に求められるものでもあった。至元九年から至元一一年の間に大司農司の劄付を受けて巡行勧農官と現地の官らが二度にわたり共議を行い定めた水利規程「使水の法度」も、屯田総管府が設置された至元の末年ころにはだんだんとほころびを見せ始め、水法は壊れ、使水量の多寡が異なるという状況になっていた。これに対して地元の雲陽の人、楊景道は水利の問題点とその対策案を論じた。『涇渠図説』建言利病条に載せられるその内容は以下の三項目に分けられる。

弊害として一点目に挙げられるのが、至元年間の「寛限の法」が実行されていないという点である。使水戸は水利施設の維持管理のための夫役に一人を出すごとに、最大で一頃七〇畝の地に取水を行うことが認められていた。これが至元九～一一年に定められた使水法度によってその制限が緩められ、一夫あたり最大二頃六〇畝の土地に灌漑することが認められることとなった。ただし、水の盗用や涇渠の水量不足を言う者などが現れたことにより、実際にはこの制限緩和の規程は守られず、使水戸は二頃六〇畝分という使水量を行使できずにいる。現在、水量は十分に満ち足りており、かつ屯田戸の減少によって使水戸数自体が減少しているので、三回に分けて取水することと定めた上で、一夫あたり最大二頃六〇畝という制限緩和を徹底させるよう求め、水が多い時にはおよそその二倍の五頃まで取水量を増やしても問題ないとする。

二点目は、各戸が使水するに当たっての順序と日時に関する規程がないという点である。これに対しては、幹線水路から耕地へと水を引き入れる斗門ごとに各戸が供出する人夫の数に応じて使水の日時を設定した上で、その使水順序に関しても下流側から取水し、順次上流側へと移り六〇日にて一巡することとする。さらに、この規程を遵守させるため、各使水戸は家族の名前と耕地の面積を官に届け出ることとし、屯田総管府と斗門子がその帳簿をそれぞれ一冊管理して分水の根拠とするとともに、使水戸自身が使水の日時を理解させるようにするべきであるとする。

三点目は、三限口において涇渠を利用する五県への分水量を調節すべきであるとするものである。一律に分水量を設定するのではなく、取水口からの遠近や水路の高下、水量の多寡に応じて、流量を調整するように求める。とくに、北側の土地が高く水が届きにくい場所へは分水量を増やし南側へはこれを減らす、あるいは取水口に近い涇陽県へは水を減らし、取水口から遠い櫟陽県へはその量を増やすなどの調整案が述べられる。楊景道のこれら議論には見るべき点が多いが、どの程度実際の政策にこれが反映されたかを確認することはできない。

第三節　王御史渠の開削と維持管理

至元末年に屯田総管府が設置されてより以降、至正二〇年（一三六〇）に至るまで関中の灌漑水利開発は連綿と継続されていく。水利関連事業の実質的責任を負ったのは上述の陝西等処屯田総管府であったが、これに加えて屯田総管府の上位機関たる陝西行省、さらにはめまぐるしく置廃が繰り返された陝西行御史台の三者が相互に関係し合う中で、屯田経営・灌漑水利開発が推進された。

関中におけるモンゴル時代最大規模の灌漑水利事業は王御史渠と呼ばれる水路の開削である。後世においても関中灌漑水利の出発点たる鄭国渠・白渠の開削、さらに宋金時代を通じて用いられた豊利渠の開削と並ぶ一大事業とされた当該水路の開削は、至大元年[45]に提言がなされた後、ほぼ三〇年の歳月を経て後至元五年（一三三五）に至りようやく全区間の工事を終了する。この大事業実施の口火を切ったのは当時、陝西行台監察御史の任にあった王琚であり、完成の暁には彼の名を冠して王御史渠と呼ばれることとなる。

『涇渠図説』渠堰因革によれば、王琚、字は神璦（もしくは仲璦）、済南趨平の人である。新水路開削の建言の後、工事の実施を見ることなく一旦は監察御史の任を離れ、後に再び事業の監督にあたった。[46]王琚自身に関しては管見の限り各種文集などにも伝記が残されず、その他の事跡を窺い知ることはできない。ただし、奉元の人同恕がその公私に亘る広い交友関係を基に極めて具体的な記録を豊富に収録した『榘庵集』巻八「王府君墓誌銘」にはその父祖の経歴が記される。これによれば、高祖の王淮、曾祖の王彰はともに金に仕え、それぞれ済南路州軍民千戸、棣州厭次県令に登ったが、その後父王禎に至るまでの三代は野に在った。王琚は父禎の没後、棺を本貫の地たる鄒平県仁義郷に運ぶとともに、同恕に墓誌銘の執筆を依頼した。本墓誌銘が執筆された延祐五年（一三一八）当時、王琚は乾州知州の任にあった[47]とされる。

『涇渠図説』渠堰因革条および『元史』巻六六・河渠志・涇渠条によって王御史渠開削の流れをたどれば、至大元年（一三〇八）の王琚の提言の内容は、涇水本流中に位置する宋渠（北宋大観年間の開削に係る豊利渠）の上流に新たに取水口を設け、幅四・六メートル、深さ六メートル、全長一五・六メートルの新たな水路を開削せんとするものであった。その工事の規模は一五万三〇〇〇工[48]にのぼるものであった。実際の工事は建言がなされてから六年後の延祐元年（一三一四）に始まり、延祐三年（一三一六）までにほぼ八割方の工程を終えた。その後、二〇年以上におよぶ中断期をへて、後至元三年（一三三七）に残り工程への取り組みが再開され、同五年（一三三九）に計一四万三五四六・五工の工程を終了した[49]。

王琚の水利開発への貢献が至大元年の新水路開削の提言以前にも見られたことはすでに前節で触れた通りである。大徳八年、陝西行省の命を受けた涇陽県尹の王琚は、屯田総管府総管夾谷バヤンテムルとともに涇陽・高陵・三原・櫟陽各県の用水の人戸と渭南・櫟陽・涇陽三屯所の人夫、併せて三千人余りを労働力として、氾濫をおこした涇水の治水事業に当たった。『〔嘉靖〕涇陽県志』巻九に収録される集賢侍講学士正中大夫蕭𣂏撰の「涇陽県重脩公宇記」によれば、

> 大徳乙巳（九年、一三〇五）の夏、涇陽邑居の大夫士、同州の趙判官毅、青磵の宋尹天瑞、其の郷の耆艾李芳より下十一人と与に書を南山の下に走らせ、予に告げて曰く、吾が邑は大府を隔てること百里ならず、政役は叢劇にして、苟めにも上を承け下を字するに、其の人を獲ざれば、則ち民は将た以て厥の居に寧んずること無からん。監県進義〔玉〕倫実不花、〔県〕尹従仕王侯琚仲瑗、簿尉存義[50]彭侯徳恕彦寛、典史郝誠、是の邑に来莅して繇り、而して能く同心僇力し、事を集めて人を利する所以の者を求む。王侯の役を洪口に董むるが若きは、石を疏して淤を濬い、渠水は常歳に倍し、而して多稼豊碩たり。[51]

とあり、大徳九年、同州判官趙毅および青磵県尹[52]宋天瑞ら一一人が終南山麓に蕭𣂏を訪ね、県ダルガのウルスブカ（Ulusbuqa：玉倫実不花）、県尹の王琚、主簿兼尉の彭徳恕、典史の郭誠ら涇陽県官の優れた業績を顕彰するための記文の撰述を依頼した。その功績として県衙の修復とともに挙げられるのが涇渠の整備であり、さらに県ダルガ以下の官吏の名が挙げられるが、これら両事業の主役はあくまで県尹王琚であった。大徳八年に氾濫によって洪口に堆積した石を取り除き水路を浚渫することで、例年にも増して豊富な灌漑用水が供給され、実り多い収穫を得たと称えられる。すなわち、至大元年に行われた王琚の提言は彼自身が県尹として実施した涇渠整備の経験に基づくものであり、その提言自体も極めて現実的な計画案であったことがうかがえる。州県官を経た後に監察御史として管轄地内の巡按を行うことで、現実の状況把握および具体的な計画立案が可能となり、さらに再び

地方官として実際の水路整備に当たるという恵まれた状況が生み出されたのである。

新たな水路の開削と並んで重要な工程となったのが、王琚が浚渫工事を行った洪口と呼ばれた渓谷からの出口付近において涇水の水位を上昇させ水路への流入量を増大させるための堰の整備であった[53]。河床の浸食によって取水口との高度差が日々広がりゆくという問題を解決するため、古くから洪口に水位上昇のための堰を築くという方法が用いられてきた。ただし、水位の変化の激しい涇水中に設置された堰はしばしば破損したため、不断の補修工事が必要とされた。『元史』巻六六・河渠志・涇渠条によれば、草木を編み込んで囤と呼ばれる資材をつくり、これに石をくくり付けて水中に沈ませ、さらに隙間を草や土で塞いで水流を堰き止めるという方法が用いられた。その具体的な方法が『涇渠図説』洪堰制度条に見える。

聖朝前代の故迹に因りて、初めて洪口の石堰を修む。……（中略）……河の中流に当りて、直ちに両岸に抵らば、石囤を立て以て水を壅ぐ。囤行は東西の長さ八百五十尺、行ごとに一百零六箇、十一行を計え、闊さ八十五尺にして、総べて囤一千一百六十六箇を用う。照得すらく、洪口往日水は西岸を撃つに、渠口は東に在らば、勢として直ちに堰を衝くが、故に常に吹去せらる。今来、復た東岸を撃つに、癸巳の年より創めて渠堰を立て、毎年増修する云云。囤行は広密にして、委是堅牢たり。水漲に遇うと雖も、止だ是れ龍口を衝破する、或いは堰上の石頭を捲去する、或いは囤口を吹損する、或いは囤眼を衝透するのみなれば、故に毎歳増修し及び石渠の上下の泥沙を淘いて、人功輟まず。又た旧例に水軍三十人堰を看す。今議得すらく、各県をして富実の人夫二名、五県の計一十名を差わして堰を看し、若し微損有らば、即便に補修せしむ[54]。

当初、川の流れは涇水の西岸に向かっており、東岸の取水口へ河水を導くために堰が設置されていたが、これが水の衝撃によってしばしば押し流された。さらに水流が変化し東岸を直撃することとなったため、癸巳年より新たな堰の増築が開始されることとなった。この癸巳の年が具体的に何年を指すのかは明示されないが、可能性としては至元三〇年（一二九三）をおいて他はない。つまり屯田総管府が設置されて間もなく大規模工事としては初の事業となる洪堰の新たな整備が実施されることとなったのである。この度の洪堰新築によって、作り出された堰は一一段もの構えをなすものであり、それぞれが石材を用いた資材「石囤」によって構築された。さらにその後も毎年の増築がなされるとともに、水軍と呼ばれる洪堰監視の人員が配置され、さらには涇渠水利の益に浴する五県より人夫が派遣されて管理および補修に携わることとなった。

水利施設の管理および灌漑用水の供給量を計測する水軍・人夫に関しては、『涇渠図説』設立屯田条にその人数および管理・計測地点が挙げられる。洪口とともに涇陽県下に位置し灌漑用水を太白渠・中白渠・南白渠に分かつ開閉式の水門「三限閘」の置かれた三限口、さらに三限口の下流に位置し灌漑用水を中白渠・中南渠・高望渠・隅南渠に分かつ彭城閘の置かれた彭城限、やはり水位の上昇のために設置された邢堰の計四ケ所に配備され、日々の監視業務を担当することとなった。なお、これら以外に、取水口（斗門[55]）を管理する斗門子一三五名が置かれた。

周到な維持補修の方法が備えられた涇渠の灌漑水利システムであったが、関中を襲った戦乱と天災の中で破綻をみせていく。大徳末年におこった安西王アナンダのクーデタ、泰定帝イェスンテムルの即位をめぐって引き起こされた大元ウルス全域を巻き込んだ天暦の内乱など、いずれも関中を主な舞台としてモンゴル遊牧集団同士による激しい戦闘が繰り広げられた。加えて、長期化する天候不順と天災の頻発により、陝西の地はしばしば飢饉に襲われる。『元史』巻三二・文宗本紀・天暦元年の末尾に「陝西、泰定二年より是の歳に至るまで雨ふらず、大いに饑え、民は相い食む」[56]とあり、一三二四年から一三二八年に至る五年間にもわたって雨が降らず、「民あい食む」大飢饉が発生し、流散・死亡により人口の七、八割が減少したとされるのである[57]。

この大旱ばつも天暦元年にようやく終わりを告げるが、皮肉なことにその幕引きは集中豪雨という形でなされた。『元史』巻六五・河渠志・洪口渠条によれば、天暦元年六月三日に当地を襲った集中豪雨によって涇水は大増水し、洪堰と小龍口を破壊するに至った。この災害は五年にも及ぶ旱ばつによって極度に乾燥していた黄土地帯に集中豪雨が加わったことによって生じた土砂の流出と涇水の氾濫に起因するものであろう。洪堰など灌漑水利施設の破壊により、灌漑水路への水流は途絶し、旱ばつに起因する飢饉に追い打ちをかける結果となったのである[58]。

第四節　陝西行台の水利整備

こうしたうち続く戦乱と天災の最中においても、屯田総管府による涇渠水利整備に対する取り組みは続けられた。『雍大記』巻三三・志貢に収録される段循撰「涇陽県重脩鄭白渠記」[59]によれば、至治二年（一三二二）六月に宣差屯田府事に任じられたベクテムル（Beg-temür：別帖木児）は泰定元年の夏の雨による涇水の氾濫によって引き起こされた鄭白渠の取水口の石堰の修復を行った[60]。さらに天暦元年に五年にわたる大旱ばつが終わると、その翌年三月には屯田総管兼管河渠司事の郭嘉議により陝西行省に宛てて水利復興に関する提言がなされた。旱ばつにともなう人口減少によって従来の規程に基づく各県の人夫供出が困難となったため、最上流部に位置する涇陽県が三原県など中・下流部の割り当て分を補填して洪堰および小龍口[61]の修復を行うよう求めるものであった。行省はこれを認可し、鈔八〇〇錠の資金を支出するとともに、耀州同知の李承事と提言者たる郭嘉議、各地の正官に命じて、工事を実施させ同年一一月一六日に終了した[62]。

これら屯田総管府による取り組み以外に、王琚の事跡に代表されるように、河川および水路の整備・維持管理に陝西行台の官も積極的に関与していた。本来的に、御史台・行御史台、地方官に対する監察業務を担う粛政廉訪司官らは巡按と呼ばれる現地調査を通して行政・司法・人事など様々な方面に強力な権限を有しており、これは農業や水利といった方面にも及ぶものであった[63]。『元史』巻六六・河渠志・涇渠条によれば、陝西行御史台監察御史の任にあった宋秉亮は現地調査を通して得られた情報に基づき、自らが所属する陝西行台に提言を行った。その内容は、定期的な灌漑水路の浚渫によって生まれた土石を水路の沿岸に積み上げるという従来の方法の弊害を指摘し、鹿巷と呼ばれる側溝を再度開削することで問題の解決を図るというものであった。その建言は陝西行台から御史台へ、さらに中書省へと送られ認可を得て、翌年には屯田総管府同知牙八胡および涇陽県尹李克忠らによって実行に移されることとなった[64]。

『元史』河渠志が記載する宋秉亮の提言はこの鹿巷開削に関わる一条のみである。しかし、この他にも彼の提言には実地見聞の成果を十分に反映する現実的かつ有効な内容が豊富に含まれるものであったことが、『涇渠図説』建言利病条によって確認できる。これによれば、

至大の間、監察御史王承徳建言し、豊利渠の北に於いて石渠長さ五十丈を開削す。歳月已に久しく、呑水漸いよ少くして、渠に入るの水は既に微かなれば、則ち堰を築くは労にして民の利は寡し。嘗て古今渠利の廃るるを考うるに、蓋し河身漸いよ低く、渠口漸いよ高きに因りて、水入る能わず。是れ白公のまさに鄭渠を継がざるべからずして、豊利の白公の後に開かざるを得ざるなり。今豊利渠口の水を去ること又た已に漸いよ高ければ、則ち王御史見に石渠を開くも又た功を尽さず。若し増治せざれば、豈に惟だ漸いよ民利を失するのみならんや。慮るに日就きて湮塞せんことを恐る。近ごろ巡歴に因りて県に至り、親ら新旧の渠口に詣りて、一一相視す。遂に衆論を採り、酌むに管見を以てし、苟か其の利溥博たらんと欲す。其の説に三有り。一に曰く尽く渠堰の利を修む。二に曰く復た両閘の防を置く。三に曰く出土の便を開通す。然らば其の要も又た選委に人を得てまさに費を惜しむべからざるに在り。今貼説せる図本を将て、具して憲台に呈す。照詳

し施行せられんことを。[65]

後至元五年にようやく完成がなった王御史渠は、当時すでに水路の淤塞を含めた各種の弊害を生みだしていた。この問題に対して、歴代の涇水灌漑問題に立ち返り、その問題点と改善方法を考慮しつつあった宋秉亮は、監察御史の任として所轄の各州県への巡歴（巡按）の中で通常業務である地方官の勤務状況の評定、各衙門の文書調査を行うとともに、涇渠水利設備の実地検分を行った。これにより、具体的な知見を得るとともに、当地の地方官および耆老らの意見を汲み上げる形で三項目の改善案を陝西行御史台に提出するに至る。[66] さらにその際には、「図本」すなわち涇渠流域の灌漑水利を描いた図が添付され調査報告および改善案として提出された。その改善案は、一、渠堰の整備、二、閘門の強化、三、堆積土砂の処理の三点に集約される。すでに述べたように、『元史』河渠志に収録されたのは、この内の三点目のみである。以下、これら三点の要約を挙げる。

一、渠堰の整備に関して。歴代の涇渠水利上において常に問題とされてきたのは、土砂の堆積による水路の淤塞と涇水の河床の浸食に伴う取水口と水面との懸隔の広がりであった。この較差は下流にいけばいくほど広がるものであり、そのため歴代王朝は次々と新たな取水口を上流に設けるとともに、渠堰を建設して水位を高めることで問題の解決を図ってきた。陝西行御史台監察御史であった王琚の提言に始まる王御史渠の開削と石造の渠堰新築事業も同じ発想に基づくものであったが、当時すでに王御史渠も取水量の減少という問題を生じていた。こうした状況を打開するための対策として、取水口をさらに三尺掘り下げ、深さを五尺とすることで抜本的な解決を図る。さらに、渠堰に関しても従来の補修に依存した方法から脱却するため、三重であった渠堰の上流にさらに九重分を増設せんことを求める。

二、閘門の強化に関して。涇渠灌漑地域の中心に位置する浄浪・平流の二閘門は涇水の漲溢および洪堰の崩壊時において水門を閉ざし、土砂の流入を防ぎ水路の淤塞をくい止めることを目的とする。さらに平流閘は耕作地への灌漑用水供給後に水門を閉じ、余剰用水を本道へ戻すために設置された。ただし、現状ではすでに用水路の淤塞と路岸の破損により、閘門の機能にも不備を来していた。この問題に対しては、二閘門の修繕を行い、規則正しく水門を開閉することによって泥土の流入を防止することを提案する。さらに新たに開削された王御史渠が従来の豊利渠よりさらに上流から取水を行ったため、取水口と浄浪閘との距離をさらに伸ばすこととなり、それに伴い泥土の堆積量も増大した。したがって、下流への泥土流入を防止するための浄浪閘を上流に移設することによって問題の解決を図る。

三、堆積土砂の処理に関して。大量の黄土を包含する涇水を灌漑用水として利用するためには、常時水路の浚渫を行う必要がある。この浚渫作業によって生じた土砂は水路の岸に積み上げられ堤防として強度を高めるために用いられたが、必要量以外の土砂は堤防をくり抜いて通された鹿巷と呼ばれる通路を通して遠方に排出されてきた。しかしながら、近年ではその通路自体が土砂によって埋められ、岸外へ運び出すべき土砂までもが岸上に堆積されている。これにより長雨に見舞われた際には、岸上に堆積された土砂が再び水路中に流れ落ちることになっている。こうした事態に対して、五県の人夫を動員して再度鹿巷を開き、さらに土砂を涇水本流にまで運び排出することで弊害の除去を目指す。

以上が宋秉亮建言のあらましであるが、実際にはこれら三項目に続いて水利に通暁した人材の登用と遅滞なき経費の支給を陝西行省に対して強く訴える内容が続き、水利問題が屯田経営に大きく影響を与える点を力説する。宋秉亮の見解は単なる机上の空論や為政者たる地方官の個人的な資質に原因を求める抽象的な議論に陥ることなく、極めて具体的かつ実際的な内容を有するものであった。これこそ監察御史の巡按という職務が極めて有効に機能した事例と言えよう。

大元ウルスによる涇渠水利整備に対する不断の取り組みが最後を迎えるのが、至正二〇年（一三六〇）における修復工事である。『元史』巻六六・河渠志・涇渠条に「（至正）二十年、陝西行省左丞相帖里帖木児は都事楊欽を遣わし修治せしめ、凡農田四万五千余頃を漑す」と記される当該工事に関しては、『［嘉靖］涇陽県志』巻四・水利志に収録される都事楊欽撰「重脩豊利渠題銘記」にその詳細が記される。至正一六年（一三五六）、劉福通らが中心となり北進の勢いを強めた小明王韓林児政権（大宋国）の勢力は関中にもその勢力を伸ばしつつあった。うち続く戦争により、維持管理能力を失した涇渠水利システムはほとんどその機能を喪失するに至る。至正一九年（一三六〇）、「金紫光禄大夫中書省平章鉄公」、すなわちテリテムル（Teri-temür：帖里帖木児）の陝西行省左丞相への就任により、[67]屯田総管府の業務も兼管されることとなり、翌年の至正二〇年七月に自らがその就任を求めた屯田監府蛮文彬、総管虎仲植らによって工事が開始される。さらに、涇陽県尹李タイブカ（Taibuqa：太不花）や侯元亨ら四県（櫟陽・涇陽・終南・渭南）、三所（櫟陽・涇陽・渭南）の地方官および屯田総管府官が動員され、人夫三〇〇〇人を率いて工事に当たることとなる。その内容は、水の衝撃が激しい王御史渠を放棄して、その下流側に位置する宋金代以来の豊利渠を再開発することがねらいであり、これにより三五キロ以上におよぶ豊利渠の浚渫が行われ、さらに取水口の石堰が増築され、小龍口の補修がなされた。

同記文においては、これがクビライ時代の水利システムへの復旧をなしえたものとして関係の諸官を顕彰するが、[68]維持管理能力の欠如による整備不良によって長い歳月を費やし、大量の資金と労働力を投入してまで開削した王御史渠を放棄せざるを得ず、その下流側の旧水路を修復し利用するという弥縫策《びほうさく》を取るしかなかったというのが実情であろう。このわずか七年後の至正二七年（一三六七）には順帝トゴンテムルによって李思斉に潼関以西の地の統治が委ねられ、実質的な支配権を喪失した後、洪武二年（一三六九）に馮勝の率いる明軍によって関中全域は陥落し、大元ウルスの支配は完全に終結する。

小結

四川戦線への増援部隊として徴兵された兵士らを中核として設置された渭北地域の屯田は、サンガ執政期において民屯として再編された後、屯田総管府の所管に帰した。これにより屯田総管府には屯田の経営が委ねられるとともに、その職責には当該地域における重要課題である涇渠灌漑システムの維持管理もが含まれ、屯田経営と灌漑水利整備は屯田総管府のもとに一元化された。渭北地域の四県におかれた屯田は、一県あたり六五〇〜七五〇戸、一戸あたりの耕作地面積を一頃五〇畝として計画的に編成された。各屯田戸は灌漑水利施設の整備には労働力として投入されるとともに、灌漑用水の使用に当たっても民戸と同様、実際にはそれ以上の恩恵に浴することとなった。

至大元年の王琚の提言によって開始された新水路―王御史渠の開削は、二〇年以上にもおよぶ中断期を挟んで、前後五年の歳月を費やして行われた。王琚は涇陽県令として水利整備の実績を挙げた人物であり、監察御史の職務である巡按を通して、実際の状況を把握し現実的かつ効果的な計画立案を行った。同様に至正初年に宋秉亮が涇渠水利整備に関する提言をおこなったのも陝西行台監察御史の在任中であり、屯田総管府のみならず、陝西行台が涇渠整備に強く関与した状況が見てとれる。さらに、これこそが陝西行台治書侍御史の李好文によって涇渠水利の詳細を記す『涇渠図説』が編纂された理由であったと言えよう。

注

1 「涇渠総図」に記される雲陽県は至元一四年（一二七七）に涇陽県に統合される（『類編長安志』巻一）。ただし、この雲陽県が明記されるとともに後至元五年（一三三九）に完成なった王御史渠（石渠）が図中に見えることから、本図自体は『長安志図』の編纂がなされた至正二〜四年（一三四二〜一三四四）当時の状況を反映するものと考えられる。諸史料中に現れる「五県」とはこの雲陽・涇陽・櫟陽・高陵・三原を指すことが一般的であり、雲陽県廃止以後もその旧地域を指す名称として雲陽の語がしばしば用いられる。なお、本章では関中屈指の農耕地帯である渭北地域に置かれた諸屯田、すなわちこれら五県治下の屯田を中心に扱う。

2　モンゴル時代の屯田に関する先行研究については、王二〇〇一において羅列的に関連史料が提示される。

3　モンゴル時代の関中における水利用および管理に関しては、矢澤一九九九・二〇〇〇参照。

4　『元史』巻一六・世祖本紀・至元二八年九月己酉「設安西・延安・鳳翔三路屯田総管府。」

5　『元史』巻一〇〇・兵志・屯田・陝西等処行中書省所轄軍民屯田条および『経世大典』序録・屯田条（『国朝文類』巻四一所収）によれば、陝西地域の屯田は陝西屯田総管府屯田・陝西等処万戸府屯田・貴赤延安総管府屯田の三種に大別される。これら三者は成立に至る経緯や、それにかかわる所属・性格の差違など個別に検討を要する問題が多いが、本章では戸数・耕地面積の点で圧倒的な割合を占め、さらに渭北地域の水利灌漑事業との密接な関連のうかがえる陝西屯田総管府屯田に焦点を当てて考察を進める。

6　是年九月十五日、奏過事内一件節文、「安西府・延安府・鳳翔府、這三路在前交軍立屯来、根脚裏這軍毎不是額定的正軍有。成都府忙併時分、幾処簽来。去年、省官人毎奏了『這軍交依旧為民来。若是這軍毎散了呵、屯田的勾当・得済的勾当誤了也［者］（着）。這軍毎［雖］（歳）交做民呵、只交這的毎種田不交罷呵、怎生。』麼道、也先帖木児等京兆省官人毎奏将来。「那般者。」麼道、聖旨有来。『立屯田府的勾当裏、三箇路裏合立三処営田司衙門、休立営田司、立一箇屯田総管府衙門、委付着好人管着屯田的勾当中也者。』麼道、奏呵、『那般者。』聖旨了也。欽此。都省移咨。欽依施行。」准此。省府照得、営田已経革罷、将元管戸牛地土額辦粮草已未送納、及応干不了事件交割外、拠六盤迤東彭原等処元係成都接応軍人、改為民屯、比及別行設官以来、恐誤合辦粮草、擬令元管屯田千戸時暫拘鈐管辦。

7　『元史』巻八・世祖本紀・至元一〇年春正月己卯「川蜀省言、宋昝万寿攻成都、也速帯児所部騎兵征建都未還、擬於京兆等路簽新軍六千為援。従之。」モンゴル軍の四川・雲南攻略に関しては、李一九八八および胡一九九二を参照した。なお、鳳翔の屯田のルーツとしては、オゴデイ七年（一二三五）に程達に率いられた鳳翔に屯田した平陽・河中・京兆の民二〇〇〇があたる。『牧庵集』巻二四「武略将軍知弘州程公神道碑」。

8　『元史』巻九八・兵志・兵制「（至元）十年正月、合剌請於渠江之北雲門山及嘉陵西岸虎頭山立二戍、以其図来上、

仍乞益兵二万、勅給京兆新簽軍五千人益之、陝西京兆・延安・鳳翔三路諸色人戸、約六万戸内、簽軍六千。」また、至元一一年（一二七四）には西蜀四川屯田経略司が設置され、四川において屯田開発が推進される。こうした施策の背景には屯田の設置・軍需物資の供給を含む六項目に及ぶ西川攻略の要諦を述べた李クランギ（Qulanki：忽蘭吉）の影響が窺える。後に李クランギは南宋平定の後には京兆延安鳳翔路管軍都尉兼屯田守衛事を授けられ、四川方面からの帰還兵を用いた屯田経営に携わる。『元史』巻一六二・李忽蘭吉伝。なお、すでに張一九九〇（二八〇頁）が当該時期の四川攻略に与えた李クランギ建言の影響の大きさに言及する。

9 『元史』巻一〇・世祖本紀・至元一五年一二月庚辰「鴨池等処招討使欽察所領南征新軍、不能自贍者千人、命屯田京兆。」

10 『元史』巻一〇〇・兵志・屯田・陝西等処行中書省所轄軍民屯田「(至元)二十九年、立鳳翔・鎮原・彭原屯田、放罷至元十年所簽成都接応延安軍人、置立民屯、設立屯田所、尋改為軍屯、令千戸所管領。」

11 「額定の正軍」に関しては、松田一九九〇が明らかにしたように、乙未年（一二三四）に作成された「乙未籍冊」に軍戸として正規登録された戸計を指す。

12 彭原・鎮原・鳳翔の屯田に関しては、至元二九年に一旦は民戸に改められたが、同年中に軍屯に改められて屯田千戸所の所轄となる。さらに翌三〇年（一二九三）に再度民屯に改められるが、これは上奏中に見える陝西行省の提案、すなわち「暫く監督し取り捌かせる」が反映された結果と言えよう。

13 所轄屯田の面から見て陝西等処屯田総管府が三路屯田総管府をその前身とするものであることは明らかであろう。ただし、延安・鳳翔の屯田が所轄を離れたことに由来すると考えられるその改組の年次に関しては、管見の限り史料中に関連の記載を見出すことができない。また、『元史』巻一四・世祖本紀・至元二四年六月乙亥条に「以陝西涇・邠・乾及安西属県閑田立屯田総管府、置官属、秩三品」とあり、さらに同巻一五・至元二六年二月己丑条にも「賜陝西屯田総管府農器種粒」の記載が見える。この両種の史料が示す状況を整合的に理解することは困難であるが、今後の検討課題としたい。なお、この問題に関して、張一九九〇においては、至元二四年に設置された陝西屯田総管府を後の陝西等処屯田総管府と同一視する解釈がなされるが、三路屯田総管府に関する言及はなく、さらに管轄地域に関しても「涇・邠・乾」の地に関する問題が処理しきれていないことから、現段階では従うことはできない。

14 安部一九五四によれば、協済戸とは「自身単独では担税能力の低いものが他の納税者を援助して定額に足らわせる」と説明される。また交参戸に関しても、「かつて郷里で附籍したものが何らかの事情で他郷に流れこみ、そこで現地の附籍民戸といりまじって住んでいたのを新たに抄出されて、しかもその重抄であることのはっきりしている戸計」と定義される。

15 『元史』巻一〇〇・兵志・屯田「世祖至元十一年正月、以安西王府所管編民二千戸、立櫟陽・涇陽・終南・渭南屯田」、『涇渠図説』設立屯田条双行注「至元十一年、設立屯田、於各県交参・協済下戸内、差撥屯田。」

16 『元史』巻一一・世祖本紀・至元一八年冬一〇月乙巳「命安西王府協済戸及南山隘口軍、於安西、延安、鳳翔、六盤等処屯田。」

17 『元史』巻一〇〇・兵志・屯田「(至元)十九年、以軍站屯戸拘収為怯憐口戸計、放還而無所帰者、籍為民戸、立安西・平凉屯田、設提領所以領之。」ここで改籍対象として屯戸の名が挙がるが、その結果生み出された怯憐口戸のうち復帰する土地を持たない者が民戸に編入されていることから、ここでの屯戸とは屯田戸全般を指すのではなく、軍屯構成戸を指すものであったと解する。

18 『元史』巻一六・世祖本紀・至元二七年一二月甲申「遣兵部侍郎靳栄等閲実安西・鳳翔・延安三道軍戸、元籍四千外、復得三万三千二百八十丁、枢密院欲以為兵、桑哥不可、帝従之。」

19 『元史』巻一六・世祖本紀・至元二七年一一月丁卯「遣使鉤考延安屯田。」

20 サンガ執政期に行われた江南における理算・抄数に関しては、植松一九九七参照。

21 枢密院臣奏、延安・鳳翔・京兆三路籍軍三千人、桑哥皆罷為民、今復其軍籍、屯田六盤。従之。

22 虞集『道園学古録』巻二〇・翰林学士承旨董公行状「方是時、桑葛当国用事、寵奉方熾、……(中略)……于是、遷公通奉大夫、大司農。時又欲奪民田為屯田、公固執不可、則又遷公為翰林学士承旨。廿七年……」

23 こうした動きは監察機関として絶大な権力を握った提刑按察司が、サンガ執政期にはその手足となり諸施策を翼賛することとなったことに鑑みて、サンガ誅殺後の至元二九年に至って新たに粛政廉訪司として改組され人員が一新されながらも、その職責にはほとんど変更が加えられなかったことと軌を一にするものと言えよう。提刑按察司から粛政廉訪司への改組に関わる諸問題については、李二〇〇三（二八七～二八九頁）参照。

24 皇元車書混同、品節庶物緻密前古。至如田疇稼穡之政、倉庾委積之事、典領之任、秩亜於列卿、所属尤重。故博

［求］（水）誠篤明亮之士、以充其任。是無曠庶官也。天下屯、至重関輔、屯府居其一也。網轄涇・櫟・終・［渭］（滑）・平涼所□畯属、以顕其業。行省所臨、治在奉元省垣右、資易奉事。皇慶中、南北屢遷、経理非常、涇邑遺［使？］（治）統領河渠、葺理洪堰而已。因慮出納之重具在総管。後至元戊寅冬、省檄復遷府治於涇邑、為仍便於教督也。治之中堂、棟撓垣傾敗、不蔽風日、積有年矣。至正丁亥春、大中大夫陞陝西等処屯田総管府達魯花赤兼河渠司事脱烈東魯迷失・武略将軍副総管王公・経歴張君等見治圮壊、言……

25　奉元路への屯田総管府移転が行われた至正七年という年に着目すると、ほぼ同時期に奉元路に陝西行御史台の治所が重建されていることに気がつく。『至正集』巻四五所収の「勅賜重修陝西諸道行御史台碑」は、至正六年（一三四六）に完成を見た陝西行御史台治所の再建を記念するために、翌七年一一月に順帝トゴンテムルの勅を奉じて許有壬が撰述したものである。

26　『雍大記』巻三三・志貴に収録される屯田府知事段循撰「涇陽県重脩鄭白渠記」に「至元二十八年、立屯田府、官階三品、兼司其事」とある。

27　『元史』巻九〇・百官志・都水監条にその属吏として「令史十人、蒙古必闍赤一人、回回令史一人、通事、知印各一人、奏差十八人、壕寨十六人、典吏二人」と見える。また、『洪洞県水利志補』「節抄長潤渠冊」に収録される洪洞県主簿劉思考撰の「元（延）祐四年復立潤源長潤二渠之碑」には「延祐三年秋九月、徐溝県尹郭耿上言闕下復興沃陽之利。天子允奏、朝廷奉命、特遣都水監壕寨官張惟賢、晋寧路判官丁公用、郭尹巡其跡、而計其工」とあり、張惟賢の肩書きは都水監壕寨官である。

28　平涼等処の正・副提領に関しては、『涇渠図説』設立屯田条に本府（屯田総管府）が注擬するとされる。『榘庵集』巻七「臨潼県尉雷君墓誌銘」において、至元三一年に雷楨が陝西行省より平涼等処屯田提領に任じられた事例を確認することができることから、屯田総管府の候補者選定を経て、行省により叙任がなされたと考える。

29　【表六‐一】によれば、鳳翔・鎮原・彭原における屯田戸数が飛び抜けて多い。また平涼屯田の極端に少ない戸数、安西屯田の戸数に対して耕作地面積が他四県に較べて明らかに少ないことなどがどのような理由によるものであるかは不明とせざるを得ない。ただし、この内の安西屯田に関しては、その所轄地域が極めて不明瞭（安西以外はいずれも府・州・県といった行政単位）であり、さらに戸数減少の割合が極めて高いことから、恒久的な施策として設置された屯田であったとは考えにくい。

30 王一九八三においては、四県屯田戸の減少を屯民の逃亡によるものとする。ただし、四県屯田の戸当たりの耕作地面積という面から見れば、戸数減少後の数値は減少以前に比べてより近似した値をとる。もちろん戸数の減少に伴い、耕作地面積も減少したであろうことを考慮すべきではあるが、戸数減少の背景には四県屯田の平均化を目指す政策としての一面があったとも考えられる。

31 ただし、陳・史二〇〇〇において、全国の屯田一戸あたり耕作地は五〇～一五〇畝とばらつきがあり、屯田地面積に関する統一的規定は存在しないとする。なお、屯戸一戸あたり五〇畝が支給された事例として、牛根靖裕が挙げる『元史』巻二一・成宗本紀・大徳一〇年夏四月甲辰「枢密院臣言、太和嶺屯田旧置屯儲総管府、専督其程。人給地五十畝、歳輸糧三十石、或佗役不及耕作者、悉如数徴之、人致重困。乞令軍官統治、以宣慰使玉龍失不花総其事、視軍民所収多寡以為賞罰。従之」も加えられるであろう。牛根氏は四川行省所轄の軍屯の一人あたりの平均耕作地面積は約一七・五畝で平均が五〇畝であるほかの地域より小さいことを指摘する［牛根二〇一〇］。

32 『榘庵集』巻七「倉使冉晦卿墓誌銘」には千斯倉使に任じられた冉晦卿が「奉元の穀蔵を主り、出納の当、合龠を失せず」と称される。

33 再遷従仕郎高陵県令。高陵古為劇県、県有白渠之利。引涇水灌漑田極膏腴、歳収入倍他邑、以故官置屯田輸穀貯県倉、恒以万数。歴三二歳、主者慮変腐、符県下其値与民、為両済法。而県官貪恣多詭、糴転売、利其贏余、民不獲恵。

34 大徳八年における涇水氾濫の原因については本記載中にも言及はない。ただし、蕭𣂏『勤斎集』巻四「地震問答」によれば、その前年に起こった山西の平陽・太原を中心とする大地震の影響が関中にまで及んだことは明らかであり、これにより涇水の氾濫が引き起こされたと推定し得る。各地に甚大な被害をもたらした大徳七年の山西大地震に関しては聞一九九二参照。

35 『元史』巻六六・河渠志・涇渠条「大徳八年、涇水暴漲、毀堰塞渠、陝西行省命屯田府総管夾谷伯顔帖木児及涇陽尹王琚疏導之。起涇陽・高陵・三原・櫟陽用水人戸及渭南・櫟陽・涇陽三屯所人夫、共三千余人興作、水通流如旧。」

36 英宗至治元年十月、陝西屯田府言、自秦・漢至唐・宋、年例八月差使水戸、自涇陽県西仲山下截河築洪堰、改涇水入白渠。下至涇陽県北白公斗、分為三限幷平石限、蓋五県分水之要所。北限入三原・櫟陽・雲陽、中限入高陵、南限入涇陽、澆漑官民田七万余畝。近至大三年、陝西行台御史王承徳言、涇陽洪口展修石渠、為万世之利。由是会集奉元路三原・涇陽・臨潼・高陵諸県、泊涇陽・渭南・櫟陽諸屯官及耆老議。如準所言、展修石渠八十五歩、計四百二十五尺、深二丈、広一丈五尺、計用石十二万七千五百尺、人日採石積方一尺、工価二両五銭、石工二百、丁夫三百、金火匠二、用火焚水淬、日可鑿石五百尺、二百五十五日工畢。官給其糧食用具、丁夫就役使水之家、顧匠傭直使水戸均出。

37 洪堰とは涇水中に設置された水位を上昇させるためのせきである。河床の浸食によって拡大する取水口と河川水面との高度差は常に問題視され、定期的な水路の浚渫はもとより、取水口をより上流に移すことでその対応が図られた。また、その差を縮めるために河川中にせきを築き、水位の上昇を促した。歴代の水利事業に関しては、葉一九八四、森部二〇〇五、Will1998を参照。

38 洪堰整備事業に関わった者のうち、労働力としての人戸以外に石工や金火匠が見える。金火匠の水利事業への関与については、ニーダムが火力採掘法と蒸気を用いた岩石割裂法が行われたと指摘する［ニーダム：田中一九七九］。

39 上流域と下流域の条件差を埋める手段として宋代以降発達したのが均水法と呼ばれる使水順序規程である。詳細は長瀬一九八三（七〇五～七二三頁）参照。

40 行水之序、須自下而上、昼夜相継、不以公田越次霖潦輟功。旧例、各斗分須要従下依時使水澆漑了畢、方許閉斗、随時交割、以上斗分、無得違越時刻。又、使水屯戸、与民挨次、自下而上漑田。

41 又五県行使涇水斗口、旧例自下而上、挨排次序放澆、却因地形高低不等、累経洪水吹濯、渠深地高。在前、官司権令打立截堰放澆。今来体知得、其余斗分、不畏公法、屯利人戸将地不尽実報、倚仗人衆、接上築打死堰、将下次利戸合使水直改豁、恣意放澆、直至夜［深］、却将水直分豁下流、已下利戸不曾隄備、以致泛溢、澆過不応土畝、或還入河、虚費水利。

42 『涇渠図説』に見える屯名の中には渭南屯田に属するものとして南永寿屯・北永寿屯・郃陽屯といった明らかに地名を冠するものがある。これらは従来の居住地をそのまま屯名に当てたものと考えられ、その主たる構成員が同郷の人々によって占められたことを示すものと言えよう。なお、永寿・郃陽はそれぞれ乾州・同州所轄の県名である。

43 照得大司農司元定、若有違犯水法、多澆地畝、毎畝罰小麦一石。至元二十年、承奉宣慰司劄付、犯水人戸有倣夫之家、亦有不倣夫之家、議得如係不倣夫之家、毎畝罰小麦一石、興工利戸毎畝五斗。至元二十九年、陝西漢中道粛政廉訪司講究得、違犯水法不倣夫之家、毎歳減半罰小麦五斗、興工利戸毎畝二斗五升外、抛犯罪毎畝笞七下、罪止四十七下。又案旧例、凡攙越盗用、渠岸修築不牢、澆漑不応地土、渠吏蔽匿不申、及斫護岸樹木、無故於三限行立者、皆有罪罰。

44 李二〇一〇によれば、至元二〇年三月の京兆行省の廃止に伴い設置されたのが、京兆宣慰司（陝西漢中道宣慰司）であり、至元二三年に陝西四川行省が再設置されるまでの間、存続したと考えられる。

45 『元史』巻六五・河渠志・洪口条ではこの王琚の建言を至大三年のこととするが、同書巻六六・河渠志・涇渠条では至大元年とされ、『涇渠図説』の記載内容とも合致することから、洪口条の誤りと考える。

46 琚、字神瑗、済南鄒平人。建言未行去職、後再使督之。

47 延祐五年四月二十有三日、承徳郎乾州知州済南王琚母夫人趙氏卒。将護柩帰松楸、卜以某年七月二十日与其考府君合葬鄒平県仁義郷之北岡。乃録府君世次寿年、求銘窆石。……（中略）……君諱禎、字国祥、世為済南人。高祖淮、金懐遠大将軍、済南路州軍民千戸。力済時艱、一方之民独安田里。曾祖彰、金中大夫、棣州厭次令。出私積活荒歳民。……（中略）……至元十四年五月二十有六日得疾、遂不起、寿止三十八。夫人趙氏、金浦州千戸忠恵之女。……（中略）……子男二、長承徳也、次珪甘粛等処行尚書省訳史、前歿。女一、適都目李惟洪。孫男三、魯・兗・鄒。女五、曾孫女二。

48 『涇渠図説』に「毎方一尺為一工」とある。

49 本朝至大元年、承徳郎陝西諸道行御史台監察御史王琚建言、於宋渠上更開石渠五十一丈。今用之。元料渠長五十一丈、闊一丈五尺、深二丈、計積一十五万三千工。毎方一尺為一工、已開一十四万三千五百四十六工五分、未開九千四百五十三工。延祐元年、興役、後至元五年、渠成。〔延祐元年至三年、先開一十二万三千一百七十九工四分。至元三年再開四千四百零二工一分。五年、再開一万五千九百六十五工。是年秋、故堰至新渠口、堰水入渠。〕」〔　〕内は双行注。『元史』巻六六・河渠志三・涇渠条もほぼ同文を載せる。

50 県監以下、いずれも職名・資品・姓（侯）・名・字の順で記されるが、この「存義」に相当する資品を確認できない。あるいは武資正従八品の保義校尉、保義副尉の誤りとも考えられる。

51 大徳乙巳夏、涇陽邑居之大夫士、同州趙判官毅、青磵宋尹天瑞、与其郷之耆艾李芳而下十一人走書南山下、告予曰、吾邑距大府不百里、政役叢劇、苟承上字下、不獲其人、則民将無以寧厥居。繇監県進義［玉］（正）倫実不花、［県］（泉）尹従仕王侯琚仲瑗、簿尉存義彭侯徳恕彦寛、典吏郝誠、来莅是邑、而能同心僇力、求所以集事而利人者。若王侯董役洪口、疏石濬淤、渠水倍常歳、而多稼豊碩。

52 『元史』巻六〇・地理志・陝西等処行中書省・延安路によれば、青磵県は延安路綏徳州の属県である。

53 『［嘉靖］涇陽県志』巻二・古蹟に「谷口、按谷口有二。一在県西北七十里、涇水所出之口。一在県西北六十里、治水所出之口。東西相去二十余里。鄭子真所隠、即東谷口。所謂寒門谷口也。漢谷口県及白渠所起之谷口、即西谷口也。瓠口。在県西北六十里、即鄭渠所邸之瓠口也。在谷口下、以今考之、涇水自出山、流経東南両岸、阻大原中衍為川、迤邐而開。其形如瓠、上曰瓠口、下曰瓠中也。洪門監。在県西北七十里瓠口、置河渠行司」とある。

54 聖朝因前代故迹、初修洪口石堰。……（中略）……当河中流、直抵両岸、立石囤以壅水。囤行東西長八百五十尺、毎行一百零六箇、計十一行、闊八十五尺、総用囤一千一百六十六箇。照得、洪口往日水撃西岸、渠口在東、勢直衝堰、故常吹去。今来、復撃東岸、自癸巳年創立渠堰、毎年増修云云。囤行広密、委是堅牢雖遇水漲、止是衝破龍口、或捲去堰上石頭、或吹損囤口、或衝透囤眼。故毎歳増修及淘石渠上下泥沙、人功不輟。又旧例水軍三十人看堰。今議得、令各県差富実人夫二名、五県計一十名看堰、若有微損、即便補修。

55 『涇渠図説』洪堰制度によれば、涇渠の流域に計一二五基の斗門が設置され、取水の条件を等しくするために水路の両岸五尺（約一・五メートル）の土地は空き地とされた。

56 陝西、自泰定二年至是歳不雨、大饑、民相食。

57 『元史』巻六五・河渠志・洪口渠条「近因奉元亢旱、五載失稔、人皆相食、流移疫死者十七八。」

58 文宗天暦二年三月、屯田総管兼管河渠司事郭嘉議言「去歳六月三日驟雨、涇水泛漲、元修洪隁及小龍口尽圮。水帰涇、白渠内水浅。為此計用十四万九千五百十一工、役丁夫一千六百、度九十三日畢。於使水内差撥、毎夫就持麻一斤、鉄一斤、繋囤取泥索各一、長四十尺、草苫一、長七尺、厚二寸。」

59 ほぼ同文を収録する『［嘉靖］涇陽県志』巻四・水利志「重修鄭白渠記」の末尾に「泰定元年重陽日将仕郎屯田府知事段循記、泰定元年甲子九月二十五日戊申立」と記されることから、これが屯田府知事の段循によって泰定元年（一三二三）に撰述され、刻字立石されたものであることが分かる。

60 至元二十八年、立屯田府、官階三品、兼司其事。近年、董政者吐剛茹柔、加以苟且、遇有工役、使貧者労而富者逸、以致堤堰摧潰、溝洫壅淤、使不能尽其地利也。別帖木児京師巨族、賦性聡慧、治政果断、以扈従鑾輿之勤、擢供衛直都指揮使、佩玉珠虎符、授官嘉議、未及期、遴選宣差屯田府事。時至治壬戌六月也。泰定初元、夏署雨、涇水泛溢、浪淩峭壁、洪梁圮磧、悉漂没不遺泛梗、惕然隠憂、以為己任、率属吏躬詣其処、計日度工、人分隊伍、匠石伐材、朝集暮散、未有一日之廃弛、不旬月而厥功告成、流水倍常。

61 『［嘉靖］涇陽県志』巻四・水利志・都事楊欽撰「重脩豊利渠題銘記」に「渠口近下石岸之傍、有小龍口上下有数泉焉。与涇水相接、当河流漲溢之時、両水相衝、渠不能容、毎有摧頽之患」とあり、小龍口とは取水口附近にあった泉水の湧出する池であり、涇水の氾濫時にはこの小龍口の水もあわさって洪水の被害を拡大させた。

62 『元史』巻六五・河渠志・洪口渠条「文宗天暦二年三月、屯田総管兼管河渠司事郭嘉議言、「去歳六月三日驟雨、涇水泛漲、元修洪堰及小龍口尽圮。水帰涇、白渠内水浅。為此計用十四万九千五百十一工、役丁夫一千六百、度九十三日畢。於使水内差撥、毎夫就持麻一斤、鉄一斤、繋囤取泥索各一、長四十尺、草苫一、長七尺、厚二寸。」陜西省準屯田府照、洪口自秦至宋一百二十激、経由三限、自涇陽下至臨潼五県、分流澆漑民田七万余頃、験田出夫千六百人、自八月一日修堰、至十月放水漑田、以為年例。近因奉元亢旱、五載失稔、人皆相食、流移疫死者十七八。今差夫又令就出用物、実不能辦集。窃詳涇陽水利、雖分三限引水漑田、縁三原等県地理遥遠、不能依時周遍、涇陽北近、倶在上限、幷南限中限、用水最便。今次修堰、除見在戸例差役、其逃亡之家合出夫数、宜令涇陽県近限水利戸添差一人、官日給米一升、併工修治。省準出鈔八百錠、委耀州同知李承事、洎本府総管郭嘉議及各処正官、計工役、照時直糴米給散。李承事督夫修築、至十一月十六日畢。」

63 監察官の勧農業務への関与については、本書第八章を参照。

64 至正三年、御史宋秉亮相視其堰、謂渠積年坎取淤土、畳塁於岸、極為高崇、力難送土於上、因請就岸高処開通鹿巷、以便夫行。廷議允可。四年、屯田同知牙八胡、涇尹李克忠発丁夫開鹿巷八十四処、削平土塁四百五十余歩。

65 至大間、監察御史王承徳建言、於豊利渠北開削石渠長五十丈。歳月已久、呑水漸少、入渠之水既微、則築堰労而民利寡矣。嘗考古今渠利之廃、蓋因河身漸低、渠口漸高、水不能入。是白公不容不継於鄭渠、豊利不得不開於白公之後也。今豊利渠口去水又已漸高、則王御史見開石渠又不尽功、若不増治、豈惟漸失民利。慮恐日就湮塞。近因巡歴至県、親詣新旧渠口、一一相視。遂採衆論、酌以管見、苟欲其利溥博。其説有三。一曰尽修渠堰之利。二曰復置両閘之防。三日開通出土之便。然其要又在選委得人不当惜費。今将貼説図本、具呈憲台。照詳施行。

66 従来、この宋秉亮の建言の日時を『元史』河渠志に見える至正三年のこととし、『涇渠図説』および『長安志図』の編纂年代に対する検証がなされてきた。ただし、宋秉亮は陝西行御史台の監察御史であり、上奏の順序としては、一旦行御史台を経由して御史台へと送られたと考える方が妥当であろう。すなわち、至正三年（もちろん月の問題はあるが）に御史台から順帝に対して上奏がなされたと考えれば、その前段階たる宋秉亮の行御史台への建言を至正二年時点のこととみなしても問題は生じない。

67 「重脩豊利渠題銘記」ではテリテムルの陝西行省左丞相への就任を至正一〇年とするが、『元史』巻四五・順帝本紀・至正一九年九月癸巳条に「以中書平章政事帖里帖木児為陝西行省左丞相、便宜行事」とあり、これに従う。

68 庚子春、聖上命金紫光禄大夫中書省平章鉄公為陝西省丞相、便宜処治軍民政務、廼以屯田府兼司河渠、勤農力本職也。選官責任、聞之天子、制可其奏。秋七月、屯田監府蛮公文彬・総管虎公仲植共議以新堰水勢湍急、弗若旧迹平穏、復移于下、従古規也。又以物（滴？）欵用、人民乏食、呈蒙省准、人日賜粮一升、所需之物、遣使和買、不取于民。由此感悦、流散者復業而趣工矣。於是、二公率涇陽尹李太不花・侯元亨等四県三所官僚部夫三千、未治是役、首穿渠道、起三限、終于石渠、延袤七十余里、口広丈有八尺、底広丈有五尺、深浅観其地高下、深者丈有一尺、浅者亦不下八九尺、土石尽出岸積成立嚢時旧址燦然復見于今也。渠口近下石岸之傍、有小龍口上下有数泉焉。与涇水相接、当河流漲溢之時、両水相衝、渠不能容、毎有摧頽之患。歳工費不貲、砌以巨石、灌以灰脂、巍然堅固、次後大堰増広大囤、選材製造、実以堅石、東西相視、千有余尺、髣髴如長鯨臥波之状。堰甫及半、洪波東注、与泉流相合而下、較之疇昔龍口合而水不流者、相去邈矣。……（中略）……宜哉、工畢之日、或謂四百年之佳政既以興復、後之領是者知某年乃某官督工某事、乃某人所挙、或有未善未完之節、必有同志成全者焉、則中統至元之政再見于今日也。非鑱諸石、曷以伝于悠久、徴余為記、義不克辞、真述大概、以紀其実耳。謹具職名于左。

第七章

京兆の復興と地域開発
――ヒトとモノの動きを中心に

はじめに

金・モンゴル交替期における関中は、一〇年以上にもおよぶ断続的な戦争状態の中で荒廃を極め、正大八年（一二三一）における金軍の潼関以東への退却とこれにともなう強制徙民によって、中心都市である京兆も人口空白状態に陥った。その後、オゴデイ一二年（一二四〇）に始まる渭北地域での屯田・水利開発によって端緒が開かれた復興への足取りは、モンケの大ハーン即位の後、関中を分地として与えられた皇弟クビライの指揮のもと、廉希憲、姚枢、商挺ら名だたるブレーンたちによって本格化するかに見えたが、モンケとの間に生じた確執によってわずか四年あまりで頓挫する。

これが転換期を迎えるのは至元九年（一二七二）である。同年のマンガラ（Mangyala：忙哥剌）の安西王就封と翌一〇年（一二七三）の京兆への出鎮が契機となり、安西王国の統治下において関中の復興と地域開発が推進されていく。京兆は西北・西南方面への押さえから、甘粛・中央アジア・ティベット・四川・雲南方面への要である「大都市ケンジャンフ」へと変貌をとげるのである。この復興期を迎えた京兆にあって、きわめて特異な足跡を残すのが劉斌という人物である。無位無官の身でありながら、開発・復興事業にその名を刻み、大ハーン・

クビライへの謁見という栄誉に浴することにもなったその主たる功績は灞水への架橋にもとめられる。
秦嶺に源を発し、京兆の東を過ぎて渭水に流れ込む灞水は、関中八川の一つに数えられる。そこに架かる灞橋は都を離れる人々が別れを惜しんで柳を手折り、数々の名句を残した折柳の舞台としても有名である。その歴史は前漢時代の木橋にさかのぼる。これが新の地皇三年（二二）に火災によって焼け落ちたため、あらたに石造の橋に架け替えられ、長久を祈って長存橋の名が与えられた。

漢代の灞橋が長安城との位置関係から灞水と滻水の合流地点より北側（現在の灞橋区段家村付近）に架設されたのに対して、隋代には大興城が漢長安城の東南に建設されたのにともない、開皇三年（五八三）に滻水との合流点より南側（現在の灞橋鎮付近）に移され、唐代には天下の十一大橋のうちの四大石橋の一つに数えられた。[1] そこから北に向かえば東渭橋より渭水を越え、高陵・三原の諸県をへて陝北・オルドスに達し、南に向かえば藍谷を経て商州に至り、丹水・漢水に沿って襄陽に達する。灞橋は京兆から東に向かう必経の地であり、北・南・東の三方から京兆に至る諸路の結節点として交通・物流の要であり続けたのである。

劉斌を主役とする至元年間の灞橋架設に関しては、当時の京兆士人層を代表する李庭によって「創建灞石橋記」（『寓庵集』巻五、以下、「李記」と略す）が撰述され、さらに駱天驤の『類編長安志』（巻七・橋渡・橋、以下、「駱志」と略す）にも記録が残された。さらに時を隔てて、張養浩により「安西府咸寧県創建灞橋記」（『張文忠公文集』巻一四、以下、「張記」と略す）が撰述され、その顕彰がなされた。「李記」の末尾には執筆に至る経緯が以下のように記される。

> 一日、京兆府学教授の駱天驤は、（劉）斌と偕に門に踵りて来り、告げて曰く「斌の橋成るも亦た先生の志なり。今将に諸れを石に勒り、以て歳月を紀さんとするに、文は先生に之れを属せざれば而して誰をや」と。余は之れに応じて曰く「諾」と。遂に其の顛末を序し、以て後の人に諗げ、守りて壊すこと勿らしむるなり。[2]

灞橋の完成を記念する碑文の撰述を求める京兆府学教授の駱天驤と劉斌に対して、李庭はその申し出を快諾し、架設事業の内容を後世に語り伝えるとともに、灞橋の保護を訴えるためこれを撰述したという。よって、「李記」はもとより、「駱志」の情報源も劉斌自身であった可能性が高く、両史料は整合的な理解が可能な信頼に足るものとなる。なお、「張記」撰述の経緯に関しては、別に検討を要する問題が含まれるため後段にて詳述することとするが、結論からいえば、武宗カイシャンの至大三年（一三一〇）である可能性が高い。情報源および時期の隔たりの点から見て、「李記」・「駱志」と比べて「張記」の信憑性は低いが、他の史料には見えないオリジナルな記述内容も含まれることから、参考史料としての利用価値は残される。

灞橋架設以外に劉斌が関与した事業として京兆宣聖廟の復興が挙げられる。金・モンゴル戦争の混乱の中で、唐代以来の石刻を保存した京兆宣聖廟は徹底的な破壊を被った。現在の碑林博物館に見られる碑刻群の一大集積地としての状態に至る間には、モンゴル時代の復興事業の意義を見逃すことはできず、その中で明瞭な足跡を残すのが「灞橋の劉斌」であった。

劉斌による灞橋架設に関しては、すでに李之勤によって二篇の専論が公表されている［李一九九四A・B］。上記の三史料を内容ごとに比較検討するなど、灞橋架設事業の全体像を知る上で不可欠の研究である。また、劉斌の宣聖廟修復への関与や「張記」撰述の時期について言及がなされる点にも大きな意義を認めうるが、さらに踏み込んだ考察を行うべき問題点も多い。そこで本章では、劉斌がともに関与した灞橋架設と宣聖廟の復興という両事業を切り口として、至元年間における関中復興と地域開発の足取りをたどってみたい。とくに、開発に関わるヒトとモノの動きを明らかにすることで、史料から復元される骨格に肉をつけ血を通わす作業を試みたい。

従来の研究においては、中国の「地大物博」というイメージによってか、各種建設・開発事業を考察する際に、そこに不可欠な物的資源の動きという問題がなおざりにされてきた感がある。地域や時代により状況は異なるものの、大は都市の建設や官衙・寺廟の建造・修繕から、小は石碑一基の建立に至るまで、必要とされる資材が建設現場の脇に転がっているわけではない。各種資材がどこからどのように調達されたのかという問題を明らかにすることは、開発の経緯やその背景となる理念・目的を考察することにも劣らず重要な作業である。これを抜きにしては血の通わない一種の骨格標本が復元されるに過ぎない。骨格に血肉を与え、生き生きとした姿をもって眼前に現すには、モノの流れを復元する必要がある。これにより本章はモンゴル時代における一事例研究という枠にとどまることなく、関中という地域のもつ地理的特性や資源をめぐる周辺地域との関係性を明らかにするものとなろう。[3]

第一節　灞橋の架設

一　架橋の経緯

至元九年の夏、大ハーン・クビライのもとに、「山東の梓匠」、「魯の民」、「堂邑の民」と称された劉斌が召し出された。時まさに灞橋架設のさなか、無位無官の身ながらモンゴル帝国の公式駅伝網ジャムを利用して京兆より上都に至った劉斌は、クビライの下問に答えて灞橋の設計図を奉り、工事に至る経緯を言上するとともに、架橋に必要な物資の数々を申し添えた。その応対は大いにクビライの意にかない、求めるところすべてに応じるとの言質を得る。これにより、京兆の官籍没収田が下賜され、対南宋戦争で捕虜となり秦嶺の関隘に配備されていた人口が労働力として投入された。[4] 加えて、中統鈔二万五五〇〇緡の賜与と京兆への輸送が命じられるなど、クビライへの謁見をきっかけとして灞橋架設事業はようやく本格的に始動する。

まずは、その前段階である灞橋架設に至るまでの経緯から見ていこう。「李記」によれば、

【図7-1】関連地図

長安の形勢を以て天下に雄たるは、其の来たるや尚し。左は晋魏に達し、右は隴蜀を控え、冠蓋は鱗萃し、商賈は輻輳す。実に西秦の都会なり。城を距て東のかた三十里、灞水は南より来り、官路を横絶し、西北十五里にて渭に入る。其の源は商顔山中より出づ。毎歳の夏秋の交、霖潦して漲溢し、川谷合流して、砯崖して下らば、巨浪は澎湃たりて、浩として津涯無し。行旅は徒渉に病み、漂溺して死する者数うるに勝うべからず。至元元年の秋、山東の梓匠劉斌、適たま此こに至り、之れを見るに惻然として、内かに心に誓い、為めに石橋を構え、以って茲の苦を拯わんとす。既にして家に還り、其の父母親旧に告ぐるに、皆な悦び之れに従いて曰く「此れ奇事なり。当に力を勉むべし」と。各おの嚢資を出し臚と為す。斌ともに誓いて曰く「橋成る無くんば、東に帰らず」と。ここに於いて、束装して戒行し、前みて相衛に抵り、鎚鏨七百余事を市い、輦運して西し、廬を灞上に結び、人をして輪を以て業と為さしめ、得る所を斂め募工の直に充つ。[5]

とあり、至元元年（一二六四）の秋、灞水の凶状を目の当たりにした劉斌は石橋の架設を心に誓う。故郷へと戻った後、父母や親族、友人らに自らの心願を伝え資金援助を得ると、架橋が完成するまでは帰郷しないことを誓って京兆への帰路についた。この時、劉斌の心を動かした灞水の凶状とは、毎年夏から秋にかけて水かさを増した滻水などの支流が流れ込み、音を立てて岸壁に衝突し波を逆立てて流れ下る暴れ川と化したその姿であった。際限なく広がる激流は、旅人を悩ませるに止まらず、無数の溺死者をも生み出したのである。

「駱志」では、同じく劉斌に灞橋架設を決意させた顛末について以下のように述べる。

唐宋より今まで、有司は民に材木を課し、輿梁を為り以て済く。十月に橋成り、三月に拆毀す。我が大元に至り、堂邑の劉斌、修めて石橋を為る。初め、灞水の秋夏の交に適り、霖潦して漲溢し、波濤は洶湧たりて、舟楫の通ずる能わず、行人を漂没すること、殫くは紀すべからずして、常に渉客を病ます。中統癸亥、会たま斌の秦に旅し、還りて灞上に至るに、秋雨の泛漲するに値る。同行の車は凡そ三、漲息まば、斌の車前導し、僅かに岸次に達す。渡る者は人畜幾んど溺するも、靷を斬りて免るるを獲。其の殿なる者は流れに随いて漂没し、在る所を知らず。斌は遂に石梁を修めんことを誓い、帰りて親に詢し妻に辞し、家事は悉く其の弟に委ねて、曰く「若し石橋成らざれば、永に東帰せず」と。至元三年、廬を灞岸に結び、先に木梁を架し、以って通ぜざるを済く。斌は匠石、工梓、鍛冶、斲断を能くし、解せざる有る靡く、素芸を以て其の費する所に供し、落成に至る。[6]

唐宋時代より以降、[7]ながらく灞水に常設の橋は存在せず、毎年、民から供出された木材を用いて、一〇月に架橋し翌年三月にこれを撤去する臨時の木造橋が渡されるに過ぎなかった。季節的に船の航行すらも不可能になるほどに水量の増加をみせた灞水は、至元二八年（一二九一）の秋にも西岸に位置する漢文帝の陵墓である覇陵の墓門を打ち破り、石板五〇〇片を流出させるという被害を引き起こす。[8]夏・秋季に集中する降雨と秦嶺からの流出水の増加が度重なる氾濫を引き起こす原因であり、こうした自然条件に耐えうる常設橋梁の架設には相当の技術力とこれを支える工事資金、資材が必要であったことは言を待たない。

「駱志」と「李記」の内容をあわせ考えると、中統癸亥（四年、一二六三）に京兆に到来した劉斌は、至元元年（一二六四）に故郷の堂邑県への帰路に着き、灞上から渡河する際に同行者が濁流にのまれ、自らも車の引き綱を断ち切って辛くも九死に一生を得るという体験をした。これにより灞橋の架設を決意するに至る。さらに故郷での資金募集を終えて、京兆に帰着したのが至元三年（一二六六）であり、まずは木材を渡しただけの簡便な橋梁を架け往来のルートを確保した。劉斌の職に関しては、「李記」では梓匠と記され、「駱志」では「匠石、工梓、鍛冶、斲断を能」くしたとして、石材および木材、金属の加工など多方面の技術に秀でたとされる。さらに、京兆への帰着の後、灞水のほとりに居を構え「輪を以て業と為」すとともにその技術を伝え資金を集めたことから考えて、主たる生業は車両製造にあったことが分かる。これは「張記」において「輪輿を業」とするとあることからも裏付けられる。

松田孝一および山本明志の研究にて指摘されるように、当時の京兆では站赤を用いたティベット僧の頻繁な往来が確認できる［松田二〇〇〇、山本二〇〇八］。モンゴル時代に入り、ティベットや四川、さらには中央アジアなどとの交通・物流がより活発化したのにともない、車両の需要の高まりが生まれたと考えられる。そもそも、劉斌の京兆への到来自体がこうした需要を見込んで、もしくはその可能性を探る目的でなされたものとも推測される。さらに、劉斌が京兆に至った中統四年という時期に注目すれば、その前年七月まで故郷堂邑を含む山東一帯は李璮の乱の舞台となった。戦乱と戦後の混乱を避けるとともに、新たな販路を求めて京兆へ到来したとも考えられよう。

当時の物流や製造業に関わり興味深いのが、堂邑県からの帰路に「相衛の地」にてつちやのみなどの工具を七〇〇点あまり購入し、これらを車載して京兆まで輸送していることである。相衛の地とは、太行山東南麓の相州と衛州を指し、モンゴル時代の行政区分では彰徳路と衛輝路に相当する。太行山南部には多くの鉄鉱山が存在し、周辺には相州磻陽冶や磁州武安県固鎮冶など著名な製鉄地が点在する［王二〇〇五］。また、衛州にはオゴデイ時代に軍儲所が設けられ、モンケ時代には都運司が設置されるなど［袁一九七四］、交通・物流の要衝であるに止まらず、対南宋作戦を目的とした軍需物資集積の中心地でもあった。当時、黄河北岸の地には、兵器や農具のみならず、様々な鉄製品が取引される一大市場が形成されていたのであろう。

李庭は「李記」以外にも灞橋架設に関連する複数の記録を残している。その一つが「灞橋破土祭文」（『寓庵集』巻八）である。

昔、鄭の子産、其の乗輿を以て人を溱洧に済くるに、孟子おもえらく恵なれども政を為すを知らずと。然らば則ち橋梁の脩めざるは、我が有司実に其の責を任う。某は天子の命を承け、来りて此の土を守る。凡そ民のために利を興し害を除くべき者は、皆な当に心を尽し力めて之れを為すべくして、敢えて辞せざるなり。惟うに茲れ灞河、大路を横截し、秋夏の交に当らば、山水は暴漲して、甚だ民の患と為る。今畳石を将て、以て脩梁を架し、往来の人をして漂溺に死せざらしめ、以て天地の好生の徳を広げ、主上の愛民の心に副わんことを庶幾う。惟あ爾神、其れ之れを相よ。破土の初、敢えて誠を以て告ぐ。尚わくは饗けられよ。[9]

灞橋架設事業の開始にあたり、土地神、もしくは灞水の神に対して事業への加護を求め成功を祈るために撰述された文章であり、起工式にて読み上げられたものと考えられる。注目すべきは、当該文章において劉斌の名が挙げられない点である。つまり、祭文の主体、すなわち起工式の主催者は劉斌ではなく、あくまで現地の有司であった。これには灞橋鎮を所管する咸寧県[10]、もしくは京兆府が相当すると考えられ、灞橋架設がその当初より劉斌個人の事業にとどまらず、公的事業という性質を濃厚に帯びるものであったことを意味している。

本祭文の執筆時期は記されず、「李記」にも着工の時期は明記されないが、「駱志」と「張記」ではともに至元三年（一二六六）の着工とすることから、起工式もこの時期になされたと考えられる。また、竣工の時期については、「李記」では一五年間の月日を経て至元一五年（一二七八）に落成したとするのに対して、「駱志」では「前後三十寒暑を歴」てとあり、「張記」では至元二五年（一二八八）の完成とする。「張記」との矛盾については後段にてあらためて検討するが、「李記」と「駱志」の間に矛盾は存在しないと考えられることから、工事に費やされた十五年の月日とは劉斌が灞水を渡るに際して難を逃れ、灞橋架設を決意した至元元年を起点として、至元一五年に至る間を指す。

二　灞橋の構造

一五年間の年月を経て完成した灞橋の構造に関して最も具体的な描写を載せるのは「張記」である。架設に先立って、旧来の架橋地点の西（下流）側、約五八メートルの地点を着工地点に設定し[11]、水勢を削ぐために上流側に水路を開いて、凹凸をならし障害物を除去して整地を行った。さらに、河床に基礎となる木製の杭を打ち込み、その上に石板を敷き並べる。石板の上に石材を積み上げ、高さ二メートルあまりの石柱を築いて橋梁とする。石柱の間は矼とよばれるアーチを作る。当初の計画では、一〇本の石柱を並べ、九つのアーチで両岸をつなぐ予定であった。しかし、これでは急流を支えきれないことが判明したため途中で計画を変更し、石柱の数を倍増して二〇本の石柱、一九門のアーチが築かれた。アーチの径間は三メートルで、強度を増すために輪石の間は溶かした銅・鉄で埋められた。橋上は三列のレーンに分かれ、中央が車道となる。欄干は美しくかつ堅固であり、狻猊を載せた欄干柱の数は五六〇本にのぼる。橋の両端部分の勾配が急であるため、両端から二四メートルほどの間に敷石を積み重ねて傾斜をゆるめた。橋の全長は一二〇メートル、幅と高さは九メートルほどである。その波打つ形状は虹が水を飲んでいるようであり、橋を通る人々はみな驚嘆してその永遠無窮の福利を感嘆したという。[12]

こうした情緒に富んだ張養浩の描写に対して、「李記」および「駱志」が述べる灞橋の姿は相当に簡潔である。まず、「李記」によれば、

其の長さは六百尺、広さは二十四尺にして、両堤は隆峙す。下は洞門十五を為り、以て水怒を泄す。制するに鉄鍵を以てし、塈るに白灰を以てす。其の趾は山固にして、其の面は砥平たり。磨礱の密、甃畳の工、修欄華柱は之れを望まば巋然として天造神設の如し。信に千載の奇功、一方の偉観なり。是れ由り、車は軌を濡らさず、人は裳を褰げる無く、憧憧と往来し、坦然として阻むもの無し。[13]

とある。さらに、「駱志」には以下のように記される。

凡て一十五虹、長さは八十余歩、闊さは二十四尺たり。中は三軌に分かち、傍翼の両欄、華表柱は東西に標ち、忖留神は南北に鎮む。海獣は砌石に盤踞し、狻猊は闌杆に蹲伏す。鯨頭は浪を噴し、鰲首は雲を吞む。隄を築くこと五里、柳を栽うること万株、遊人の肩摩轂撃するは、長安の壮観為り。[14]

両史料をまとめれば、灞橋の全長は一七〇メートル、幅は七・七メートルでアーチは一五門、石材は鉄製の鍵で固定され、石灰を用いて防水処理が施された。橋のたもとには東西に華表柱が立てられ、南北には忖留神が置かれる。欄干の内側には海獣、外側には鯨頭や鰲首の彫刻が備え付けられ、欄干柱の上には狻猊が置かれた。さらに、岸辺には堤防が二・五キロにわたって築かれ、その上には堤防を固め、憩いの場を生み出すために柳が植えられたという。上述の「張記」が記す内容とは、長さ、幅、アーチ数などの点で食い違いが見られるが、信頼度の点ではやはり「李記」および「駱志」に軍配があがろう。

これらの描写からは、その高度な土木技術レベルに加えて、様々な石造彫刻によって彩られた壮麗な灞橋の姿がありありと浮かび上がる。さらに注目すべきは、橋梁の架設のみならず、堤防が設置されその強化のために植

樹がなされるなど、治水対策もが盛り込まれている点である。史料には劉斌のみがクローズアップされるが、その背後には水利・土木など各方面の技術者が参加していたことは疑いなく、灞橋架設は架橋のみならず、灞橋一帯の総合開発事業という位置づけにあったと言えよう。

三　工事資金の調達

ふりかえって、故郷の堂邑から京兆に戻り、灞水のほとりに居を構えた劉斌は人夫を募集するとともに、その賃金支出のために車両製造を開始する。当初、自身の親戚や旧知より資金援助を受け家財を費やしてきたが、人夫への賃金やその他の費用をまかなうには限界があった。そこで京兆の人士に対して、工事援助のため資金提供を求めることとなる。李庭の『寓庵集』巻七には、これに関連する二種の「京兆府灞河創建石橋疏」が収録される。その一通目には、

竊かに以えらく、台の九重を欲すれば、必ず累土を資う。功或いは一簣に虧かば、豈に山と為すに足らんや。惟うに人心の善を好むの誠有らば、則ち天下成り難きの事無し。眷みるに此れ長安の古都、寔に惟れ関右の要津たり。奈んぞ灞水の湍流、秦川の巨患と為さん。幸いに大匠に遭い、誓いて長橋を建てんとす。願うらくは匪石の心を堅くし、端にして移山の志有らんことを。今則ち功縁の就に垂んとするに、財力は倶に窮く。緬として四載の勤を懐えば、豈に半途にして廃すべけんや。且つ義を見て為さざるは則ち勇無きなり、前言を替うること勿れ。蓋し善を作して吉を得る者は常に多し、竚て後功を観よ。如し金諾を蒙れば、請うらくは玉銜に署せられんことを。[15]

として、「前言を替うること勿」れとあることから、おそらくは着工にあたってすでに資金提供を約束していた者たちがおり、その実行を求めるために発せられたものと考えられる。また、文面から判断して、疏文の発信者

はやはり劉斌ではない。撰述者の李庭自身である可能性もあるが、すでに見た「灞橋破土祭文」の例から考えて、咸寧県、もしくは京兆府の官員と考える方が妥当であろう。

さらに、もう一通の疏文では、

竊かに以えらく、川は惟れ険を設くれば、泛溢の虞れ無くんばあらず。橋は用て人を済さば、当に長久の計を作すべし。長安の名郡を眷るに、灞水の湍流を帯ぶ。毎に秋夏の交に逢わば、輒ち波濤の害有り。厲を掲げて渉る者、綿として千載をへ、沈溺して死する者、其の幾人なるかを知らず。自ら間世の良工に遇うに非ざれば、孰れか克く非常の大事を建てん。今山東の劉君なる者有り。世よ妙斲を伝え、生霊を救わんと誓う。巨石を平灘に畳し、修梁を当路に架す。将て車をして軌を濡らさず、人をして裳を褰ぐること無からしむ。豈に惟だに一方に壮観たるのみならんや。寔に仁心を百世に覃ばするに足る。然れども厥の功甚だ大なれば、費する所も貲かならず。固より独掌の鳴り難きを知らば、正に大家の著力を要む。敬んで短疏を修し、遍く高門に詣る。伏して望むらくは、厚禄の達官、多蔵の巨室、或いは黄冠の上士、或いは白足の高僧、共に拯溺の心を推し、永えに憑河の患を絶たんことを。群蟻を渡して甲科は尚お験たり、陰徳の報は誣ならず。千人を救う者は子孫必ず封ぜらる、昔賢の言の猶お信たるがごとし。如し金諾を蒙れば、請うらくは玉銜に署せられんことを。[16]

とあり、ここではより具体的に官員、富家、道士、仏僧に対して資金提供の求めがなされている。「李記」によれば劉斌の灞橋架設に対して六州規措大使牛公、鎮撫曹公、引塩提領范公より楮幣二五〇〇緡が提供された。さらに至元六年（一二六九）の春には右司郎中徐琰の提言を受けた陝西大行台平章サイード・エジェル・シャムス・ウッディーン（Sayyid Ajjal Shams al-Din：賽典赤贍思丁）より白金二〇錠（「張記」では楮幣一〇〇〇緡）が提供されるとともに、二〇〇人の役夫が派遣され、京兆同知の巨公の監督のもと灞橋架設事業に当てられた。このほか、陝西簽省厳忠範よりは駆男四〇〇人と石材八〇〇車両分が提供され、京兆府判官寇元徳がこれを監督した。資金援助を求めた李庭の疏文の撰述時期が不明であるため、これら諸官による資金提供との直接的な因果関係は不明とせざるを得ない。ただし、資金や資材、労働力の提供のみならず、京兆同知、京兆府判官により人夫の監督がなされていることから見て、京兆府および陝西行省の灞橋架設事業への関与は明らかである。また、オゴデイ時代より関中における勢力を急速に拡大させていた全真教やティベット仏教[17]などの宗教者が、民衆を救う「済度」の行為である架橋に対して援助を拒む理由はない。もはや灞橋架設は劉斌個人の事業という枠には収まりきらない、官民一体の公益事業として推進されたことは明らかである。

第二節　灞橋架設の背景

灞橋架設への援助のうちでも量的、質的に最大のものが、大ハーン・クビライからの援助である。「李記」によってあらためて劉斌がクビライへの謁見に至った経緯を見てみよう。

（至元）九年壬申の夏、会たま蘇太師老仙、呂公伯充、京師に在りて、此の事を内侍の賀公寛甫に白す。間に乗じて奏聞するに、駅もて斌を召して入覲せしむ。応対は旨に称い、天顔の喜ぶこと甚だし。勅もて京兆官の籍没せる田園を賜い、新収の南口を発して長く役作に充てしむ。[18]

至元九年の夏、上都にあった蘇太師と呂壄はケシクにあってクビライの側近くに仕える賀仁傑に劉斌による灞橋架設事業の経緯を伝えた。賀仁傑は機会をとらえてこれをクビライの耳に入れ、劉斌は大ハーンへの謁見という希有な機会を得ることとなる。

この経緯については、呂壄が撰述した賀仁傑の墓誌銘「大元光禄大夫平章政事商議陝西等処行中書省事賀公墓誌銘」（以下、「賀仁傑墓誌銘」と略する）[19]により詳細な内容が載せられる。

時に董公文［忠］有りて宿衛を同にし、協力して賛襄し、善を善とし悪を悪として、必ず之れを上に達す。上甚だ信重し、善類は倚りて以て集事す。時に人物を論じ、目して董賀と為す。姦臣の奏して天下の案察を罷めんとするも、能く諫止する有る莫し。或は時に国学生たり、先師の左丞許文正公、壐に付して章を奏して二公に属す。案察の復た立つるは、二公与に力有り。此の類いは一に非ず。秦の灞水は湍駛にして、古今之れを病む。魯人の劉斌、智数多くして諸工に良れ、橋かけるに石を以てせんと欲し、功に即くこと八年なるも、未だ緒有らず。且つ其の成るを沮害する者有り。沁人道者蘇可璥、其の労を閔み、以為らく官の力に県《よ》るに非ざれば不可なりと。秦より都に赴き、以て公に属す。公の上に言するに、上は斌を召し凡そ両び廷見す。上、其の人を相、以為らく必ず為すべしと、力と人とを賜う。前後三十年にして、迄に成るに底り、秦の永利盛観と為るは、公父子の力なり。[20]

八年の月日を経ても進展が見られなかった劉斌の灞橋架設事業に対して、沁人道者蘇可璥は官の助力を得るべく京兆より上都に赴き賀仁傑に請願を行った。クビライのケシクにあって董文忠と並び称された賀仁傑の進言により、劉斌はクビライとの謁見を果たし、資金と労働力を下賜されるに至るなど、灞橋架設の立役者として賀仁傑と賀勝の父子の名が称えられる。ここに見える前後「三十年」は明らかに「駱志」の「三十寒暑」からの誤りであり、至元元年を起点として八年の月日を経た至元九年に請願がなされたとすれば、「李記」が述べる内容とも齟齬は生じない。

『元史』巻一六九・賀仁傑伝および上掲の「賀仁傑墓誌銘」によれば、賀仁傑、名は寛甫、祖父種徳の代に隰州より京兆鄠県に移り住む。モンゴル政権との関わりは、父の賀賁に始まる。甲寅の歳（一二五四）に家を建てようとして壊れた版築の土壁の中から白金三七〇〇両（『元史』本伝では七五〇〇両）を偶然手に入れた賀賁は、妻の鄭氏とはかってクビライへの上納を決める。この前年、癸丑の歳（一二五三）に京兆を分地として与えられ、雲南・大理遠征を控えて六盤山に駐屯していたクビライに見え、拾得した三七〇〇両のうち二五〇〇両（『元史』本伝では五〇〇〇両）を軍費として献上した。その報奨として賀貢が求めたのは息子、仁傑の登用であり、その願いを聞き入れてクビライは賀仁傑を自らのケシクに入れた。その後は、至元一七年（一二八〇）に上都留守兼本路都総管開平府尹に任じられ、子の賀勝に座を譲るまで、通算二七年間にわたりケシクにあって常にクビライに近侍した[21]。

「賀仁傑墓誌銘」の記載の中でもとりわけ注目すべきは「功に即くこと八年なるも、未だ緒有らず。且つ其の成るを沮害する者有」りという一節である。至元元年に架橋を思い立った劉斌ではあるが、至元九年までの八年の間においては工事に十分な進展が見られないどころか、これを阻害する者までもが存在したというのである。ここでは直接に工事を阻害した人物の名は挙げられないが、この一節が「姦臣」による提刑按察司の廃止に対して、賀仁傑と董文忠がこれに反対しその復活に貢献したという文脈の中で語られるものであることから、工事の妨害者も「姦臣」らと同一人物であったと推測できる。

提刑按察司の廃止と復活とは、至元一三年（一二七六）にアフマドを首班とする尚書省の建言によって廃止された提刑按察司が、翌一四年（一二七七）正月に復活されたことを指す[22]。御史台からは御史大夫ウズテムル（Üs-temür：玉昔帖木児）や御史中丞の張文謙、監察御史の姚天福らがこぞってこれに反対し、翰林院からも王磐から反対意見が出された。ケシクにあった賀仁傑と董文忠はこれらに呼応する形でクビライに進言を行い、提刑按察司の復活を実現させた。「姦臣」がアフマドら財務官僚であったことは明白である。

さらに、「張記」では灞橋架設への妨害について「会たま行省廃するに、嗣ぎて此こに至る者詭揺するに言を以てし、其の中輟するを冀う。而ども斌僻らずして益ます虔[23]」むと記され、陝西行省の廃止に絡んで灞橋架設への妨害がなされたとされる。陝西行省の廃止に関しては、至元七年（一二七〇）二月における尚書省の設置とこれにともなう三月の陝西五路西蜀四川行中書省から行尚書省への改称、さらに至元八年（一二七一）九月における陝西五路西蜀四川行尚書省の廃止と四川行尚書省の設置、京兆等路の尚書省への直属という一連の動きを指す。

これらはいずれも状況証拠に過ぎないが、劉斌の灞橋架設事業を妨害したのも行省の廃止の後に京兆を直接の指揮下に組み込んだアフマドが中心となる尚書省であったと考えられよう。これに対して、架設工事を進めるために「官」からの援助を求めて蘇可璥が都に赴き、京兆出身の呂壄が仲介役となり、ケシクにあった同じく京兆出身の賀仁傑を頼ってクビライへの謁見と援助を得ることで事業完成へと道を開くこととなったのである。尚書省によって中央政府の行政が統轄されるという状況のもとでは、規定に沿った形での上申という方法では尚書省による妨害を排除することはできない。そこで、ケシクを仲介として大ハーン・クビライに直接事情を伝えるという方法が用いられたのである。[24]

同様の事例を至元一四年から一五年にかけて起こった四川戦線における東・西川両行枢密院の対立にも見いだせる。姚燧の撰述になる賀仁傑の神道碑「光禄大夫平章政事商議陝西等処行中書省事贈恭勤竭力功臣儀同三司太保封雍国公謚忠貞賀公神道碑」（『牧庵集』巻一七）によれば、至元一四年冬、西川行枢密院副枢として成都にあった安西王相の李徳輝は、投降してきた南宋の合州安撫使王立を許し、いまだその帰趨を明らかにしない行四川制置使張珏の投降を促そうとした。しかし、モンケが没した因縁の地である釣魚城を陥落させることができなかった東川行枢密院は、李徳輝に功を奪われることを恐れて王立を幽閉するとともに、クビライにその処刑を求め、李徳輝の越権行為を批判するに至る。すでに安西王マンガラのもとに王立の投降を報告し、その赦免を訴えていた李徳輝に対して、マンガラは四川戦線への軍中から教を発し、赦免と安撫使への任命を伝えていたにもかかわらず、東川行院はマンガラの教の存在を伏せてクビライへの上奏を繰り返した。

これに対して、クビライは王立の誅殺を命じる使者を再三遣わしたが、マンガラの庇護により誅殺は押し止められた。至元一五年におけるマンガラの死後、王立は京兆の獄に移され、東西川両行枢密院、安西王相府、枢密院の間にあって解決の糸口は見えないままであった。四川行枢密院都事として西川行院にあった呂堅は京師に至り、師である許衡に謀った上で賀仁傑への仲介を求める。仁傑からの上奏を聞いたクビライは、枢密院官を叱責し、赦免にとどまらず、駅伝を用いて王立を京師へ至らせ安撫使への任官と金虎符の授与を命じたのである[25]。

この事例においても、許衡から呂堅を経て賀仁傑へとその意向が伝えられ、賀仁傑から直接クビライへと奏聞がなされて認可を得るという経過がうかがえる。呂堅（字は伯充、別名は端善[26]）は許衡の高弟として知られる人物であり、師の没後にはその祭文を執筆している。乙卯の歳（一二五五）に許衡がクビライの招きに応じ京兆提学に任じられた折りにこれに師事し、至元八年（一二七一）に許衡が国子祭酒となると、劉季偉、劉安中とともに関中より招聘され[27]、国子学の斎長に任じられ、一二人の高弟の一人として伴読の任にあたった。

また、賀仁傑の子の賀勝も幼時より許衡について学び、『宋元学案』巻九〇・魯斎学案において呂堅ら錚々たる高弟たちと並んで名を連ねる人物である。「張記」においてクビライへの謁見の後、下賜された楮幣二万五五〇〇緡の駅送が命じられた人物として、近臣伯勝の名が見える。これを賀勝の字である伯顔の誤りと考えれば、呂堅と賀仁傑をつなぐ間に同門である賀勝が介在しており、これが「賀仁傑墓誌銘」において仁傑のみならず、「父子の力なり」と称された理由となろう。同じ京兆の出身者としての地縁関係に加えて、その子賀勝が許衡のもとで学ぶ同門という人的関係によって結ばれた賀仁傑と呂堅の存在が無位無官の劉斌と大ハーン・クビライをつなぎ、灞橋架設事業を成功へと導くこととなったのである。

第三節　京兆宣聖廟の修復

灞橋架設事業が完成に近づきつつあった中、京兆宣聖廟の修復工事が開始される。『類編長安志』巻一〇・石刻・石経条によれば、

唐の貞観四年、国子監を立つ。務本坊に在りて、国子・大学・四門・書・律など六学を領す。巣寇の入城するに、宮殿・官府は皆な灰燼と為るも、独だ国子監の石経のみ存す。天祐甲子、許公韓建、始めて石経を府城の北市に遷す。今の府学に元祐庚午の学官黎持の撰する所の「移石経記」有り。其の略に曰く「石経、開成中に鐫刻し、唐史は之れを載す。文宗の時太学石経を勒し、而して鄭覃・周墀ら九経を校定し上石し、及び覃の宰臣祭酒たるを以て石壁九経一百六十巻を進むるは、即ち今の石経なり。旧と務本坊に在り。天祐中、韓建の新城を築くに、石経もて城南に棄つ。朱梁の時に至り、劉鄩の長安を守するに、幕吏の尹玉羽なる者有りて、輦び入れんことを白す。鄩は方に岐軍の侵に備うれば、此れ急務に非ずと謂う。玉羽紿りて以て賊を助けんとせば、鄩も之れを然りとし、唐の尚書省に遷す。其の処は窪下なれば、立つるに随いて輒ち仆る。悉く輦びて文廟の北墉に置き、分ちて東西の次を為し、比して陳列す。明皇の孝経台は之れを中央に立て、顔・褚・欧・虞・徐・柳の碑分布して立つ。」正大辛卯遷徙するに、悉く以て摧仆す。庚戌に至り、省幕の王琛公奉じて起立せしむ。至元十四年、碑尽く摧倒す。天驥は孟文昌と与に西府教官に充てらるるに、灞橋の堂邑の劉斌に請いて復た立てしむ。[28]

とあり、至元一四年の駱天驥と孟文昌による再建に至るまでの開成石経がたどった歴史が記される。唐大暦一〇年（七七五）より六二年間の月日を費やし開成二年（八三七）に完成された開成石経は、黄巣の乱によって長安

が灰燼に帰した際にも唯一難を逃れ、務本坊にあった国子監に残された。ただし、唐末天佑元年（九〇四）に朱温に迫られた昭宗が洛陽に遷都し、佑国軍節度使の韓建により長安城が縮小される中、石経の一部は新城内の北市へと移され、残る部分は遺棄された。さらに、開平三年（九〇九）、永平軍節度使劉鄩の支配下において、幕吏尹玉羽の努力によって旧尚書省の跡地に移されたが、地盤が脆弱であったためすべて倒れてしまった。これを現在の碑林の位置に移したのが、北宋元祐二年（一〇八七）の陝西転運副使呂大忠であった。その後、金末の正大八年、金朝の陝西駐屯軍団の関中放棄に伴って、再度ことごとく倒された石経は庚戌年（一二五〇）に至って王琛により再建されたという。

通時代的に西安碑林の歴史を考察した路遠の研究によれば、モンゴル時代における碑林・京兆府学および文廟の修築事業として、甲辰年（一二四四）における文廟の修築、庚戌年における碑林の修復、中統元年前後における文廟両廡の修築、至元初年における碑林の修復、至元七、八年における文廟・府学・碑林の修復、後至元二～五年（一三三六～一三三九）年における文廟・府学・碑林の修復、至正二四年（一三六四）年の文廟修復、至正二五年（一三六五）年の文廟・府学・碑林の修復らが挙げられる［路一九九八］。

ただし、上掲の『類編長安志』石経条に見える至元一四年に安西王府教授駱天驤と孟文昌が呼びかけ、劉斌に「請いて」なされた開成石経の再建についてはその数に入れられない。モンゴル時代最後の修復となった至正二五年の経緯をつづる「大元重修宣聖廟記」[29]によれば、

> 国初辛卯の歳、乱離に城の棄てらるるも、殿宇は僅かに存す。甲辰の歳、始めて正殿を葺い、一門を起す。又た十余年して、至元十三年丙子に当り、乃ち大いに興繕を加う。其の時国運方に亨り、紀綱は始めて振う。年は豊かにして物は阜か、家ごとに給し人ごとに足る。分陝の寄を膺くる者は、皆な一時の名公にして、前後武を接ぎ、経営して規度し、財を輸りて廩を発し、勧めて其の役を相る。蓋し数稔を歴て、乃ち成るに底

る。時厥の後より、学を贍くるに田有り、廟を修むるに令に着き、毀たるに随い葺うに随うも、事小にして紀する無し。甲子一周して、至元復号の二年丙子に当り、復た之れを増修するは、寔に行台の群の執法の建白し倡率する所より出づ。時に四方虞い無く、関輔は全盛たり。上は宗王藩鎮より、下は庶府郡邑まで、皆な帑を発し俸を割き以て之れを賛襄す。亦た歳月を踰え、乃ち其の功を訖え、今に距るまで三十年に迫ぶ。[30]

とあり、陝西行省の官員らの支持を受けて至元一三年より数年間にわたって文廟は「大いに興繕を加」えられるとともに、この時より経費をまかなうべき学田が設けられ、宣聖廟の管理に関する規程が定められた。すなわち、幾度となく実施された宣聖廟修復の中でも特筆すべきは、至元一三年に始まる修復事業であり、劉斌が関係する至元一四年の開成石経の再建もその一環としてなされたものであった。

至元一三年に始まる宣聖廟および府学の修復に関しては、複数の関連碑刻が現存する。以下、各碑刻の作成および立石の関係者を挙げ、その要約を記す。

（一）　至元一三年九月「大元国京兆府重修宣聖廟記」[31]（慶暦二年（一〇四二）「興慶池禊宴詩」の碑陰、額題は「重修宣聖廟記」。）

【関係者】前陝西四川行尚書省左右司郎中徐琰撰、昭勇大将軍京兆路総管兼府尹諸軍奥魯総領営繕使司大使趙炳立石、助刊石人山東劉彬。

【要約】総管田雄の力により金末の争乱の中で危機に瀕した京兆宣聖廟はわずかに殿宇を保ち、甲辰年（一二四四）には来国昌の提言を受けた征南先鋒使夾谷マングタイ（Mangγtai：忙兀歹）によって正殿が修復され二門が再建された。一〇年あまり後、平章政事廉希憲および参知政事商挺によって両廡の修復が図られたが、果たせぬまま両人は至元元年にそれぞれ中書平章政事、参知政事に任じられ京兆を去った。その後、廟学を館とした転運使の某によって修建がなされたものの、損壊したままの建物は雨によって木材が腐り床には水が漏れる有り様であった。これを見かねた府学教授李庭の奔走の結果、至元七年より陝西四川行尚書省平章政事サイード・ウッディーンと行省僉事厳忠範によって宣聖廟の修復が開始された。醵金された二〇〇〇緡あまりの費用を用いて、京兆総管府判寇元徳の指揮のもと大聖殿と内外二門が修築されるとともに、開成石経を立て直し、二堂および先聖七賢祠が大門内に創建された。この至元七、八年の宣聖廟修復事業を記念して本碑が立石された。

（二）至元一三年一二月一三日「府学公拠」[32]（「故京兆劉処士墓碣銘」の碑陰、（三）「重立文廟諸碑記」と合刻。）

【関係者】明記なし。

【要約】京兆府学教授孟文昌が安西王相府に以下の送った呈文には、陝西等路宣撫司およびダルガ・管民官・管匠人打捕の諸頭目、および諸軍馬使臣らに対して発せられた聖旨が引用される。これによれば毎歳の先聖の祭祀と毎月朔日の釈奠を行う宣聖廟を清潔に保ち、廟宇内で使臣らが休みをとり、集まって裁きを行い、宴会を開き、廟内に無断で建物を建てることを禁止し、違反者には罰則を科するよう求められた。さらに、廟内の書院において使臣らが休息をとり、酒を飲むのを防止するとともに、近辺の人びとによって廟の敷地が占拠されることを防ぐため、廟内の成徳堂・采芹堂・西院およびこれらに附属する建築物の敷地を明確化する四至の明示が求められた。この上呈を受けて、安西王相府は成徳堂など敷地の四至を明記した公拠を安西王の名義のもとで京兆路府学に対して発した。成徳堂等の規模および敷地の範囲を公示する目的で本碑が刻石された。

（三）至元一四年一月一五日「重立文廟諸碑記」[33]（（二）「府学公拠」の下截。）

【関係者】王府典書京兆路府学教授孟文昌撰、府学正駱天驤書、学録徐鼎・学正董溥立石、府学生王仁刊。

【要約】至元七年に立て直された開成石経以外の秦の李斯および李陽氷の小篆「秦嶧山碑」、「顔氏家廟碑」、

「唐李氏遷先塋記」、「唐李氏三墳記」、晋の王羲之の行書「唐三蔵聖教序」、唐の顔真卿、柳公権、虞世南の楷書「顔氏家廟碑」、「西京千福寺多宝塔感応碑」、「大達法師玄秘塔銘」、「孔子廟堂碑」、宋の郭忠恕および僧夢英の「宋三体陰符経」、「宋十八体篆額」を再建した錦院大使任佐と提挙司案牘雷時中の善行を記念して本碑が立石された。具体的な再建の時期については明記されないが、任佐が孟文昌に碑刻再建を思い立った理由を述べ事業が開始されていることから判断して、本碑文が執筆された至元一四年から時を隔てない時期であったと考えられる。

(四) 至元一四年一〇月一五日「陝西学校儒生頌徳之碑幷序」[34]（本碑の裏には「陶然亭」の三字および「九鷺（鷺鷥）図」の線刻あり。額題は「皇子安西王盛徳之碑」。）

【関係者】王府典書京兆路儒学教授孟文昌撰、前司天台判府学学正駱天驤篆額、嘉議大夫前隴右河西道提刑按察使僕散祖英書。

【要約】陝西・四川・寧夏・隴西の統治が委ねられた安西王は、至元一〇年の就封より以降、賦税や徭役を減免し、公平な訴訟を行って刑罰を緩め、自然資源の利用制限を緩和し、関所の通行税や市場での商業税を免除するなど、民の安寧のために尽力してきた。加えて、儒戸への免税措置を行い、大金を叩いて図書を購入し、賢人を府学に招いて後進の育成に努めるなど、儒学の復興に多大な貢献を果たした安西王を称揚するため、府学の学生が中心となって本碑が制作された。

(五) 至元一六年（一二七九）一月一〇日「文廟釈奠記」[35]（額題は「皇子安西王釈奠之記」。）

【関係者】王府典書京兆路儒学教授孟文昌記、京兆路儒学教授駱天驤隷書幷篆額、学正董溥・学録徐鼎。

【要約】至元一五年一〇月、安西王の代理として代礼官の奉議大夫王府左常侍兼陝西四川中興等路提挙学校事劉進善が京兆宣聖廟に派遣され香火と礼幣がもたらされた。同時に、王相の中奉大夫参知政事の商挺に官員らにそれぞれの職分に応じた儀礼を徹底させるよう命令が下った。一〇日あまりの準備期間を経て、辛酉の日に斎戒がなされ、釈奠のための三牲が届けられた。翌壬戌の日に京兆府のすべての官吏が参列して釈奠の儀式が執り行われた。儀式が幕を下ろした後、盛典を言祝ぐ京兆の耆老・学生・士民らは、儒学を尊び儒士を重んじる安西王に対して歓喜の声を上げ、これを記念して本碑が制作された。

この内、修復事業に直接関わるのは（一）～（三）であるが、奇妙なことにこれら碑刻では至正二五年「大元重修宣聖廟記」が記す至元一三年の修復事業の内容には触れず、もっぱらそれ以前の修復の経緯が述べられるに止まる。ただし、（二）「大元国京兆府重修宣聖廟記」の末尾に「助刊石人」として山東劉彬の名が刻まれ、（三）「重立文廟諸碑記」において石経および歴代の名碑が再建されたことが記されるなど、『類編長安志』石経条において駱天驤が記す内容と一致することは間違いない。これらを整合的に考えれば、至元一三年に宣聖廟の修復および諸碑の再建が開始され、至元一五年一〇月以前にその工事を終えると、これを記念して安西王が中心となり京兆府官を総動員した大々的な釈奠が執り行われたという流れになろう。

この宣聖廟復興事業にいわば影の主役として関わったのが劉斌であった。従来、その役割を取り違え、石碑の刻字を担当した石匠と理解するむきもあったが[36]、当時、府学教授として宣聖廟修復事業に中心的な役割を果たした駱天驤と孟文昌の両人が劉斌に「請いて」という文脈から判断して、「助刊石人」が単なる石匠を意味するとは考えにくい。クビライを始めとする多くの援助者から灞橋架設に対する資金を集め、「李記」に「荷う所の金貲百万を以て計」うと称された「灞橋の劉斌」の名はすでに京兆における有数の資産家、名望家として認知されていたはずであり、駱天驤らが劉斌に期待したのは宣聖廟修復に対する経済的援助とみて間違いない。

灞橋の架設にあたっては、京兆の諸官より資金援助を得た劉斌であったが、宣聖廟の修復と碑刻の再建に際しては、逆に劉斌からの経済的援助がなされている。京兆の復興事業は官民双方の相互協力という形をとって推進されたことが分かる。さらに、至元一三年に始まる宣聖廟の修復と完成後の釈奠挙行において中心的役割を担ったのは、安西王マンガラと商挺ら王相府官であり、灞橋架設、宣聖廟修復と並んで王府の建設が進められている点を見逃すことはできない。

第四節　安西王府の建設

クビライへの謁見を通して事業に必要な資金と労働力を手にした劉斌であったが、最も重要なのは大ハーンより直接に灞橋架設推進への認可を得たことであった。これによりアフマドら尚書省の妨害行為はなくなり、その後の順調な工事が約束された。さらに、架橋事業を強く後押ししたのが、クビライとの謁見を果したその年、至元九年の一〇月に行われたマンガラの安西王への分封と翌年の京兆への出鎮である。

安西王マンガラは至元一〇年にチンギス以来の西北方面の押さえとして遊牧軍団が展開した六盤山から京兆に至り、滻水の西に駐営した。王相の商挺の意見を容れて、劉斌に楮幣三五〇〇緡（「張記」ではこの時に賜与された額は楮幣五〇〇〇緡で、クビライからの賜与と合わせて三万五〇〇緡にのぼったとする）を賜与するとともに、灞橋架設に従事する人夫への食料提供を行う。さらに、至元一三年の冬には昭勇趙侯によって資金が集められ、灞橋架設に必要な石材が提供された。昭勇趙侯とは京兆路総管兼府尹であった昭勇大将軍趙炳であり、至元九年の安西王府開設にともない、クビライより派遣された人物である。趙炳は営繕使司大使の任をも兼ねており、安西王府の建設事業はすべて趙炳によって取り仕切るようクビライの詔が下されていた。[37]

一九五六、五七年に行われた発掘調査の結果、安西王府の遺址は滻水の西二キロにあり、周長は二二六二メートル、東西南の三方に門址が確認され、南門が正門であることが明らかとなった［馬一九六〇］。この発掘成果に基づき松田孝一や杉山正明によって検討が加えられた〔松田一九七九、杉山一九八四〕。杉山氏の描く安西王府周辺の景観とは、「唐のころ、宮城の北側にあたるこの一帯は、泉池も多く、有名な大明宮のほか、西は漢の故長安城あたりから東は滻水のほとりまで、広大な苑地となっていた。この水草豊かな郊外をマンガラは冬営地に選んだのである。しかも、実際の入封に先立ち、父の京兆私領時代いらいの旧臣でマンガラにつけられた趙炳に命じて、この駐屯地の中央に小型の城（安西王府）を築いた」というものである〔杉山一九八四、五〇〇頁〕。

さらに杉山氏の著書においては、フランス国立図書館に所蔵されるマルコ・ポーロ旅行記の写本Fr.1116の該当頁（四九葉裏）の写真が掲載され、その訳出がなされる。安西王府の構造とその環境を考える上できわめて重要な史料であるため、煩をいとわずそのまま引用する〔杉山二〇〇四、一四七頁〕。

〔ケンジャンフ＝京兆府の〕町の外には、マンガライ王の王宮（パレ：原文ではルビ。以下同）があり、いうにいわれぬほど美しい。それは、流れや湖水、淀み、泉のある大きな平原にある。それには、およそ五ミル〔英語のマイル〕にわたるぶ厚く高い城壁がぐるりとめぐらされており、すべて女牆（メルレ）がたくみに施されている。そして、城壁内の真中に宮殿があり、それ以上のものはどこにもないほど大きく美しい。

水草豊かな唐の禁苑址に開平府（上都）の内城をモデル・プランとして、「水辺に位置し、あるいは内部に湖水・泉池を取り込む」という同一の形態・規模をもって安西王府が建設され、これが大都造営と連動する形でなされたものであり、安西王府と京兆府、六盤山の位置関係が太液池と中都、上都との関係に対応するものであることなど、いずれも説得力に富む見解である。氏の研究によってほぼ言い尽くされた感もある安西王府であるが、その環境があくまで「造営」によって人工的に作りあげられた点に目を向ければ、その造営のプロセスに関連して若干の史料を補う余地があり、これによりマルコ・ポーロ旅行記の描写はより具体的に裏付けられる。

まず、趙炳による安西王府の立地選定に関しては、『類編長安志』の冒頭に載せられる駱天驤の自引に興味深い記載が見える。

聖元皇子安西王、土を関中に胙わり、至元癸酉、創めて王府を建つるに、長安の勝地を選ぶ。王相兼営司大使の趙□（一字原欠）、僕の長安の旧人なるを以て、相い従いて遍く周、秦、漢、唐の故宮・廃苑・遺蹤・故蹟を訪ね、豊、鎬、阿房、未央、長楽、太極、含元、興慶、魚藻より、登歴せざる靡し。是を以て長安の事跡は、足履みて目見るの熟たり。[38]

至元一〇年に開始された安西王府の造営にあたって、立地選定のために趙炳は長年京兆にあって古跡を訪ね歩き地理を知悉していた駱天驤を伴って、古跡・宮殿をくまなく踏査した。この駱天驤をガイドとした現地調査の結果として、東西二七里、南北三三里にもおよぶ広大な唐の禁苑址地が建設予定地に選択され[39]、「素滻の西」[40]、すなわち白き滻水の西側の周囲四〇里の範囲に配下の遊牧騎馬軍団が展開したのである。李令福が指摘するように、時代を通じて渭水河道は北遷を続けており、唐末から現在の河道に至るまでの間にも二・六キロも北へと移っている［李二〇一二］。したがって、モンゴル時代の渭水南岸までの距離は『旧唐書』が示す三三里よりも広がっており、その退灘地は恰好の牧地となったと考えられる。

また、発掘報告によれば、安西王府は龍首原の東の余脈上に位置するとされるが、『長安志図』巻中・図志雑説・龍首山条の細事双行注（原注）によれば、

原は含元より以東、其の地漸やく平らにして、垠堮を見ず。一日、秦冢に登りて之れを望むに、隠然として東し、直ちに滻水に際し、白鹿の諸原と映帯して南去す。又た長楽坡より下、其の岡は中断し、道は其の間より出づ。其の西は廓然として率ね塹掘多し。之れを問うに、人云えらく「安西邸を築くの時、其の土を取るなり」と。[41]

とあり、唐の大明宮の正殿である含元殿より東側は滻水に至るまで起伏がほとんど見られない平坦地が広がり、

これが滻水と灞水の間に広がる白鹿原にそって南に伸びている。さらに興味深いことに、安西王府の南に位置する長楽坡が南北に断ち切られて道が通されるとともに、その西側の広がりには多くの掘削地があり、これらが王府建設のための採土によるものと認識されていた。後世に埋め立てられた可能性は否定できないが、発掘報告ではは安西王府の周囲に堀は確認されておらず、土城建設のために長楽坡の岡が切り崩されたとしても不思議ではない。とすれば、王府建設地の周囲においてはわずかな高まりさえも採土のため掘削された可能性は高く、王府はまさに広大な平原のただ中に位置していたこととなる。さらに、唐の禁苑址地には魚藻池や龍首池が点在し、渭水の退灘地や滻水および灞水沿岸にも多くの池沼が存在していた。王府の立地選定にあたり、現地調査を通してこの最適地を選び出した趙炳の姿が、本田實信が言う所の「宮帳の宿営地の設定、水の配分、沙漠における井戸の管理」［本田一九九一］を職とする宿営官（Turk: yūrtchi, Mong: nutuyči）と重なり合う点も興味深い。

以上により、安西王府をとりまく環境はマルコ・ポーロ旅行記が描く状況にかなり近似することとなる。唯一足らないのはそこに「流れ」が存在しない点であろう。杉山氏が「流れ」と訳出した箇所は、氏が提示した Fr.1116 写本四九葉裏では「flunç」にあたり、ベネデット（Luigi Foscolo Benedetto）校訂本 *Il Milione* では「fluns」とされる。flun ~ flum は fleuve の古形であり、アルド・リッチ（Aldo Ricci）による英訳本 *The Travels of Marco Polo* では「river(s)」、これに基づく日本語訳では「川」もしくは「河」とされる。「流れ」と「川」とはニュアンスの違い程度のものであろうが、唐の禁苑址の範囲においてこれらに相当する自然河川は存在しない。[42]

そこで注目すべきは、『類編長安志』巻六・泉渠・龍首渠条および巻九・勝遊・滻水・龍首堰条の記載である。まず、龍首渠条には、

至元甲子、賽平章は復た水を引きて城中に入る。至元十年、復た五季の後に湮れし渠を開き、長楽坡より西北に流れ王城に入り、一渠は西に流れ、興慶池に灌ぎ、勝業坊を経て京城を西し、少府、銭監、都水監、青

蓮堂を経て、西して熙熙台に入り、西して城壕に入る。今渠は廃れ、水復た京城に入らず。[43]

とあり、さらに龍首堰条に以下の記載が見える。

滻川の馬頭埪に在り。滻水を堰ぎて龍首渠に入れ、二十里にして長楽坡上に至り、分かちて二渠と為す。一渠は北流して望春宮に至り西北して新城に入る。一渠は西流して興慶池に入り、又た西流して城壕に入る。[44]

龍首渠は隋大興城への水供給を目的として、灞橋の架設と同じ開皇三年に開削された。城内の地下水は高い塩分含有量のため利用できず、これに代わる都市機能および日常生活を支えるための水源が求められた。滻川とは京兆の東南三〇里に位置する滻水沿岸の平野であり、その中の馬頭埪において滻水に堰を設けて取水口まで水位を上げ、龍首渠に導かれた水は大興城の東南から城内に入る。唐代にも引き続き用いられた龍首渠は、取水口より西北に流れ、長楽坡にて東線と西線の二手に分かれ、西線は通化門を通り西南に流れて興慶宮の龍池に入り、さらに西に流れて西内太極宮に至った。一方の東線は長安城宮城東壁に沿って北に流れ東苑に入り、龍首殿にて龍首池を潤し、さらに凝碧池、積翠池を通って西北に流れ、大明宮に入り太液池に至るという経路をたどった。[45]

至元元年にシャムス・ウッディーンによってなされた工事の詳細は不明であるが、城中に引き入れたとのみ記されることに加えて、庚子~辛丑年（一二四〇~四一）においてすでに龍首渠の水が興慶宮に引かれていたことが確認されることから、[46]西線の補修工事であったと考えられよう。龍首渠のより大規模な再開発が行われるのが至元一〇年である。この時、全線の拡張・補修工事が行われ、西線は興慶池を経て、旧外郭城内の勝業坊、さらに旧皇城内の少府、銭監、都水監の跡地を経由し、陝西行省の衙門の敷地内にあった青蓮堂、[47]寇準の旧邸宅址に立てられた熙熙台[48]を経て、西城外の城壕にまで導かれた。[49]この西線の流路に関しては、李令福によって復元図が作成されており、大いに参考になる［李二〇〇四］。なお、『長安志図』巻下・諸渠・長安咸寧条に「二県も亦た漑すべきの水有るも、往往にして廃涸し、詳さに記す能わず。今其の一を知るは、咸寧県に龍首渠有り、東南のかた滻水より分かちいで城に至るまで四十余里、以て園圃の田を漑」す[50]とあり、龍首渠の水は城内の生活用水としてだけではなく、城外において灌漑用水としても用いられたことが分かる。

この時、東線の新たな開削工事もなされ、長楽坡から西北に流れ、さらに北に折れて唐の望春宮を経て、「王城」、「新城」に水が導かれた。望春宮は、唐の長安京城の東北一二里、禁苑内の高原の上にあった建造物であり、その東は滻水の西岸に臨み、そこには漕渠の終着点として船舶が集まった広運潭がひろがる[51]。位置関係から見て、黄盛璋が指摘するように「王城」が安西王府を指すことは明らかであり［黄一九八二］、滻水から龍首渠によって北に導かれた水は南側より王府内へ引き入れられたのであろう。杉山氏が指摘するように、上都や後の大都と同様に王府内に池が造成されていた可能性は高い。さらに、唐の漕渠が望春宮の下を過ぎ、広運潭に至る経路をとるこ

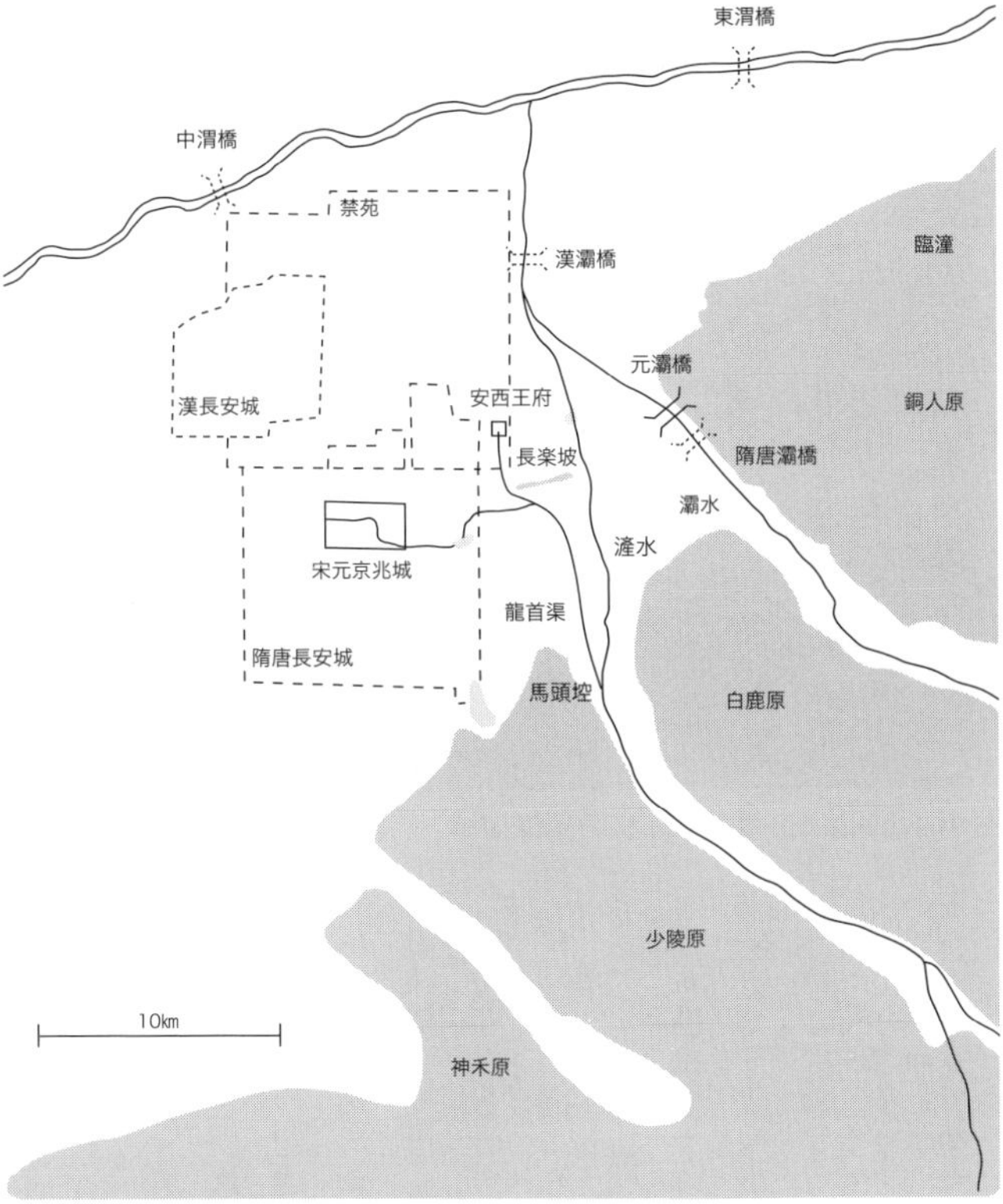

【図7-2】安西王府と灞橋の立地（史1996を基に作成）

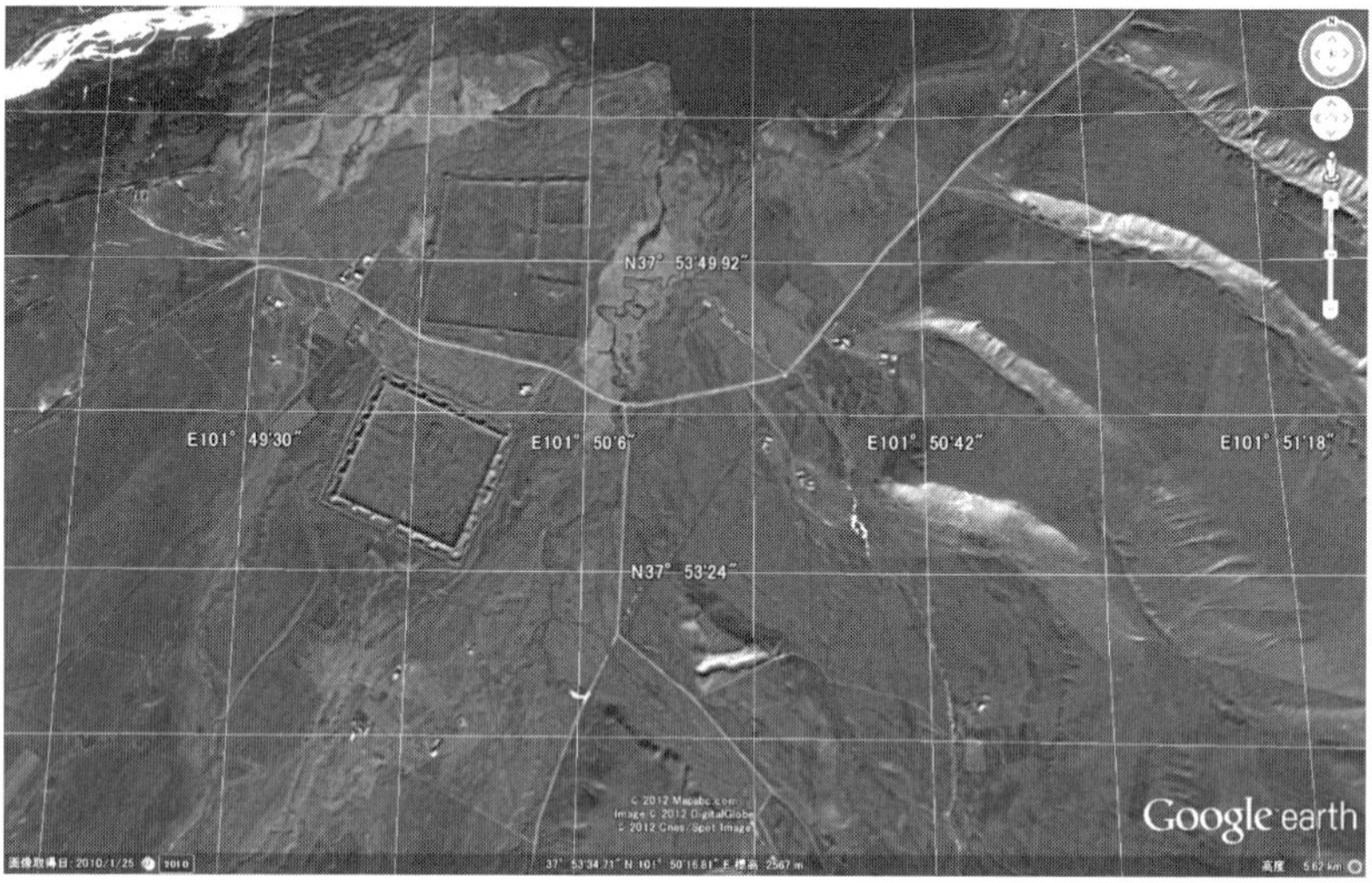

【図7-3】Google Earth衛星画像からみた永昌オルド城の構造

とから、その中間に位置する安西王府へと導かれた水はこの旧漕渠址を通って東へと排出され、滻水へと戻されたとも考えられるが確証を得ない。[52]

なお、杉山氏が開平府（上都）内城との共通点および大都造営との関連性を指摘した城郭のうち、至元九年にコデン家ジビク・テムルによって造営された永昌王府（永昌斡爾朶城（皇城）遺址）に関しては、グーグル・アース衛星画像からも河川址から分岐した水路が南南西から北北東に延び、南門より城内に導かれる様子が見て取れる【図七-三】[53]。安西王府の建設が始まった至元一〇年に王府内へと水を供給する龍首渠の開削工事が実施されていることから考えて、この水路開削も王府建設プランに盛り込まれていたものであり、当初から天然の恵まれた自然環境を利用するにとどまらず、人工的な自然改変がなされている点に注目すべきである。

以上の考察により、マルコ・ポーロ旅行記が「流れや湖水、淀み、泉のある大きな平原にある」とする安西王府の立地環境が極めて的確に状況を捉えたものであり、「流れ」が自然河川ではなく水路開削によって人工的に生み出されたものであったことも明らかとなった。さらに、マルコ・ポーロ旅行記には記されないものの、周到なプランのもとになされた安西王府の立地選定とその建設にあたって、当時まさに建設中であった灞橋との位置関係が勘案されなかったとは考えにくい。現在の隴海鉄道の路線がモンゴル時代における東西交通の大道にあたることから、安西王府は灞橋と京兆を結ぶ東西幹線ルートの中間に位置したこととなる。[54]京兆を挟む東西の往来に関しては、『榘庵集』巻一〇「臨潼県尹馬君去思頌」に興味深い記載が見える。

咸陽と臨潼とは、均しく東西の孔道、往来せる者の出入する所に当ると雖も、咸陽は府を去ること里四十為れば、軺伝の経る所、一飯の頃を過ぎずして輒ち去り、独だ渭渡の須臾の擾と為るのみ。乃ち臨潼の若きは、適き行く者一舎これに中り、朝廷の故に由りて、総司の使の道を東に出す者、十に常に七八たり。且つ又た故唐の離宮、華清温泉の在る所にして、侯王将相、監司郡守、東よりして西し、西よりして東せる者、ここに沐浴しここに遊観す。事厳しきものすら且つ日を更め、稍や緩まば則ち信宿す。其の往くを送り来るを迎うること、日に虚時無く、大は則ち安西邸の朝覲斎祓の所と為る。[55]

咸陽県および臨潼県を東西の出入り口として、京兆を基点とする東西両面への盛んな往来が見られたが、特に大都・上都への道筋にあたる東方への往来が多く、京兆府路総管府からの出使にいたっては、その七、八割を占めるほどであった。さらに、臨潼県内の華清宮においてはここを通過する王侯や官員が温泉にひたり宿泊するのみならず、安西王家の朝覲に際しての斎戒沐浴の場としても用いられたとされる。

この臨潼県と京兆をつなぐ要所こそが灞橋であり、劉斌によって石造の常設橋が設けられたことにより、従来にも増して盛んなヒトとモノの往来が生み出されたことは疑いない。さらに、東西のヒトとモノの流れを扼するのみならず、東面への移動に至便であり、かつ北に向かえば唐の禁苑址の草地を過ぎて渭水をわたり、夏宮の置かれた六盤山およびチャガンノールへと道が開けるという絶好のポイントに安西王府は建設されたこととなる。

第五節　資材の調達

一　木材資源と黄河水運

至元一〇年の安西王の出鎮と前後して、灞橋の架設、宣聖廟の修復と安西王府の建設など、いずれも膨大な資材を必要とする大型の土木工事がほぼ同時並行で進められた。いわば建設ラッシュを迎えた京兆においては、労働力や資金のみならず、石材や木材などの資材の調達が重要な課題であり、趙炳をトップとする営繕使司や採石局などがこの業務を担当したと考えられる。趙炳の名は先に見た（一）「大元国京兆府重修宣聖廟記」の立石者としても確認できる。さらに、至元一三年に立石された「終南山重陽祖師仙跡記」[56]の末尾には「功徳主昭勇大将軍京兆路総管兼府尹諸軍奥魯総領営繕使司大使趙炳、営繕司副使王海、京兆等処採石提挙謝沢、助縁龐徳林」らが挙げられるほか、至元一七年（一二八〇）「重修磻渓長春成道宮記」[57]にも「前京兆路採石局提控湯洪刊」[58]の記載が見える。採石局は営繕司の属下にあって石材調達を担当した官司であったと考えられる。[59]

すでに見たように、劉斌による灞橋架設事業においても、厳忠範によって石材八〇〇車両分が提供されているが、このほかにも「李記」によれば、渭水北岸の華原や終南山南麓の五攢山から石材が調達され、終南山の木材が橋梁の基礎を作るための地釘として利用されている。[60]さらに『類編長安志』巻七・古跡・很石条によれば、新説に曰く、臨潼県の東の秦始皇陵の東北一里に在り。石形は亀に似て、高さは一丈八尺、周は一十五歩たり。諸人の留題有り。湛朴の詩に曰く「桀紂大いに端無く、始皇相い肩を並ぶ。很石猶お然る在り、悪名千万年たり。」十六国春秋に曰く「秦始皇の陵を修むるに、渭北の諸山より石を運ぶ。故に歌いて曰く、石を運ぶは甘泉口、渭水為めに流れず、千人唱いて、万人相い鉤す。」很石の半ばは土に埋る。至元十年、山東の劉斌斲りて灞陵の石橋を修め、用い畢る。[61]

とあり、臨潼県の東にある秦始皇帝陵の東北一里の地点に很石と呼ばれる巨大な石があった。始皇帝が自らの陵墓を建造するために、渭水の北から運ばせたと伝えられるその石は、形は亀に似ていて、高さは五・五メートル、その周長は二三メートルにおよぶ巨大なものであり、古くより人々はこの很石の上に詩を刻みこんだ。当時、すでに半ばまでが地中に埋まる状態であったが、至元一〇年に劉斌によってこの很石は断ち割られ、灞橋の建設資材として用いられたとされる。また、一九九四年に灞橋鎮柳巷村の灞水河道にて発見された唐大暦一四年(七七九)「扶風郡王贈司徒馬府君神道碑」は、北宋元祐年間に韓縝によって灞橋の補修がなされた際に石材として利用されたものであった[杜一九九八]。これも京北における石材の確保がいかに困難であったかを示す事例とも言える。

建築の基礎に用いられるような一般的な資材の調達すら困難である中、宮殿建築や碑刻の材料となる良質の資材を京兆近辺において調達することが相当困難であったことは推測に難くない。これを裏付けるのが、至元一〇年以降に安西王の命によってなされた各地での資材調達の事例である。まずは、木材調達に関して見ていこう。『[乾隆]保徳州志』巻二・形勝・河岸筆跡によれば、

河の西崖に峻壁有り書して云えらく、皇子安王府掾史僕散翰之、怯薛丹官人和者と同に上命を奉じ、特に遣わされ大木を水運して、前みて長安に至らしむ。上は積石州の東に一地有り打羅……(欠)……と名づくるより、下は天橋子に徹くまで、訪ね……(欠)……此の二河道は水石険悪なれば、古より以来、未だ嘗て敢えて行わず。所以に諸官を部率し……(欠)……を集め……(欠)……拝祭し……(欠)……乗駕し……(欠)……此に於いて、皆な神天の護る所、我が国家洪福の致す所に頼るなり。故に此に書し以て後に示す。歳は乙亥に在り。至元十二年六月十八日題す。[62]

とある。やはり本摩崖の内容を伝える民国二〇年（一九三一）『山西省各県名勝古蹟古物調査表』所収「保徳県名勝古蹟古物調査表」摩崖・天橋峡河岸石刻によれば、天橋峡の河西崖上に刻され「已残剝」とされる。天橋峡とは保徳県城の東北一八キロ、河曲県との境に位置する全長二七六・五メートルにおよぶ峡谷である。峡谷部の河幅は上流側が三八・四メートル、中間で二一・五メートルに狭まり、下流側では二六メートルに広がる。冬期から二月にかけて黄河が結氷し天然の橋のように対面の府谷県とつながるため、俗に天橋と呼ばれた[63]。調査表においては、摩崖録文に続き以下の按語が付される。

按ずるに、元世祖の次子の莽噶拉木、安西王に封ぜらる。志に云えらく、安王は当に写刻せる時の誤脱、或いは抄録せる者の遺漏に係るべし。史に言えらく某府の長安に在る者は安西と為し、六盤に在る者は開成と為し、皆な宮邸を為るを聴す。此れ木を運びて長安に至ると言うは、蓋し以て府邸を営むなり[64]。

ここに指摘されるように、摩崖中の「安王」は安西王の誤りであり、安西王府の建設のために木材が黄河の水運を利用して京兆に運ばれたことが分かる。この時、派遣されたのは、安西王府掾史の僕散翰之とケシクテンのホージャ（Qoja：和者）の両名である。上掲録文および「保徳県名勝古蹟古物調査表」ともに僕散翰之とするが、正しくは『牧庵集』巻二五「南京兵馬使贈正議大夫上軽車都尉陳留郡侯布色君神道碑」に王府郎中、開成路同知を勤めたとされる僕散翰文であろう。その父は金朝滅亡後に南京警巡使、南京兵馬使となった僕散長徳、祖父と曾祖父は金の章宗朝、世宗朝の名将、僕散揆、僕散忠義であり、金の太祖に嫁して睿宗を産んだ宣献皇后や世宗に嫁ぎ漢王ウグナイ（Ugunai：烏故乃）を産んだ元妃を輩出した女真の名門、上京抜魯古河の僕散氏の出である。

摩崖録文には欠損が多く全体を通じた理解は難しいが、おおよそのところは安西王によって派遣された僕散翰文とホージャが黄河上流部の積石州の東より保徳州天橋子までの間の黄河水運の現地調査を行った。文中の「此二河道」の意は解し難いが、諸官を集めて祭祀を行った地点とは、漢の君子津の名でも知られる大纏口渡から河津龍門に至る間における晋陝峡谷中の難所であり、[65]本摩崖が刻された天橋峡であることは間違いない。この天橋峡の険阻さは、清代においても米を積んだ船がここにさしかかると、峡谷の上流側で一旦、荷を下ろして人夫がこれを陸送し、空の船が峡谷を流れ下るという方法が用いられるほどであった［和田一九二二］。したがって、これまで険阻な地形によって水運を行うことができなかったとされるのは、この天橋峡より下流の水運を指すものであり、至元一二年における木材水運の最大のポイントはまさにこの天橋峡を越えることにあった。

【図7-4】黄河源図（『南村輟耕録』巻22より）

また、黄河上流部の積石州の東にあるとされる「打羅……」に関しては、『南村輟耕録』巻二二・黄河源に、

又た四、五日の程にして、積石州に至る、即ち禹貢の積石なり。五日の程にして、河州の安郷関に至り、一日の程にして、打羅坑に至り、東北に行き一日の程にして、洮河の水、南より来りて河に入る。又た一日の程にして、蘭州に至る。其れ下りて北卜渡を過ぎ、鳴沙州に至り、応吉里州を過ぎ、正東に行き、寧夏府に至る。南東に行かば、即ち東勝州なり、西京大同路の地面に隷す。発源より漢地に至るまで、南北の澗渓、細流して傍貫するは、紀極を知る莫し。

山は皆な草山、石山にして、積石に至りて、方めて林木は暢茂す。[66]として、積石州と河州の中間に位置し、黄河が東北に屈曲する打羅坑を指すことが分かる。ここで僕散翰文とホージャの調査が黄河上流の積石州打羅坑にまで至るものであったのは、積石州周辺において良質の木材資源が豊富であったからに他ならない。

これに関しては、『永楽大典』巻一九四一七所引の『経世大典』站赤に以下の記載が見える。

（至元四年）五月二十一日、中書省の拠けたる西夏中興等処宣撫司の呈に、東勝に合せて三站を立て、本路に合せて七站を立つるに、権に従いて東勝の見在の船二十一艘を以て各站に散給し行用するを除くの外、未だ造らざる船三十艘は、擬すらくは已に伐り到れる大通山の木植を用いんことを。其の余の物料の計えて価の鈔四十余定に該る及び工匠の糧食は、転運司をして応辦せしむるべきやいなや。又た忙古觧の回称すらく、只打忽等処に旧と船三十六艘有らば、合に修整せしむべし。[67]

大通山とは祁連山脈の東に連なる西寧州境内の山並みであり、大通河と青海湖の分水嶺をなしている。すでに至元四年の時点において、大通山から木材が切り出され、黄河水運を利用して漕運に供されており、同じ水運ルートを用いて大通山および積石州周辺から京兆への木材供給がはかられたこととなる。

郭守敬によって開発された黄河漕運は東勝州まで水路を用いた後、陸路によって大同に至り、そこから大都へと続くものであった。これに対して、安西王府の建設に用いられる木材は、東勝州からさらに黄河を下り、晋陝峡谷を通過して京兆へと達する必要があった。姚燧「延釐寺碑」（『国朝文類』巻二二）が記す「其の時、河の外秦固の内地を揵ぎ[68]、教令を之れ隴に涼に蜀に羌に加う。……（中略）……自余の商賈の租、農畝の賦、山沢の産、塩鉄の利は、王府に入らずして悉く邸自から有」[69]すの言葉の通り、黄河上流域の木材資源は安西王邸が裁量可能な権益に含まれるものであり、これを黄河の水運を利用して、歴代王朝がなしえなかった晋陝峡谷をも越えて京兆へと輸送するという大規模なプロジェクトが実行に移されたのである。

さらに、当該摩崖が刻字された時期も重要である。至元一二年六月一八日までに僕散翰文とホージャが積石州から保徳天橋子に至るまでの黄河水運の現地調査を終えるためには、黄河の結氷時期なども考慮すると、遅くとも同年の春には調査を開始したはずであり、計画自体は至元一〇年、もしくは一一年には作成されていたこととなろう。黄河上流部における木材資源の調達と黄河水運の利用というアイデアは、安西王府の建設および京兆復興事業に不可欠な要素として、その事業のうちに繰り込まれていたと考えざるを得ない。

二　石材資源と道路建設

僕散翰文とホージャが木材資源の調達に派遣されたのとほぼ時を同じくして、安西王府の命を受けて河東の地に「山沢の産」を求めたのが、平陽路総管府判官の任にあった王惲である。「西山経行記」(『秋澗先生大全文集』巻三七)によれば、

至元乙亥(一二年)の秋七月、藩府の檄を被り、来り伻せる盧君と偕に文石を晋に採る。丙申(二七日)、襄陵に如き厥の事を董治し、許氏の東堂に館す。八月庚子(二日)、西梁に次り、質明、祭を黄崖山の下に致し、遂に工に命じて役に即かしめ、榻を普照僧舎に借る。凡そ再宿するに、義成石を以て言を為す者有り。壬寅(四日)、馬北首し、山に旁りて行き、臨汾の界に入り、侯氏・四水等の峪を過ぐ。山尾を逾え、王荘峪を得。峪口は敞豁にして夷衍たり、北は白陵砦の脚に連なる。既夕、龍子祠の南の晋掌里に宿る。癸卯(五日)、井峪を下り、麻柵澗を渡り、獅子鼻より山に登り、石門を越えれば、是れ姑射峪為り。……(中略)……甲辰(六日)、鄭峪より義成に入り、澗槽に分循して西行し、嶮狭を径らば、草木蒙茂たり。歩履は錯迕として、水磴を過ぎ、折れて東北し確嶺に上る。石の在る所を視るに、石陛は砌覆たりて、隠山の半腹を

圧す。玄質白章、又た其の色を絳せること雲の若く然る者有り、尤も秀潤にして奇特たり。[70]とあり、藩府の檄、すなわち安西王府の命を受けた王惲は、盧某とともに平陽府を出立して襄陵県の西北部に位置する黄崖山に赴いた。その目的は「文石」の採取にあり、黄崖山において祭祀を執り行った後、工人を動員して採取に当たらせた。この祭祀において読み上げられたのが、『秋澗先生大全文集』巻六三に収録される「祭黄崖山神文」[71]である。また、『秋澗先生大全文集』巻七・七言古詩に「黄崖行」と題する詩が収められる。[72]そこに詠われる「青章紫質にして呈潤を含」む石材こそ王惲が求めた文石であり、安西王が王宮建設の用材として調達を求めたものであった。詩中に詠われる漢代の事跡が、後漢の中平二年（一八五）に火災によって焼失した南宮の修復のために、張譲や趙忠ら十常侍が太原、河東、隴西の諸郡から木材と文石を長安に運ばせたことを指すように、[73]襄陵が位置する河東の地に産出する文石は古来より著名な建設資材であった。

『南村輟耕録』巻二一・宮闕制度によれば、大都皇城の大内の正殿である大明宮のほか多くの宮殿の敷石として文石が用いられており、安西王府の宮殿の建築資材にも黄崖山などにて採取された筋目模様の入った青大理石である文石が用いられたこととなろう。さらに、この石材は石碑の用材としても用いられた可能性が高い。すでに見たように、碑林に現存する至元年間の碑刻の多くが、既存の碑刻の裏面を用いて刻字されている。これは当時、石碑の用材が不足していたことを示唆しており、碑林に限らず、重陽万寿宮や楼観台に林立するモンゴル時代の巨大な碑刻の用材としてもこの河東の青大理石が用いられたと推測される。

黄崖山での採石を終えた後、王惲と盧某は西山に沿って北上し臨汾西部の姑射山に分け入る。この度の姑射山行きは、黄崖山での採石の際に聞き得た義成石を求めてのものであった。王惲は鄭峪より義成を経て、碻嶺の上に至り、山肌を覆うほどの大量の「玄質白章」の石材を目にする。[74]さらに、八月七日に姑射山より平陽府に帰った王惲は同月二九日には沁水県へと向かい、県尹の李汝翼とともに県城の南二〇里の鹿台山[75]において文石の採取を行った[76]。この文石を京兆へ運ぶため鹿台山の西南から絳県、もしくは翼城県へと至る道路が建設されている。

同様に石材の調達と搬出のために山中からの道路を建設した事例が『秋澗先生大全文集』巻三七に収録される「平陽府臨汾県姑射山新道記」にも見えるが、撰文の時期が明記されない。これに関連して、王惲の子の王公孺による神道碑「大元故翰林学士中奉大夫知制誥同修国史贈学士承旨資善大夫追封太原郡公謚文定王公神道碑銘并序」（『秋澗先生大全文集』附録）に「藩府、姑射山の文石を採るに、夫匠の力を藉り、山蹊を闢き坦途を為る者六十里、西山の伏利は、之れに由りて出づ。土人は石に刻みて其の事を紀[77]す」とある。これに続いて、至元一三年に陳祜とともに河南五路の儒士の考試のため開封に赴き、翌一四年には翰林待制として平陽を離れたことが記される。くわえて、「姑射山の進道成り、張仲明に和して韵す」（『秋澗先生大全文集』巻一六・七言律詩）の前文に「姑射の北僊洞、予既に新道を為り石を立て、且つ諸君子に会す。明日大雪たり[78]」とあることから、沁水県鹿台山における文石採取と道路整備に着手した後、同年至元一二年の冬に姑射山の道路建設が行われたことが分かる。

刻字立石されたとする「平陽府臨汾県姑射山新道記」であるが、後世において本碑は地方志や金石書に収録されることはなかった。二〇一〇年三月六日、筆者が舩田善之とともに姑射山の碑刻調査に訪れた際、姑射山北仙洞の王母楼の脇に立つ至元一六年五月五日立石の「重修姑射山王母洞記[79]」の傍らに残碑が横たわるのに気づいた。わずかに残る文面には「安西王」や「国家」の文字が一字抬頭される。「平陽府臨汾県姑射山新道記」との照合を行ったところ、残存箇所はほぼ完全に一致し、これが「平陽府臨汾県姑射山新道記」の残碑であることが判明した（本碑の復元案を章末に載せる）。

これによれば、安西王の京兆への出鎮とこれに伴う王府建設のために、使者が姑射山に派遣され石材の調達が命じられた。これは、同年夏に同地を訪れ大量の義成石の存在を確認していた王惲自身の報告に基づくものと考えられる。この時、平陽府の西二五キロに位置する東陶および西陶までの車道が新たに整備された。工事は五〇

○人の役夫を投入して一万五〇〇〇工の工事量が一八日間で行われ、全長二七キロに及ぶ新道が完成した。義成石と呼ばれた「玄質白章」の文石は西陶・東陶の西に産出するものであり、その途中の鄭封峪、上砦の地は石炭を最も多く産出し、宋代には晋州鉄務が置かれた交通の要所でもある。また、東陶、西陶も良質の石炭が集まる場所であったが、これまで地形が険阻でその利を活かすことができなかった。今回の工事により、東陶、西陶の地から姑射山仙洞溝の北仙洞、南仙洞を経由し、参峪に出て平陽府に至る道路が整備され、途中には運搬用の車がすれ違えることができるように六ケ所の避車場が設けられた。[80]

さらに、東陶から馬鞍嶺口に至る間は、谷筋を東行する北道といったん南下して東に向かう南道の両道が設けられ、谷筋を走る北道が出水のために利用できない場合の備えとした。険しい道は平らにし、狭い道は広げ、火薬を用いて大石を割るなど、資材運搬の車両が通行可能な道路工事がなされた。これにより、西山に眠っていた「山沢無窮の利」が活用され、安西王府の建設に利用されるとともに、民を大いに裨益するものとなった。この事業を記念して、新道が経由する北仙洞の王母洞に「平陽府臨汾県姑射山新道記」が立石されたのである。

河東での石材の調達に関しては、数多くの詳細な記録を残したことで知られる王惲が郵伝を担当する平陽府判官[81]であったことが幸いして、その具体的な状況が明らかとなったが、その他の各地でも同様の行為がなされたと考えられる。[82]姑射山における文石採取の事例に見えるように、石材に限定されることなく、「山沢の産」に含まれる石炭などの資源の採掘・利用にも安西王の権限が及んだのであり、これらの資材を用いて安西王府の建設および京兆の復興事業が推進されたのである。

黄河水運を用いて黄河上流域から木材が調達され、道路建設によって河東の各地から文石が調達されたのが、同じ至元一二年であったことは決して偶然の一致ではない。すでに木材調達の事例において述べたように、資材の調達と運搬ルートの整備という両事業が、安西王の京兆出鎮の当初より綿密に計画されたものであったことは間違いない。河東の文石は蒲津で黄河をわたり、東渭橋で渭水を越えて灞橋・安西王府・京兆へとそれぞれもたらされたことであろう。また、黄河を用いて運ばれた木材も、壺口瀑布の名で知られる山西吉州以南への水運は望むべくもなく、ここよりは陸揚げして京兆に運ばれたと考えられる。やはり河東からの文石搬送と同じ陸運のルートが採られたと考えられる。

こうした資材運搬に不可欠な車両の建造こそが劉斌の主たる生業であり、車両建造のみならず、これを用いた運送業が劉斌の事業を支える経済的基盤となったのであろう。安西王国の統治下における交通・物流の活性化は劉斌の事業展開にとっても極めて重要な条件であり、その前提として自身の名を広め、京兆の官員、富家および宗教者との人的ネットワークを構築するための先行投資として灞橋架設が開始されたとみるのはうがちすぎであろうか。

第六節　「張記」の背景

これまでの考察結果から、安西王府の建設や京兆宣聖廟の復興などの諸事業が安西王の就封当初から周到に計画されたものであり、これを支える物的資源の確保およびその調達を目的として、王国の統治下各地において水運・交通の整備がなされていたことが明らかとなった。さらには、劉斌の自発的意志に基づくとされる灞橋架設も実質的な着工は、マンガラの安西王就封と時を同じくするものであり、安西王国におけるインフラの整備という大背景のもとに推進された事業であったとみなしうる。

言うまでもなく、灞橋架設事業において発案者であり実際の工事においても中心となった劉斌の功績は抜きんでたものである。しかしながら、一介の庶人の功績がかくも盛大に顕彰されたことには若干の違和感を覚える。

特に、灞橋完成の後、李庭によって「創建石橋記」が撰述され、勅建碑として立石されたにもかかわらず[83]、再度張養浩によって「安西府咸寧県創建灞橋記」が執筆されたのは、いかなる理由に基づくものであろうか。この問題を解く鍵は「張記」執筆の時期にある。これに関しては、すでに李之勤の考証によって武宗カイシャンの至大二年から四年正月の間に執筆されたものであることが明らかにされている［李一九九四B］。ただし、当時の政治状況を考慮すれば、撰述の時期をさらに絞りこむことが可能となり、さらにはこれにより撰述の目的をも明らかにすることができる。そこで繁をいとわず改めてこの問題を考えていきたい。

まずは、「張記」が執筆されるに至った経緯について、以下の記載が見える。

後に功を訖うるに、斌は京師に報じ、且つ近侍に言を為す。「安西始め潜邸に割隷するは、実に聖上の疇昔九旒の経る所の地にして、前代の天下を有つ者、周の若き、秦の若き、漢唐の如きは、皆な嘗てここに都す。地は腴えて戸は羨ふるること、他郡の比に非ず。橋は必ずこれを称して宜しきと為す。今幸いに告成するは、国家の力に繋る。斌は何をか有らんや。乞うらくはこれを石に文し、以て悠久に詔せんことを」と。近侍の以聞するに、上曰く「此れ斌の功なり」と。乃ち尚書省に勅し翰林国史院に下して辞を為さしむるに、臣某、忝なくも執筆に当る。[84]

灞橋完成の後、近侍を通して報告がなされたことをうけて、尚書省に勅が下り、翰林国史院に記文の撰述が命じられ、張養浩がこれを担当したという流れとなる。素直にこの記載を読めば、灞橋が完成した至元一五年、もしくは数年内に劉斌からの竣工の報告があり、時の大ハーン・クビライによって記文撰述の勅が下されたとなろう。ただし、『張文忠公文集』（元統三年序刊本）の附録に収められる張起巌奉勅撰の「大元勅賜故西台御史中丞贈攄誠宣恵功臣栄録大夫陝西等処行中書省平章政事柱国追封浜国公諡文忠張公神道碑銘」[85]によれば、張養浩の初出仕は太傅魯国康里文貞公が平章であった時にその才が見いだされ、礼部令史に辟招されたとする。カンクリのブクム（Buqum：不忽木）が中書平章政事であったのは至元二八年（一二九一）から陝西行省平章政事に任じられる至元三一年（一二九三）までの間である。[86]したがって、至元一五年頃には、翰林院官はおろかいまだ出仕以前の段階となり、クビライの命を受けて記文を執筆するような状況にはありえない。

さらに、勅が発せられた尚書省に関しても矛盾が存在する。尚書省が設置された時期は、至元七～九年、至元二四～二八年、至大二～四年の三回である。これに対して、張養浩の翰林官在任時期は、翰林待制に任じられた至大年間と翰林直学士に任じられた皇慶年間の二度であり、尚書省の設置と張養浩の翰林院官在任という二つの条件をともに満たす時期は、至大二年から四年の間に限定される。より厳密に言えば、武宗カイシャンのもとで尚書省が設けられたのが至大二年八月癸酉（三日）[87]であり、廃止されるのがカイシャン崩御のわずか二日後の至大四年（一三一一）正月壬午（一〇日）[88]である。しかも、張養浩の翰林待制への任官は、至大三年に尚書省への批判として万言書を提出したことに対して、監察御史としての弾劾権を剝奪することを目的としてなされた報復措置であり、さらに同年内には罪をもってその職を解かれていることからも、上記二つの条件を満たす期間はより狭められ、ほぼ至大三年に限定できる。

したがって、劉斌が灞橋竣工の報告を行ったのはクビライに対してであり、張養浩に記文の執筆を命じたのはカイシャンであることとなり、「張記」にはこの間に明らかな空白が存在することとなる。ただし、「張記」においては、この空白を意図的に埋めるかのような操作がなされる。それが、覇橋架設事業の完成時期に関わる記述である。すでに述べてきたように、灞橋架設が実際に始まったのは劉斌が京兆に帰着した至元三年であり、至元一五年に工事は終了した。ただし、「張記」においては、「至元三年肇功、潰成於二十五年」として、至元三年に始まり二五年に完成するとされるのである。至元一九年に没した李庭が「創建石橋記」を撰述していることからも明らかなように、至元一五年に灞橋が完成したことは疑いようがない。しかしながら、もし完成の日時を至元二五年とするならば、ちょうど至元二四年からの尚書省の再設置期間と重なることとなり、そこに齟齬は生じず、上述した空白期間の問題すら消滅する。張養浩のわずかな一字の操作によって記文撰述の主体はカイシャンからクビライへと変えられ、カイシャンの行為はクビライの姿の中に押し込められるのである。

現存する『張文忠公文集』および『帰田類稾』所収の「張記」に文字の異同は確認できず、張養浩の操作を裏付けるような史料は存在しない。しかしながら、カイシャン時代の京兆をめぐる状況は、その可能性を雄弁に物語る。カイシャンは即位の後、自らの即位に先んじてクーデタを行った安西王府を壊滅させ、代わって弟アユルバルワダを皇太子とした上で安西王に封じる。つまりカイシャンにとって「李記」に「聖主賢王、簭蔵を惜しまず」として、聖主クビライと並び称される賢王マンガラの姿は好ましいものでは無かったはずである。さらに弟アユルバルワダの存在を考えれば、クビライの後継者として京兆の地に対しても自らの存在を顕示する必要があったのではないだろうか。旧安西王国領を継承したアユルバルワダに対する痛烈なアピールであった可能性も否定できない。

なお、『長安志図』巻上に載せられる「奉元城図」には、京兆府城の東に北より「安西故宮」、「咸寧県」、「太子府」の記載が並ぶ。このうちの「太子府」に関しては、安西王の太子の居所であった可能性もある。ただし、安西王府が「故宮」と表記されるのに対して「太子府」については「故」に類する記載が見えないこと、さらに造営のモデルとなった大都においては皇太子のオルドである隆福宮が皇城内に位置していることなどから考えて、皇太子アユルバルワダの居所として建設されたものであったとも考えられる。安西王府を継続利用せず、新たに居所が造られたとすれば、その意味するところもおのずと明らかであろう。

こうしたカイシャン側の意図とは別に執筆を命じられた張養浩にはまた異なる思惑が存在した。もともと張養浩は太子司経さらには太子文学として東宮時代のアユルバルワダに仕えた経歴を持つ。さらにカイシャン時代においては尚書省に対して痛烈な批判を行ったため、職を追われ都を離れるまでに追い込まれた。これがカイシャンの死去とアユルバルワダの即位にともない、一転して中央政府に呼び戻され右司都事を経て、翰林直学士、さらに礼部尚書に任じられるに至る。こうした張養浩の経歴を考えれば、わずか一字の操作によってカイシャンのもくろみを抹殺するには充分な理由が存在しよう。すでに刻石立碑されていたはずの「李記」に対する言及が一切なく、安西王の灞橋架設への関与に対する記述を極端なまでに控え、その功績を劉斌個人に一身に帰するという「張記」の著述スタイルは、こうしてできあがったものであった。

小　結

至元元年に始まる劉斌の灞橋架設事業は京兆の官員からの経済的支援を受けながらも、尚書省官らの妨害などにより順調には推移しなかった。これが至元九年に至り、蘇可璥から呂壄、さらに賀仁傑を経由してクビライへと状況が伝えられ、謁見を通して資金および労働力を賜予される。大ハーンよりの認可を得たことに加えて、これをバックアップしたのが、同年におけるマンガラの安西王就封と翌年の京兆出鎮という出来事であった。王府内への龍首渠の引水、さらには交通の要としての灞橋の立地条件を最も有効に活用し得る京兆府城の東北という場所に安西王府が建設されたのは決して偶然ではなく、王府と劉斌は互いの事業を助け合うという協力関係にあった。これを裏付けるものこそ、至元一三年以降に行われる京兆宣聖廟の修復事業であり、劉斌は碑林の石碑再建を含む修復事業に経済的支援を行ったのである。

これらの諸事業に不可欠な木材および石材資源についても、安西王国の建国当初から周到な計画が練られ、黄河水運を利用して上流部の積石州周辺から木材を運ぶに止まらず、歴代王朝がなしえなかった晋陝峡谷の船舶通過までもが計画された。また、襄陵黄崖山、沁水鹿台山、臨汾姑射山において宮殿建設の資材として文石の採取が命じられ、車両での運搬を可能とするために各地の道路が建設・整備された。劉斌の灞橋架設は安西王国の支配下における交通および物流のインフラ整備と京兆復興の一貫として両者の相互協力関係のもとに推し進められたものであった。ただし、武宗カイシャンの即位にともなう安西王家の崩壊とアユルバルワダへの京兆分地の賜与によって、京兆をめぐる情勢は再び複雑化する。至大三年に撰述された「張記」における過大なまでの劉斌の顕彰はカイシャンの思惑を退けるとともに、安西王マンガラの功績をも抹殺するものであった。

注

1 『旧唐書』巻四三・職官士・尚書都省・工部「凡天下造舟之梁四、河則蒲津・大陽・河陽、洛則孝義也。石柱之梁四、洛則天津・永済・中橋、灞則灞橋。木柱之梁三、皆渭川、便橋・中渭橋・東渭橋也。巨梁十有一、皆国工修之。」

2 一日、京兆府学教授駱天驤、偕（劉）斌踵門来告曰「斌之橋成、亦先生之志也。今将勒諸石以紀歳月、文不先生之属而誰歟。」余応之曰「諾。」遂序其顛末、以諗後之人、俾守而勿壊也。

3 こうした問題意識は、モンゴル国アウラガ遺跡にて出土した鉄製品の成分分析を通して、それらが山東省金嶺鎮もしくは湖北省大冶・象鼻山の鉱石に近似することを明らかにした白石典之・大澤正己の研究を踏まえ、「霊巌寺執照碑」に見える内史府と製鉄との関係性に言及した舩田善之の研究らから啓発されたところが大きい［Osawa2005、舩田二〇〇五］。

4 李庭「創建灞石橋記」（『寓庵集』巻五）による。原文では「勅賜京兆官籍没田園、発新収南口長充役作」とされる。至元一〇年（一二七三）前後における京兆一帯の状況は王惲の「論関陝事宜状」（『秋澗先生大全文集』巻八五『烏台筆補』所収）に詳しく、京兆における人口流動や治安の悪化などの状況が伝えられる。同史料の訳注が高橋（編）二〇〇七にある。

5 長安以形勢雄天下、其来尚矣。左達晋魏、右控隴蜀、冠蓋鱗萃、商賈輻輳、実西秦之都会也。距城東三十里、灞水南来、横絶官路、西北十五里入於渭、其源出於商顔山中。毎歳夏秋之交、霖潦漲溢、川谷合流、砯崖而下、巨浪澎湃、浩無津涯。行旅病於徒渉、漂溺而死者不可勝数。至元元年秋、山東梓匠劉斌、適至此、見之惻然、内誓於心、為構石橋以拯茲苦。既而還家、告其父母親旧、皆悦而従之曰「此奇事、当勉力。」各出嚢資為贐、斌与誓曰「橋無成、不帰東矣。」於是束装戒行、前抵相衛、市鎚鏨七百余事、輦運而西、結廬灞上、教人以輪為業、斂所得充募工之直。

6 唐宋迄今、有司課民材木、為輿梁以済、十月橋成、三月拆毀。至我大元、堂邑劉斌修為石橋。初、灞水適秋夏之交、霖潦漲溢、波濤洶湧、舟楫不能通、漂没行人、不可殫紀、常病渉客。中統癸亥、会斌旅秦、還至灞上、値秋雨泛漲、同行之車凡三、漲息、斌車前導、僅達岸次、渡者人畜幾溺、斬靷獲免、其殿者随流漂没、不知所在。斌遂誓修石梁、帰、詢親辞妻、家事悉委其弟、曰「若石橋不成、永不東帰。」至元三年、結廬灞岸、先架木梁、以済不通、斌能於匠石、工梓、鍛冶、斲断、靡有不解、以素芸供其所費。

7 実際には唐末五代期に戦乱によって失われた灞橋は北宋元祐年間に知永興軍事の韓縝によって修復されている。ただし、その存続期間は不明であり、「駱志」の記載内容を信じれば、あるいは架設後しばらくして崩壊したとも考えられる。

8 『類編長安志』巻八・山陵冢墓・山陵・文帝覇陵「新説曰、至元辛卯秋、覇水衝開覇陵外羨門、吹出石板五百余片。」

9 昔鄭子産以其乗輿済人於溱洧、孟子以為恵而不知為政。然則橋梁之不脩、我有司実任其責。某承天子之命、来守此土、凡可与民興利除害者、皆当尽心力而為之、而不敢辞也。惟茲灞河、横截大路、当秋夏之交、山水暴漲、甚為民患。今将畳石、以架脩梁、使往来之人、不死漂溺、以広天地好生之徳、庶幾副主上愛民之心。惟爾神其相之。破土之初、敢以誠告。尚饗。

10 『類編長安志』巻七・鎮聚・鎮に「灞橋鎮、在咸寧県東二十五里」とある。同書では鎮の所在地が所属の県から某里という表記法を用いて記されることから、灞橋が架かる灞橋鎮の所轄を咸寧県と判断する。

11 張二〇〇六によれば、劉斌によって架設された灞橋の位置は隋唐灞橋の西北二〇〇メートルに比定される。

12 遂於故蹟少西七十挙武、釃渠以殺湍悍、夷阻以端地形、下鋭木地中、而席石其上、然後累石角起、高仞余、若門而円其額、俗謂砙者、一十有九。先嘗為九砙、水来不能制、至是始益其十砙。広一丈、其隙則錮以銅鉄、経軌三途、中備輦路、欄檻柱礎、玉立掖分。柱琢以狻猊於上、合柱凡五百六十、橋両端虡其峻甚、又覆石各八十尺。礱甃琱飾、殫極諸巧。袤四十丈、広如干、崇如広而省三丈。隆然臥波、若脩蝃下飲、過者莫不駭異嗟訝、以為永世無窮之利。

13　其長六百尺、広二十四尺。両堤隆峙、下為洞門十五、以泄水怒。制以鉄鍵、堊以白灰。其趾山固、其面砥平。磨礱之密、甃畳之工、修欄華柱、望之巋然如天造神設、信千載之奇功、一方之偉観也。由是車不濡軌、人無褰裳、憧憧往来、坦然無阻。

14　凡一十五虹、長八十余歩、闊二十四尺、中分三軌、傍翼両欄、華表柱標於東西、忖留神鎮於南北、海獣盤踞于砌石、狻猊蹲伏于闌杆、鯨頭噴浪、鰲首呑雲、築隄五里、栽柳万株、遊人肩摩轂撃、為長安之壮観。

15　窃以台欲於九重、必資累土、功或虧於一簣、豈足為山。惟人心有好善之誠、則天下無難成之事。眷此長安古都、寔惟関右要津。奈灞水之湍流、為秦川之巨患。幸逢大匠、誓建長橋。願堅匪石之心、端有移山之志。今則功縁垂就、財力倶窮。緬懐四載之勤、豈可半途而廃。且見義不為則無勇、勿替前言、蓋作善得吉者常多、竚観後功。如蒙金諾、請署玉銜。

16　窃以川惟設険、不無泛溢之虞、橋用済人、当作長久之計。眷長安之名郡、帯灞水之湍流。毎逢秋夏之交、輒有波濤之害。掲厲而渉者、綿歴乎千載、沉溺而死者、不知其幾人。自非遇間世之良工、孰克建非常之大事。今有山東劉君者、世伝妙斲、誓救生霊。畳巨石於平灘、架修梁於当路。将使車不濡軌、人無褰裳。豈惟為壮観於一方、寔足覃仁心於百世。然而厥功甚大、所費不貲。固知独掌難鳴、正要大家著力。敬修短疏、遍詣高門。伏望厚禄達官、多蔵巨室、或黄冠上士、或白足高僧、共推拯溺之心、永絶憑河之患。渡群蟻而甲科尚験、陰徳之報不誣、救千人者子孫必封、昔賢之言猶信。如蒙金諾、請署玉銜。

17　『長安志図』巻中・図志雑説に「龍首原俗号曰小児原。或曰今原東有西番浮図、至元中所建」とあり、至元年間には滻水西岸にはティベット式仏塔が存在しており、安西王府との位置関係から見ても興味深い。安西王家とティベット仏教との関係については、『隴右金石録』巻五「宝慶寺碑記」に詳しい。

18　九年壬申夏、会蘇太師老仙、呂公伯充在京師、白此事於内侍賀公寛甫、乗間奏聞、駅召斌入覲。応対称旨、天顔喜甚、勅賜京兆官籍没田園、発新収南口長充役作。

19　咸陽地区文物管理委員会一九七九：劉兆鶴・呉敏霞（編）『戸県碑刻』（三秦出版社、西安、二〇〇五年）：余華青・張廷皓（主編）『陝西碑石精華』（三秦出版社、西安、二〇〇六年）に拓影および録文が掲載される。咸陽地区文物管理委員会一九七九によれば、一九七八年四月に戸県秦渡公社張良寨大隊村の北五〇〇メートルの地点において、賀氏の家族墓三基が発掘された。そこから、大量の人物・動物陶俑に加えて、二号墓より本墓誌銘が、一号墓より賀勝の墓誌銘である「大元故左丞相開府儀同三司上柱国贈推忠宣力保徳功臣太傅謚恵愍賀秦国公墓誌銘」が発見されている。残る三号墓は賀賁の墓と推定される。

20 時有董公文［忠］（中）同宿衛、協力賛襄、善善悪悪、必達之上。上甚信重、善類倚以集事。時論人物目為董賀。姦臣奏罷天下案察、莫有能諫止。或時国学生、先師左丞許文正公付壄奏章属二公。案察之復立、二公与有力。此類非一。秦灞水湍駛、古今病之。魯人劉斌多智数良於諸工、欲橋以石、即功八年、未有緒。且有沮害其成者。沁人道者蘇可璥閔其労、以為非県官力不可。自秦赴都、以属公。公言於上、上召斌凡両廷見、上相其人、以為必可為、賜力与人。前後三十年、迄底于成、為秦永利盛観、公父子力也。

21 賀仁傑とその子の賀勝（伯顔）、孫の賀惟一（太平）がクビライ、トゴンテムルから信任を得て、賜姓や通婚を通してモンゴルとして認知されていったことは舩田二〇〇七に詳しい。

22 『元史』巻九・世祖本紀・至元一四年春正月癸卯条に「復立諸道提刑按察司」とある。

23 会行省廃、嗣至此者詭揺以言、冀其中輟、而斌不懈益虔。

24 ケシクの越職奏事に関しては、大徳一一年一二月の至大改元の詔（『元典章』聖政巻一・振朝綱、『元史』巻二二・武宗本紀・大徳一一年一二月）に「今後近侍人員、内外大小衙門、欽依已降聖旨、除所掌事外、凡選法・銭糧・刑名・造作・軍站民匠戸口一切公事、並経由中書省可否施行、毋得隔越聞奏」として禁止される事項であった。

25 『牧庵集』巻一七「光禄大夫平章政事商議陝西等処行中書省事贈恭勤竭力功臣儀同三司太保封雍国公謚忠貞賀公神道碑」。

26 『宋元学案補遺』巻九〇・魯斎学案補遺・補・文穆呂先生壄に「梓材又案、蘇滋渓為呂文穆神道碑云、呂端善字伯充、而史名壄。是有二名、即一人也」との考証がある。

27 『牧庵集』巻二六「河南道勧農副使白公墓碣」、「乃奏召旧弟子散居四方者、以故王梓自汴、韓思永、蘇郁自大名、耶律有尚自東平、孫安与凝、燧、燉自河内、劉季偉、呂端善、劉安中自秦、独公自太原、十二人者、皆駅致館下。」

28 唐貞観四年立国子監、在務本坊、領国子・大学・四門・書・律等六学。巣寇入城、宮殿官府皆為灰燼、独国子監石経存焉。天祐甲子、許公韓建始遷石経於府城北市。今府学有元祐庚午学官黎持所撰「移石経記」。其略曰「石経、開成中鐫刻、唐史載之、文宗時太学勒石経、而鄭覃・周墀等校定九経上石、及覃以宰臣祭酒進石壁九経一百六十巻、即今之石経也。旧在務本坊。天祐中、韓建築新城、石経棄于城南。至朱梁時、劉鄩守長安、有幕吏尹玉羽者、白鞏入。鄩方備岐軍之侵、謂此非急務。玉羽紿以助賊、鄩然之、遷于唐尚書省。其処窪下、随立輒仆。悉輦置文廟之北墉、分為東西、次比而陳列。明皇孝経台立之中央、顔・褚・欧・虞・徐・柳之碑分布而立焉。」正大辛卯遷徙、悉以摧仆。至庚戌、省幕王琛公奉而起立。至元十四年、碑尽摧倒。天驥与孟文昌充西府教官、請灞橋堂邑劉斌而復立焉。

29 『北京図書館蔵中国歴代石刻拓本彙編』第五〇冊(各六九八)および『西安碑林全集』三〇巻に拓影が載せられる。

30 国初辛卯歳、乱離城棄、殿宇僅存。甲辰歳、始葺正殿、起二門。又十余年、当至元十三年丙子、乃大加興繕。其時国運方亨、紀綱始振。年豊物阜、家給人足。膺分陝之寄者、皆一時名公、前後接武、経営規度、輸材発廩、勧相其役。蓋歴数稔、乃底于成。自此厥後、贍学有田、修廟著令、随毀随葺、事小無紀。甲子一周、当至元復号之二年丙子、復増修之、寔出於行台群執法之所建白倡率、于時四方無虞、関輔全盛、上自宗王藩鎮、下而庶府郡邑、皆発俗割俸以賛襄之。亦踰歳月、乃訖其功、距今迨三十年矣。

31 『北京図書館蔵中国歴代石刻拓本匯編』第四八冊(各五二九一)および『西安碑林全集』一九巻に拓影がある。『金石萃編未刻稿』巻上、『続修陝西通志稿』巻一六一に録文がある。なお、『西安碑林全集』三〇巻に至正二六年「大元重修宣聖廟記」の拓影として載せられるのも本碑であるが、編集の誤りであろう。

32 『北京図書館蔵中国歴代石刻拓本匯編』第四八冊(各六九八)および『西安碑林全集』三〇巻に拓影がある。『金石萃編未刻稿』巻上および『続修陝西通志稿』巻一五九に録文がある。年月日の前に記されるパクパ文字については、松井二〇〇八に「Sing-dhiy-tang-yin tula(成徳堂のために)」と解読される。また、年月日の下に原文書中における押字を示す二ケ所の「押」字が見えるが、『北京図書館蔵中国歴代石刻拓本匯編』の拓影ではわずかに細字の文字が確認できるものの判読はできない。

33 『西安碑林全集』三〇巻に拓影が載せられる。録文が『金石萃編未刻稿』巻上および『続修陝西通志稿』巻一六一にある。

34 『北京図書館蔵中国歴代石刻拓本匯編』第四八冊(各五二八五)および『西安碑林全集』三〇巻に拓影がある。『金石萃編未刻稿』巻上および『続修陝西通志稿』巻一六一に録文がある。

35 『西安碑林全集』三〇巻に拓影が載せられる。

36 『北京図書館蔵中国歴代石刻拓本匯編』第四八冊（各五二九一）および曾一九八七、路・張・董一九九八。

37 『元史』巻一六三・趙炳伝「皇子安西王開府於秦、詔治宮室、悉聴炳裁製。」

38 聖元皇子安西王胙土関中、至元癸酉創建王府、選長安之勝地、王相兼営司大使趙□、以僕長安旧人、相従遍訪周、秦、漢、唐故宮廃苑、遺蹤故蹟、自豊、鎬、阿房、未央、長楽、太極、含元、興慶、魚藻、靡不登歴、是以長安事跡、足履目見之熟。

39 『旧唐書』巻三八・地理志・十道郡国・関内道条によれば、その範囲は「東西二十七里、南北三十三里、東至灞水、西連故長安城、南連京城、北枕渭水」とされる。

40 姚燧「延釐寺碑」（『国朝文類』巻二二）。「素滻」の語に関しては、『文選』巻一〇・潘岳「西征賦」に「南有玄灞素滻、湯井温谷」とあり、李善注に「玄、素、水色也。灞滻、二水名也」とある。

41 原自含元以東、其地漸平、不見垠堮。一日、登秦冢望之、隠然而東、直際滻水、与白鹿諸原映帯南去。又自長楽坡下、其岡中断、道出其間。其西廓然率多塹掘。問之人云、安西築邸時、取其土也。

42 唐代の漕渠、あるいは永安渠がこれに当たるとも考えられるが、これらも『長安志図』巻中「城南名勝古跡図」では、永安渠は清明渠とともに「二渠今涸」とされ、漕渠に関してはその記載すらも見られない。当時すでに水は流れていなかったと考えられる。

43 一名滻水渠。……（中略）……至元甲子、賽平章復引水入城中。至元十年、復開五季後涸渠、自長楽坡西北流入王城、一渠西流、灌興慶池、経勝業坊西京城、経少府、銭監、都水監、青蓮堂、西入熙熙台、西入城壕。今渠廃、水不復入京城。

44 在滈川馬頭埪。堰滻水入龍首渠、二十里至長楽坡上、分為二渠、一渠北流至望春宮西北入新城、一渠西流入興慶池、又西流入城壕。

45 『［嘉靖］陝西通志』巻二・土地・山川・龍首渠条。

46 『類編長安志』巻三・苑囿池台・興慶池「新説曰興慶宮、経巣寇、五代至宋湮滅尽浄、唯有一池。至金国、張金紫於池北修衆楽堂、流杯亭、以為賓客遊宴之所、刻画楼船、上巳、重九、京城仕女、修禊宴燕、歳以為常。正大辛卯東遷後、遂為陸田。兵後、為瓜区、蔬圃。庚子歳、復以龍首渠水灌之、鯽魚復生。旧説有千歳魚子、信不誣矣。」

また、同書巻八・弁惑・雁塔影「新説曰、龍池、兵後水涸、為民田、瓜区、蔬圃十余年。庚子、辛丑歳、始引龍首渠水灌地、許人占修酒館。至壬寅、池水泓澄、四無映帯、唯見雁塔影倒於池中、遊観者無数、酒炉為之一空。」

47 『類編長安志』巻四・堂宅亭園・青蓮堂「新説曰、青蓮堂、在省衙蓮池、宋陳尭咨建、至今猶存。今為総庫。」

48 『類編長安志』巻四・堂宅亭園・宋丞相寇萊公宅「新説曰、府城掖庭街有萊公宅、中有山池、熙熙台、後為寺、号安衆禅院、中有萊公祠堂。」

49 『雍大記』巻一一・考迹・龍首渠には、「一名滻水渠。……（中略）……有元至元甲子、陝西行省賽平章復引水入城。日久湮塞。至元十年、復開明渠在咸寧県。東漢時渠也」とあり、西城外の皂河から取水し漢長安城内を横断して東城外にて北に折れ渭水に流れ込んだ明渠の修復が至元一〇年になされたとされるが、これに言及するその他の史料は確認できない。

50 二県亦有可漑之水、往往廃涸、不能詳記。今知其一、咸寧県有龍首渠、東南自滻水分出至城四十余里、以漑園圃之田。

51 『長安志』巻一一・万年県・望春宮「在県東十里、臨滻水西岸、在大明宮之東、東有広運潭」、『類編長安志』巻二・宮殿室庭・望春宮「長安志、望春宮、去京城東北一十二里、在唐禁苑内高原之上、東臨滻水西岸。」

52 馬一九六〇では王府城壁に水門の位置を確認できず、李二〇〇四の復元図では王府の東面から水が引き入れられている。ただし、王府に引き込まれた水は城外へ排出する必要があり、流下する方向は滻水の位置する東側、もしくは北側と考えられることから、南面から導水したと推測する。

53 西北師範大学古籍整理研究所一九九二、永昌県志編纂委員会一九九三、祝魏山・李徳元二〇〇七によれば、同城遺址は甘粛省粛南裕固族自治県皇城鎮にあり、北城（大城）は東西四〇四メートル、南北四〇〇メートル、南城（小城）は東西三三八メートル、南北三〇六メートルであり、安西王府、応昌城、黒山頭古城、上都内城と比べ明らかに小型である。水路跡に関しては、二〇一〇年九月に奈良女子大学相馬秀廣教授を代表とする科学研究費補助金基盤研究（A）「高解像度衛星データによる古灌漑水路・耕地跡の復元とその系譜の類型化」によって、さらに二〇一一年一〇月に同氏を代表とする科学研究費補助金・基盤研究（A）海外「乾燥・半乾燥地域の遺跡立地と景観復元を目指した衛星考古地理学的研究」によって現地を訪れた際に、相馬氏から教示された情報である。現地研究機関とともにさらなる調査・研究を計画していた相馬氏は二〇一二年八月に急逝された。氏から蒙った学恩は計り知れず、筆者の怠惰と能力不足により氏の在世中に調査成果を具体化し得なかったことが悔やみきれない。

54 安西王府の位置に関しては、礪波二〇〇七に図一として収録される「ダンヴィル『中国新地図帖』の「陝西省の諸都市」図より　西安と荘浪」（原図名はVilles de la Province de CHENSI）の西安府城（SI-NGAN-FU）の東北に小型の囲郭が描かれ、その中には「Fort」の文字が確認できる。同図は清代康熙朝において作成された『皇輿全覧図』を再現したものであるが、同時期にこのFortに比定すべき城郭は見いだせず、位置から考えて安西王府の遺址とも考えられる。なお、ダンヴィル『中国新地図帖』の閲覧にあたっては、東北学院大学図書館所蔵のAtlas général de la Chine, de la Tartarie chinoise, et du Tibet : pour servir aux différentes descriptions et histoires de cet empire, Paris : Dezauche, 1735を利用した。貴重書にもかかわらず、快く閲覧の許可を頂いた東北学院大学図書館および担当の須田充彦氏、閲覧申請に仲介の労をとって頂いた東北学院大学文学部小沼孝博氏に深甚なる謝意を表する。東北学院大学所蔵本の該当地図には囲郭中の「Fort」の記載はない。

55 咸陽之与臨潼、雖均当東西孔道、往来者之所出入、咸陽去府為里四十、軺伝所経、不過一飯之頃輒去、独渭渡為須臾之擾耳。乃若臨潼、適行者一舎之中、由朝廷故、総司使出道東者、十常七八。且又故唐離宮、華清温泉所在、侯王将相、監司郡守、東而西、西而東者、沐浴焉遊観焉。事厳且更日、稍緩則信宿。其送往迎来、日無虚時、大則為安西邸朝覲斎祓之所。

56 拓影が呉鋼（主編）『重陽宮道教碑石』（三秦出版社、西安、一九九八年）および『北京図書館蔵中国歴代石刻拓本匯編』第四八冊（各二六〇八）に載る。

57 『金石萃編未刻稿』巻上に録文がある。

58 至元一七年「創建大道迎祥宮碑」（王友懐（主編）『咸陽碑刻』三秦出版社、西安、二〇〇三年）にも「提控湯洪刊」の記載が見える。

59 『元史』巻九〇・百官志によれば、大都留守司に属する器物局の下に採石局が置かれ、「秩従七品。大使、副使各一員。掌夫匠営造内府殿宇寺観橋牐石材之役」とされる。採石局に関しては、陳一九九一において大都造営に貢献した石匠楊瓊との関連から言及がある。一介の石匠ながらクビライに謁見し、大都・上都およびチャガンノール行宮の宮殿造営に加え、明清皇城の金水河橋のモデルとなった周橋（崇天門前の金水河にかかる三座の白玉橋）の架設を担当するなど、建築・工芸史上において赫赫たる功績を残した楊瓊の姿は灞橋架設の立役者である劉斌とも重なる。

60 分採華原五攢之石、伐南山之木、以為地釘。

61 新説曰、在臨潼県東秦始皇陵東北一里。石形似亀、高一丈八尺、周一十五歩。有諸人留題。湛朴詩曰「桀紂大無端、始皇相並肩。很石猶然在、悪名千万年。」十六国春秋曰「秦始皇修陵、於渭北諸山運石、故歌曰「運石甘泉口、渭水為不流、千人唱、万人相鉤。」很石半埋於土。至元十年、山東劉斌斮而修灞陵石橋、用畢。

62 河西崖有峻壁書云、皇子安王府掾史僕散翰之与怯薛丹官人和者同奉上命、特遣水運大木、前至長安。上自積石州東有一地名打羅……（欠）……下徹天橋子訪……（欠）……此二河道水石険悪（「調査表」録文には「悪険」につくる）、自古以来未嘗敢行。所以部（「調査表」録文には「備」につくる）率諸官集……（欠）……拝祭……（欠）……乗駕……（欠）……（「調査表」録文にはこの間の欠文の明示がない）於此、皆頼神天（「調査表」録文には「天神」につくる）所護我国家洪福之所致也。故書於此以示後。歳在乙亥、至元十二年六月十八日題。なお、『府谷県郷土志』巻三・古蹟・河岸筆跡条にも天橋山の河岸にあるとして録文を載せるが誤りが多い。

63 『［乾隆］保徳州志』巻一・因革・天橋および同書巻二・形勝・天橋峡。

64 按元世祖次子莽噶拉木封安西王。志云、安王当係写刻時誤脱、或抄録者之遺漏也。史言某府在長安者為安西、在六盤者為開成、皆聴為宮邸。此言運木至長安、蓋以営府邸也。

65 『［乾隆］府谷県志』巻二・山川。

66 又四五日程、至積石州、即禹貢積石。五日程、至河州安郷関、一日程、至打羅坑、東北行一日程、洮河水南来入河。又一日程、至蘭州。其下過北卜渡、至鳴沙州、過応吉里州、正東行、至寧夏府。南東行、即東勝州、隷西京大同路地面。自発源至漢地、南北澗渓、細流傍貫、莫知紀極。山皆草山、石山、至積石、方林木暢茂。

67 （至元四年）五月二十一日、中書省拠西夏中興等処宣撫司呈、東勝合立三站、本路合立七站、除従権以東勝見在船二十一艘、散給各站行用外、未造船三十艘、擬用已伐到大通山木植。其余物料計該価鈔四十余定及工匠糧食、合無令転運司応辦。又忙古艀回称、只打忽等処旧有船三十六艘、合令修整。

68 「捷河之外秦固内地」の八字については、姚燧「興元行省夾谷公神道碑」（『国朝文類』巻六二）の銘文に「維興早特、童子植植、既失定襄、荷其殳斨、与老戎行、右頡左頏、于河之外、于関之内」とあり、夾谷龍古帯の活躍の舞台が関中および漢中であったことを考えると、同じく河の外は黄河以西、秦固は「固」を「関」の意にとらえて関中の地を指すと考えられる。また、『牧庵集』所収のテキストでは四部叢刊本および北京図書館所蔵清抄本ともに「揵」を「犍」につくるが、管見の限り、犍河をモンゴル高原のエルグネ川に比定する以外にその他の用例を見ない。同じく姚燧の撰になる「金同知沁南軍節度使事楊公伝」（『国朝文類』巻六九）に金の宣宗が中都を放棄して南京（開封）に遷都した後の状況として、「揵河之北、緜地数千里、信敵収蒐、其中不敢認寸尺為己旧時則有」の語が見え、黄河を境として河北の地を放棄せんとする意味となることから、ここでも黄河を境としてその外側と解する。なお、「河の外」とは、広い意味では大都（もしくは）上都から見た黄河の向こうであるが、具体的に意味するところは黄河の右岸である。

69 其時、揵河之外秦固内地、教令之加于隴于涼于蜀于羌……（中略）……自余商賈之租、農畝之賦、山沢之産、塩鉄之利、不入王府、悉邸自有。

70 至元乙亥秋七月、被藩府檄、偕来伻盧君採文石於晋。丙申、如襄陵董治厥事、館許氏東堂。八月庚子、次西梁、質明、致祭黄崖山下、遂命工即役、借榻普照僧舎、凡再宿。有以義成石為言者。壬寅、馬北首、旁山行、入臨汾界、過侯氏・四水等峪。逾山尾、得王荘峪。峪口敞豁夷衍、北連白陵砦脚。既夕、宿龍子祠南晋掌里。癸卯、下井峪、渡麻柵澗、自獅子鼻登山、越石門、是為姑射峪。……（中略）……甲辰、由鄭峪入義成、分循澗槽西行、径嶮狭、草木蒙茂、歩履錯迕、過水磑、折而東北上碓嶺。視石之所在、石陛砌覆、圧隠山之半腹。玄質白章、又有絳其色若雲然者、尤秀潤奇特。

71 節彼南山、奠安一方。爰産奇石、紫質青章。王宮繕興、爾焉来営。伐而材之、不無震驚。用是昭告、惟神降寧。庶憑黙佑、迄用有成。尚享。

72 黄崖峪深能幾許、殆似赭余無足数。寧知奇石産山腰、一脈砌如縈綬組。青章紫質含呈潤、錦斕斕斑鶩製縷。楚雖有材為晋用、山節星馳来歴覩。簡書専摘正官臨、敢惜筋骸嘗険阻。褰裳上下谿谷間、石角鉤衣互撑拄。是時秋暑八月交、背汗浹流気烟吐。班荆坐憇還自笑、汝是愛山王判府。守官四載愧無功、今次於公竭肱股。役夫分功日有程、荷錘持钁編什伍。摧堅抉礙先墓脚、不仮鞭駆矜智取。風埃蔽翳散雲烟、巨石砰崖轟戦鼓。不遑蠟屐阮孚遊、真作伐山霊運挙。老翁炷香適何来、再拝向山親呪詛。溟涬纔分有此山、其在晋邦群玉圃。山霊萃秀不自衒、埋没荒山幾風雨。材為世用出有時、一旦承恩藉君武。漢家制度陋嬴秦、大起明堂朝海寓。堂堂天策干維城、建国分茆開雍土。正須壮麗称王宮、不爾何能為万舞。我今問翁汝何為、扶杖丁寧前致語。翁云匠業居此山、薄伎伝家自吾祖。我雖垂老喜見此、側陋明揚遇時主。夕陽欲下山更好、曡巘攢峰争媚嫵。人為物蠹固亶然、石兮石兮今玉汝。

73 『後漢書』宦者列伝第六八・張譲・趙忠「明年、南宮災。譲、忠等説帝令斂天下田畝税十銭、以修宮室。発太原、河東、狄道諸郡材木及文石、毎州郡部送至京師、黄門常侍輒令譴呵不中者、因強折賤買、十分雇一、因復貨之於宦官、復不為即受、材木遂至腐積、宮室連年不成。」

74 『秋澗先生大全文集』巻二・五言古詩・過鹿台西崦「乙亥八月二十九日、偕沁水県尹李君飛卿眎治道馬上作」、『〔康熙〕沁水県志』巻五・官師志・県令・元「李汝翼、字飛卿、光州監生、至元間任沁水県令。」

75 『〔雍正〕山西通志』巻二三・山川・沁水県鹿台山条によれば、同山中には「文石岡」という場所が存在する。

76 『秋澗先生大全文集』巻二・五言古詩・過鹿台山「在沢州沁水県南二十里。時被安西王命伐石於此。」また、同書巻六二・為虎害移沢州山霊文に「大元国至元十二年九月日、承直郎平陽路総管府判官王惲、近被藩府檄、伐石東鄙、有以虎害言者、謹移文以告」として、この度の文石採取の折りに執筆されたものであることが分かる。ただし、沁水県の東の沢州にまで王惲が実際に赴いたかは不明である。

77 藩府採姑射山文石、藉夫匠力、闢山蹊為坦途者六十里、西山伏利、由之而出。土人刻石紀其事。

78 姑射北僊洞、予既為新道立石、且会諸君子。明日大雪。

79 王天然二〇一一に拓影と録文を載せる。刻字立石に関して「姑山逸人柴慶撰、平水霍慧書、晋谿李道古題額、本洞□衆等立石、平水徐順鐫」とある。また、首行に「国師掌教大宗師洞明真人祁法旨」、末行に「宣授嘉議大夫平陽路総管兼府尹本路諸軍奥路総管都功徳主完顔迪」とあり、題額は存在しない。

80 『涇渠図説』に見える「毎方一尺為一工」を基準とすると、一万五〇〇〇工はおおよそ四〇五立方メートルの土を動かす量となる。

81 王惲「登雀楼記」（『秋澗先生大全文集』巻三六）に「且判府職、固廳幕而開掌有齵務。国制判官典郵伝、季得乗馹、撿劾稽緩」とあり、府判官の職責に郵伝が含まれることが、文石調達および道路建設に王惲が関与する根拠となったと考えられる。ただし、「延釐寺碑」に記されるように、安西王の権益が及ぶ範囲はあくまで黄河の右岸であったことを考えれば、黄河以東の河東の地において物資の調達がなしえた理由を見いだすことができない。同じく河東の地にある塩池からの収益をクビライの私領時代以来の権益を継承するものとして安西王が手にしていたことはすでに松田一九七九において述べられるところであるが、現段階では解塩以外の「山沢の産」の調達を可能とした根拠については不明とせざるを得ない。

82 シャバンヌ、ポッペ、リゲティ（L. Ligeti）、亦鄰真、照那斯図といった錚々たる金石学・モンゴル学の泰斗がこぞって取り上げた、現存する最古のパクパ字モンゴル碑たる龍門禹王廟の安西王マンガラの令旨は、平陽府の尭廟・后土廟・禹王廟の住持であった姜善信、董若冲らに宛てて鼠年（至元一三、一二七六）正月二六日に発せられたものであり、河東地域における資源の調達と交通・物流インフラの整備といった一連の施策に連動するものと考えられる。同碑に関する研究成果については、Tumurtogoo 2010を参照。

83 「駱志」に「名達宸聡、親承顧問、寵賜優渥、勅建豊碑」とあり、『類編長安志』の出版時期（大徳二年、一二九八）から考えて、これが「李記」の立石を指すことは明らかである。

84 後訖功、斌報京師、且為近侍言「安西始割隷潜邸、実聖上疇昔九旒所経之地、前代有天下者、若周、若秦、若漢唐、皆嘗都焉。地腴戸羨、非他郡比。橋必称是為宜。今幸告成、繄国家之力、斌何有焉。乞文諸石以詔悠久。」近侍以聞、上曰「此斌功也。」乃勅尚書省下翰林国史院為辞。臣某忝当執筆。

85 張二〇〇九によれば、同碑は済南市水屯の張養浩墓に現存する。また、同墓域内には黄溍撰の祠堂碑「故陝西諸道行御史台御史中丞贈攄誠宣恵功臣栄禄大夫陝西等処行中書省平章政事柱国追封浜国公謚文忠張公祠堂碑」も残る。

86 『国朝名臣事略』巻四・平章魯国文貞公。

87 『元史』巻二三・武宗本紀・至大二年八月癸酉条。

88 『元史』巻二四・仁宗本紀・至大四年春正月壬午条。

「平陽府臨汾県姑射山新道記」復元案

凡例：［ ］は『秋澗先生大全文集』巻三七所収の同記文によって補った箇所、〔 〕は碑刻によって文集所収の記文（ ）を訂正した箇所。

［平陽府臨汾縣姑射山新道記］［王惲撰］

1 晉人善用水［而盡地之利、山之奥藏、未有以悉發。府治西山行五十里曰東西陶、鏐炭所萃、連山亙峪、根苗］

2 洞窟、軒豁呈［露。然澗壑嶺嶂、號稱天險。坳深峻削、摩雲穴地、磻錯交礙、跬步間、登頓駭汗、不勝其憊。雖中伏］

3 厚利、用是限［隔、川居邑聚、十不獲一二、竝山農氓、志圖開鑿、力單罔逮、睨之而興慨者、蓋有年矣。］

4 皇子安西王以維［城之重、分茅開府、胥宇雍土、爰］

5 命幹使、伐石茲［山、輦出之途、仍宜理焉。仍西自李琚疏度而北、踰南山、截義成澗、盤土塿、東上協嶺、脅折而］

6 東北行、度鄭封峪、［上砦。蓋炭之膏盛、於焉而最。又嘗置鐵官、出車連連之咽會也。循崖崦取易東鶩、緣西陶］

7 北麓、其〔巓〕（顚）走〔紫川西〕（延朧四）［道、過東陶里、出斷崖南、分而兩岐、其一履級東降、越疳溝、旋鞾脚嶺腦、懼其蹊良田也。］

8 落生馬澗槽、穿南北［石峽、山形櫃如、極險迥處也。遂中貫而上。南則駕馳嶺、轉弱羊石盤、抵壽山平壑下、會］

9 馬鞍嶺口、以備北道［石峽潦時至之虞。躡龍溏而東、經望仙北洞、跨南北溝首、由前後石門嶺、下白石溜、］

10 歷參峪、注赤〔埴〕（植）坡陽、盡西［段里。當峰回路轉、復作避車場六、防其致阻塞也。其間駱鉅石、擘老峽、峻絶者坦］

11 焉、阨仄者廓焉、礫确者火［焉。刊落摧陷、去危就安、變壅鬱爲疏通、夷峻惡爲平易、西東一瞬、路無梗澀。雖竝］

12 崖旋阜、紆回曲折、方之故［蹊、曾弗如遠、凡爲里一萬八千餘步、總役徒五百、度工萬五千。其始至於迄工、才十有八日。於是、山輸委貨、人］

13 休永勞、逶迤安舒、坦坦［東下、籠負車牽、魚貫而出。居者行者、笑歌載路、相與言曰、伐他山之材、而獲茲石之］

14 秀、因輦運［之役、遂致道途通暢之便、西山伏利、以之盡起、不惟俾一方之民、賴厥功而富所用、抑以見我］

15 國家封［建之制、肇造藩維之方、陰賜於民者、將張本於是、不爾、山澤無窮之利、將終古而奧藏矣。守土吏大小之役實董其事、是不敢不志。］

［某年月日記。］

第三部

農業

第八章

巡按と勧農

はじめに

政策としての農業振興、すなわち勧農とは「勧課農桑」の語が示すように、農作業の督励や農業技術の普及といった一面に止まらず、政府の財源たる租税徴収の円滑化を目的とする経済政策としての意味合いが大きい。[1] こうした勧農政策の一形態である勧農文の発布という事象を捉え、宋朝の政治理念、支配のイデオロギーを考察した宮澤知之は、一一世紀中葉から一四世紀末までの時期における勧農政策の変化を俯瞰して、「宋代に地方官が一元的に結合していた農業政策と教化とが、元代に地方官と社長とに分離し、明代里甲制下で郷村組織に完全に移管された」と概括し、「宋明間のかかる勧農体系の変遷の背景に、小農法の進歩による小経営の一層の発展、地主佃戸《でんこ》関係を含む郷村の社会関係の自立性の高まりが、国家の直接的な勧農すなわち勧農文による農耕上の指導督励、社会関係の調停を不要ならしめた」との議論を展開する〔宮澤一九八三〕。

ただし、宮澤氏の見解には問題点が存在する。それは華北地域における勧農政策への未言及という点である。氏も同論考中において述べるように、現存する百篇にも上る宋代の勧農文は、その殆ど全てが南宋時代のものであり、さらに管見の限りでは金代の事例は皆無であり、モンゴル時代の華北における事例も王惲によって作成された一例のみである。つまり、勧農文の検討という方法を用いては、北宋からモンゴル時代に至る華北地域の農業振興政策は考察の対象とはなり得ず、宮澤氏の概括的な展望が成り立ち得るとしても、あくまで江南地域に限定されたものにしか過ぎないこととなる。

また、宮澤氏は勧農体系の変遷に関しても、「唐宋期に使職→路の監司→州県の親民官へと下りながらもなお国家が直接に行ったのに対し、元代を過渡期として明代には郷村組織を媒介とする間接的なものへと変貌した」との見解を示し、モンゴル時代における勧農業務は宋明間の過渡期に当たるとの表現を採りながらも、地方官と社長とによって担われたもので、概して宋代に比して政府の直接的な関与は弱まったとの理解が示される。しかしながら、本書においてこれまで縷々述べてきたように、華北における水利や地域社会に対する介入や関与は、モンゴル時代において弱まっているどころか、前代にも増して強まっているといっても過言ではない。

中島楽章がすでに指摘するように、モンゴル時代の勧農政策を特徴づけるのは「監察の一環としての勧農」という性格であり［中島二〇〇二］、監察官、特に地方監察官の勧農政策に果たした役割は極めて大きい。監察制度史上におけるモンゴル時代の監察官制の果たした役割に関しては、これまで充分に正当な評価を得てきたとは言い難い。しかしながら、当該時代においては体制面で台官と諫官の一体化、いわゆる「台諫合一」が初めて制度的に固定化されたことに加えて、監察法制の面においても仁宗アユルバルワダ期に編纂された『風憲宏綱』が、明代の『憲綱』、清代の『欽定台規』へと継承される基本資料となるなど、後世に与えた影響は少なくない［邱一九九二］。また、地方監察の面においても、管轄域内の地方官に対する監察や農業・文教の振興など幅広い職責を担った提刑按察司（後に粛政廉訪司に改組）が地方監察の中核機関として常置され、その体制は明清時代を通じて存続していくこととなる。こうした地方常置の監察機関としてのモンゴル時代の提刑按察司は、金代の提刑司（後に按察司に改組）を直接の淵源《えんげん》とするものであった。

唐代に設置された十道按察使が藩鎮の強大化とともに節度使の兼任となり、その勢力拡大に大きく寄与することとなったことに鑑みて、宋代における転運司・提点刑獄・提挙常平司・安撫司らの監司はそれぞれ民事・財政・裁判・警察・軍事に対する監察業務を分担し、知州・知県など地方民政官に対する監督官庁として、中央と地方を結ぶ重要な役割を果たした［梅原一九八五、渡邊一九九二］。さらに、権力分散および不正防止を目的として、監司間における相互監察がなされたが、複数の監司が併置されるという状況は、監察系統の不統一という事態をもたらし、地方行政事務を遅滞させる原因ともなった[2]。これに対して、金代提刑司は北宋監司の担った多方面に対する監察権を一手に握る唯一の地方常置監察機関として設置されたものであり、これは、金代提刑司が北宋監司を統合する形で成立し、監察系統が中央の御史台と地方の提刑司に二元化されたことを意味する。

農業振興政策との関わりにおいても、宋代提点刑獄は勧農使を兼任することで勧農業務に関与することとなったが［吉岡一九五五・戴一九八九・渡邊二〇〇五］、金代提刑司の職掌には、創設当初より農業振興が含まれており、その職責はモンゴル時代においてさらに拡充されていく。つまり、金・モンゴル時代における勧農政策には、金代提刑司やモンゴル時代提刑按察司といった地方監察機関が宋代にも比してより強力に関与したと考えられるのである。そこで本章では、金元時代における勧農政策に対して、地方監察官が果たした役割を検討し、当該時代における農業振興政策のあり方と農政全般に対する政府の方針を考察していくこととする。

第一節　金代の地方監察官制

章宗（完顔璟、Madaya［麻達葛］）即位の半年後、大定二九年（一一八九）六月七日に全国一九路を九路に分けて提刑司が設置された[3]。承安四年（一一九九）四月二日には按察司へと改組がなされ[4]、最終的にはモンゴル軍侵攻の前に開封への遷都が決定する直前の貞祐二年（一二一四）二月二一日に至り廃止されることとなる。[5] この間およそ二五年に及ぶ設置期間内には、按察司への改組や転運司業務の兼任など、様々な制度上の改編がなされたが、まずはその出発点たる提刑司創設時の状況からその基本的な性格を見てみよう。[6]

創設時における提刑司官就任者である蒲帯（Budai）は、金朝開国の功臣宗雄[7]（康宗の長子、太祖の従弟）の孫に当たり、傍系ながらも宗雄本家の猛安を継承した人物である。『金史』巻七三・宗雄伝に附される蒲帯伝によれば[8]、旧キタイ遼の上京・中京の故地を管轄地域とする北京臨潢路提刑使に任じられた蒲帯に向けて、提刑司創設に対する章宗の理念が語られる。それは「提刑・勧農・采訪」の三事、すなわち裁判の審理、農業の振興、官吏の勤務調査と人材の発掘・推挙といった職務を統括する新たな機関の創設であった。

二九年間に及ぶその治世を「大定の治」と称され、自身も明君「小尭舜」と讃えられた世宗（完顔雍、Uru［烏禄］）ではあったが、その末年には諸方面への融和政策も破綻を見せ始め、華北遷徙後の女真族の経済的没落と叛乱の勃発などの諸問題を惹起することとなった。こうした状況の中、二二歳にて即位した章宗は、多方面に亘る制度改革を断行し、諸問題の解決を目指すこととなるが、まさにその第一歩となるのが、ここに見る提刑司の新設であった。

提刑司の前身としては、北宋時代における提点刑獄を挙げることができる。その名称もさることながら、職務内容に関しても、両者にはかなりの共通点が見られる（戴一九八九・賈一九九六・渡邊二〇〇五）。ただし、より直接的には、熙宗（完顔亶、Hala［合剌］）朝において近臣を臨時に派遣し、地方官の監察を行った事例が確認でき、さらに世宗の大定年間に不定期に中央政府より「廉問使者」が派遣されていることを挙げるべきであろう。『金史』蒲帯伝には、先の記載に続けて[9]、大定年間において数年間に一度、中央より派遣された廉問使者によって、地方行政に対する査察と地方官の勤務評定および弾劾・推挙、農業の振興がなされたことが分かる。[10] 反対意見によって大定年間においては果たせなかった専門的地方監察機関の創設という世宗の意志は、章宗朝において提刑司の創設という形で実現されることとなったのである。

ただし、提刑司設置の後もこれに反対する声は根強く存在した。提刑司が地方官の弾劾に加えて、人材の推挙を行うという弾劾・推挙の両権を握ることで、人事に関する強力な発言権を有することを危惧した世宗朝以来の女真族旧臣たちに対して、[11]即位以前の原王時代より王府文学として章宗に仕え、皇太孫への冊立の後も東宮官たる左賛善、左諭徳を歴任した張暐によって、提刑司創設は章宗朝における諸制度改革の中でも中心的役割を担う施策であるとの提刑司擁護論が展開される。[12]また、存続を主張する中で、提刑司の淵源として唐代開元年間（七一三〜七四二）における十道採訪使の事例、[13]さらに「六条問事」[14]と称される漢代刺史の職務内容が挙げられ、金代提刑司が漢代刺史から唐代十道採訪使へと継承される地方監察制度の延長線上に位置するとの認識がなされていたことが分かる。

この側近中の側近たる張暐の見解は、まさしく章宗の意に沿うものであった。創設時の提刑司官就任者の中には、張暐と同様に章宗の皇太孫時代に東宮官たる侍正を、即位後には近侍局使を務めた承暉[15]や、章宗朝において参知政事、平章政事を歴任する張万公[16]など、即位以前から章宗に近侍し、以降の諸制度改革においても中心的役割を果たすこととなる人材が登用されている。さらに、章宗と提刑司官との密接な関係は、制度的な裏付けをも有するものとなる。提刑司創設直後に、提刑司官による「入見議事」の規定が設けられ、十ケ月ごとに提刑使・副使、あるいは提刑判官が皇帝に謁見して議論を行う機会が認められ、現地視察を通して得られた情報は直接に章宗のもとに届けられた。[17]こうした権限は同じく監察機関である中央の御史台に隷属することなく、皇帝自身の耳目として地方監察を実施するという提刑司の性格を表すものであるとともに、これにより提刑司は皇帝との直接的な繋がりをもとに、他官の掣肘《せいちゅう》を受けることなく職務を遂行することが可能となったのである。[18]

すでに見たように、裁判の審理、官吏の勤務監督と並んで農業の振興が提刑司の三大責務とされたが、これは北宋時代における提点刑獄が使職としての勧農使を兼任する場合があったのとは異なり、本来的に提刑司に課せられた職務であった[19]。管轄域内における定期的な巡按（巡行、行部）、すなわち提刑司官自身による現地調査を通して、各地域の実情を把握し、そこから得られた具体的なデータが、中央政府における農業振興政策の立案・実施に反映されることとなる。

巡按をも含む提刑司の広範な職掌に関する規程として、大定二九年八月五日に「提刑司所掌三十二条」が作成され、これを基に明昌三年（一一九二）六月一七日に「提刑司条制」が制定されたが[20]、本条制自体は現存せず、その詳細は不明とせざるを得ない[21]。わずかに確認しうる巡按関連の規程としては、提刑司官の内一員が司治に留まり、その他の官員が管轄地域を分割して巡按を行うこと[22]、さらに管轄域全域を網羅的に巡按するため、各提刑司の司治には各管轄域の中心となる大都市ではなく、地理的にほぼ中央に位置する都市が選択された点などがある[23]。

金代提刑司官の巡按に関しては、大定二九年の創設時に提点遼東路刑獄、すなわち東京咸平路提刑使に任じられた王寂が『遼東行部志』（『藕香零拾』所収）と『鴨江行部志』（『遼海叢書』所収）[24]という貴重な記録を残している。前者においては、明昌元年（一一九〇）二月一二日に東京遼陽府を出発し、管轄地域の西部・北部を巡り、四月三日に咸平府を経て、七日に銅山県に至るまでの行程が、後者には明昌二年（一一九一）二月一〇日に遼陽府を出発し、管轄域南部の遼東半島を左繞して、四月一二日に大寧鎮に至るまでの行程が、ほぼ全期間の日々の記録として残される【図八‐一】[25]。

この両日程から考えて、東京咸平路における提刑司官の巡按期間は、二月から四月の間、二年にて管轄地域を一巡するというものであった。また、巡按ルートは駅伝路に沿ったものであり、途中、駅吏による道案内が付け

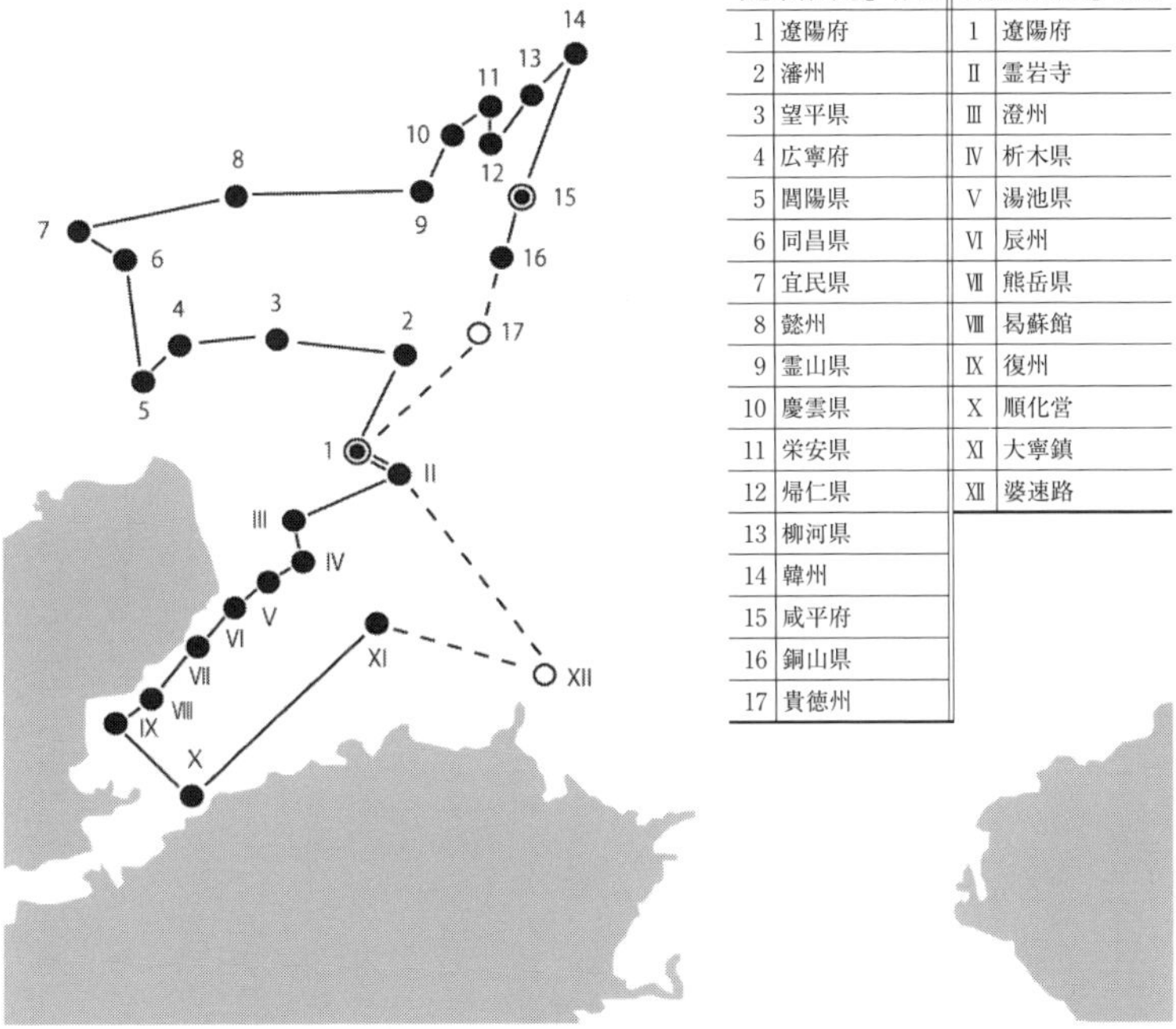

『遼東行部志』行程		『鴨江行部志』行程	
1	遼陽府	1	遼陽府
2	瀋州	Ⅱ	霊岩寺
3	望平県	Ⅲ	澄州
4	広寧府	Ⅳ	析木県
5	閭陽県	Ⅴ	湯池県
6	同昌県	Ⅵ	辰州
7	宜民県	Ⅶ	熊岳県
8	懿州	Ⅷ	曷蘇館
9	霊山県	Ⅸ	復州
10	慶雲県	Ⅹ	順化営
11	栄安県	Ⅺ	大寧鎮
12	帰仁県	Ⅻ	婆速路
13	柳河県		
14	韓州		
15	咸平府		
16	銅山県		
17	貴徳州		

【図8-1】王寂の巡按ルート（白丸，点線部は史料中に記載はないものの，経由したと考えられる都市とそのルートを示す）

られるケースも確認できる。[26] さらに宿泊地としては、府州県の役所や官吏の私第などが利用されたが、より多くの場面で寺観への宿泊が見られる。その記載内容に関しては、両書の性格が公式な記録ではなく、あくまで王寂個人の日記という形態を採るため、職務の余暇を利用した名勝古跡や寺観への参観、さらに各地で目にする書画や旧友知人との交流など、その折々に綴った詩や感慨が記録されることが多い。その他、わずかに記載が見える公的な職務内容としては、重罪犯の再審理、軍戸（女真人）と民戸（漢人）との土地を巡る紛争の裁定、広寧府医巫閭山における祭祀の事例などが確認できるに過ぎない。

しかしながら、提刑司官自身による民情の視察と現場の理解という観点に立てば、両書中の折々の記載は極めて意義深い情報を引き出し得るものとなる。試みにその一例を挙げれば、『鴨江行部志』明昌二年三月四日（壬子）の項には、遼陽半島の先端に位置する曷蘇館から復州への移動の途上における土地の古老とのやり取りが収められる。

辰巳の間、風大いに作り、沙を飛ばし木を折りて、対目牛馬を弁かたず。幸なる所の者は、北よりして南せばなり。打頭風の若きは、則ち決して行く能わざるなり。午後、風勢転た悪し。予怪しみて諸れを里巷の耆旧に問いて曰く「飄風朝に終えずして、何ぞ暮に抵り尚おしかるや」と。耆旧云えらく「此の地は海に瀕わば、毎に春夏の交、時に悪風有りて、或いは連日に至る。所以に禾麦成るに垂とするも、多く損する所有り。固より亦た怪しむに足らざるなり」と。[27]

終日吹き荒れる激しい海風を異とした王寂は、土地の古老にその原因を問い尋ねる。これに対して、沿岸地域における季節的な強風の状況を伝える古老の言には、毎年の季節的な強風が粟や麦の収穫に被害を及ぼすとの内容が含まれる。この言は当地の気候の悪条件を伝え、暗に賦税の減免を訴えるものであったのかもしれない。この事例に見えるように、提刑司官の巡按は現地調査によって提刑司官自身が各地の様々な問題に直面するだけではなく、現地の人々との直接の、あるいは間接的なやり取りを介して、具体的な情報を得ることのできる絶好の機会であった。各地域の実情に即した個別的な対策が不可欠である農業振興の面においても、巡按による現場の理解は機能的に作用したと考えられる。

提刑司による農業振興は、具体的には農業技術の普及や灌漑水利施設の整備・維持に対する調査や監督を主な職務内容とするものであった。明昌五年（一一九五）閏一〇月、華北全域に向けて発せられた水利施設の整備と灌漑農業の推進を命じる詔を受けて、各管轄下の状況視察に基づき九路全ての提刑司より水利政策に対する意見が具申されている。[28] 水路の開削による灌漑用水の確保を目的とする詔書発布の背景には、同年八月の陽武における黄河の大決壊により発生した河道の変化、いわゆる黄河南流という大事件が存在していた。これより淮河へ流れこむこととなった黄河本流の変移が、流域の河川水のみならず、地下水位にも大きな影響を与えたことは言うまでもない。これにより生じた水源や水量の変化に対処するため、灌漑水路の整備に関する現実的な効果の有無が提刑司に問われたのである。また、『金史』巻五〇・食貨志・水田条によれば[29]、按察司に水田拡大の実施計画案の提出が命じられるとともに、灌漑水路の開削および井戸の掘削による水利整備の方針が決定した後には、各地における季節的な農作業の督励・巡視の際に各地の実情に応じた灌漑用水の種別を聞き取り調査した上で、整備事業の計画案を添えて中央政府に報告することが求められた。

こうした灌漑水利整備への取り組みに加えて、猛安謀克戸に課せられた桑・楡・棗などの樹木栽培に関しても、州県官とともに提刑司がその監督および怠慢者への取り締まりを行い[30]、一〇年ごとに行われた動産・不動産に関する総資産調査―通検推排の際には提刑司官が現地を訪れ実地調査に当たることとされた[31]。くわえて、救荒政策にも提刑司が大きく関与する。具体的には、平時における常平倉の管理状況を監督するとともに、災害時における賑恤《しんじゅつ》に際しては、現地の状況が所属の州県から提刑司へと報告され、提刑司による再調査を経た上で、救済措置が実施されるという手続きが踏まれることとなる[32]。

提刑司による地方財政への関与は提刑司の転運司官兼任という制度面における改編を生み出すこととなった。泰和八年（一二〇八）一一月一日より按察使は転運使を兼任することとなったが[33]、これには地方官に対する弾劾・推挙の両権を握り、地方官の人事に多大な影響力を有した按察司の権限を借りることで、賦税徴収を円滑化させるという狙いがあった[34]。これにより、監察機関としての提刑司は、賦税の徴収や倉庫の管理など地方における財政実務機関としての役割をも果たすこととなったのである。

後に金代末期、貞祐二年に至り提刑司は廃止され、農業振興業務は大司農司へと移管される。大司農司とは興定六年（一二二二）における勧農使司[35]廃止に伴って設置された機関であり[36]、その職掌としては大司農司官が交替で巡按に赴き、官吏の善悪を調査して勤務評定を行うといった、まさに監察官としての任が課せられた[37]。また、金朝末年、開封への遷都後に大司農として一〇年間に亘って国家財政の危機的状況を支えた張正倫の神道碑「資善大夫吏部尚書張公神道碑銘幷引」(『遺山先生文集』巻二〇)によれば[38]、開封への遷都の後に設置された大司農司の職責は「地官の政」、すなわち教育、土地、人事に関する政策全般にわたるものとされ、これに加えて監察官たる部使者の任が付与されている。按察司廃止後における地方監察機関の不在といった状況のもと、巡按を通した地方官の監察および農業振興は大司農司へと移管されたのである。ここで農業振興のみならず、監察業務自体までもが農政機関たる大司農司へと移管された背景には、監察と勧農の両業務がともに巡按を通して実施され、綱紀の粛正、確実な租税徴収といった国家統治の強化を目的とする点において、共通する性格を有したからであろう。

第二節　モンゴル時代の地方監察官制

モンゴル時代における地方監察機関としては、至元六年(一二六九)に提刑按察司が設置され、至元二八年(一二九一)に至り、粛政廉訪司へと改組がなされる[39]。さらに、その前身としては、金朝滅亡以前オゴデイ時代よりすでに路を単位として派遣された廉訪使があり〔劉二〇〇二〕、この廉訪使を中間項とすることで、金代提刑司からモンゴル時代提刑按察司、さらには粛政廉訪司への継承関係が無理なく理解される。

まずは、地方常置の監察機関として成立した提刑按察司が担った職掌の内、農業振興に関する項目を見てみよう。至元六年正月七日に山東東西道・河東陝西道・山北東西道・河北河南道の四道に分けて提刑按察司が設置され[40]、翌二月六日に至って提刑按察司の職務規程が公布された。その具体的内容が『大元聖政国朝典章』(以下、

『元典章』）典章六・台綱巻二に収められる「察司体察等例」である。計三一条に及ぶ諸条項の内、農業振興に関する条項は以下の二条である。

一、至る所の処、農桑を勧課し、民に疾苦を問い、学校を勉励し、教化を宣明せよ。若し不孝不悌にして、常を乱し俗を敗る豪猾兇党及び公吏人ら、官司を紊煩し、細民を侵凌する者有らば、皆な糾して之を縄せ。利害有り以て興除すべき者の若きは、台に申し省に呈せよ。[41]

農作業の督励と監督、さらに民情の視察という項目は、文教行政の振興とともに提刑按察司の職責とされ、これに違背する吏人および人民の取り締まり、さらに農業振興に関する具体案の御史台への提出が求められる。さらに、その職務遂行方法に関しては、

一、農桑を勧課するの事は、欽んで聖旨に依り、已に各処の長官に委ねて勾当を兼管せしむ。如し心を尽さずして、終に実効無くんば、仰せて究治し施行せよ。[42]

とあり、各地方官司の長官、すなわち路総管府ダルガおよび総管、府ダルガおよび府尹、州ダルガおよび州尹、県ダルガおよび県尹は「兼勧農事」の職銜《しょくかん》を帯びて各地の農業振興に関する責任を負うこととなった。[43]提刑按察司はこれら勧農正官の農業振興業務への取り組み状況を現地に赴き監督査察し、成果を挙げ得ない官員に対しては弾劾を行うという職権を通して農業振興に関与することとなる。

また、至元六年八月二三日に諸路に宛てて農業振興の詔が下されると同時に、中書省において項目ごとに農業振興政策の具体案が取りまとめられた。この時、提刑按察司には管轄域内の州県官と共同で各地の自然地理環境を実地調査し、それぞれの地域における当該条目の適不適を判断することが命じられた。[44]さらに、『元典章』典章二・聖政巻一・勧農桑条によれば、

至元七年二月、欽奉せる皇帝の聖旨、諸もろの路府州司県の達魯花赤・管軍官・管民官・諸もろの投下の官

員・軍民諸色人らに宣諭す。近ごろ農桑を勧課するが為めに、已に嘗て遍く諸路の牧民の官に諭して、提刑按察司と与に講究し到れる先後合に行うべきの事理は、再び中書省・尚書省に命じて衆議を参酌し、其の民に便なる者を取り、定めて条目を立て、司農司を特設し、農桑を勧課し、水利を興挙せしむ。凡ゆる栽種を滋養する者は、皆な附してこれを行う。仍お勧農官及び水利を知するの人員を分布し、巡行して勧課し、勤惰を挙察せしめ、所在の親民長官に委ねて本職を妨げず、常に提点を為さしむ。[45]

とあり、提刑按察司および地方官による調査結果は、中書省および尚書省の両省による討議を経て、再び条目として取りまとめられ、諸路に頒布《はんぷ》されることとなる。つまり、中央行政機関である中書省によって作成された草案に対して、実際に各地において農業振興政策を実施する提刑按察司および地方官によってその現実的効果が調査され、その結果を反映する形で再検討し実施するといった極めて慎重な態度が採られていることが分かる。

さらに、ここで改訂された条目こそが、社制の実施[46]を含めた、以降の農政に関する根本規程とも言うべき「農桑の制」十四条[47]であった。また、これを機に中央政府において農政全般を統括する司農司およびその属下に置かれ、地方を巡視し農業振興を行う巡行勧農司が設置されるとともに、地方の末端においては社長が農業振興に関する責務を負うという勧農体制が整えられていく。つまり、本格的な農業振興政策の実施に先立ち、各地方の実情を把握し、その基本的方針を定めるという機能を提刑按察司が果たしたと言えよう。

提刑按察司による農業振興は、地方官に対する監督・査察という方法を通して実行されることとなったが、こうした間接的な方法とは別に、提刑按察司によってなされたより直接的な農業振興の具体例として、王惲の作成した「勧農文」・「勧農詩」(『秋澗先生大全文集』巻六二)を見てみよう。「勧農文」に関しては、従来の研究ではその制作年次に関する見解の相違が見られる。李治安はこれを平陽路判官在職時において作成されたと考え、路総管府官の勧農業務の事例として取り上げる[李二〇〇三]。また、伊藤正彦は元代華北における勧農文発布の唯一の事例として当該史料を取り上げ、「至元九（一二七二）年頃、平陽路判官であった王惲が自己の裁量に基づいて発布したものであり、国家的制度に支えられた勧農文とは異なる」との見解を示す［伊藤一九九五、七頁］。これに対して、中国社会科学院歴史研究所資料編纂組一九八八では、「至元一五年（一二七八）河北河南提刑按察司勧農文」とのタイトルを附して当該史料を収録する。

「勧農文」がいかなる性格をもつものであるのかといった基本的な事実関係を把握するためには、その作成年次や当時の王惲の官職を確定する必要があり、これにより果たして王惲が「自己の裁量に基づ」き、「国家的制度に支えられた」ものではない勧農文を何故に作成したのかといった点も明らかになろう。勧農文の冒頭には以下の文言が見える。

提刑按察司の欽奉せる聖旨に「至る所農桑を勧課せよ」とあり。使職は近ごろ巡歴に縁りて、簿書を考照するに、其の耕播栽植の事、勤惰勧率の方、大抵は虚文にして、多く実効を失す。勧農の官、長民の吏、安んぞ其の責に任えざるを得んや。況や今春首にして、農事方に作らば、巡行し勧勉するは、適に茲の時に在り。所在の有司に仰せて、已降の条画に照依し、偏く郷村を歴し、聖天子の徳意を奉宣せしめ、敦く社長・耆老人らに諭し、随事に推行し、利に因りて利し、其の勤惰を察し、而して之れを懲勧せしむ。所有《あら》ゆる事条は、開列すること後の如し。[48]

まず、文中に「提刑按察司」の語が見えることから、その設置期間である至元六年正月七日から粛政廉訪司へと改組された至元二八年二月までの間に作成されたものであることは間違いない。そこで至元六年から二八年に至る間の王惲の経歴を追えば、勧農文作成時における王惲の官職としては、監察御史、平陽路総管府判官、提刑按察司官のいずれかに相当することとなる。

この内、平陽路判官時における作成を主張する李・伊藤両氏の見解に関しては、その明確な根拠は示されないものの、恐らくは王惲の神道碑に見える下記の記載に依拠するものであろう。

九年、承直郎、平陽路総管府判官を陞授せらる。晋の大府なり。是より先、吏風盛んにして民は訟に囂し。公誠敬を用て官長に侍し、威厳もて吏属を粛し、勧諭文二を作る。一は則ち州県を勉飭し、弊を革め政に勤めしむ。一は則ち百姓に諄告し、本に務め法を畏れしむ。吏民の感化するを致し、約束を奉ずること惟謹たり。[49]

この「勧諭文二」篇に相当するのが、『秋澗集』巻六二に収録される「諭平陽路官吏文」と「敦諭百姓文」であり、前者には「判官と為りて初任の時作る。時は九年五月なり」と明確な紀年が附される。「勧農文」および「勧農詩」はこの二篇の勧諭文に続けて収録されており、また文中にて災害時における備蓄の必要性を強調する中で、平陽路と太原路の事例が挙げられていることが李・伊藤の両氏の見解の根拠と見なせるであろう。

しかしながら、前者に関しては、神道碑自体において明確に「勧諭文二」篇との記載がなされており、勧農文や勧農詩がこれに含まれるとは考えにくい。さらに、後者に関しても、あくまで事例の一件として平陽路・太原路が挙げられているだけであり、これをもって平陽路に勧農文が発布されたと言うことはできない。実際には繁雑な考証を行うまでもなく、その冒頭に「使職は近ごろ巡歴に縁り」とされることから見て、監察御史、あるいは提刑按察司官のいずれかに該当することは間違いない。さらに、勧農文と一連のものとみなし得る勧農詩の中で、自身を提刑按察司の支所たる「分司」の語で表現することから考えて、至元一四～一五年の河北河南道提刑按察副使、一五年からの燕南河北道提刑按察副使、あるいは至元一九～二〇年の山東東西道提刑按察副使在任時のいずれかの時期におけるものとなる。

つまりは、提刑按察司官である王惲自身が巡按を通して、地方官の勧農に対する姿勢を批判し、その問題点を解決すべく作成されたのがこの勧農文および勧農詩であったと言える。また、このように解してこそ、文末の

「已に暗行体察せるを除き、教の如からざる者は、須く議して省諭し、各おの通知せしむべし」との記載も、王惲自身が「暗行体察」によって把握し得た事柄以外の問題点については、地方官が議論して教諭し、周知徹底させよと命じたものと無理なく解釈できるのである。

ただし、現存する勧農文のうち、華北地域におけるもの、さらに提刑按察司官によって作成されたものとしては王惲のこの勧農文は唯一の事例であり、確かに特殊な事例とも見なし得る。こうした観点から、上述した伊藤氏の見解が生み出されたとも考えられるが、実際にこの事例は制度的な裏付けを欠くものであったのだろうか。『元典章』典章二三・戸部巻九・勧課「種治農桑法度」には、提刑按察司による農業技術の普及に関する以下の記載が見える。

> 至元十六年三月、行御史台の拠けたる淮西江北道按察司の申に「照得すらく、欽奉せる聖旨の条画に『大兵の江を渡りてより以来、田野の民、擾動すること无きにあらず。今已に撫定せば、宜しく本業に安んずべし。各処の正官に仰せて、歳時に勧課し、成効無きが如き者は、糾察せよ』と。又た欽奉せる聖旨の節該に『提刑按察司官至る所の処、農桑を勧課し、民に疾苦を問え』と。欽此。元行を除くの外、又た諸書内より、採択し到れる樹桑の良法は、開坐して遍く所属に行し、社長を督勒し、農民を勧諭し、時に趁《シタガ》いて栽種せしむるの外、乞うらくは照験せられんことを」と。憲台仰せて所属に行移す。上に依りて施行せよ。[50]

王惲の勧農文作成とほぼ同時期になされた淮西江北道按察司よりの上申には、王惲の勧農文と同様に提刑按察司設置時の聖旨が引用されるとともに、諸書より収集した桑栽培に関する有用な記事を各地の提刑按察司に頒布して、農業振興に役立てんとする内容が含まれる。なお、上記記載に続いて「種桑」・「地桑」・「移栽」の項目ごとに関連文献が引用されるが、こうした淮西江北道按察司によりなされた桑栽培技術に関する建言は、御史台への上申という経緯を経て各地の提刑按察司にその実施が命じられたものである。

また、農業、特に桑栽培に関するエキスパートであった苗好謙は粛政廉訪司官在任中に管轄域内における農業技術の普及に務め、その成果とも言うべき『栽桑図説』は仁宗アユルバルワダの命によって全国に向けて出版・頒布されている。[51]つまり、王惲勧農文の事例には、所属官庁である御史台への上申と、御史台の認可を得た上での公布という手続きが見えないことを除いては、その他の事例と異なる点は見あたらない。農業振興策を実施する上で、提刑按察司は地方官に対する監督・査察といった間接的な方法以外にも、自身が巡按を通して得た現地の状況に応じて、農業技術の普及、農作業の督励に関する施策を提案し実施するといったより直接的な方法で関与することが認められていたのである。

第三節　農業振興と勤務評定

提刑按察司による農業振興は現地調査を通して実行され、その成果が規定の報告書書式を用いて中央政府に送付された。これが「農桑文冊」と呼ばれるものである。時代は下るが、英宗シディバラ即位直後の延祐七年（一三二〇）一一月二日に発布された「至治改元詔」を受けて、[52]許有壬が監察官の問題点を一〇項目に亘って述べた「風憲十事」に農桑文冊に関する問題点が述べられる。[53]これによれば、粛政廉訪司による農桑文冊作成の本来の目的は、地方官の勧農業務への取り組み状況を数値による実際の成果という形で表すことにより、勤務評定時における評価基準の一要素とするというものであった。これにより、「種植・墾闢・義糧・学校[54]」の四項目に関して実際の調査に基づいてその数値を列挙するという形式が用いられたのである。しかしながら、延祐七年の時点においては、すでに本来の目的とははるかに乖離した状態、すなわち粛政廉訪司による達成目標値が路・府に下され、路府より州県に、州県より社長・郷胥にと順次伝達されて、最終的には各戸にその数値の達成が強制されることとなっていた。幸いに数値達成が可能であっても不条理な見返りが求められ、さらには、数値の達成が不可能な場合には、罪をもって脅かされ、地方官の誅求の的となるなどの不法が横行していた。

さらに、許有壬自身の体験として、延祐六年（一三一九）から翌七年に至る間の山北粛政廉訪司経歴在任中における見聞が語られる[55]。粛政廉訪司によって農桑文冊が作成され始めて以降、あらかじめ粛政廉訪司によって設定された数値は年々増加を繰り返し、家屋や井戸といった耕作地以外の土地をも耕作地として計上してもなお達成することができないほど、完全に実情と乖離した机上の数値となっていた[56]。さらに、このリストは中央政府の農政統括機関たる大司農司に送られて充分な検討がなされることもなく、架閣庫に納められてしまうという状態にあった。こうした問題点に加えて、リスト提出の期限が迫っていても、現地の状況を一々巡視して点検することなどできないほどに粛政廉訪司、特に分司の職務は多忙を極めた。こうした様々なレベルでの弊害に鑑みて、当時すでに農桑文冊が廃止されていた江南の例にならって華北においても文冊の作成を停止するようにとの要望が提出されたのである。

ここに見える江南の事例とは、至元二八年（一二九一）以降、江南においては農桑文冊の作成が廃止され、かわって勧農文の発布という方法が用いられたことを指す［伊藤一九九五］[57]。さらに、中島二〇〇一によれば、大徳三年（一二九九）には粛政廉訪司および地方官による農業振興のための巡視が廃止されたとし[58]、これをモンゴル時代中期以降の江南における勧農が農村社会の自立性に委ねられていく過程ととらえる。

しかしながら、粛政廉訪司による巡按自体はモンゴル時代末期に至るまで一貫して実施されており、さらに「勧課農桑」に関しても歴代の聖旨において繰り返し強調される事項であることから、粛政廉訪司が巡按の過程において農業振興に関わる巡視業務を行わなかったと考える方が不自然であろう。また、現存するモンゴル時代の勧農文が極めて少ないという状況から考えても、江南全域において勧農文発布が定期的になされた主たる方法であったとは考えにくい。

たとえば、『東山趙先生文集』巻一に収録される「送江淛参政偰公赴司農少卿序」は、至正九年（一三四九）一一月に司農少卿に任じられた偰哲篤に宛てて執筆されたものであるが、これによれば巡行勧農司の提刑按察司への統合（至元二七年）[59]以降、江南において毎年「使者」すなわち監察官による巡視がなされ、その際には県の胥吏が事前に該当地域へと赴き、社長や里正・首主などを督促して巡視に備えた。この時、沿道の樹木にはその所有者や機能の如何にかかわらず、官道脇の植樹として伐採を禁止する「畦桑」の二字を書きつけ[60]、監察官到着の後にはすでに準備の整った場所に監察官を案内し、民衆を監視してまさに作られた状況を見せつけたという[61]。このような状態で監察官らが植樹の数量など実際の状況を把握することなどできるわけもなく、胥吏らによって作成された数値がそのままに大司農司へと報告されることとなったのである。

こうした状況は「嘗見……」とは言いながらも、執筆年次および記載内容[62]から判断して、至正九年をさほど遠ざからないものであったと考えられる。つまり、江南をも含めた統治下全域における勧農の基調は、至正年間に至るまで一貫して地方官の勤務評定と密接に結びついた監察官による巡視と監督にあったのである。逆に勧農業務に関する監察官の強力な関与といった状況があればこそ、実際の状況を把握するために作成されるはずの「農桑文冊」が、粛政廉訪司によって予め作成された数値の履行を地方官さらには民衆に強いていくという弊害を生み出すこととなったのである。

農桑文冊の本来の作成方法としては、まず親民官が調査を行った上で、規定の時期にリストを作成し、これを上位機関である路・府に送り、路・府が再度現地調査を行った上で、これを事実と認めれば保証の文書を添えて、粛政廉訪司に送付する。粛政廉訪司は再度、現地調査を通してその事実確認を行い、偽りや誤りがあれば、関連の地方官に対する弾劾を行い、最終的に粛政廉訪司が年末にこのリストを基に勤務評価を加えて、大司農司へと項目ごとに上申するというものであった[63]。こうした農桑文冊作成の具体的な過程を示す史料として、地方官から粛政廉訪司に送付された成果報告に関する事例を見てみよう。

コズロフによって発見されたカラホト出土文書中に「至順元年河渠司官為糜粟蚕麦収成事呈状」［TK二四九］[64]と題される文書が存在する。『俄羅斯科学院東方研究所聖彼得堡分所蔵黒水城文献』附録の「叙録」によって文書のデータを示せば、紙幅は五七・七センチ、高さ二三・五センチ、長さ一五〇・五センチ、三枚の麻紙に行草書体にてつづられる。また、紙背に「至順元年／辰之弐号[65]」の記載が見えることから、千字文の番号が附されエチナ（亦集乃）路総管府架閣庫に収められた文書であることが分かる[66]。以下、同書に収録される写真によって録文を示す。なお、【は下欠、】は上欠、□は一字欠、［ ］は前後の文脈により筆者が補った箇所を示す。

謹呈。近奉

総府指揮、為至順元年□蚕麦【

事。承此。除至順元年夏田分［数］【

秋田分数、依式開坐前去□【

亦集乃路総管府。　伏乞

照験施行。須至呈者。

一、至順元年

糜子柒分　　粟［柒分］

一、天暦二年収成

糜子伍分　　粟伍分

一、比附上年秋田分数、糜粟各増弐分

右謹具

呈

至順元年　月

河渠司官　荅　乞　押

河渠司官　怙滅赤　押

印　押

初十日

押

紙縫

】□亦集乃路総管府拠

】［河渠］司呈、（市?）如此、為夏田蚕

】分数、已行牒呈、

憲司照験了当。今拠見呈、府

司合行至牒呈。伏請

】［照］験施行。

】　開。

右牒呈

廉訪司。

紙縫

至順元年九月　吏侯□押

提控案牘兼照磨承発架閣麦

蚕麦秋田　知　事　常　夢麟

経　　歴　　押

初十日　押

本文書前半は、河渠司からエチナ路総管府に宛てた呈文、後半は呈文を受けたエチナ路総管府より河西隴北道粛政廉訪司に宛てた牒呈である。その内容は、路総管府からの指揮を受けた河渠司が至順元年（一三三〇）の秋田における麦・粟の収穫量を報告するというものであり、これを前年の天暦二年（一三二九）の秋田収穫量と比較して、二分の増加をみたことが述べられる。これを受けた路総管府は粛政廉訪司に牒呈を送り、その検査を求めることとなるが、同文中においてすでに夏田の収穫量に関しては同様の手続きを取り、検査が終了しているとの文言も見える。

この事例によれば、麦・粟・蚕・麦の各生産量の報告が河渠司[67]から上級のエチナ路総管府に送られ、この数値の可否を確認すべく河西隴北道粛政廉訪司に牒呈が送られるといった手続きが踏まれていることが分かる。また、末尾に署名が見える「知事常夢麟」[68]に関しては、古松崇志が指摘するように、［F一一六：W三〇〇］[69]、［F二七〇：W一二］[70]にその名が見え［古松二〇〇五］、さらに［TK三〇五］[71]、［Дx一九〇七五］[72]にも確認することができる。この内、［F二七〇：W一二］、［Дx一九〇七五］に関しては、末尾署名部分が残存するに過ぎない零巻ではあるが、それぞれ秋季の専売品と米の納入に関する内容であり、同様の経緯を辿って、粛政廉訪司に報告を行う文書とも考えられる[73]。

　こうした監察官による勧農業務への関与、さらに例年の定期報告としての農桑文冊が作成された背景には、農業振興の成果が地方官の勤務評定に大きく影響したという状況が存在する。毎年の地方官による農業振興の成果は司農司と戸部に報告され、任期終了時には勤務評定簿である解由にその成果として各項目ごとの達成数値が記載され、勤務評定の評価基準とされたのである[74]。

　解由内への記載方法に関しては、『通制条格』巻一六・田令・司農寺例に参考となる記事が見える[75]。至元二九年（一二九二）八月に大司農司から中書省に呈文が送付され、彰徳路下の臨漳県ダルガであったタイブカ（Taibuqa：太不花）の解由に記される農事・学校・樹株・義糧の数値が「帳冊」の数値と異なるとする報告がなされた。これを受けて、大司農司は罰俸規程を策定し、刑部の承認を得て中書省より公布されることとなる。その内の一条として、

　一、親民州県官幷得替官

　一拾日　諸樹一千株以下　義糧一伯碩以下　学校一拾所以下

　半箇月　諸樹一万株以下　義糧一千碩以下　学校一伯所以下

　一箇月　諸樹一万株之上　義糧一千碩之上　学校一伯所之上

とあり、ここで解由との比較材料とされた「帳冊」こそが、例年の定期報告として粛政廉訪司によって作成され

た農桑文冊を指すと考えられ、解由の数値と農桑文冊の数値との差異に応じて罰俸の期日が定められたこととなる。[76]唯一、「墾闢」、すなわち新たに開発した耕作地に関する記載こそ見えないものの、まさに許有壬が「農桑文冊」中において述べる「種植・墾闢・義糧・学校」の四項目が具体的な数値として報告されたことが分かる。さらに、粛政廉訪司より送付された農桑文冊は、大司農司にてデータの集計がなされ、当該年度における全国統計が作成されたのである。[77]

第四節　勧農と監察の一体化

これまで、地方監察機関たる提刑按察司による農業振興への関与について検討してきたが、監察機関とは別に農政に関する専門機関として、至元七年二月二二日に司農司と巡行勧農司が設置されている。[78]『大元官制雑記』巡行勧農司条によれば、農業振興を急務とする世祖クビライの意向のもと、提刑按察司をモデルとして淮河以北を中都山北東西道、河北河南道、河東陝西道、山東東西道の四道に分けて巡行勧農司が設置された。[79]この四道を至元七年時点における提刑按察司の設置区域（山東東西道、河東陝西道、山北東西道、河北河南道）と比較すれば、山北東西道に中都が含まれないことを除いて、巡行勧農司の設置区域と完全に一致する。巡行勧農司は提刑按察司の持つ幅広い職掌のうち、特に農業振興に対する監督という一面に特化した官司として位置づけられよう。さらに、中央に司農司を置き、地方を四道に分けて巡行勧農司を設置するという体系は、中央における御史台と地方四道に置かれた提刑按察司という体系を農業部門に応用したものとなる。[80]

設置のわずか一〇ケ月後、至元七年一二月一日に至り、司農司は大司農司へと改組され、[81]農業振興政策に対するさらなる重点化が図られた。大司農司設置に当たり、ドルベトの名門たるボロトに御史中丞のまま大司農[82]を兼任させるというクビライの方針に対して、中書右丞相アントン（Antong：安童）はその前例がないことを根拠に反対の意を表すが、これに対してクビライは、農業振興政策を徹底させるために御史中丞であるボロトに大司農を兼任させるのだとして、敢えてこれを実行に移す。また、この時、次官である大司農卿には張文謙が任じられた。張文謙は、自身が至元元年（一二六四）に西夏中興等路行中書左丞に就任し、旧西夏時代にも利用されていた唐来渠・漢延渠の二渠を改修して、一〇万頃もの田土に灌漑用水を供給するという成果を収めただけでなく[83]、モンゴル時代屈指の水利専門家である郭守敬を潜邸時代のクビライに推薦するなど、当時の農業水利分野における中心的存在である。加えて、大司農少卿には司農司設置時に司農少卿となった譚澄が引き続き任じられたと考えられるが、彼もまた中統年間に懐孟路総管として唐温渠の開削および沁河を利用した田土の灌漑などの事業を成功させた実績を持つ[84]。過去に灌漑水利事業を経験し、充分な成果を挙げ得るだけの能力を備えた人材を登用して首脳部を形成することで大司農司は成立したのである。

大司農司への改組に伴い、巡行勧農官が四員に増員され機構の拡充がなされるとともに、同月二六日には水利行政を管轄する都水監が大司農司の管理下に置かれ[85]、水利行政を含めた農業政策全般に関する立案・実施の中心機関としての体制が整えられていく。こうした農業振興に関する諸機関の整備は、試行期間としての三年を経た後、至元一〇年（一二七三）三月一日に至り、改めて大司農司に聖旨が下され、中央の大司農司と地方の巡行勧農司という体制のもと勧農政策は本格的実施段階に入る[86]。こうして機構の整備が進められた農政機関ではあったが、次第に監察機関との統合の動きが加速し、関連機関の統合、具体的には監察機関たる御史台と農政機関たる大司農司、その属下の提刑按察司と巡行勧農司の統合といった制度上の改編を生み出すこととなる。至元一二年四月二六日にボロトは大司農を兼任のまま御史大夫へと昇格し、翌一三年（一二七六）には張文謙も大司農卿を兼任のまま、御史中丞に任じられる[87]。この結果、御史台の長官と次官がともに大司農司の長官・次官を兼任することとなり、中央省庁における人的な面での両機関の統合が実現した[88]。

さらに、機構面においても、ボロトの御史大夫昇任と時を同じくして巡行勧農司が廃止され、その業務は提刑按察司に吸収される[89]。これにより、提刑按察司は農業振興・水利・義倉といった旧勧農司の職務に関する事項を大司農司へ、監察業務を御史台へと上申することと定められた[90]。この措置は、一見、提刑按察司が御史台と大司農司に両属したとも受け取れるが、実際には両機関の長官たる大司農、御史大夫の両官はボロトによって兼任され、また次官たる大司農卿の張文謙は御史台次官たる御史中丞を兼任するという状況であり、要するに勧農および監察に関わるすべての情報はボロトと張文謙のもとに集約されたのである。さらに、至元一四年（一二七七）には大司農司が廃止されたことにより[91]、制度上における両機関の統合が成立し、勧農・監察の両業務は御史台に完全に一本化された。

こうして一旦は完結したかに見えた勧農・監察両機関の統合は、その実態がボロトおよび張文謙個人への両業務の委任といった人的関係に依存するものに過ぎず、至元一九年（一二八二）における張文謙の死去、さらに翌二〇年（一二八三）におけるボロトのフレグウルスへの派遣［余一九八三］という事態によってその継続が困難となる。これにより、至元二三年（一二八六）二月八日に大司農司が復活され[92]、同年六月一〇日には江南地域を管轄とする行大司農司が設置された[93]。さらに、属下の地方勧農機関に関しても、一二月二六日に至り、再び華北地域を六道に分割して巡行勧農司が設置されるとともに[94]、翌二四年（一二八七）二月一三日には江南地域において巡行勧農司と同様の職責を有する勧農営田司が設置され[95]、勧農体制は至元初年の旧態に復することとなった。

しかしながら、両機関の併存という状態は長くは続かず、至元二七年（一二九〇）三月に至り、尚書省と御史台、大司農司の合議によって、華北における巡行勧農司、江南を担当する行司農司およびその属下の勧農営田司の廃止が決定した。これに伴い、地方における勧農業務は再び提刑按察司に移管され、新たに勧農業務を取り扱う提刑按察司簽事二員が増員されることとなる[96]。この度の合併要求の根拠としては、表向きは御史大夫ボロト・御史中丞張文謙による大司農・大司農卿兼任という先例に準拠して、旧制に復帰するというものであった。しかしながら、この度の統合要求の背後には、自己の権力強化を狙った尚書省平章政事サンガの思惑が窺える。『大元官制雑記』巡行勧農司・初立巡行勧農司条画によれば、当該上奏を行った人物として参議尚書省事のハサン（Hasan：阿散）の名が挙がる。ハサンがサンガを筆頭とする尚書省の中核メンバーであり、至元二五年（一二八八）には江南における会計検査「理算」を目的として江西行省に派遣された人物であることから、その上奏はサンガの意を受けたものであったと考えられる。ただし、アフマド・盧世栄・サンガといった経済官僚と御史台との確執はこれまでにもしばしば言及されてきた問題であり［郝一九九二］、こうした観点から見れば、提刑按察司の職務の増大とそれに伴う増員といった施策は、両者の対立の構図とは相反するものとも考えられよう。そこで、サンガら尚書省の意図を盧世栄執政時に企図された提刑按察司の転運司業務兼任という事例から考えてみたい。

至元二二年に盧世栄から提出された行御史台の廃止および提刑按察司の転運司業務兼任に対して、御史台はこれが監察業務を滞らせることとなるとして反対した[97]。結果としては、行御史台は盧世栄の主張が認められ廃止されることとなったが、提刑按察司の転運司兼任に関しては、管見の限りその実施を伝える史料は存在せず、廃案になったと考えられる。ただし、『元史』巻一三・世祖本紀・至元二二年二月二六日（己巳）条には、提刑按察司の再設置とそれに伴う詔の発布を伝える記事が見え[98]、あるいは当該案件を廃案に追い込まれた尚書省側が一気に提刑按察司の廃止という強行措置に出た可能性がある。つまり、盧世栄は提刑按察司の転運司兼任を通して、その職責を増加させることで、監察業務に対する遅滞を画策したと考えられよう。

さらに、ボロト・張文謙体制への復帰を唱いながらも、中央省庁における御史台官の大司農司官兼任は行われず、反ってサンガを弾劾した御史中丞董文用が大司農へと遷されたことから考えても、旧制への復帰はあくまで建前にしか過ぎなかったことが分かる[99]。こうした事例から考えて、至元二七年において尚書省から提出された提刑按察司の勧農業務兼任という要求は、やはり提刑按察司の職務を拡大することで、本来の主たる職務である監察業務を阻害せんとするものであった可能性が高い。さらに、このように考えれば、至元二三年における一連の大司農司・巡行勧農官、行司農司・勧農営田司の復活も、二二年一〇月における盧世栄の失脚と誅殺の後に実施されたものであり、反盧世栄派による巻き返しと盧世栄体制の廃止を意味するものであったと見なしうる。

複雑な経緯を辿った勧農機関と監察機関の統合・分離は最終的に至元二八年（一二九一）二月一八日における提刑按察司の粛政廉訪司への改組と、翌二九年における巡行勧農司の廃止に伴う粛政廉訪司への業務移管によって決着がつけられる[100]。この措置の前月、正月二三日にサンガは弾劾を受けて失脚し、七月二二日に至り誅殺された。これにより、反サンガ派は旧提刑按察司官の人材一新を図り、より強力な地方監察機関を出現させるために、粛政廉訪司への改組を実行に移すとともに、地方における農業振興は粛政廉訪司へと一本化された。ここに中央政府における御史台と大司農司の分離、地方における粛政廉訪司の勧農業務兼任という体制が確立し、粛政廉訪司は地方における勧農・監察の両方面に対する中心的な存在となるとともに、中央と地方を結ぶ中核としての役割が確立されるのである[101]。

小　結

金代章宗朝における制度改革の一環として実施された提刑司の創設により、地方監察機関が一元化されると同時に、勧農業務を正式な職責とする地方監察機関の出現という新たな状況が生まれた。提刑司は定期的な巡按を通して、各地の民情を視察し、これを反映する形で農業・水利振興政策が打ち出されることとなる。

モンゴル時代においても、提刑按察司による直接的な農作業の督励と農業技術の革新、さらに地方官による農業振興への監督・査察という間接的な方法を通して、農業振興および租税徴収の円滑化が図られる。さらに、粛政廉訪司への改組後には、地方官の勤務評定と直結する農桑文冊が作成されることとなり、その責が粛政廉訪司に委ねられた。これにより、勧農業務に関する事項の大司農司への報告、監察業務に関する御史台への報告といった両面において、粛政廉訪司は中央・地方を結ぶ重要な役割を果たすこととなる。

勧農業務と監察業務の統合化の動きは、至元初年における人的関係に依存した状態から、次第に中央省庁における御史台と大司農司の統合、地方における巡行勧農司の提刑按察司への統合といった機構面における改編へと移行する。繰り返される両機関の統合・分離の背景には、尚書省官ら経済官僚の政治的思惑が密接に絡み合い、その消長に伴って統合・分離の間を揺れ動いたが、最終的には提刑按察司の粛政廉訪司への改組と、それに伴う巡行勧農司の廃止によって、中央における御史台と大司農司の分離、地方における粛政廉訪司の監察・勧農両業務兼任という体制が確立する。金・モンゴル時代における勧農は、地方官および監察官の巡視を基調とするものであり、勧農と監察が結合したあり方は、地方末端の社における社長の姿とも重なり合う[102]。

注

1　中島二〇〇一（一三九～一四〇頁）によれば、「「勧農」とは、単に農業の指導・督励にとどまらず、農村における社会関係の調整や、治安や秩序の維持を通じて、安定した農業生産と租税の徴収を実現することを含む、より広い概念」であると規定される。

2　監司の弊害に関しては、呂祖謙が以下のように述べる。馬端臨『文献通考』巻六一・職官考一五・提刑「東萊呂氏曰……（中略）……自後、提刑一司雖専以刑獄為事、封樁・銭穀・盗賊・保甲・軍器・河渠事務鮮繁、権勢益重、而転運司所総、惟財賦綱運之責而巳。司局愈多、官吏益衆、而事愈不治。今日之弊、正在按察之官不一也。」

3　『金史』巻九・章宗本紀・大定二九年六月乙未条。提刑司が設置された九路とは、上京曷懶路（会寧府）・東京咸平路（遼陽府→咸平府）・北京臨潢路（臨潢府）・中都西京路（大同府）・南京路（許州→開封府）・河北東西大名等路（河間府）・山東東西路（済南府）・河東南北路（汾州）・陝西東西路（平涼府）の九路である（括弧内は司治の置かれた地を示す）。後に承安三年（一一九八）正月一九日に上京、東京の二司が上京東京等路提刑司として統合される。

4　『金史』巻一一・章宗本紀・承安四年夏四月癸亥条。

5　『金史』巻一四・宣宗本紀・貞祐二年二月丙辰条。

6　金代提刑司に関する専論として蒋一九八七があり、提刑司の設置から廃止に至る推移、官吏構成や職掌に関する全般的な検討がなされるが、本章で扱う農業振興に関しては簡単に触れられるに過ぎない。

7　宗雄の金朝建国時における活躍に関しては、古松二〇〇三Aを参照。

8　章宗即位、初置九路提刑司、蒲帯為北京臨潢提刑使。詔曰、朕初即位、憂労万民、毎念刑獄未平、農桑未勉、吏或不循法度、以隳吾治。朝廷遣使廉問、事難周悉。惟提刑・勧農・采訪官、自古有之。今分九路専設是職、爾其尽心、往懋乃事。

9　自熙宗時、遣使廉問吏治得失。世宗即位、凡数歳輒一遣黜陟之。故大定之間、郡県吏皆奉法、百姓滋殖、号為小康。或謂廉問使者頗以愛憎立殿最、以問宰相。宰相曰、臣等復為陛下察之。是以世宗嘗欲立提刑司而未果。章宗追述先朝、遂於即位之初行之。

10　『金史』巻九二・曹望之伝に「（大定）三年（一一六三）詔遣戸部侍郎魏子平、大興少尹同知中都転運事李滌、礼部侍郎李愿、礼部郎中移剌道、戸部員外郎完顔兀古出、監察御史夾谷阿里補及望之分道勧農、廉問職官臧否」とあり、廉問使者には地方官の監察とともに農業振興が委ねられていたことが分かる。また、『金史』巻九〇・移剌道伝に「奉使河南、勧課農桑、密訪吏治得失」とあり、各人が特定の地域（路）を管轄範囲として派遣されている。

11　『金史』巻九八・完顔匡伝「章宗立提刑司、専糾察黜陟、当時号為外台。匡与司空襄、参政揆奏、息民不如省官、聖朝旧無提刑司、皇統・大定之間毎数歳一遣使廉察、郡県称治。自立此官、冀達下情、今乃是非混淆、徒煩聖聴。自古無提点刑獄専薦挙之権者、若陛下不欲遽更、不宜使兼採訪廉能之任。歳遣監察体究、仍不時選使廉訪。上従其議、於是監察体訪之使出焉。」また、『金史』巻九四・襄伝にも同様の見解が見える。

12 『金史』巻一〇六・張暐伝「上封事者言提刑司可罷、暐上疏曰、陛下即位、因民所利更法立制、無慮数十百条。提刑之設、政之大者、若為浮議所揺、則内外無所取信。唐開元中、或請選択守令、停採訪使。姚崇奏、十道採訪猶未尽得人、天下三百余州、県多数倍、安得守令皆称其職。然則、提刑之任、誠不可罷、択其人而用之、生民之大利、国家之長策也。因挙漢刺史六条以奏。上曰、卿言与朕意合。」

13 『資治通鑑』巻二一一「請精簡刺史県令、停按察使。上命召尚書省官議之、姚崇以為今止択十使、猶患未尽得人。況天下三百余州、県多数倍、安得刺史県令皆称其職乎。」

14 『漢書』巻一九上・百官公卿表顔師古注所引『漢官典職儀』。

15 『金史』巻一〇一・承暉伝。

16 『金史』巻九五・張万公伝。

17 『金史』巻九・章宗紀・大定二九年六月丁巳条「命提刑官除後於便殿聴旨、毎十月使副内一員入見議事、如止一員、則令判官入見、其判官所掌煩劇可升同随朝職任。」

18 品階の点から見ても、提刑使の正三品は、地方における最高位の官司である留守司・総管府・統軍司・招討司の長官と同等である。

19 一九九一年に北京房山区石楼鎮石楼村にて発見された「楊瀛神道碑」〔梅寧華編『北京遼金史迹図志』北京燕山出版社、北京、二〇〇三年、一五六～五七頁〕の碑題は「金故奉議大夫簽上京東京等路按察司事兼勧農安撫事上騎都尉弘農県開国子食邑伍伯戸賜紫金魚楊公神道碑銘幷序」であり、按察司の職銜に「兼勧農」が附記されることが確認できる。

20 『金史』巻九・章宗本紀・大定二九年八月壬辰条および明昌三年六月丁巳条。なお、「提刑司条制」に関しては、植松一九七八において元代に制定された「察司体察等例」との関連性に言及される。

21 『孔氏祖庭広記』崇奉雑事に収録される明昌四年の尚書礼部より提刑司に下された符文に「明昌三年七月、再定奏行提刑司条理、為該委提刑司勉励学校、宣明教化」との記載が見え、当該記事が本条制中の一条であることが分かる。

22 『金史』巻九六・李愈伝「上言随路提刑司乞留官一員、余分部巡按。又言本司見置許州、乞移治南京為便。並従之。」

23　各提刑司の司治所在地に関しては、注3参照。中でも、河東南北路提刑司の司治が太原府、あるいは平陽府ではなく汾州に、陝西東西路提刑司の司治が京兆府ではなく平涼府に置かれたことは、両者が地理的に当該路のほぼ中央に位置するという条件によるものと考えられる。

24　『遼東行部志』に関しては島田一九三二、『鴨江行部志』に関しては羅・張一九八四および賈一九八九を参照。

25　『遼東行部志』においては咸平府南部に位置する銅山県まで、『鴨江行部志』においては大洋河西岸の大寧鎮までの道程が記録されるに止まり、いずれも本来存在したであろう遼陽府帰着までの部分は現存しない。ただし、後者に関しては『鴨江行部志』の書名から考えても、大寧鎮より東に向かい、鴨緑江流域の婆速路を経て、駅伝ルートに沿って遼寧府に帰着したことは明らかである。また、前者に関しても、銅山県より南下し、貴徳州・沈州を経て、遼陽府に帰着するルートが想定でき、これにより全管轄域の州県を網羅することとなる。

26　『遼東行部志』明昌元年三月三日（丁巳）の項に、「是日大風、飛塵暗天、咫尺莫弁、駅吏失途、至東北山下、横流洶湧、深不可済」の記載が見える。

27　辰巳間、風大作、飛沙折木、対目不弁牛馬。所幸者、自北而南、若打頭風、則決不能行也。午後、風勢転悪。予怪而問諸里巷耆旧曰、飄風不終朝、何抵暮尚爾。耆旧云、此地瀕海、毎春夏之交、時有悪風、或至連日。所以禾黍垂成、多有所損。固亦不足怪也。

28　『金史』巻五〇・食貨志・水田「明昌五年閏十月、言事者謂郡県有河者可開渠、引以漑田、詔下州郡。既而八路提刑司雖有河者皆言不可漑、惟中都路言安粛・定興二県可引河漑田四千余畝。詔命行之。」

29　泰和八年七月、詔諸路按察司規画水田、部官謂、水田之利甚大、沿河通作渠、如平陽掘井種田、倶可灌漑。比年、邳・沂近河、布種豆麦、無水則削井灌之、計六百余頃。比之陸田、所収数倍。以此較之、它境無不可行者。遂令転運司因出計点、就令審察。若諸路按察司因勧農、可按問開河或掘井如何為便、規画具申、以俟興作。

30　『金史』巻四七・食貨志・田制「(明昌元年）六月、尚書省奏、近制以猛安謀克戸不務栽植桑果、已令毎十畝須栽一畝。今乞再下各路提刑及所属州県、勧諭民戸、如有不栽及栽之不及十之三者、並以事怠慢軽重罪科之。詔可。」

31　『金史』巻四六・食貨志・通検推排条。

32　『金史』巻五〇・食貨志・常平倉条。

33　『金史』巻一二・章宗本紀・泰和八年一一月丁酉朔条。

34 『金史』巻一〇四・烏林荅与伝「上言按察転運司拘権銭穀、糾弾非違、此平時之治法。今四方兵動、民心未定、軍士動見刻削、乞権罷按察及勧農使。」

35 この他に、金代における農政機関として勧農使司の名が確認できるが、その具体的な活動内容は不明であり、『金史』巻五五・百官志・勧農使司条においても「泰和八年罷、貞祐間復置。興定六年罷勧農司、改立司農司。使一員、正三品。副使一員、正五品。掌勧課天下力田之事」との簡略な記事が載せられるに過ぎない。使・副使以外の官員すら不明、もしくは長官・次官のみが置かれたという状態からは、当該官司が具体的な職掌を有し、実効的に機能していたとは考えにくい。少なくとも金末における司農司への改組以前においては、単なる加官としての意味を有するだけの職であったと考えられる。

36 『金史』巻一六・宣宗本紀・元光元年夏四月辛巳条に「置大司農司、設大司農卿・少卿・丞、京東・西・南三路置行司、並兼採訪事」とあり、興定六年は八月に元光元年に改元されていることから、両者は同一の事柄を述べたものであろう。

37 『金史』巻五五・百官志・司農司「卿以下迭出巡案、察官吏臧否而陞黜之。使節所過、姦吏屏息、十年之間、民政修挙、実頼其力。」

38 自貞祐南鴐、初設大司農、分領地官之政、而仮之以部使者之任。以勧耕稼、以平賦役、以督堕窳、以糾姦慝。内振外粛、百廃具挙、傾朝復支。公以碩材雅望首膺是選。始弍其長、終総其務。

39 提刑按察司および粛政廉訪司に関しては、李治安によってなされた一連の研究により全体像が明らかにされた［李二〇〇〇A・B、二〇〇一］。また、宮紀子によって書籍出版における粛政廉訪司の重要な役割が指摘される［宮二〇〇一］。

40 『元史』巻六・世祖本紀・至元六年春正月癸丑条および『大元官制雑記』按察司官条。

41 一、所至之処、勧課農桑、問民疾苦、勉励学校、宣明教化。若有不孝不悌、乱常敗俗豪猾兇党及公吏人等、紊煩官司、侵凌細民者、皆糾而縄之。若有利害可以興除者、申台呈省。

42 一、勧課農桑事、欽依聖旨、已委各処長官兼管勾当。如不尽心、終無実効、仰究治施行。

43 地方官司の長官が「兼勧農事」の職銜を帯びることに関しては、農業奨励について歴代の施策をまとめた王禎『農書』農桑通訣集四・勧助篇においても「今長官皆以勧農署銜、農作之事、已猶未知、安能勧人」として特筆される事項であるが、同時に彼ら長官たちが農業について知りもしないと批判されていることも見逃せない。

44 『元史』巻六・世祖本紀・至元六年八月丙申「詔諸路勧課農桑。命中書省采農桑事、列為条目、仍令提刑按察司与州県官相風土之所宜、講究可否、別頒行之。」

45 至元七年二月、欽奉皇帝聖旨、宣諭諸路府州司県達魯花赤・管軍官・管民官・諸投下官員・軍民諸色人等。近為勧課農桑、已嘗遍諭諸路牧民之官、与提刑按察司講究到先後合行事理、再命中書省・尚書省参酌衆議、取其便民者、定立条目、特設司農司、勧課農桑、興挙水利。凡滋養栽種者、皆附而行焉。仍分布勧農官及知水利人員、巡行勧課、挙察勤惰、委所在親民長官不妨本職、常為提点。

46 モンゴル時代の社制に関する諸研究については、中島二〇〇一（一一六～一一七頁）および飯山二〇〇一（五三頁）参照。なお、和田一九三九（七〇～七六頁。執筆者は松本善海）、松本一九四〇、長瀬一九六五においては、勧農に関わる監察機関の検討といった本章とも共通する視点が見られる。

47 『元史』巻九三・食貨志・農桑。「農桑の制」に関しては、丹羽一九六八において訳注がなされる。

48 提刑按察司欽奉聖旨、所至勧課農桑。使職近縁巡歴、考照簿書、其耕播栽植之事、勤惰勧率之方、大抵虚文、多失実効。勧農之官、長民之吏、安得不任其責。况今春首、農事方作、巡行勧勉、適在茲時。仰所在有司、照依已降条画、偏歴郷村、奉宣聖天子徳意、敦諭社長・耆老人等、随事推行、因利而利、察其勤惰、而懲勧之。所有事条、開列如後。

49 九年、陞授承直郎、平陽路総管府判官。晋大府也。先是、吏風盛民嚚於訟。公用誠敬待官長、威厳粛吏属、作勧諭文二。一則勉飭州県、革弊勤政。一則諄告百姓、務本畏法。致吏民感化、奉約束惟謹。

50 至元十六年三月、行御史台拠淮西江北道按察司申、照得、欽奉聖旨条画、大兵渡江以来、田野之民、不无擾動。今已撫定、宜安本業。仰各処正官、歳時勧課、如無成効者、糾察。又欽奉聖旨節該、提刑按察司官所至之処、勧課農桑、問民疾苦。欽此。除元行外、又於諸書内、採択到樹桑良法、開坐遍行所属、督勒社長、勧諭農民、趁時栽種外、乞照験。憲台仰行移所属。依上施行。

51 『元史』巻二六・仁宗本紀・延祐五年九月癸亥条。この他に、武宗カイシャンの至大二年（一三〇九）に献言がなされた桑栽培の技術は、その効果が認められ実行に移されている（『元史』巻九三・食貨志・農桑）。こうした苗好謙の発案に係る農業技術が大元ウルス治下全域に向けて伝達され実施が求められたことは、カラホト文書に見える記載より明らかである〔古松二〇〇五〕。

52 『大元聖政典章新集至治条例』国典・詔令「一、天下之大、機務惟繁、博採輿言、庶能周悉。自今諸内外七品以上官、有偉画長策可以済世安民者、実封呈省。如其可用、優加旌擢。諸人陳言、並依旧制。」

53 延祐七年四月、大司農司奏奉聖旨節該、廉訪司為農桑両遍添官、交依旧管行、毎歳攅造文冊、赴大司農司考較。夫責之廉司者、蓋以勧課官知所警畏、初不係文冊之有無。文冊之設、本欲歳見種植・墾闢・義糧・学校之数、考較増損勤惰、所以見廉訪司親為之。然養民以不擾為先、而害政惟虚文為甚。農桑所以養民也、今反擾之。文冊所以責実也、今実廃之。各道比及年終、令按治地面依式攅造。路府行之州県、州県行之社長・郷胥、社長・郷胥則家至戸到、取勘数目。幸而及額、則責其報答之需。一或不完、則持其有罪、恣其所求。

54 ここに見える学校とは、『国朝文類』巻四一・経世大典礼典総序・学校「夫大司農之立、則一郷一社、皆有学矣」の記載によれば、郷学と社学を指す。

55 自造冊以来、地凡若干、連年栽植、有増無減。較其成数、雖屋垣池井、尽為其地、猶不能容。故世有「紙上栽桑」之語。大司農歳総虚文、照磨一畢入架而已、於農事果何有哉。况分司所至去処、公事塡委、怱怱未畢、已迫程期、豈能一一点視盤量。兼中原承平日久、地窄人稠、与江南無異。若蒙詳酌聞奏、依旧巡行勧課、挙察勤惰、籍冊虚文、不必攅造、民既無擾、事亦両成。

56 『元史』巻九三・食貨志・農桑条にも以下の記載が見える。「(延祐)五年、大司農司臣言、廉訪司所具栽植之数、書于冊者、類多不実。

57 『元典章』典章二三・戸部巻九・農桑・勧課「革罷下郷勧農」および『通制条格』巻一六・田令・農桑・至元二八年一二月一五日条。

58 『元典章』典章二三・戸部巻九・農桑・勧課「提調点覷農桑」および『通制条格』巻一六・田令・農桑・大徳三年二月初七日条。

59 詳細は本章第四節を参照。

60 官道脇への植樹を命じ、その伐採を禁じる聖旨が至元九年二月に発布されている。『元典章』典章二三・戸部巻九・農桑・栽植「道路栽植楡柳槐樹」および『通制条格』巻一六・田令・農桑。

61 於是、罷使以其権帰憲府。郡邑之長、皆以勧農繫銜、大司農司実総覈其事。蓋古后稷之官、至我朝殆復。視前代会計出納施張権利者、不可同年而語矣。然承平日久、良法美意、寖失其初。嘗見、江南郡邑、毎歳使者行部、県小吏先走田野督里胥、相官道傍有牆塹籬援類園圃者、輒樹両木、大書「畦桑」二字、掲之。使者下車、首問桑農以為常。吏前導詣畦桑処按視、民長幼扶携窃観、漫不解何謂。而種樹之数已上之大司農矣。なお、四庫全書本『東山存稿』では、傍線部はそれぞれ「垣」、「度」に作る。

62 至元二七年における巡行勧農司の提刑按察司への統合を述べた後に、「然承平日久、良法美意、寖失其初」との記載が続くことから、至元末年の状況が語られるとは考えられない。

63 『元典章』典章二三・戸部巻九・農桑・勧課・農桑「至大三年二月、尚書省奏奉聖旨……（中略）……一、農民栽植桑棗、今行已久、而有司勧課不至、曠野尚多。是知年例考較、総為虚数。自今除已栽樹株以各家空閑地土、十分為率、於二分地内、毎丁歳栽桑棗二十株、其地不宜桑棗、各随風土所宜、願栽楡柳雑果、若多栽者聴。皆以生成為数、若有死損、験数補栽。本年已栽桑果等樹、次年不得朦朧抵数重報。親民官時加点検勧課、依期造冊、申覆本管路府、体覆是実、保結牒呈廉訪司、通行体究。若有虚冒、厳加究治。年終比附殿最、類申大司農司、以憑黜陟。」

64 『俄羅斯科学院東方研究所聖彼得堡分所蔵黒水城文献』第四冊（上海古籍出版社、上海、一九九七年）、三一六〜三一八頁。

65 『俄羅斯科学院東方研究所聖彼得堡分所蔵黒水城文献』第六冊（上海古籍出版社、上海、二〇〇〇年）附録・叙録（三〇頁）および孟：王一九九四によれば、紙背の文字は「至順元年／張立式呈」とされる。しかし、写真から判断しても録文には誤りがあり、意味上から考えても不適とせざるを得ない。

66 ただし、コズロフ将来のカラホト文書の出土地点は不明である。

67 高一九七五において、スタイン将来のカラホト文書 No.481-kk.0120(a)［Maspero1953・planches.XXXVIII］の検討がなされるが、そこではモンゴルの子女を保護する為に、奴隷として売買された者、質草とされた者を探し集めて大都に護送せよとの命令に対して、河渠司がその調査結果に対して責任を負うとする保結の文書をエチナ路総管府に宛てて発している。［TK二四九］において、生産量の報告が河渠司に命じられていることと合わせ考えれば、当該地域においては、河渠司が民政事務の一端を担ったと考えられる。

68 当該の人物の姓名に関しては、李一九九一において［F一一六：W三〇〇］（一〇二頁）では「常其麟」と、［F二七〇：W一一］（一一〇頁）では「常善麟」と表記が分かれるが、ここでは諸種の文書写真から判断して「常夢麟」と録出する。

69　李一九九一では、本文書は竹紙に行書体にて記され、文書本文を記す前半部（寸法一四五×七一五）と署名箇所を記す後半部（寸法一一三×六三三センチ）に分かれる。『中国蔵黒水城漢文文献』第一冊（国家図書館出版社、北京、二〇〇八年）、一四六〜一四九頁に掲載される図版（M一―〇〇九五）は、このうちの前半部のみである。

70　『中国蔵黒水城漢文文献』第一冊、七七頁に本文書の図版（M一―〇〇四〇）が載せられる。また、李一九九一によれば、本文書は麻紙に行草書体にて記され、寸法は二二・五×二三・七センチである。

呈

至順元年　月　吏馬押

提控案牘兼照磨承発架閣李仲義押

秋季課程

知事　常夢麟押

経　歴

71　『俄羅斯科学院東方研究所聖彼得堡分所蔵黒水城文献』第五冊（上海古籍出版社、上海、一九九八年）、六頁。なお、同書第六冊・附録・叙録（三六頁）および孟・王一九九四によれば、本文書は麻紙に行書にて記され、寸法は三〇×四〇・五センチである。

〔　〕年八月　吏侯□押

〔　〕

〔　〕控案牘兼照磨承発架閣麦

〔　〕□

〔　〕知事　常夢麟押

〔　〕歴

印

〔　〕廿七日

72　『俄羅斯科学院東方研究所聖彼得堡分所蔵敦煌文献』第一七冊（上海古籍出版社、上海、二〇〇一年）、三三六頁。本文書のデータは不明。同書にカラホト文書の誤入が見られることは、金二〇〇三においても指摘される。

〔吏〕李押
提控案牘麦
（議？）台納米
知　事　常　夢麟〕
経　　歴
〔二〕日〕

73　専売品に対する監督は、粛政廉訪司への改組後にその職責として加えられたものである。『元典章』典章六・台綱巻二・体察・改立廉訪司条参照。

74　『元典章』典章二・聖制巻一・勧農桑「至元七年二月、欽奉皇帝聖旨……（中略）……仍分布勧農官及知水利人員、巡行勧課、挙察勤惰、委所在親民長官不妨本職、常為提点。年終通考農事成否、本管上司類申司農司及戸部、照験之。任満之日、於解由内、明注此年農桑勤惰、赴部照勘、以為殿最。提刑按察司更為体察、於敦本抑末、功効必成。」勤務評定簿内への記入方法については、『元典章』吏部・職制・給由・解由体式に「一、本官任内提点過農桑実跡、依已行備細、開款申報。（若不係提点官員、亦云並不曾提点農事）」とある。なお、『新編事文類聚翰墨全書』（『四庫全書存目叢書』子部一六九）巻五・公牘諸式・求仕解由体式にも同文が載せられる。

75　至元二十九年八月、中書省大司農司呈、臨漳県達魯花赤太不花解由内、農事・学校・樹株・義糧等数与帳冊争差、取到判署官吏有失、照略招伏、当該司吏合行的決。今後親民州県幷提調官、験争差数目斟酌到罰俸月日。刑部議得、若依大司農司所擬相応。都省准擬。
一、親民州県官幷得替官
一拾日　諸樹一千株以下　義糧一伯碩以下　学校一拾所以下
半箇月　諸樹一万株以下　義糧一千碩以下　学校一伯所以下
一箇月　諸樹一万株之上　義糧一千碩之上　学校一伯所之上
一、総提調官、幷首領官、比依給由、幷得替官所罰俸鈔、参分中量罰一分。
一、其余該載不尽、農事若有争差、比依上例斟酌責罰。

76　親民州県官と得替官の場合、樹木栽培に関しては農桑文冊と解由の両数値の差異が一〇〇〇株以下、義倉の備蓄糧では一〇〇碩以下、学校数では一〇所以下であれば、罰俸一〇日の処分を下す。以下も同様に、その差額によって罰俸の期日を半月、一ヶ月とするという規程である。

77 至元二三年、二五年、二八年における「学校」・「墾地」・「植桑棗諸樹」・「義糧」の全国統計が『元史』世祖本紀の当該年度末尾に見える。

78 『元史』巻七・世祖本紀・至元七年二月壬辰条。

79 世祖皇帝即位十余年、以為既定中原、当以農桑為急務、於至元七年立司農司。又依按察司例、設四道巡行勧農司、曰中都山北東西道、河北河南道、河東陝西道、山東東西道。毎道官二員、使佩金牌、副使佩銀牌。後増至四員。

80 また、『大元官制雑記』巡行勧農司条によれば、巡行勧農使が金牌を、副使が銀牌を帯び、管轄域内における巡視に際して駅站の利用が許可された。さらに、提刑按察司の巡歴の際の規程に準拠して、駅站未設置の地域においても馬匹の使用が許されている。『永楽大典』巻一九四一七『経世大典』站赤二「(至元七年)十月二十六日、司農司言、四道巡行勧農官乗駅勧課、所過無站之処、合無従按察司巡歴体例、乗坐馬匹。請区処事。都省準擬依上施行。」

81 『元史』巻七・世祖本紀・至元七年一二月丙申朔「改司農司為大司農司、添設巡行勧農使・副各四員、以御史中丞孛羅兼大司農卿。安童言孛羅以台臣兼領、前無此例。有旨、司農非細事。朕深諭此、其令孛羅総之。」

82 これまで、『元史』巻七・世祖本紀・至元七年一二月丙申朔条に「以御史孛羅兼大司農卿」とあることから、ボロトは大司農卿に任じられたとされ、余一九八二においても大司農卿就任の後、至元八年から一二年までの間に大司農へと昇格したとの理解が示される(なお、前嶋一九五一においても大司農卿に就任したとされる)。しかしながら、ボロトの就任と同時期に張文謙が次官である大司農卿に任じられており、モンゴル貴族であるボロトを同格に置く、あるいは機関創設時において長官が空位であったとは考えにくい。また、『燕石集』巻一二「司農司題名記」に「洒至元七年、立大司農司、秩正二品、官五人曰大司農、曰卿、少卿、丞、農正、主農務・郷校・水利」とあり、大司農以下、卿、少卿、丞、農正の官が計五員、つまり各一員が置かれたことが分かる。よって、ここでは「卿」字を衍字と解し、大司農司への改組に伴う人事はボロトを長官である大司農とするものであったと考える。

83 『国朝文類』巻五八「中書左丞張公神道碑」。

84 『牧庵集』巻二四「譚公神道碑」。

85 『元史』巻七・世祖本紀・至元七年一二月辛酉条。

86 『元典章』典章二三・戸部巻九・農桑・立司・復立大司農司および『元史』巻八・世祖本紀・至元一〇年三月甲寅朔条。

87 『国朝文類』巻五八「中書左丞張公神道碑」。

88 『国朝文類』巻六八「平章政事致仕尚公神道碑」によれば、「七年、勅知事大農、八年、転大農都事。……(中略)……十有二年、復都事大農。其佐農政也、置七道巡行勧農事、聯保五、課耕桑、脩水利、立社学、築義倉、革浮薄、禁游惰、多自公画」とあり、大司農司の知事、都事を歴任した尚文が至元一二年に再び大司農司都事に任じられ、農業振興政策の立案に大きく関わったことが分かる。

89 『元史』巻八・世祖本紀・至元一二年夏四月二六日丁卯条。

90 『大元官制雑記』巡行勧農司・初立巡行勧農司条画「二十二年六月二十九日、上御万安閣、大司農御史大夫孛羅、司農卿兼御史中丞張文謙、御史中丞木八剌、史某、御史斡失乃奏、先中書省聞稟過巡行勧農官、数年已見次第、按察司所管地面寛闊、官吏数少、可将勧農官併入按察司、通管勾当。乞降聖旨、遍諭随路。奉旨、与聖旨者。事上、中書省臣復稟、有旨、諭諸路大小州城達魯花赤管民官吏、併諸衙門官吏人等、近拠中書省稟、巡行勧農官数年間、勾当見次第也。按察司所管地面寛闊、官吏数少、可将勧農官併入按察司、通管勾当。准稟、将巡行勧農官併入按察司、委大司農御史大夫孛羅為頭管領大司農司御史台勾当。凡事照累降聖旨、仰按察司官兼勧農事、所到去処、按問各処提点正官、農桑・水利・義倉勾当勤惰、依旧例糾察、照刷究問一切公事。所在官吏諸色人等、不得違慢。若関渉勧課農桑・水利・義倉等事、申発大司農司、一切糾察・照察・究問到事理、申呈御史台。随路毎年農桑・水利・義倉等一切数目、申報大司農司、年終考較。」冒頭の紀年「(至元)二十二年」に関しては、上述の『元史』世祖本紀において巡行勧農司の廃止を至元一二年四月二六日にかけること、また、上奏を行った人物として挙げられるボロトの在任期間と張文謙の卒年、下記三名の経歴から考えて、至元一二年の案件であることは間違いない。ムバラク(Mubara(q):木八剌)はケレイトのボロクル(Borqol:孛魯歓)の次子、至元五年の御史台創設時に御史中丞に任じられる(『元史』巻一三四・也先不花伝)。また、史某とは史枢を(『元史』巻一三・世祖本紀・至元二一年一一月辛丑条「前御史中丞史枢」)、御史斡失乃は「大都路都総管姚公神道碑」(『国朝文類』巻六八)および「姚天福諡議碑」(『山右石刻叢編』巻三四)に見える「侍御史安兀失納」を指すと考えられる。アフマドに取り入り、権勢を得た安兀失納は姚天福の監察御史在任中（至元一一～一六年）に大名路ダルガ小敢普の罪に連座して弾劾を受け斥けられている。

91 『元史』巻九七・百官志・大司農司条。

92 『元史』巻一四・世祖本紀・至元二三年二月乙巳条。また、『元史』巻一二五・鉄哥伝に、「（至元）二十二年、進正奉大夫、奏司農寺宜陞為大司農司、秩二品、使天下知朝廷重農之意。制可。進資善大夫、司農」とあり、大司農司の再設置が直接にはテゲ（Tege：鉄哥）の上奏によるものであることが分かる。また、一九六一年に北京市崇文区龍潭湖北の呂家窑村より出土したテゲの墓誌銘「大元故太傅録軍国重事宣徽使領大司農司太医院事鉄可公墓誌銘」（撰者は蔡文淵、書者は劉賡）によれば、「丙戌（至元二三年）、陞司農寺為大司農司、秩正二品。上曰農桑国之大事、汝為大司農。欽哉」とあり、二三年の大司農司再設置に際して、テゲ自身が大司農に任じられていることが分かる。なお、当該墓誌銘の拓影は北京市文物研究所一九八六・二〇〇三、侯一九九一に収録される。

93 『元史』巻一四・世祖本紀・至元二三年六月乙巳条。

94 『大元官制雑記』巡行勧農司・初立巡行勧農司条画「二十三年十二月二十六日、上御香殿、省臣稟、前張仲謙為提調田禾公事、立大司農司。如今鉄奇・忽都答児等領之。在前各路裏立勧農官、後併入按察司。今漢児地面六処、提調農桑、仍立勧農司。奉旨准。」

95 『程雪楼文集』巻二一「資徳大夫湖広等処行中書省右丞燕公神道碑銘」に「二十五年、用前請以為行大司農、領八道勧農営田司、按行郡県、興利挙弊」とあり、江南には八道の勧農営田司が置かれたことが分かる。

96 『元史』巻一六・世祖本紀・至元二七年三月庚申条および『大元官制雑記』粛政廉訪司および巡行勧農司条、『憲台通紀』勧農司復併入按察司条。

97 『元史』巻二〇五・姦臣伝・盧世栄「又十有余日、中書省請罷行御史台、其所隷按察司隷内台。……（中略）……又奏令按察司総各路銭穀、択幹済者用之、其刑名事上御史台、銭穀由部申省。世祖曰、汝与老臣共議、然後行之可也。二月辛酉、御史台奏、中書省請罷行台、改按察為提刑転運司、俾兼銭穀。臣等窃惟、初置行台時、朝廷老臣集議、以為有益、今無所損、不可輒罷。且按察司兼転運、則糾弾之職廃。請右丞相復与朝廷老臣集議。得旨如所請。」また、『元史』巻一三・世祖本紀・至元二二年春正月乙未条および二月辛酉条に同内容の記事が見える。

98 復立按察司。……（中略）……詔曰各道提刑按察司、能遵奉条画、蒞事有成者、任満升職、贓汚不称任者、罷黜除名。

99 『道園学古録』巻二〇「翰林学士承旨董公行状」、「於是、具奏桑哥姦状、詔報、公語密、外人不知也。桑哥日誣譖公於上曰、在朝惟董中丞、驕傲不聴令、沮撓尚書省、請痛治其罪。上曰、彼御史職也。何罪。且董某端謹、朕所素知。汝善視之。当是時、雖貴近、以誣譖遭斥辱者不一、公徒以区区之誠、頼天監主知而免。於是、遷公通奉大夫・大司農。時又欲奪民田為屯田、公固執不可、則又遷公為翰林学士承旨。」

100 『元史』巻一六・世祖本紀・至元二八年二月丙戌条および『道園学古録』巻二二「御史台記」、「二十八年、改粛政廉訪司、使・副使・僉事、各二人。大司農奏罷各道勧農司、以農事帰憲司、増僉事二人、経歴・知事・照磨各一人。」

101 『元典章』典章二三・戸部巻九・農桑・水利「提点農桑水利」および『通制条格』巻一六・田令・農桑・至元二九年閏六月条。

102 中島楽章は社長の職責に粛政廉訪司の小型版といった一面があることを指摘する［中島二〇〇一］。まさに首肯すべき見解であり、監察と勧農の一体化という大元ウルスの農政に関する基本姿勢を示すものと言えよう。

第九章

区田法実施に見る金・モンゴル時代農業政策の一断面

はじめに

前漢成帝朝の人、氾勝之によって著された『氾勝之書』には区田法《おうでんほう》と呼ばれる農業技術が記載される。これは耐旱豊収を目的とする集約農法であり、方形や帯状の区と呼ばれる窪地に作物を栽培し、集中的に施肥・灌漑を施すことで、山地や丘陵といった悪条件の地においても実施を可能し、かつ高収量を得ることを謳い文句とする。同法は華北農業が持つ宿命的課題である水不足を克服すべく生み出された保湿・節水型農法の典型例とも言えるものであり、断続的ながらも後漢時代より二〇世紀に至るまで、国家や地方官、知識人らによる異なるレベルでの実施例を確認することができる[1]。

王陽明の格良知を批判したことでも知られる明末清初の人、陸世儀は豊収という点から区田法を高く評価し、その著書『思弁録輯要』巻一一・修斉類において以下のように述べる。

予向に区田法を読みて之れを異とす。以為らく播種の中、既に此の妙法有るに、古人何ぞ悉く之れを以て民に教えず、又た民間何を以て竟に此法を伝えざるや。嘗て疑い決せず。元史を読むに及び、元の時嘗て此の法を以て之れを民間に下し、民に教え法の如くに耕種せしむるも、民卒に応ぜず、又た特に耑官を遣わして分督せしむるも、究竟に功を成すこと無きに迄るを見る。[2]

さらに同書巻一五・治平類においても、「元の時最も区田法を重んず。詔書数しば下り、民間をして区田を種するを学ばしむるも、民卒に応ぜず」[3]と繰り返す。モンゴル時代において、国家の主導のもと区田法の技術が民間に伝えられ、専門の官が派遣されるなどしてその実施が求められたものの、民衆はこの要求に応じることなく成果を上げることなく終わったとされる。区田法の実施という点において、モンゴル時代は特筆すべき時代であったことが認識されている。

モンゴル時代における農業政策としての区田法実施は、金代章宗朝における施策を継承するものであった。金代章宗朝における施策とは、国家の推進する農業政策としての統治下全域における区田法実施を指し、農政の一貫としての実施という意味においては、前秦苻堅以来、約七〇〇年ぶりの「復活」実施となるものである。[4]これがモンゴル時代にも継承され、全国的な実施と普及が図られていくのに対して、明清時代以降においては地方官による試験的な取り組みや地域を限定した実施がなされるに止まった。すなわち、農業政策としての区田法への重視は、金・モンゴル時代を貫く時代的特徴ともみなし得るものであり、当該時代の農業政策、さらには国家統治のあり方を考える上で重要な示唆を与える事象と言えよう。

昨今の研究の進展により、「征服王朝」治下における農業の衰退といったイメージはすでに払拭されつつある。中でも、宮紀子による一連の研究によって、モンゴル時代における複雑な農政機関の変遷が整理され、諸種の農業政策が大局的流れの中に位置づけられるとともに、『農桑輯要』を始めとする農業技術書の編纂と出版を通して、積極的な農業振興政策が推進されたことが明らかとなった［宮二〇〇六A・二〇〇七・二〇〇八］。こうした新たな知見に基づき、今後は技術レベルを含めた個々の農業政策の具体像の解明が必要となろう。中でも、農業政策として実施された金・モンゴル時代の区田法を考える上では、その技術の分析（本書第一〇章参照）とともに農政史的見地からの考察が不可欠である。そこで、本章においては、金・モンゴル時代に区田法がいかに実施されていったのかという問題を起点として、区田法実施という一断面から当該時代を通観し、農業政策としての区田法実施の持つ意義および両国家の農業に対する認識を明らかにする。

第一節　金代章宗朝における区田法の実施

一　区田法実施をめぐる議論

金代における区田法の実施は章宗朝明昌年間に始まる。[5]明昌三年（一一九二）三月、章宗の面前にて始まった尚書省首脳部（宰執）による区田法実施をめぐる議論は、明昌元年（一一九〇）より燕雲の地を襲った大旱ばつを背景とするものであった。特に毎年のように繰り返される三～五月の降水量不足は、土壌水分の保持を絶対的課題とする華北旱地農業に致命的な打撃を与えるものであり、章宗および政府首脳は中都北郊の方丘にて嶽鎮海瀆を望祀し、太廟や社稷において祈雨の儀式を執り行うことで天災の長期化に歯止めをかけようとする。[6]しかしながら、依然として降雨の兆しは見えず、明昌三年夏、まさに第一次議論の直後に章宗は参知政事張万公の進言を容れて「己を罪するの詔」を下し、尚書左丞完顔守貞は引責辞任を求めるに至った。[7]

英明の誉れ高い祖父世宗の治世、いわゆる「大定の治」を受けて即位した章宗ではあったが、当時の財政状況はすでに楽観を許すものではなかった。数年にわたる旱ばつに加えて、大定末年より繰り返される黄河の氾濫、さらにはモンゴル高原の遊牧集団に対する防衛施設（界壕）の建設に三万人もの労働力が動員されるなど、生産力の低下、ひいては国家収入の減少を惹起する諸事象が着実に表面化しつつあった。中でも、華北に徙《うつ》った女真集団（猛安・謀克）の屯田経営が行き詰まりを見せ、漢人農民との軋轢《あつれき》の中で土地紛争を激化させていたことは、軍事力の弱体化を将来し国家の根幹を揺しかねない大問題であった。

こうした状況下で開始された区田法実施の議論が『金史』区田法条に収録される。その冒頭には、「区田の法、嵇康の養生論に見ゆ。是れより歴代未だ天下に通用すること趙過の一畝三甽の法の如き者有らず」との言が見える。ここで区田法との比較対象として挙げられる「趙過の一畝三甽の法」とは、同じく前漢時代に創み出された代田法を指す。天野元之助によれば、両農法はともにウネ立てを行い、ミゾに播種するという方法を用いながらも、代田法が大農経営を対象とするのに対して、区田法はこれを小農育成のために零細農地に適応させた園芸式農耕の一種であるとされる［天野一九五〇］。ともに古代華北旱地農法の精華とも言うべき両者の並記は他の史料にも散見するが、区田法の典拠として嵇康「養生論」が挙げられるのは極めて異例であると言えよう。

すでに述べたように区田法の原点は『氾勝之書』にあり、北魏の『斉民要術』がその二十数条を引用するほか、『礼記』月令など経書の註や農業技術書である『四時纂要』、さらに『北堂書鈔』などの類書にも引用され、その内容が後世に伝えられた。中でも、華北旱地農法に関する代表的著作である『斉民要術』が後世に与えた影響は大きく、北宋の天禧四年（一〇二〇）・天聖年間（一〇二三〜三二）には刊刻・出版がなされ、館閣や諸道の勧農司に所蔵された。[8] 対宋戦争の最中より、攻略した都市において書籍を収集し、開封落城の後には開封府庫・国子監[9]および宮廷内の太清楼・秘閣・三館[10]に所蔵された書籍と版木を接収するなど、北宋の書籍を積極的に収集した金の朝廷にもこの著名な農業技術書が所蔵されていたことは疑いない。[11] にもかかわらず、区田法実施の経緯を綴る『金史』区田法条の冒頭に『斉民要術』ではなく、嵇康「養生論」が引かれることには、そこに一定の意味合いが込められていたと考えざるを得ない。[12] そこでまずは嵇康が「養生論」にて説く区田法とはいかなるものであったのかを確認してみよう。

『文選』巻五三に収録される「養生論」によれば、嵇康は湯の時代の旱ばつ（本書第四章参照）に思いをめぐらし、危機的な状況の中でも努力を惜しまないこと（一漑の功）によってのみ、わずかでもその成果（一漑の益）を得ることができると説き、通念や常識に縛られる当時の人々を批判する［馬場一九九四］。その一例として、一畝の土地から一〇〇余斛（石）の収穫を上げ得る区田法への言及がなされる。こうした嵆康の主張が明昌初年から引き続く自然災害に対して「人事を尽くすのみ」[13]と語る章宗の思いに合致するものであったことは疑いなく、ここに積極的な労働力の投入と精緻な技術を駆使して大量の収穫を得ることを説く区田法の実施が議論の俎上に載せられたのである。つまり、農業技術書の代表たる『斉民要術』ではなく、嵆康「養生論」に由来する区田法実施の発想は、農学的見地からの区田法に対する見直しではなく、そこに記される高収量への期待と社会通念を打ち破るという革新性への追究から生み出されたものであったと言えよう[14]。

明昌四年（一一九三）四月、再び区田法実施に関する議論が行われる。これより区田法推進に向けて中心的役割を果たすのが、同年三月に参知政事に就任した胥持国である。その主張は大定年間と比較して人口が増加した反面、国家支出も増大していることに鑑みて、区田法を実施して国家歳入の増加を図るべきとするものであった。また、この時期に降水量減少と農業生産の不振に対して政府内に危機感が高まっていたことは、区田法実施の議論と並行する形で、同年五月に毎月の降水量および生産状況の数値報告が諸路に命じられていることからも明らかである[15]。すなわち、降水量の減少を克服し得る耐旱技術を導入し、積極的な食糧増産を目指すことこそが区田法実施の目的であり、特定の農業技術を風土の異なる各地域にて実施させるという画期的な試みが実行に移されていくのである。

区田法推進派の中心たる胥持国が参知政事就任直後よりその実施に向けて用意周到な準備を推し進めていたであろうことは、これまで歴代王朝によって区田法が実施されてこなかった理由を問う章宗に対して、民衆の理解不足に由来するものとしてその疑念を払拭すると同時に[16]、すでに中都南郊にて試験実施を開始していることを告げることからも明らかである。[17] これに対して、同じく参知政事の任にあった夾谷衡は、投入労働力に見合う収量が期待できず、いたずらに農作業を阻害して田土を荒廃させるだけだとの反論を行うが、最終的には章宗の判断に基づき試験続行が認められた。[18]

明くる明昌五年（一一九四）正月、尚書省より区田法の実施が正式に進言され、これを受けて各地の土地調査を行った上で実施せよとの勅が発せられた。[19] その後、明昌七年（一一九六、一〇月に承安に改元）四月に初めて区田法が実施され、翌五月には章宗自らが中都近郊の耕地を視察して、区種の実施状況を確認している。ここで、勅が発せられてより実施に至るまでに、一年余りの月日が費やされた理由は記されないが、作物により播種の時期が異なることは言うまでもなく、さらに寒暖の差に由来する成熟期間の地域差を勘案すれば、当初より一律の開始時期が設定されたとは考えにくい。明昌七年の区種開始が先の中都南郊における試験実施と同時期であることからしても、これはあくまで中都周辺における区種開始を意味するものであり、栽培作物や気象条件など地域間の差異に基づいて区種開始の実施時期にあらかじめ時間差が設けられたとも考えられる。

二　区田法の実施規定

明昌五年の区田法実施を命じる勅の発令に先立ち、「陳言人武陟高翌」なる人物が「区種法」をたてまつり、人丁と土地の数を調べた上で実施面積を定めて区種を行わせるようにとの提言を行った。肩書きとしては「陳言人武陟」とのみ記される高翌について関連史料を見いだすことはできないが、『金史』に散見する「陳言人」の用例から考えて、武陟県の無官の有識者であったと考えられる。[20] すでに述べたように、区種実施に先立って高翌の陳言に含まれる土地調査がなされていることに加えて、庶人であろう高翌の陳言が正史に記録を止めたこと自体、区田法の具体的内容を記す「区種法」が正式に採用されたことを意味しよう。庶人の陳言に関しては、採用すべきものがあれば、その内容に応じて銀絹を与え、事柄が重要案件に及ぶ場合には吏部格にしたがって官位を授けるとの規程も存在した[21]。制度上においても認められた庶人の陳言ではあるが、高翌の陳言が採用されるためには、その有効性を章宗や政府首脳に認めさせるだけの説得性と具体性を持つことが求められる。加えて、その内容が地域的な差異が大きく、かつ実効性が重視される農業技術という事項に属するものであることからすれば、陳言内容の持つ具体性と説得性は武陟県における区種の実績に由来するものと考えざるを得ない[22]。

議論開始からほぼ二年間に亘る月日を経て発せられた明昌五年勅には、区田法実施に関する諸規程が盛り込まれていたと考えられるが、勅自体は現存せず、その詳細を窺い知ることはできない。『金史』区田法条により、わずかに知り得る規程内容は以下の三項である。

[一] 農田百畝以上、如し河川に瀕い水を得易きの地なれば、須く三十余畝を区種せしめ、多く種する者は聴すべし。

[二] 水無きの地は則ち民の便に従る。

[三] 仍お千戸・謀克・県官に委ねて法に依りて勧率せしむ。

これによれば、耕地面積一〇〇畝（一頃）が前提条件であり、具体的には一頃以上の耕地を有する者が、そのうちの三〇畝程度に区田法を実施するとされた。また、河川に近接した地域において実施し、水を得ることのできない土地については、その実施の可否は民の意志に委ねられたが、これは人力による施水という方法を用いるとは言え[23]、区田法の実施には灌漑用水の確保が必要条件であったためであり、章宗朝においては区田法実施と並行して明昌五年閏一〇月より灌漑水路整備が積極的に推進されていく[24]。また、監督責任者として地方官（県官）とともに猛安（千戸）・謀克が挙げられるが、これは民田のみに止まらず、女真人の屯田においても区田法の実施が求められ、その経済的復興が意図されたことを意味する。

これら明昌五年勅に含まれた実施規程以外に、明昌七年四月九日に初めて区田法を実施するに当たって、

男年十五以上、六十才以下にして土田を有する者は、丁ごとに一畝に種し、丁多き者は五畝にて止む。

との規程が出される。[25]この規程に関しては、翌承安二年（一一九七）二月に南京路提刑使馬百禄[26]によって、

聖訓に「農民の地一頃有る者は一畝を区種し、五畝もて即ち止む」とあり。臣以為らく地の肥痩は同じからざれば、乞うらくは畝数を限らざらんことを。

との上奏がなされていることから、追加規程が章宗の詔（聖訓）として発せられたものであり、所有地面積一頃を基準とするものであったことが分かる。一見すると、明昌五年勅の一頃以上の土地所有者に対する三〇畝程度の区種実施と比較して、実施面積が減少したかにも受け取れる。ただし、いまだ区田法の効果が判明する以前の段階において、すでにこうした後退的な規程が出されたとは考えにくい。また、先の明昌五年の規程では、一頃以上の耕地所有者の間に区種実施面積に関する差異は設けられていない。したがって、明昌七年詔が意味するところは、区田法実施面積を一頃以上に対して一律の三〇畝程度から、男丁の多寡に応じて一頃につき一～五畝へと改定するものであろう。人丁と土地所有面積に応じて区種実施面積を決定するという高翌の陳言をより反映する形となったのである。このうち、男丁の多寡に応じて一～五畝とした区種面積の限定については、馬百禄の上奏により各地の土壌の善し悪しが同じでないという理由で撤廃されたが、区田実施面積を規定しないというより現実的な実施方法が模索されたと考えられる。

また、ここで区田実施の前提条件とされた土地所有面積に関しては、金代の土地所有面積に関するデータが乏しいため、参考として宋代の状況を見ると、一頃以上の土地所有者は上等戸（第一・二等戸の地主層と第三等戸の自作農）に相当する。金代の状況がこれと大差ないとすれば、零細土地所有者や佃戸に対しては区種実施の対象外とされたこととなる。これは精緻な技術を用いる区田法を実施するには多大な労働力の投入が必要であり、こ

れを可能とするだけの資産および労働力を有した土地所有者にのみその実施が求められたことを意味する。さらに、所有地の一部に対してのみ区田法の実施が求められたことに関しては、大規模な実施を不可能とする区田法の技術的制限に加えて、従来の耕作地の大半を維持したまま一部の土地に区田法を実施させることで、水不足時においても一定の税収を確保することを狙いとするリスク分散的発想に基づく現実的な運用方法が用いられたと考えられる。

三　侯馬金墓刻文が語る実情

これまで区田法実施に関する議論の推移を主に『金史』区田法条によって述べてきたが、そもそも『金史』巻四六・食貨志冒頭の総論部分において、

　田制、水利、区田の目、あるいは驟かに行い随いて輟め、或いは屢しば試みるも効無く、或いは熟議するも未だ行なわず。咸く篇に著し、以て一代の制を備うと云う。

と記されるように、区田法についても或いは「熟議すれども未だ行われず」といった状況が疑われ、実例を伴わない『金史』区田法条の記載のみに依拠してはこの当否を判断することはできない。そこで注目すべき史料が一九六四年に発掘がなされた後、約三〇年の年月を経て一九九七年にようやく報告がなされた山西省侯馬市の「侯馬一〇二（正式には六四H四M一〇二）号金墓」前室北壁の門楼左側の石柱に刻まれた九八字の文字である。

同墓の発掘に携わった楊富斗の報告によれば、石柱には以下の文字が確認される。

　上判に「百姓をして忙ぎ区田に種せしむ。一畝ごとに一千五百区を要め、区ごとに一升を打約す」と。本家の刷し到れる物は四百石たり。//時明昌柒年捌月日入功す。[27]年前十月内より、六月十九日に至到《いた》り雨を得ること有り。米麦は計価二百五十たり。二十二日に到りて、秋田に種下し、//畝ごとに穀一石を収む。菉

豆は畝ごとに一石、棗は約そ五分たり。又た差官遍く刷物を行う。[28]〔文中の「//」は改行を示す。〕

墓主は董三郎（名は海）、河東南路絳陽軍曲沃県褫祁郷凧上村の住人であり、同墓中には裴店出身の妻趙氏、長子靖（当時三五歳、妻は西李村の文氏）、次子楼喜（当時二五歳、妻は狄庄村の衛氏と西李村の文氏）、三子念五（当時二〇歳、妻は高村の趙氏）ら九人に第三子董念五の娘夫婦とおぼしき二人を加えた計一一名が合葬されていた。[29]

刻文冒頭に「上判」の文字が見えるが、これは「上畔」とも称される文書形式であり、上位機関よりの下行文書を指す。[30]よって、本刻文中の「上判」は尚書省より当該地域を管轄する平陽府へと送られ、さらに絳州、曲沃県へと送付された区田法実施を命じる文書を指すと考えられる。その内容とは「一畝当たり一五〇〇区の作成を要求し、一区当たり一升の収穫を見込む」[31]というものであり、この基準に則って董海家には四〇〇石が「刷」された。

楊氏はこれを実際の徴収額であると解し、董海家はおおよそ一〇〇畝弱の土地を有し、その内の二七畝の土地に区種を行っていたとして、これが明昌五年勅の規程［一］に沿うものであるとの見解を示す〔楊一九九七、楊・楊一九九七〕。ただし、この見解には首肯し難い点がある。まず、上判が指す文書について、すでに規程内容の変更を伝える明昌七年詔が発せられているにもかかわらず、依然として明昌五年勅の規程内容を指すとする点である。これに関しては、氏の算出した董海家の所有地「一〇〇畝弱」と区田実施面積「二七畝」は、厳密には明昌五年勅の規程である所有地「百畝以上」、区田実施面積「三十余畝」とも符合しないことから、ここでの上判はやはり明昌七年詔を指すこととなる。

次に問題となるのが、「刷」を区田実施地からの実際の徴収額と解する点である。氏の見解にしたがえば二七畝の区種実施地からあがる収穫量が全て徴収されたことになるが、区田法実施の目的が税収増加にあったとしても、こうした極端な税徴収がなされたとは到底考えにくい。試みに『金史』食貨志・賦税条に見える私田の夏税率を基に四〇〇石を徴収すべき耕地面積を算出すれば一三〇〇頃以上にものぼることとなり[32]、あまりに広大な所有地である。では、楊氏が徴収額と解した「刷」、「刷物」とはいかなる行為を意味する語であったのであろうか。

確かに『金史』中には、「刷」、あるいは「拘刷」の語を用いる事例が散見する。ただし、これらはいずれも土地や人馬の強制的徴発を意味する語として用いられるものであり、租税徴収の文脈にて用いた事例を確認することはできない。これに対して、南宋時代の用例として「刷」を総点検、総あらための意味とする用例が確認される〔田中一九六九〕。この用例にしたがって「刷」を総点検の意味に解せば、冒頭の上判に続く「刷到物」は夏田収穫量の総点検であり、文末の「刷物」は秋田収穫量の総点検となろう。

さらに、収穫量点検の対象であるが、刻文中には夏田の実収穫量についての記載がないため、仮に雨を得てまずまずの成果を得たとされる秋田の収穫量によって考えてみよう。秋田における穀（粟）の実収穫量は一畝当たり一石であり、四〇〇石の収穫量を区田地のみにてまかなうには四〇〇畝もの広大な実施地が必要となるが、過度の細作を必要とする区田法をこうした広大な土地に実施することは実質的に不可能である。まして、刻文によれば明昌六年一〇月より翌七年六月までの凡そ八ヶ月間、雨が降らず[33]、米麦の価格は一斗当たり二五〇文に上ったとされる[34]。こうした悪条件のもとで区種実施による夏田収穫量が見込み通りの一畝当たり一五石を達成し得たとは到底考えられない。

また、収穫量の点検に当たって、区種実施地のみの収穫量を他の耕地とは別に点検したとは考えにくいことからも、刷が意味する点検の対象は区種実施地を含む董海家の全耕地からあがる収穫量であったと考えざるを得ない[35]。こうした派遣官吏による区田法実施前後の煩瑣なまでの点検作業は、「法に依りて勧率せよ」と命じられた県官らによる新たな農業技術の普及とその効果を確認すべくなされた措置であるとともに、明昌五年段階で各路に対して求められた生産状況の数値報告のためになされたものと考えられる。

漢代以来、区田法を説く諸文献において見込み収穫量を誇大に算出する傾向があり〔万一九五八〕、見込み量と実額との懸隔が区田法実施を頓挫させる一因であった[36]。こうした状況を反映して、開始より八年後の泰和四年（一二〇四）九月にその弊害が尚書省自身から提出される事態に立ち至る。すでに積極推進派の中心であった胥持国は没し、メンバーを一新した尚書省の見解は、自然災害が起こってからにわかに区田法を用いて耕作を行うため実効性がないとした上で、地域間における自然環境の差違を考慮せず、全国一律に区田法を行うことから生じる弊害を指摘するものであった。

尚書省より区田法の問題点が指摘される直前の泰和四年夏に御史中丞孟鋳によってなされた上奏は、本年春からの旱ばつへの対応策として、低所においてウネ立てして播種し、井戸を掘削して地下水灌漑を行うことを提言するものであり[37]、その末尾には「区種の法此れより始む」との記載がなされる。侯馬金墓刻文に記されたように、すでに明昌七年より区種の実施がなされたことは確実であり、これは泰和四年の段階で一旦はその実施が途絶えていたことを受けて、その再実施を求める提言であったと考えられる。先の尚書省による区田法の議論もおそらくはこの度の再実施を受けてなされたものであり、その批判にあるように区田法実施が自然災害発生後に急遽これを行うといった状況、すなわち『金史』食貨志の総論に言う「驟かに行い随いて輟む」という状況に変容していたことを物語る。尚書省の進言に対して、章宗は地方官や按察司に農業奨励の任を委ね、なおも区田法実施に固執する姿勢を見せるが、遂にその実施は不可能となるに至った。

第二節　区田法の継承と展開

一　受け継がれる技術と政策

一旦は実施不能となった区田法ではあったが、モンゴル軍の侵攻の前に開封へと都を遷した貞祐二年（一二一四）、山西において義勇軍を組織し、太行山麓の弘州・蔚州の防衛に努めた田琢によって、区田法の再実施を含む富国強兵策が宣宗に上奏された。郷里を逐われ河南・陝西へと移り住んだ人々は数え知れず、人々に食糧を供給するために、兵士を用いて屯田を行い、官吏を督励して農業振興を図らせるとともに、区田法を用いて農地開発を目指すことが進言された[38]。

田琢の区田法再実施と屯田振興を説く富国強兵策が実行に移されることはなかったが、モンゴル軍によって河北・山西の地が蹂躙《じゅうりん》され、さらなる閉塞状況が強まる中、河北・山西からの大量の流動人口を抱え込むことで一挙に膨れあがった新都開封の食を支えるため、すなわち河南の地に逼塞《ひっそく》した国家の存続を図るために区田法が再び実施されることとなる。『遺山先生文集』巻二〇「資善大夫吏部尚書張公神道碑銘幷引」によれば、

（正大）四年、太夫人の憂いに丁たり、甫め卒哭するも、特旨もて起復せらる。宰相奏して公を京南路司農卿に擬するに、上曰く「吾れ張某を得て朝夕に相い見えんと欲す。外補せしむるなかれ」と。宰相以えらく三路の調度、京南は什の六に当たり、司農の寄託は尤も重くんば、暫らく之れを輟め以て往かしむるを欲するのみと。上之れに従い、故えに此の授有り。……（中略）……農司に居ること十年、事は苟且を以て恥と為し、立つる所の条画は、力は省かれ功は倍せば、能く変易する者有るなし。京南に在るに、日び民に区種を課して地桑を栽えしめ、歳ごとに成否を視る。父兄の子弟に於けるが若く、慰むるに農里の言を以てし、

而して之れを公上の奉に勉めしむ。

農政機関の官職を一〇年間に亘り歴任した張正倫には、正大四年（一二二七）以降、京南路司農卿として緊急の課題であった開封への食糧供給が委ねられた。これを受けて、開封に拠った金朝政府に対する食糧供給の六〇パーセントを占めた京南路（治所は許州）において、日々農民に区田法を教示することで食糧の増産を図るとともに、桑の苗木を植え附ける地桑の技術を用いて、桑栽培の促進を目指した。[39]

ここで張正倫が用いた地桑（法）とは、宋代以来、華北において用いられた密植栽培の技術であり、種子の播種による実生法と比較して、より短期間での生長を促成するという効能を有するものであった［本田一九七三］。この技術は『務本新書』や『士農必用』に収録され、モンゴル時代の『農桑輯要』や王禎『農書』に継承されていく。また、ここでは区種と桑栽培は並記されるものに過ぎないが、両者は技術的にも、また栽培地の形態の面においても共通する性質を有し、モンゴル時代においては区園地の周囲と内部の通路において桑の栽培がなされる。漢代区田法を記す『氾勝之書』には確認できない区田法と桑栽培の組み合わせの先例を金末の張正倫の事例に見いだすことができる。

張正倫の事例以降については、『務本新書』に「壬辰、戊戌の際、但だ能く三、五畝に区種する者のみ、皆な饑殍を免がる」とあり、一二三二年（壬辰）と一二三八年（戊戌）に区種を行った者が飢饉の被害から逃れ得たとされるが、[40]その実施主体や地域は不明とせざるを得ず、再び区田法実施が確認できるのはクビライ時代中統年間を待つこととなる。『至正集』巻五三「故承直郎僉嶺南広西道提刑按察司事葛公墓碑」によれば、

（中統）三年、輝州判に復せらる。詔ありて農桑を課するに、時に河北荐《しきり》に飢え、部使者は区田法を頒つも、郡邑行うに敏からざれば、[41]公に檄して按覈せしむ。躬から野人を率い、宜しきを相て方を授くれば、熟して百倍を得。土の墝埆なる者は、教うるに糞薙を以てし、鄰境これに法る。[42]

とあり、葛栄が輝州判官の任に就いた中統三年（一二六二）に農業奨励を命じる詔書が下され、河北において頻発した飢饉への対策として、部使者による区田法の頒布がなされたことが分かる。この時、輝州においては葛栄の指導のもと運用の宜しきを得て、従来の「百倍」に上る収穫を上げる。[43]さらに痩せた石地に対しても、「糞薙」すなわち蚕の糞をまぶした桑の葉くずを肥料として用いることで地力を向上させるなどの成功を収めたことで、鄰境ではこの輝州モデルに倣って区田法が実施されることとなった。[44]

ここに見える河北における飢饉発生の背景には、中統三年二月に勃発した李璮の乱とそれに伴う耕地の荒廃という状況が存在したと考えられ、同年に発せられた農業奨励に関する詔とは中統三年四月一九日に発せられた田土の開墾、桑棗の栽培を奨励するクビライの詔を指すことは疑いない。[45]これは中統元年（一二六〇）五月一九日および中統二年（一二六一）四月二四日に宣撫司官に宛てて発せられた農業奨励の詔に続くものであるが、この時点で初めて行中書省、宣慰司、諸路のダルガや管民官といった統治下全域の各官に田土の開墾と桑棗の栽培を命じる農業奨励が委ねられたのである。この詔の具体的内容は確認できないが、土地荒廃と飢饉への対策として区田法の実施が盛り込まれ、その技術が各地に伝えられたことが判明する。[46]

ここで、区田法実施に至る経緯について語られることはないが、中統二年五月に王惲に歴代の水利、営屯田、漕運、貨幣、租庸調等の法および漢唐以来の宮殿の制度等を項目ごとに分類してとりまとめるようにとの都堂の命が下されており［宮二〇〇六A］、さらに同年七月には翰林国史院が設立され、元好問の意志と計画を受け継いだ王鶚を首班として、『金史』編纂の準備が進められていた［古松二〇〇三B］。[47]金代諸制度の整理が推し進められる中、初めての全国的農業奨励策に区田法実施が含まれたことは、金代章宗朝における農業政策としての区田法実施がクビライ政権においても継承すべき施策と認められたことを意味するとともに、これが以降の至元年間における政策展開へと繋がっていくのである。

二　社制との結合と全国展開

中統年間における第一次実施期を経て、再び区田法の実施が確認できるのが、農政の専門機関たる司農司が設立された直後の至元七年（一二七〇）であり、この時、旧金領たる華北に向けて区田法実施を含む「農桑の制」が頒布された。『元史』巻九三・食貨志・農桑条に記載される一四条の内、区田法に言及する箇所は以下の通りである。

田の水無き者は井を鑿ち、井深くして水を得る能わざる者は、区田に種するを聴す。其の水田有る者は必ずしも区種せず。仍お区田の法を以て、諸れを農民に散ず。

ここで地下水位が低くその利用が困難な地域において区田法の実施を認めるとするのは、金代明昌五年勅の内容［二］と相反するものであり、かつ灌漑農法としての区田の技術から見ても明らかに誤りである。区種実施にはあくまで灌漑用水の確保と利用が大前提であったことは既に述べた通りであり、これが『元史』編纂の際の誤りであることは確実である。したがって、ここでは灌漑用水の得られない土地では井戸掘削による地下水灌漑によって区田法を実施するとした上で、灌漑地を所有する者に関しては区田法の実施を求めず、さらに区田法の技術を記した「区田の法」を農民に伝えさせたこととなる。

この至元七年の区田法実施に対しては、当時よりすでに問題点を指摘する声が存在した。『紫山大全集』巻二二・論司農司によれば、

近ごろ聞くならく、司農司は両省に陳し、諸路の水利官を分立せんことを議す。某、位卑しく言高きの罪を僭冒し、妄りに議し以て不可と為す。方今、四道の勧農、号令して聚集し、呼召して教諭す。一夫百畝の常力常業の外、種木区田等の事を督責し、社・義倉は民已に煩擾に困しむ。

とあり、胡祗遹による農政批判は至元七年二月以降一二月以前になされたものであり[48]、直接には上掲の至元七年

「農桑の制」頒布直後の状況を批判する内容となる。区種実施を奨励するという本来のあり方からは乖離した巡行勧農官による厳格な督責は、桑を含めた樹木の栽培、社倉・義倉への食糧供出にも及んだという。ここでは一貫して司農司が中心となる勧農策の弊害に対する批判的姿勢が貫かれていることから、区田法実施に対する督責とは、実質的には強制的実施を意味したと考えられる。また、「農桑の制」は「立社事理」とも称される条画であり、旧金朝領の華北を対象として社の設立を命じることがその主たる内容である。したがって、この内の一条として区田法の実施が説かれることは、社制との結合を通して区田法の実施と普及を図るという運用方法が採られたことを意味する。

モンゴルの華北侵攻以来、戦乱の中で土地は荒廃し、流民が大量発生するなど、国家統治の原点ともいうべき社会の安定は失われつつあった。その中で、農民を社に帰属させることで華北農村の再生を図るとともに、共同体の創出による農業復興を果たすことが立社の目的であり、これは国家による農村の再編を意味した[49]。五〇戸ごとに一社を形成し、社長を中心とする共同体の再生を目指す社制の中に区田法実施を組み込むことで、土塀造築を含む区園地の形成に必要な共同作業と労働力の確保を可能とし、さらには社長を中心とした農村教育の場において、農学書や区田のマニュアルを用いて、複雑な区田の技術を教示する技術教育が可能となると見込まれたのであろう[50]。

これは裏を返せば、区田法の実施を通して共同作業による社内の一体化を高め、各集団（社）ごとの自立的な生産の回復を図ることにもなる。社制を通して区田法を普及させるとともに、区田法によって社制の強化を図るというように、立社と区田法実施は相互補完的な性質を有するものであり、真に巧妙な運用方法であったと言えよう。ただし、地方官の勤務評定にも関わる農業奨励が容易にその強制という方向に傾き得ることは歴代の事例が示す通りであり、加えて区田法が社制の中に組み込まれたことで、社制の確立を目指す中、区田法奨励は強制的実施へと向かうこととなったのである。

至元七年における区田法実施に関しては、当初より批判の声が存在したにもかかわらず、その施策自体は後に江南をも含めた大元ウルス全域へと拡大実施されていく。『通制条格』巻一六・田令・農桑条に至元二三年（一二八六）六月一〇日に大司農司が再設置されたことを受けて六月一二日に発せられた条画が収録され、これとほぼ同文が『救荒活民類要』元制・条格、『至正条格』巻二五・条格・田令に「農桑事宜」として収録される。また、ほぼ同文が『元典章』典章二三・戸部巻九・農桑・立社に収録される至元二八年（一二九一）の「勧農立社事理」にも確認できる。[51]『通制条格』に収録される同条格の内、区田法に関する箇所を挙げれば、

仍お仰せて天旱に隄備せしめ、有地の主戸は量りて区田に種し、水有らば則ち近水にて之れに種し、水無くんば則ち井を削つ。如し井深くして区田に種する能わざる者は、民の便に従るを聴す。[52]水田を有するの家の若きは、必ずしも区種せず。区田の法度に摠きては另に発去を行い、本路に仰せて鏤板し、多く広く印散せしむ。

とあり、ダイジェストである『元史』食貨志所収の至元七年「農桑の制」と比較して、より具体的な内容が確認できる。ここでは、旱ばつへの備えとして土地所有者たる主戸に対して水源付近において、あるいは地下水を用いた区田法の実施が求められている。さらに、注目すべきは区田の技術を記した「区田法度」を各路に命じて版刻し広く流通させることが明記された点である。至元二三年六月には本条画の発布と時を同じくして区田法をも記載する大司農司編纂の『農桑輯要』が出版され、各地に頒布されている。条画の頒布と農業技術書の出版という複合的な手段を用いて区田法が全国に向けて発信され、その技術が伝えられていくこととなる。

一見、至元七年制の焼き直しに過ぎない「農桑の制」の再頒布であるが、旱地農業の技術としての区田法の性質から考えると、至元二三年における江南をも含めた統治下全域に向けた区田法実施は大きな画期とも言えるも

のであった。本来、乾燥・半乾燥地域において成立した区田法は、いかに稀少な水分を作物の生長にのみ集中して利用するかという点から生み出され、その精緻な技術が形作られたのである。その反面、この農法が大量の雨水の浸入に対していかに脆弱であるかは、二〇世紀に試験的に行われた四川での事例からも明らかである［万一九五八］。モンゴル時代の区田の技術においても、区園地を取り囲む土塀建設の目的として地表水の耕作地への流入を防ぐことが挙げられており、大量の地表水が耕作地に流入することによって生じる排水不良の問題は、区田法に致命的な障害を与えるものであった。

明清時代をも含めた歴代の区田法実施例においても、江南における事例が試験的な実施を除いて、ほとんど確認することができないのもこうした理由によるものであろう。ただし、モンゴル時代の区田法実施に関する規程では、すでに至元七年の華北における農桑の制頒布時点で灌漑地を所有する者は区田法実施の対象外とされており、これは至元二三年の条画にも確認できる。よって、湿潤地域である江南においても氾濫原やデルタといった宋代以来開発が進められた水利田はあらかじめ区田法実施の対象外とされていたこととなり、水利田化し得ない山地や丘陵部などの高燥田において区田法実施を通した開発の推進が目指されたと考えられる。また、至元二三年の条画に「仍お仰せて天旱に隄備せしめ」との言が見えるように、区田法の持つ耐旱性への着目がなされていることにも注目すべきである。この耐旱性と山区における区田法の有用性は、大徳年間に編纂された王禎『農書』農器図譜集之一・区田条においても、

竊かに謂えらく古人区種の法、本と旱を禦ぎ時を済う為にし、山郡の地土高仰なるが如きは、歳歳に此くの如く種芸せば、則ち常に熟すべし。

と述べられる。江南経営が本格化する中で、平野部およびデルタ以外の耕地開発のために、水がかりの悪い土地においても実施可能な区田法が江南の湿潤地域にまで拡大実施されていったのである。

ただし、管見の限りにおいて、至元二八年の農桑の制の再頒布以降、泰定二年（一三二六）に至るまで区田法に関する史料を見いだすことはできない。その背景としては、気候条件や胡祇遹が華北における区田法実施時に批判した強制的実施という問題が存在したとも考えられるが、より重要な点はその受容のあり方に求められよう。王禎『農書』では先の記述に続き、区田法を「実に救貧の捷法にして、備荒の要務なり」と結論づけ、さらに備荒論にて同法を取り上げ、「其れ旱荒に備うるの法は、則ち区田に如くは莫し」と述べる。ここで金代章宗朝泰和年間の状況に立ち返れば、区種開始よりわずか八年あまりで区田法はすでに災害時における緊急措置的農法として認識され、その継続的な実施がなされなかったのである。至元末年以降においても同様の状況が発生したであろうことは、自然災害の頻発する中、泰定年間（一三二四～八）に至り区田法の実施が再び求められていくことからも見てとれる。

第三節　救荒策としての区田法

一　趙簡の「区田事理」

これまでに知られたモンゴル時代区田法に関する史料としては、『農桑輯要』や王禎『農書』に加えて、『救荒活民類要』（「伊尹区田之図」・「伊尹区田之法」・「泰定三年苗好謙提言」）とカラホト出土文書（［F一一六：W五三四］［F一一六：W一一五］［F一一六：W五二八］［F一一六：W二九六］）[53]がある。それぞれ農業技術書・救荒書・公文書といったジャンルの異なる史料が存在することに大きな意味がある。さらに、二〇〇二年に慶州江東面良洞の孫氏宗家で発見された元刊本『至正条格』にも区田法に関連する二つの条画が含まれることが明らかとなった。両条画はいずれも巻二五・条格・田令に収録され、一条目は至元二三年六月一二日の「農桑事宜」、二条目は泰定二年（一三二五）一〇月の「種区田法」である。前者は至元二三年に再頒布された「農桑の制」であり、その内容は既知のものであるが、後者はまさに新出の史料である。その冒頭には、

泰定二年十月、江浙省の咨に、「左丞趙資政区田の事理を言う」と。兵部議得すらく、「宜しく言う所を准すべし」と。都省擬を准く。

とあり、以下、区田法の具体的実施方法が記載される。また、これに関連する史料が『元史』巻二九・泰定帝本紀・泰定二年一二月壬寅条に見える。

右丞趙簡区田法を内地に行い、宋の董煟の編む所の『救荒活民書』を以て州県に頒たんことを請う。

これら両史料によれば、泰定二年一〇月に資政大夫江浙等処行中書省左丞の趙簡による区田法実施の建言「区田事理」が江浙行省の咨文として中書省に送付され、さらに中書省より兵部へと送られ、兵部における審議を経て中書省の認可を得た。その後、翌々月の一二月二六日に至り、この間に江浙行省右丞へと昇進した趙簡の提言として[54]、「内地」における区田法の再実施と南宋の董煟が編纂した『救荒活民書』の州県への頒布要請が泰定帝へと上奏されたこととなる。

この「区田事理」の内容は、『救荒活民類要』所収の「伊尹区田之法」とカラホト文書［F一一六：W一一五］にほぼ一致する[55]。これら三史料を比較すれば、「区田事理」には「伊尹区田之法」にわずかしか記されない桑栽培および養蚕関連の記事が収録されているとともに、［F一一六：W一一五］には記されない作物栽培関連の記事がほぼ完全な形で収録されていることが分かる。つまり、「伊尹区田之法」と［F一一六：W一一五］のそれぞれに欠けた部分を「区田事理」がともに記載することとなり、この三者の関係は「区田事理」を藍本とし、これを節略することで「伊尹区田之法」と［F一一六：W一一五］が作成されたこととなる[56]。

ただし、趙簡「区田事理」建言の経緯には若干の問題が残る。それは、趙簡の建言した「区田事理」が兵部に

て審議されている点である。本来なら農政機関たる大司農司、あるいは戸部にて審議されるべき内容であるにもかかわらず、これが兵部において審議された理由としては趙簡が求めた区田法実施の対象地が屯田であった可能性が考えられる。大元ウルスの屯田は枢密院や大司農司、各行省などの所轄に分かれたが、「兵站屯田の籍」は「天下郡邑郵駅屯牧の政令」を掌《つかさど》る兵部に委ねられた[57]。したがって、自らが奉職する江浙行省所轄の屯田を対象とした区田法実施案が右丞の趙簡によって提出され、これが兵部において審議されたということになろう[58]。江浙行省所轄の屯田は至元一五年（一二七八）に反乱を起こした畲族の陳弔眼の余党を労働力として漳州と汀州に開設されたものであり、両地はともに福建の山岳地域に位置する〔呉一九九七〕。江浙行省全域にではなく、屯田地に限定して区田法を実施させんとした趙簡の意図は前節で述べた江南における区田法実施の目的とも合致するものであったと言えよう[59]。

さらに、第二次提言とも言うべき泰定二年一二月における趙簡の区田法実施の対象地域「内地」を腹裏の意に解する理由は泰定三年の苗好謙提言にある[60]。そこでは近年の状況が「水旱相い仍り、民の飢莩するもの多し」と述べられ、その解決策として「溝洫」・「区田」・「陂塘」の三項目に関する提案がなされるのである。この内、区田法実施に関する内容を見てみよう。

> 一、区田の法、農桑輯要を按ずるに、湯に旱災有り、伊尹区田を作為し、民に糞種を教え、水を負いて稼に澆がしむと云う。初年は戸ごとに一区、毎年増益し、少を以て広に至り、積むるに歳月を以てせば、区多くして力省かれ、民皆な楽び為して、其の利は数倍たり。近ごろ大司農司已に嘗て挙行するも、惟だ奉聖州永興県の民劉仲義等のみ、区田に糞種し、鶏鳴山定坊水を用いて澆漑し、已に成効有り。図説もて前に連ぬ。腹裏の諸処、此れを按じて推行するは、誠とに済世の急務なり。

文中に見える「近ごろ大司農司已に嘗て挙行す」の語こそが、前年の趙簡の提言を受けてなされた区田法の実施を指すものであり、苗好謙の提言における区田法の実施は「腹裏諸処」に対して求められたものであった。区田法以外についても、溝洫の整備については「腹裏陸田」[61]に対して、陂塘の整備は「江淮」に対して求められるものであり、救荒を目的として地域ごとに農業・水利に関わる優先事業を取り上げ、その実施を求めることが苗好謙の提言内容であった。

以上により、至元末年以降、一旦途絶したであろう区田法の実施を約三〇年ぶりに求めるに際して、趙簡はまずは自身が責を負う江浙行省の中でも山区に位置する屯田という限られた地域を対象としてその実施を求め、さらにこの要請が中書省にて認可されたことを受けて、地域を腹裏に拡大してその実施を求めるに至ったという流れになろう。また、苗好謙が腹裏における区田法推進を説く中に見える「図説」とは、カラホト文書〔F一一六：W一四〇〕に見える「区田図本」と同一のものであり、これが「伊尹区田之図」と「伊尹区田之法」、すなわち趙簡の「区田事理」提言を指すものであることは明らかである[62]。趙簡「区田事理」を引用し、苗好謙によって溝洫・区田・陂塘の三項目に関する実例と建言が附け加えられた、これら三点一組の資料が全国各地に発せられたのである[63]。

二　荒政と農政の接点

趙簡の「区田事理」提言に始まる泰定年間の区田法再実施には、クビライ体制への回帰を基本姿勢とする泰定帝政権の志向とは別に、救荒策としての区田法実施という意図が込められていた。これは趙簡が腹裏における区田法実施とともに、南宋嘉泰年間に董煟によって編纂された『救荒活民書』の州県への配布を求めていることからも明らかである。当該時期における自然災害の頻発については、『元史』巻三〇・泰定帝本紀の末尾に「泰定の世、災異数しば見ゆ」と特筆されるように、全国規模で水害や旱ばつ、地震や蝗害《こうがい》などの自然災害がかなりの頻度で発生していることが確認できる。[64]

大都・上都をふくむ首都圏のみならずモンゴル高原への穀物給付をも支えた江南税糧の海運輸送量は、至治三年（一三二三）に江南の民力が困窮し、京倉の蓄積が十分であることから二〇万石が減額され、[65]泰定元年（一三二四）には二〇八万石にまで減少していた。しかし、水害・旱ばつの頻発という状況のもと、泰定二年に再び二六七万石に増額され、さらに同三年には三三七万石にまで急増することとなる。[66]当該時期の海運に関連して、『救荒活民類要』県令救荒に収録される泰定三年八月に中書省より各行省に宛てた咨文に、御史台を経由して上呈された監察御史の提言が見える。そこでは、大都周辺の燕南・山東などの地域では、連年の水害・旱ばつによる饑饉が深刻な状況にあり、人々は家屋や土地を質入れし、子女を売るなどして飢えから逃れようとしたが、今年の災害によりもはや売り出すものすらない状態にある。さらに草の根や木の皮で食いつないでいたが、これすらも既に尽きてしまったとの状況が語られる。

当該時期においては、連年の長雨に加えて、黄河河道の変移が再び活発化しており、泰定二年七月には河南行省左丞の姚煒の要請を受けて汴梁《べんりょう》に行都水監が設置され、黄河沿いの州県正官は知河防事を兼ねることとされた。[67]さらに、陝西では泰定二年より天暦元年（一三二八）に至るまで雨が降らず、深刻な旱ばつに見舞われるなど、[68]まさに「水旱相い仍る」自然災害が深刻化していたのである。先の監察御史の提言は、これを救うべく江浙行省よりの輸送に加えて、従来は地理条件によって交鈔に換えて江浙行省に送られていた江西・湖広・荊湖等処からの税糧を米穀のまま江浙行省に集めて、海運によって腹裏への輸送糧を増し、これを沿河の諸倉に備蓄せんとするものであった。

しかしながら、大都を含めた腹裏の食を支えるべき江南各地も天災や飢民の流入などによって、その疲弊は極度に高まっていた。[69]中でも、趙簡の奉職する江浙行省は、浙西や江東といった当時の先進農業地帯を擁し、その負担税糧が全国の約三七パーセントを占めた穀倉地帯であったが、泰定元年一二月には水害・旱ばつによって両浙・江東の諸郡では六万四三〇〇頃もの広大な耕地が損なわれ、さらに翌年五月には長雨によって、浙西の河川・湖泊の水が溢れ、甚大な被害をもたらした。[70]こうした状況のもとで、浙西の農業生産を立て直すため、呉淞江の浚渫と閘門の設置などのインフラ整備を通した河道管理と農業開発が推進されていく。[71]すでに述べたように、趙簡による江浙行省所轄屯田での区田法実施要請も、平野部穀倉地帯における水害の頻発という状況のもとで、山間部における農地開発を促進するために区田法を導入せんとするものであった。[72]

さらに、江南の窮状を救い、腹裏の食を満たすために抜本的な政策の見直しが唱えられる。これが致和元年（一三二八、泰定五年二月に改元）に江南の負担を削減すべく虞集ら経筵官によってなされた腹裏の農業再建に関する建言である。そこでは腹裏沿海地域において、「呉人圩田法」すなわち長江下流域に特徴的なクリークによって取水・排水を行う水利田の開発が提言され、江南の税糧に依存する状況からの脱却が目指される。[73]後に「西北水利議」と称される本建言に見える虞集の問題意識は泰定四年の会試策問にも現れ、そこでは腹裏のみならず、関陝および河南・河北における水利整備を通した農業復興に対する見解もが問われている［宮二〇〇三］。[74]

以上により、泰定二年一二月の趙簡提言、さらにこれを引用する泰定三年の苗好謙提言、致和年間の虞集ら経筵官による「西北水利議」がいずれも天災の頻発する中、いかに江南税糧の海運に依存することなく、腹裏自身の農業生産力の回復を図るかという点からなされたものであったことが理解できる。[75]つまり、積極的な農業振興による自然災害への対応が図られたのであり、趙簡・苗好謙らはこれを区田法の再実施という方法によって行わんとしたのである。さらに、虞集らによる腹裏農業復興案の提議に先立ち、泰定五年正月一日に区田法実施を含めた「農桑の制」十四条が再び「天下」に頒布され、有司には取り組み状況に対する査察が求められることとなる。[76]これが飢民や流民の大量発生による社会不安を社制の再確認によって打開せんとするものであり、そこには農業振興による積極的な災害救済を目指す救荒策としての区田法実施を全国において推進するというという目的が存在したことはもはや言うまでもない。

泰定年間における救荒策としての区田法実施という意図は、至順元年（一三三〇）の序文を有する『救荒活民類要』の編纂・出版という形で具現化される。当時、桂陽路ダルガの任にあり、同書の発案者・校正者でもある高麗オルジェイトゥ（Öljeitü：完者禿）の序文によれば、編纂のきっかけは天暦年間（一三二八～三〇）より続く大飢饉にあった。特に天暦の内乱の直後、天暦二年（一三二九）の全国的な自然災害と飢饉の発生は、諸種の史料にも記録されるところであり、その対策の一貫として区田法が収録されたのである。同書には、賑済や賑貸、賑糶などといった被災者や貧民の救済策のみに止まらず、区田法に関する三種の記事と「農桑の制」十四条、さらに農業奨励に関わるクビライ以来の聖旨や詔が多数収録された。これに対して、趙簡によってその配付が求められ、『救荒活民類要』のモデルともなった董煟の『救荒活民書』においては、二〇項目に及ぶ救荒策の中で農業奨励に関わるものは「勧種二麦」のわずか一項目に過ぎない。荒政史研究の古典的名著たる『中国救荒史』において、筆者鄧拓がモンゴル時代の農業奨励策を積極的な救荒政策と捉えたように、積極的な農業奨励によって災害を克服せんとする農政と荒政の接点を区田法の実施に求めることができよう。

小　結

これまで述べてきたところを基に、金・モンゴル時代における農業政策としての区田法実施の意義をまとめてみよう。まず、当該時代における区田法の実施時期は大きく（一）金代章宗朝、（二）金末～中統・至元初年、（三）至元二〇年代、（四）泰定年間という四つの時期に分けられる。その開始期に当たる金代章宗朝においては、農業政策として特定の農業技術を華北全域において実施させるという画期的な施策が採られた。言うまでもなく、農業技術は気象条件や土壌の差異といった自然環境に由来する地域性に大きく規定されるものである。これに対して、技術としての見直しからではなく、革新性という一種の理念に基づいて区田法が実施されるに至ったことは、この政策が当初より重要な問題点を抱えるものであったと考えざるを得ない。実際に実施後一〇年を待たずして、風土の違いや見込み収穫量と実収穫量との懸隔といった諸種の問題が生じ、その継続的実施は不可能となるのである。したがって、金代章宗朝における区田法実施が充分な成果を遂げたとは考えにくく、その意義は後世に与えた影響という面にこそ求められると言えよう。

金末の実施期を経て、中統三年になされた区田法実施は金制の継承を意味するものであったが、これは至元七年に社制との組み合わせという運用方法が採られることで大きく姿を変えていく。これにより、社制を通して区田法を普及させるとともに、区田法によって社制の強化を図るという相互補完的な運用方法が用いられ、社制の拡大に伴って区田法実施の対象地域は江南を含めた統治下全域へと拡大されていく。また、技術普及の面でも至元年間は転換期となった。至元七年の「農桑の制」頒布時に農民へと伝えられた「区田の法」は、至元二三年に至り「区田法度」として全国の各路にて版刻・出版がなされることとなる。加えて、区田法の記載を含む『農桑輯要』が繰り返し出版されるなど、農業技術書や区田のマニュアルを用いた技術教育を通して、区田法の具体的内容が耕作者レベルにまで伝えられていったのである。

その一方で、既に金代章宗朝末期より顕在化していた自然災害発生時における緊急措置的農法としての区田法受容のあり方は、モンゴル時代においても見られ、多大な労働力と精緻な技術を要する区田法の根本的問題点ともあいまって、その継続的な実施を阻害する要因となる。ただし、区田法のもつ耐旱性と適用可能地域の広さという特徴は、全国規模での天災の頻発という状況のもとで、救荒策としての区田法への関心を再び呼び起こすこととなる。趙簡や苗好謙などの提言を通して、自然災害の頻発に喘ぐ腹裏の農業復興が意図され、その手段として区田法が取り上げられたのである。これは『救荒活民類要』に区田法関連記事を含む農業奨励策が多数収録されたこととも相通じるものであり、積極的な農業奨励によって自然災害を克服せんとする荒政の一貫としての区田法実施という位置づけが明確に現れる。

農政的見地から当該時代を通観すれば、そこに一貫して見えるのは技術の重視という姿勢である。制度や運用方法の改変に止まらず、具体的に特定の技術を普及させることで農業振興を図り、さらには自然災害への対応をなさんとした当該時代の農政の特徴を区田法の実施にも見ることができる。ただし、区田法の全国的実施はあくまで華北旱地農業の技術を江南へと転用させるというものであり、これはその大部分が華北農業の技術で占められる『農桑輯要』を全国に向けて発信し続けたこととも通底する姿勢である。この点にも江南経済への依存度をますます強める中、農業政策としての区田法実施が後世に受け継がれることがなかった限界性を求めることができよう。

注

1　区田法の技術と歴史的推移については、万一九五八に詳しい。

2　予向読区田法而異之。以為播種之中、既有此妙法、古人何不悉以之教民、又民間何以竟不伝此法。嘗疑不決。及読元史、見元時嘗以此法下之民間、教民如法耕種、民卒不応、又特遣耑官分督、究竟迄無成功。

3　元時最重区田法。詔書数下、令民間学種区田、民卒不応。

4　宋代以前における区田法の歴代の実施例としては、後漢明帝朝（五七～七五年）を嚆矢とし、その後は曹魏の鄧艾、東晋の郭文、東魏の劉仁之らによる事例が確認できる。また、建元七～八年（三七一～二）頃、前秦の苻堅によって旱害対策として区田法の実施が命じられ、唐の儀鳳三年（六七八）五月には、高宗が籍田において区田地に手ずから播種を行った。さらに、北宋の文彦博・黄庭堅・王安石の詩に区田法を用いた芋栽培に関する言及が見られる。南宋時代に関しても、朱熹の詩に区田法を用いた芋栽培に触れるほか、羅願『羅鄂州小集』巻一・勧農詩「鄂州勧農」に、区田法と代田法に関する句が見え、韓淲『澗泉集』（『永楽大典』巻一三一九四）「芒種詩」には、『四時纂要』からの区田法関連記事の引用がなされる。ただし、南宋の三者に関しては、実際に区田法が実施されたかどうかを確認することはできない。なお、ここでは先行研究において取り上げられた事例については、出典の表記を省略する。

5 以降の金代区田法に関する記述は、主として『金史』巻五〇・食貨志・区田之法条（以下、『金史』区田法条と略す）に依拠し、これ以外による場合にのみ、その出典を明示する。なお、同条は歴代正史において唯一、区田法を専門に取り上げる条項であり、金代、さらには『金史』編纂がなされたモンゴル時代における区田法への注視を伝えるものと言えよう。

6 『金史』巻九・章宗本紀・明昌元年五月乙卯条、同壬戌条、同己巳条。

7 『金史』巻七三・守貞伝。明昌年間の旱ばつと祈雨に関しては、陳二〇〇三に詳しい。

8 『三朝北盟会編』巻六三に、粘罕（宗翰）が西京攻略の後、「大臣文集・墨迹・書籍等」を求めさせたとある。

9 『三朝北盟会編』巻七三・靖康元年一二月二三日甲申条によれば、開封落城の後、金軍は書籍名を指定してその供出を求めたが、この要求に対して開封府は城内の書籍舗から金銭を用いて購入するなどして対応したとされる。

10 『三朝北盟会編』巻七三・靖康元年一二月二六日丁亥条。

11 『靖康要録』巻一五・靖康二年二月二日条、『三朝北盟会編』巻八一・靖康二年二月一六日丙子条、『宋史』巻二三・欽宗本紀・靖康二年夏四月庚申朔条。なお、『金史』巻一〇・章宗本紀・明昌五年二月丁酉条に「詔購求崇文総目内所闕書籍」とあり、北宋崇文院（秘書省）の所蔵目録を基に書籍収集がなされていることが分かる。

12 時代は下るが、『金史』巻四七・食貨志・租賦条によれば、元光元年（一二二二）に京南司農卿の李蹊が秋税の徴収時期を遅らせ、大麦・小麦栽培の実を上げんとする提案をする中で『斉民要術』が参照されている。

13 『金史』巻九五・張万公伝。

14 金代における嵇康「養生論」への言及として、大定二五年（一一八五）の進士で、文壇の領袖として李純甫と並び士人の尊崇を集めた趙秉文の文集『閑閑老人滏水文集』巻二〇「跋王致叔書嵇叔夜養生論後」が見える。

15 『金史』巻一〇・章宗本紀・明昌四年五月辛巳条。

16　ここで技術的側面にではなく、民衆の理解不足といった精神面に原因を求める胥持国の見解もまた嵆康「養生論」に基づく区田法実施の発想に通底するものである。

17　于・于一九八九によれば、中都の城北では整備された灌漑水路を用いて広く水田耕作がなされており、これに対して城南地域は灌漑用水が充分に供給されない土地であったとされる。耐旱対策として区田法の効果を確認するために敢えて城南の地が選択されたことになろう。

18　第二次議論開始の翌々月（明昌四年六月）に章宗が発した区種の成果如何の問いに対して、胥持国は六月下旬から七月初旬に成果が現れると答えている。試験実施の開始を胥持国の参知政事就任（明昌四年三月）以降と仮定した上で、その成熟時期（六月下旬から七月初旬）から判断すれば、中都南郊における区田法の試験実施は蕎麦、あるいは早熟の粟、春小麦を対象とするものであり、その成熟時期は寒冷地のために繰り下げられた中都路の夏税徴収開始時期とも一致する。全国に向けた区田法実施に先駆けて、租税徴収の作物を対象とした現実的なテストがなされたと言えよう。金代における栽培作物の種類とその播種・収穫時期については、韓二〇〇〇を参照。

19　『金史』巻一〇・章宗本紀・明昌五年春正月己巳条では「尚書省進区田法、詔相其地宜、務従民便」とされるが、実施を命ずるとの文言は見られない。

20　その他の陳言人の事例としては、『金史』巻二三・五行志・衛紹王大安三年条および『金史』巻一三・衛紹王本紀・大安三年一一月条に見える大安三年（一二一一）に尚書省の門前にて半月に亘って衛紹王の譲位を叫び誅殺されるに至った「男子郝贊」や『金史』巻二七・河渠志・黄河・明昌五年春正月条に見える都水監丞田櫟と黄河治水の方法について直接討論を行った馮徳輿らが確認できる。

21　『金史』巻五八・百官志・百官俸給条。また、『金史』巻一〇・章宗本紀・明昌四年九月戊辰条には「論尚書省、大定二十九年以後士庶言事、或係国家或辺関大利害已嘗施行者、可特補一官、有益於官民、量給以賞」とあり、高翌陳言と相前後する時期に士庶の有益な進言に対する報奨がなされている。

22　いまだ正式な実施が告げられる以前の段階において、地方の有識者であろう高翌があまりにタイミングよく陳言をなし得た背景については、そこに胥持国ら区田法推進派の関与が疑われるものの推測の域を出ない。ただし、華北全域への実施を直前に控えた段階で、区田法実施の経験を有する武陟県の高翌によって具体案が提出され、これに応じて政府の農業政策として区種実施が開始されるという具合に、推進派にとって筋書き通りの展開となったことは確かである。

23 原一九八二によれば、区田法における施水は容器による水かけ方式であったとされる。

24 『金史』巻五〇・食貨志・水田条。

25 『金史』巻一〇・章宗本紀・承安元年夏四月戊午条にも「初行区種法、民十五以上、六十以下有土田者、丁種一畝」の記載が見える。

26 『金史』区田法条では馬百禄の官職を「九路提刑」とするが、『金史』巻九七・馬百禄伝により南京路提刑使であることが分かる。なお、提刑司は全土を九路に分けて設置されており、通常、九路提刑司は提刑司の総称として用いられる。

27 同墓前室墓門上方に埋め込まれた地碣に「時明昌柒年捌月初四日入功、九月日功畢」の記載が見え、同墓の建造が明昌七年八月四日に始まり、同年九月某日に終了したことが分かる［山西省考古研究所侯馬工作站一九九七B・山西省考古研究所一九九九］。

28 山西省考古研究所侯馬工作站一九九七の写真（図五・M一〇二磚刻文字、三二頁）によって原文を示す。「上判、交百姓忙種区田。毎一畝要一千五百区、毎区打約一升。本家刷到物四百石。／／時明昌柒年捌月日入功。自年前十月内、有至到六月十九日得雨。米麦計価二百五十。到二十二日、種下秋田、／／毎畝収穀一石。菉豆毎畝一石、棗約五分。又差官遍行刷物。」なお、山西省考古研究所（編）一九九九（六六〜六七頁）には、同墓室北壁の全体写真が収録され石柱刻文も写るが、記載内容を確認することはできない。

29 同墓室右側石柱に「先祖董珍」の語が見えるが、この名は董海墓の東北二〇メートルの地点にて発掘された董萬墓室内の石柱においても確認され、加えて附近にて董玘堅・董明兄弟の墓も発見されており、いずれも同郷の董氏一族と推定されている［山西省文管会侯馬工作站一九五九、山西省考古研究所侯馬工作站一九九七A］。なお、居住地である風上村は分上村とも称され、現在の汾上村に当たり、澮水に近接した灌漑用水の得やすい地である［楊・楊一九九七］。

30 本書第二章を参照。

31 文中の「打約」については、管見の限りその類例を見出すことはできないが、「打」、「約」ともに「見積もる」あるいは「見計らう」の意味を有することから、ここでは「見込む」と訳出する。

32　『金史』巻四七・食貨志・租賦条によれば、私田における夏税額は一畝当たり三合、秋税額は五升とされる。

33　当時の天候不順に関しては、『金史』巻二三・五行志にも「承安元年五月、自正月不雨、至是月雨」とされ、刻文の内容とも一致する。

34　刻文に記される当時の穀物価格「米麦計価二百五十」に関しては、同様の表記例として『三朝北盟会編』巻九九・諸録雑記所収の「与秘書少監趙暘姚太守書」に「米麦至二十四貫一斛」の語が見える。徽宗・欽宗の北狩とこれに続く張邦昌の楚帝冊封の中で混乱状態を極めた、靖康二年（一一二七）の開封城内の状況と比較しても、明昌六～七年の穀物価格の高騰は明らかである。

35　モンゴル時代の状況ではあるが、『紫山大全集』巻二三・雑著・匹夫歳費によれば、一〇〇畝の耕作地から得られる収量は、豊作で七〇～八〇石、不作ならば三五～四〇石に満たないとされる。仮に一頃あたり三五石の収穫を得たとすれば、四〇〇石の収穫量を得た董海家の所有地面積は一一・四頃程度と推定される。楊氏の算出した一〇〇畝弱とは大きな開きがあるが、壮麗な磚雕にて彩られた墓室を建造し得た董海家の所有地面積としてはより相応しい数値とも考えられる。

36　楊一九九七では、本刻文が墓室内という特殊な場所に刻まれた背景には、区田法実施に対する不満を表すという意図があったとする。

37　『金史』巻一〇〇・孟鋳伝「是歳、自春至夏、諸郡少雨。鋳奏「今歳愆陽、已近五月、比至得雨、恐失播種之期、可依種麻菜法、択地形稍下処撥畦種穀、穿土作井、随宜灌漑。」上従其言、区種法自此始。」末尾の文言により、これが区田法を意味すると認識されたことは明らかであるが、孟鋳提言においてはミゾに播種するという区田法の特徴的な技術が明言されることはなく、さらに『氾勝之書』や『斉民要術』などの漢代区田法を記す史料にはここで参考として挙げられる「麻」の区種法に関する記載が確認できないことから、技術的に見て区田法と断定するには問題が残る史料である。

38　『金史』巻一〇二・田琢伝。ここでの屯田と区田法の組み合わせは既に章宗朝の施策に見られるものであり、歴史的に見れば、魏の鄧艾の実施例を確認することができる。甘露元年（二五六）、鄧艾は姜維の率いる蜀軍の侵攻を阻止すべく上邽にて屯田を興し、旱ばつを克服するため区種法を実施して自ら軍士の先頭に立って耒耜を振るった。区田法の実施にはその精緻な技術をいかに耕作者に伝えるかという問題がつきまとうが、特に兵卒によって営まれる軍屯においてはこれは切実な問題であり、技術の教示が必要不可欠となる。よって、鄧艾誅殺の後に段灼によって「身不離僕虜之労、親執士卒之役」（『晋書』巻四八・段灼伝）と称賛された鄧艾の行為も、区田法の精緻な技術を軍士たちに教示するために、自らが率先して事に当たった事実を伝えるものと解し得よう。こうした技術面での問題点を解決することができれば、多大な労働力を必要とし、かつ土地の形状を選ばずに実施することができる区田法は、屯田との組み合わせによって、よりその効果を発揮し得るものであったと言えよう。

39 『斉民要術』巻五・種桑柘に、「椹熟時、多収、曝乾之、凶年粟少、可以当食」とあり、桑は衣料用作物としては勿論のこと、桑の実を食用とすることで救荒用作物としても利用された。前節で見た侯馬金墓刻文にも棗栽培の記載が見えるが、『金史』巻四七・食貨志二・田制によれば、「凡桑・棗、民戸以多植為勤、少者必植其地十之三、猛安謀克戸少者必課種其地十之一、除枯補新、使之不欠」とあり、棗・桑は民戸および猛安・謀克戸いずれもが規定の面積に必ず栽植すべきものとされた。

40 『農桑輯要』巻二・播種・区田所引。

41 当該箇所は『元人文集珍本叢刊』所収『至正集』（宣統三年石印本）および北京図書館蔵清抄本では「昏」に作るが、四庫全書本によって改めた。

42 （中統）三年、復輝州判。詔課農桑、時河北荐飢、部使者頒区田法、郡邑不［敏］（昏）於行、檄公按覈。躬率野人、相宜授方、熟得百倍。土之墝埆者、教以糞薙、鄰境法焉。

43 この収穫量には明らかに誇張が含まれるであろうが、ここで「百倍」とされるのは漢代以来の区田法が「一畝百斛」の収穫量を説くことを踏まえたものであろう。

44 糞薙については、大澤一九九三（二〇二頁）を参照。

45 『元史』巻五・世祖本紀・中統三年夏四月甲辰条。

46 区田法の頒布を行った部使者については、これが監察官の別名であり、前掲「資善大夫吏部尚書張公神道碑銘并引」に「自貞祐南駕、初設大司農、分領地官之政、而仮之以部使者之任」として金末には農政官が監察の職を兼ねたことから、前年の中統二年八月の勧農司設立により派遣された八名の勧農使を指すと考えられる。この時に八人が任じられた勧農使の派遣先に輝州を含む衛輝は含まれないが、輝州の位置から考えて邢洺に派遣された李士勉である可能性が高い。

47 「張正倫神道碑」が元好問の撰文であることに加えて、神道碑の基礎データとなる行状を王磐が、墓誌を王鶚が手がけている。さらに『秋澗先生大全文集』巻四二「王氏易学集説序」によれば、天興元年（一二三二）に王惲の父である王天鐸は戸部尚書張正倫のもと戸部主事の任にあったとされるなど、張正倫とクビライ時代の士人たちとの人的関係が確認できる。

48 文中に「両省」の語が見えることから、中書省と尚書省が並置された至元七年正月から同九年（一二七二）正月までの間になされたものであり、さらに至元七年二月に四道勧農司が設置され、同年一二月には司農司が大司農司へと改称されたことから時期が絞り込まれる。

49 モンゴル時代の社制に関して、本章では区田法実施という農業政策から見た社制の一面を述べるに止める。社制に関する研究史については、中島二〇〇一および飯山（二〇〇一）を見られたい。

50 楊一九六五、宮二〇〇七に引用される『善俗要義』一曰務農桑に「今後仰社長勧社衆常観農桑之書」とある。

51 至元二三年および二八年における農桑の制頒布に関わる政治状況やその推移は、宮二〇〇六Aに詳しい。

52 この「聴従民便」の記載は、先の『元史』食貨志の誤りを傍証するものである。

53 各史料の詳細は次章にて述べる。

54 延祐二年の御史台の建言を受けて程鉅夫が趙簡の祖先を顕彰するために執筆した「魏国趙氏先徳之碑」（『程雪楼文集』巻五）および貢奎によって撰述されたその碑陰「趙氏碑陰記」（『[正徳]大名府志』巻一〇）によれば、趙簡、字は敬甫（あるいは敬夫）、号は稼翁、大名路元城の人である。その官歴は粛政廉訪司（浙東・河東・山東）・御史台・江南行御史台・行省（河南・江浙・江西）の官を歴任して、泰定三年（一三二六）一二月に集賢大学士に上っている。また、その父趙楫は中統元年に大名等六路宣撫使の張文謙に辟召された人物であり、隠居の後には張孔孫がその堂に「余慶」の文字を書し、李謙が記を撰述し、盧摯がこれに銘を附している。

55 この三史料間における文字の異同については、重要な文字の違いが含まれる。その一例として、麦の区種に関して、趙簡「区田事理」では「麦宜下地」として麦の栽培には低地が適しているとされるが、「伊尹区田之法」では「麦宜高地」と正反対の記載がなされる。同様の例として、「伊尹区田之図」・「伊尹区田之法」および趙簡「種区田法」の豆区種に関する記述が「摻土宜薄」、「覆土宜薄」であるのに対して、［F一一六：W五三四］では「摻土宜厚」とされる。こうした正反対の記載内容が、単なるミスとして片付けられるものなのか、あるいは地域的差異を反映した変更であるのかは、個別に検討を要する問題である。本書第一〇章を参照。

56 区田の技術自体はすでに述べたように、至元七年より「区田の法」が華北に伝えられ、さらに至元二三年よりは「区田法度」が江南をも含めた全国に向けて印刷・出版されていた。したがって、趙簡が述べる「区田事理」が先行する「区田法度」そのものであったとは考えられず、これを下敷きに趙簡による改訂がなされたものとなろう。

57 『元史』巻八五・百官志・兵部。

58 『元史』巻二九・泰定帝本紀・泰定二年閏正月乙丑条に「命整治屯田」とあり、続けて河南行省左丞姚煒による屯田吏の屯戸に対する搾取を問題とする提言がなされていることから、同年一〇月における趙簡の提言も当時の屯田振興政策の一環として考えるべきものであろう。また、宮二〇〇七にて取り上げられる後至元年間（一三三五～一三四〇）の胡秉彝による錦州での区種実施に関しては、氏が引用する『〔嘉靖〕遼東志』巻五の該当部分には「秉彝乃自編伊尹武侯区田遺制」とあるが、ここで区田法の創始者とされる伊尹の名が挙がることはともかくとして、農政の面では屯田に関連して言及される武侯諸葛亮を区田法との関連の中で取り上げた他の用例を寡聞にして知らない。氏の論考においては、胡秉彝の事績として、至正二一年（一三六一）に大都の屯田経営に多大な成果を収めたとされるが、この錦州・大都の事績を一連のものと捉えれば、胡秉彝の編み出した「伊尹武侯区田遺制」とは、屯田における区田法の実施を説くものであった可能性が考えられる。

59 『元史』巻一〇〇・兵志・屯田・江浙等処行中書省所轄屯田条。

60 カラホト文書［F一一六：W五二八］および『救荒活民類要』元制・農桑。本史料に関しては、古松二〇〇五を参照。

61 救荒策としての水利事業は、災害時への備えとしての貯水以外に、困窮した民に仕事を与える公共事業の意味を持つものであり、『朱子語類』巻一〇六において、朱熹も飢饉救済の方策として高く評価する。『朱子語類』の読解については、田中一九六九による。

62 「伊尹区田之図」と「伊尹区田之法」は二点一組の史料であるが、新たに発見された『至正条格』に「図」は収録されない。同書への収録に際して省略されたと考えられる。

63 泰定三年以降の腹裏における区田法の実施例として、『〔万暦〕衛輝府志』巻六・官師志に見える鄭棟の事績が挙げられる。これによれば、「鄭棟、字士隆、泰定丁卯為胙城尹、教民区種、栽植桑棗、延師立庠、俾教子弟。在任数年、政平訟簡、盗息民安。有去思碑」とあり、泰定四年（一三二七）に衛輝路胙城県尹となった鄭棟は民に区種を教えるとともに、桑や棗の栽培を促進したとされる。

64 王一九九九によれば、至治元年（一三二一）より至順二年（一三三一）に至る一〇年間がモンゴル時代の九大災害期の一つに当たる。

65 『元史』巻二八・英宗本紀・至治三年秋七月己酉条による。ただし、『大元海運記』巻下・歳運糧数によれば、至治二年の運糧は三二五万石、同三年は二八一万石とされ、約四〇万石の減少となる。

66 『大元海運記』巻之下・歳運糧数。

67 『元史』巻二九・泰定帝本紀・泰定二年二月庚子条。

68 『元史』巻三二・文宗本紀・天暦元年一一月条。

69 陳一九九二によれば、一三世紀以降の特徴として北方モンゴル高原からの貧民流入が挙げられる。至大年間以降、モンゴル高原より大量の飢民が華北に流入するとともに、延祐年間には華北より江東、江西一帯への流民流入が問題視され、さらに天暦二年には陝西・河東・燕南・河北・河南から淮南へ流入した数十万にも及ぶ流民への賑恤が命じられている。

70 『元史』巻二九・泰定帝本紀・泰定二年五月丙子条。

71 『水利集』巻一に収録される浙西水利行政関連の文書は、大徳年間（一二九七～一三〇七）と泰定年間の両時期に集中する。泰定年間には都水庸田使司はほぼ数ヶ月ごとに置廃を繰り返すが、これも浙西水利の復興に対する関心の表れと言えよう。

72 万暦年間（一五七三～一六二〇）に鳳陽県令となった袁文新はその窮状を救うべく当地において区田法を実施するが、その際に自身の故郷でもある福建の漳州、泉州で行われていた区田法をモデルとして鳳陽県での普及を図ったという［呉・夏一九九七］。明代の江南においても、とくに山がちな土地では区田法が用いられていたことが分かる。

73 『圭斉文集』巻九・神道碑「元故奎章閣侍書学士翰林侍講学士通奉大夫虞雍公神道碑」。王二〇〇一によれば、後に『農政全書』において西北水利論の嚆矢として収録される虞集の主張は当時受け入れられることはなかったが、至正年間（一三四一～一三六七）に至り、腹裏における屯田開発という形で実現され、さらに明代に至って丘濬ら江南出身の名だたる官員たちによって再評価されることとなる。

74 『国朝文類』巻四六・策問・会試策問、『道園類稿』巻一二・策問・会試策問。『類編歴挙三場文選』第五科・中書堂会試に泰定丁卯（四年）会試の策問として挙げられる「問水利」がこの虞集の策問である。

75 泰定帝に対する経筵講義の終了後に同列とともになされた虞集の建言であるが、これに先立つ泰定三年一二月二〇日に趙簡は集賢大学士、領経筵事に任じられ、致和元年三月二六日には預経筵事となっており、虞集の同列には趙簡自身も含まれたとも考えられる。

76 『元史』巻三〇・泰定帝本紀・致和元年春正月丁丑条。

第一〇章

モンゴル時代区田法の技術的検討

はじめに

区田法とは、耐旱・救荒を目的とする集約農法であり、その特徴は「区《おう》」と称される窪地を形成して作物を栽培し、集中的に施肥や灌水を行う点にある。[1] 傍地を耕さず、使用する土地を限定して深耕・密植を行い、多量の肥料を投与することで、痩せ地においても実施可能となる。くわえて、土壌水分を保持し、土壌流出を防ぐという効果も見込まれる。[2] 窪地の形状の違いから、溝種法と坎種法の二種に大別され、前者は帯状に、後者は方形に耕地を整形するが、どちらも地表水や土壌水分を低地に集約し、効率的な水資源の利用を行うという基本的性質は変わらない。

区田法を記録する最古の資料は、前漢成帝朝の人、氾勝之が著したとされる『氾勝之書』である。後に、中国における代表的農業技術書である『斉民要術』に収録され、後世に伝承されていく。断続的ながらも、約二〇〇〇年間に亘って継承された区田法に関しては、既に明清時代よりその技術面に関する研究が蓄積されてきた。[3] また、日本においては大島利一・天野元之助・熊代幸雄によって漢代区田法の技術が検証され［大島一九四七・天野一九五〇・熊代一九六九］、中国では石声漢・万国鼎によって宋代には既に佚書となった『氾勝之書』の復元がなされた〔石一九五六・万一九五七〕。
これら先行研究により、氾勝之の区田法が戦国時代の甽畝法や前漢武帝朝の趙過の代田法の技術的伝統を継承するものであることが明らかとなった。特に代田法との関わりは深く、牛犂や改良農具を用いてウネ立てを行いミゾに播種し、ウネとミゾを毎年入れ替えることによって、土壌の有効活用を目指す代田法が大農経営を対象とするものであるのに対し、区田法はこれを小農育成のために、零細耕地に適応させた園芸式農耕の一種であると理解される。[4]
金・モンゴル時代の区田法に関しては、政府の農業政策として強くその実施が推進されたものの、失敗に終わったという結果に影響されてか、その具体的内容に関しては充分な検討が行われることはなく、漢代区田法の延長線上に位置づけられるに止まった。その一方で、王禎『農書』に見られるモンゴル時代の区田法は、『氾勝之書』に見える漢代の区田様式とは明らかに異なる要素を含むものであり、このスタイルこそが明清時代に継承されるモデルとなったとの認識も存在する〔万一九五八、三四～四〇頁〕。つまり、金代に国家政策として蘇った区田法は、続くモンゴル時代における実施期間を経て、従来にはない様々な要素を包摂し、独自の形態を生み出したのである。変容した区田法が後世を強く規定することとなったことに鑑みれば、これが中国農政史上に果たした役割はもとより、技術史の展開という面においても復活・変容を遂げた金・モンゴル時代の区田法の意義を寡少に見積もることはできない。
幸いなことに、国家の主導する農業政策として実施されたことにより、モンゴル時代の区田法に関しては、農業技術書や救荒書、法令集、公文書といった多様なジャンルの史料にその内容が収録されている。本章においては、これらの史料を用いてモンゴル時代の区田法の技術復元を試みたい。言うまでもなく、技術の分析は単にその具体的内容を明らかにするだけには止まらない。技術を生み出した思想や背景はもとより、それを用いる目的や理念など、実施する者、さらにはこれを推進する側の意志を浮かび上がらせるものでもある。こうした意味において、金・モンゴル時代に国家の農業政策として推進された区田法は、まさに国家の農業および農業生産に対する認識と理念を反映するものとなるのである。

第一節　モンゴル時代区田法関連史料について

まずは、モンゴル時代の区田法を記録する諸史料に関して検討していくこととする。第一に至順元年（一三三〇）に桂陽路にて編纂された災害救済とその予防法を記した指南書である『救荒活民類要』が挙げられる。本書は、これまでに楊訥と陳高華の研究において、その一部が利用されたものの［楊一九六五・陳一九九三］、その後は、版本自体の稀少さもあってか充分な活用・検討がなされなかった。しかし、近年、宮紀子によってその重要性が指摘され、今後のより詳細な検討が予定されるとともに［宮二〇〇三］、崔允精によって内容の概略が明らかにされた［崔二〇〇四］。

まずは、同書の編纂および出版の立案者であるとともに、校正者として関わった高麗オルジェイトゥ（Öljeitü：完者秃）の序文によって、編纂に至る経緯を見てみよう。

至順庚午の歳（元年）、私はハーンの恩恵を被り、桂陽の務めに赴きました。時に大凶作の歳に当たったため、心を尽くして救済に努め、なんとか被害を抑えることができました。私は昔、富鄭公（弼）が青州の地方官であった時に、飢民二〇万人あまりを救済したことを、心より慕っておりました。そこで桂陽路儒学教授の張致可に命じて材料を集め、まとめて一書となさしめました。全三巻で、二〇の項目に分かれており、これを『救荒活民類要』と名づけました。救済の術はこの書に全て収録されております。さらに項目ごとにその左に文章を書き添えることで、悪を懲らしめ善を勧める思いを寄託いたしました。ここに、版工に命じて出版に付し、人々とこれを共有せんと致します。[5]

至順元年に桂陽路総管兼管内勧農事として任地に赴いた高麗オルジェイトゥを待ち構えていたのは、泰定年間（一三二四〜二八）より引き続き全国を襲った大飢饉の窮状であった。[6] この時、高麗オルジェイトゥの脳裏に浮かんだものは、北宋の慶暦八年（一〇四八）に富弼によってなされた河北における大水害への救済措置であり、これをきっかけとして救荒書の編纂を思い立つと、桂陽路儒学教授の任にあった張光大（字は致可、号は中庵、攸州の人）[7] に編纂を命じ、全三巻の『救荒活民類要』を完成させるに至った。さらに編纂の後には集慶路儒学において官刻本として出版された。[8]

ここで飢民救済のための救荒書編纂という目的を述べる高麗オルジェイトゥの序文ではあるが、これには明らかな種もとが存在する。それは南宋の嘉泰年間（一二〇一〜〇四）に董煟によって編纂された『救荒活民書』である。『救荒活民類要』にも収録される董煟の『救荒活民書』序文によれば、

才能乏しい私めは、幼き時より先朝の富弼が河朔の飢民五〇万人あまりを救済したことを、個人的に中書二十四考より優れたものであると思っておりました。……（中略）……そこで、歴代の救荒政策を集めて順序立て、まとめて三巻と致しました。[9]

とあり、きっかけとしての富弼の救荒の故事を始めとして、三巻本という体裁に至るまで両者の類似性は明らかである。こうした両者の一致は序文や書名のみに止まらず、その内容、分類に至るまで見られるものであり、『救荒活民類要』が『救荒活民書』を継承するという意識の基に作成されたことは明らかである。

『救荒活民類要』のモデルともなった董煟『救荒活民書』は、救荒書の嚆矢としてモンゴル時代においても影響力を保持し、中書省の架閣庫に所蔵されるとともに、[10] 泰定二年（一三二五）には江浙行省右丞の趙簡によって

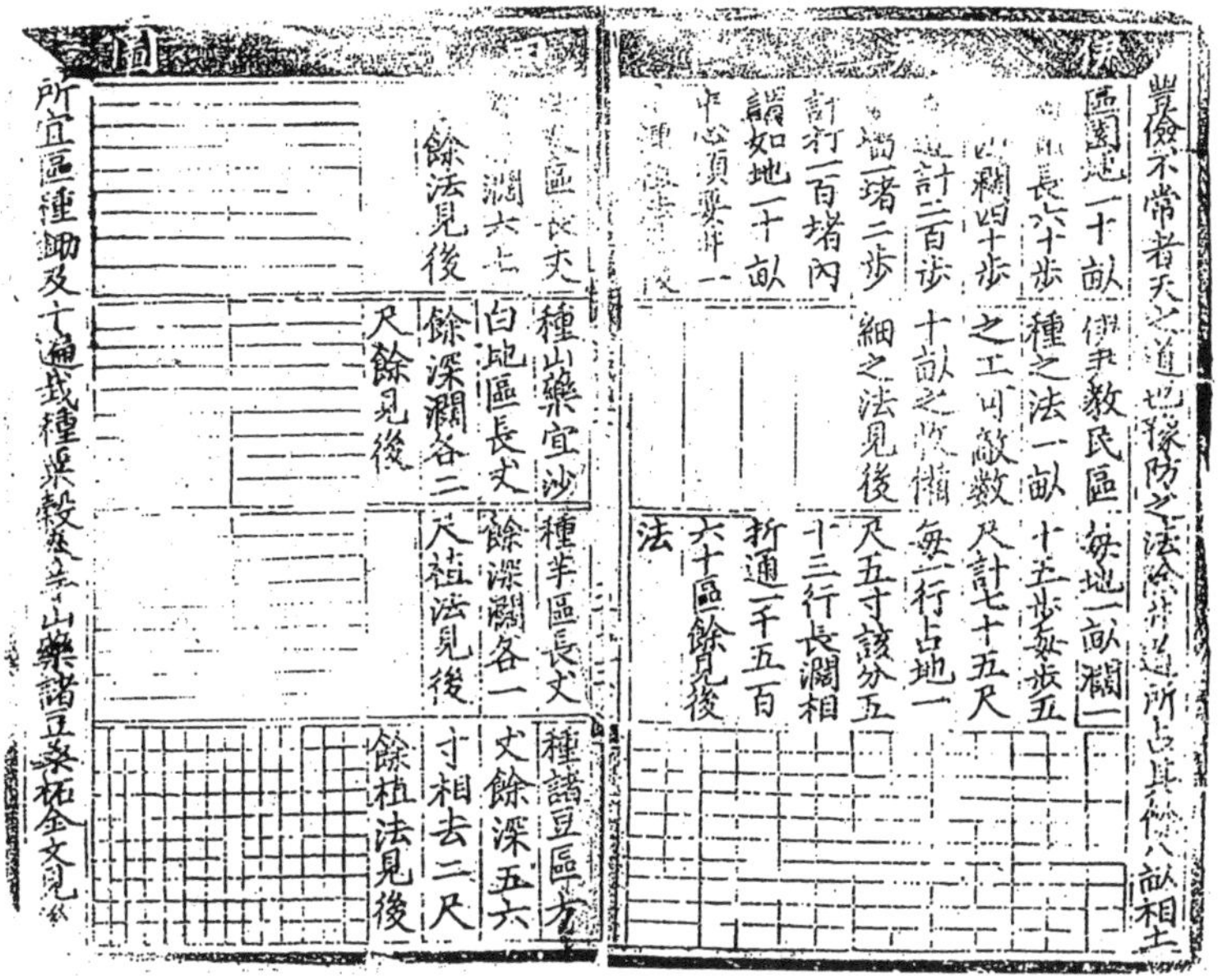

【図10-1】伊尹区田之図（『続修四庫全書』第846冊所収『救荒活民類要』より）

区田法実施とともに同書の州県への頒布を求める提言がなされている。[11] また、明代正統年間（一四三六〜一四四九）に朱熊により編纂された増補版である『救荒活民補遺書』も一連の「救荒活民書」系[12]の集大成として広く流通し、日本においても昌平黌にて官版として出版された。[13]

『四庫全書』にも収録された董煟『救荒活民書』と朱熊『救荒活民補遺書』に対して、両書の中間に位置する『救荒活民類要』は伝本自体が稀少であり、現在では以下の三種のテキストが確認できるに過ぎない。[14]

［一］中国国家図書館蔵明刊本[15]（『北京図書館古籍珍本叢刊』第五六冊及び『続修四庫全書』第八四六冊所収）：不分巻

［二］光緒三年（一八七七）刊本[16]（東京大学東洋文化研究所及び国立国会図書館蔵）：不分巻

［三］中国国家図書館所蔵元刊残本[17]：三巻本

上掲三種の刊本の内、［三］の元刊本は、全三冊中、中冊のわずか九葉（第二〇〜二五葉、第四二〜四六葉表）のみが残存する零本ではあるが、本来の三巻本の体裁を残すとともに、明刊本の欠葉箇所が残存するという特長を有し、幸いなことに当該部分こそがまさしく区田法に関する記載部分に相当するのである。

『救荒活民類要』元制・農桑条に収録される区田法関連の記事は、以下の三項目、「伊尹区田之図」（以下、「伊尹図」と略記：【図一〇－二】）・「伊尹区田之法」（以下、「伊尹法」と略記）・「泰定三年苗好謙提言」（以下、「苗好謙提言」と略記）に分けられる。このうち、「伊尹図」には耕作方法の要約と各作物に対応する升目状に区切られた区田の模式図が、「伊尹法」には区園地の構造および区田法の具体的実施方法が記載される。[18]「伊尹図」に附される耕作方法は「伊尹法」の要約からなり、両者が互いに参照すべき一組の記録とされる。[19]さらに、「伊尹法」は『至正条格』巻二五・条格・田令・種区田法に趙簡が提言した「区田事理」として収録される。残る「苗好謙提言」は、侍御史苗好謙による提言を受けて、泰定三年（一三二六）に発せられた農業振興を目的として灌漑水利の整備とともに区田法の実施を命じる公文書である。これら三種こそが、モンゴル時代区田法の方式を最も具体的に示す基本史料となり得る。

なお、『救荒活民類要』が編纂された至順元年という年に着目すると、興味深い事実が浮かびあがる。モンゴル時代の代表的農書の一つである魯明善（名は鉄柱）編纂の『農桑衣食撮要』が、同年六月に重版されており、[20]しかも、魯明善はこの時、桂陽路達魯花赤の任にあったことが分かるのである［楊一九八五・張一九九〇］。[21]つまり、『農桑衣食撮要』と『救荒活民類要』の両書は、ともに桂陽路においてそれぞれ達魯花赤と総管によって同時期に重版・編纂出版されたこととなる。ただし、両書の序文には互いの書籍について触れられることはなく、その関連性は不明とせざるを得ないが、同じ大飢饉をきっかけとし、自然災害を克服するための対策として救荒と農業振興を説く両書が時と場所を同じくして出現していることは注目に値しよう。

次に内蒙古自治区阿拉善盟額済納旗黒城にて出土したカラホト文書中の区田法関連史料を見てみよう。同史料

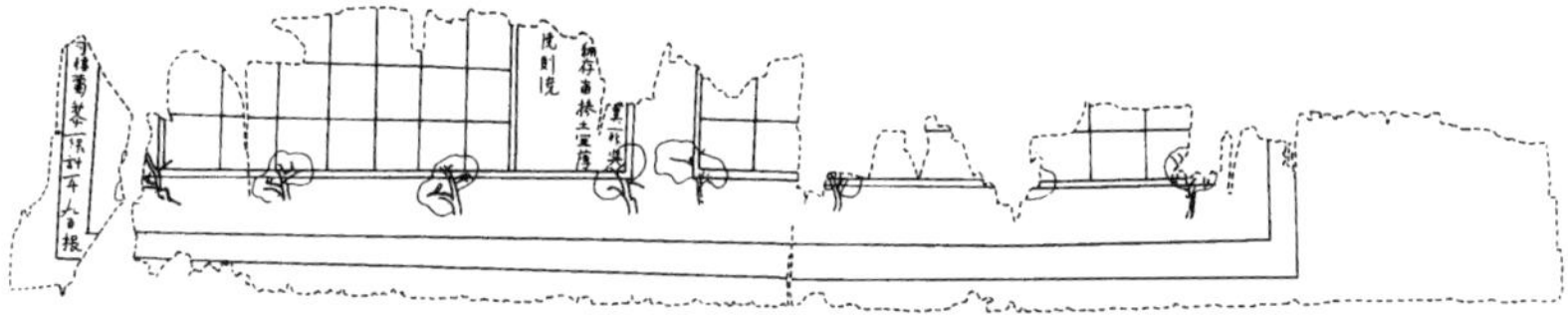

【図10-2】カラホト文書【F116：W534】模写図（李1991, p.104, 図陸-1より）

中に区田法に関連する文書が含まれることは、漢文カラホト出土文書を整理・出版した李逸友によって初めて指摘され〔李一九九一、二〇頁〕、さらにその訳注が古松崇志によって発表され、詳細な内容が明らかとなった〔古松二〇〇五〕。また、陳広恩にもカラホト文書〔F一一六：W一一五〕が区田法を示すものとの指摘が見えるが、内容の検討には到らない〔陳二〇〇五〕。以下、古松訳注によりながら、その内容を概観してみよう。

『黒城出土文書』六・農牧類・二・提調農桑文巻に収録される全九点の内、五点四件が区田法に関わる文書である。これらを列挙すれば、〔F一一六：W五三四〕【図一〇-二】・〔F一一六：W一一五〕[22]・〔F一一六：W五二八〕[23]・〔F一一六：W二九六〕・〔F一一六：W一四〇〕[24]となり、いずれも総管府架閣庫址出土の文書であることから、政府機関に収蔵された公的文書であることが分かる（以下、F一一六は略す）。また、五点ともに大部分が欠損した断巻に過ぎないが、上述した『救荒活民類要』所収の区田法関連文書と比較することで、その欠損部分を補完することが可能となる[25]。ここでは、特に『救荒活民類要』所収の三史料との対応関係を有する〔W五三四〕、〔W一一五〕、〔W五二八〕と〔W二九六〕に着目する。

まず、〔W五三四〕であるが、李逸友による模写図を一見して明らかなように、「伊尹図」に類似し、その内容が各作物ごとの区田実施法の要約と、それに対応する升目状の模式図からなるものであることは間違いない。また、「伊尹図」には見えない周囲の樹木に関しては、李逸友の説明によれば「(升目状の)区切りの線は紅色で樹木と文字は墨色で書かれる」とされる。後に詳述するように、モンゴル時代区田法の特徴として、桑栽培

【図10-3】王禎『農書』区田図

との組み合わせが見られることから、この樹木は桑であると考えられる。さらに中央と左端に僅かに残る文章から、これらが「伊尹図」の「豆」と「高粱」の栽培に関する記載とほぼ一致することが分かる。[26]

次に区田法の具体的実施方法を記す「伊尹法」に対応する文書として、［W一一五］を挙げることができる。ただし、両者は完全に同一の文章ではなく、前者が桑・粟・大小麦・高粱・山芋・里芋・豆類などそれぞれの栽培方法に関する記事を載せるのに対して、後者は大半が残欠部に当たるものの、「伊尹法」に比べ桑栽培により重点を置いた内容となっている。[27]［W一一五］には欠損が多く、全体の復元は難しいが、同一フレーズが散見することなどから、両者が気候や土地環境を異にするそれぞれの地域性を反映した別ヴァージョンであったとも考えられる。

最後に［W五二八］であるが、本文書はその大部分が「苗好謙提言」に一致する。また、古松二〇〇五（八七～八九頁）によって［W二九六］が［W五二八］の末尾断裂部分に相当することが明らかとされた。苗好謙によってなされた提言の内容は、「溝洫・区田・坡塘」への取り組み、すなわち排水路の整備、区田法の実施、ため池施設の整備を求め、農業振興に役立てんとするものであり、これら各項目に関して具体的な成功例を附記するかたちで提言が構成されている。

以上述べてきた『救荒活民類要』とカラホト文書とは別に、これまでモンゴル時代の区田法を扱う上で基本資料となってきたのは『農桑輯要』や王禎『農書』といった著名な農業技術書であった。両書に見える区田法関連の記載として、『農桑輯要』には巻二「播種」に載せられる区田条を始めとして、巻五・瓜菜「芋」・「瓠」・「甘露子」、巻六・薬草「薯蕷」の項目を挙げることができる。また、王禎『農書』においても、農器図譜・区田、百穀譜・蓏属「薯」・「甜瓜」に区種・区田の語が見え、さらに区田条に碁盤目状の「区田図」【図一〇-三】が収録される。

両書に見える区田法関連記事については、その出典として『氾勝之書』とともに『務本新書』が大きな割合を占める。王毓瑚によれば、『務本新書』とはモンゴル時代初期に成立した書籍であり、『農桑輯要』においては同書は孳畜篇を除くその他の箇所全てに引用される〔王一九六四、一〇八頁〕。また、石声漢は同書を金代の著作と位置づけるが〔石一九八〇、四六〜四七頁〕、両氏がともに依拠したのは、王禎『農書』および『農桑輯要』区田条にともに見える「壬辰、戊戌之際」の語であり、これが金朝最末期の一二三二〜一二三八年を指すことがその年代比定の基準となった[28]。

ここで注目すべきが『務本新書』が金・モンゴル交替期に華北において出現した農業技術書であるという点である。金代において区田法はおよそ七〇〇年ぶりに政府の農業政策として再実施され、これがモンゴル時代へと継承された[29]。現在確認できる限りでは、『務本新書』編纂以前の段階において、『斉民要術』に引かれる『氾勝之書』以外に、区田法に関するまとまった記載を残す史料は存在しない。つまり、金末〜モンゴル時代初期に編纂された『務本新書』に収録された区田の技術は、金代区田法の技術を記録するものであったと推測されるのである。

第二節　栽培作物と栽培方法

本節では区田法の具体的栽培方法を記す「伊尹法」とこれに対応する［W一一五］に基づき、各作物の栽培法を考察する。

まずは「伊尹法」の冒頭部分に着目してみよう。そこには「註曰豊倹不常者、天之道也。君子貴於思患而予防之」[30]とあり、これは『農桑輯要』所引の『務本新書』と一致する。また「伊尹法」中段には、「湯有七年之旱、宰相伊尹教民区種」とあり、これが『務本新書』では先の文章に続いて「湯有七年之旱、伊尹製此法」とされる。湯の時代に宰相であった伊尹が区田法を創作したという記事自体は、すでに『氾勝之書』に見えるところではあるが[31]、冒頭の文章とそれに続く記載はいずれも、『務本新書』との親近性を強く感じさせる。

区田法を用いて栽培される作物としては、穀類の粟・麦（大麦・小麦）・蜀黍（高粱）、芋類の芋（里芋）・山薬（山芋）、豆類の大豆・小豆・紅豆・菉豆・豌豆、蔬菜の葱・瓜・麻、樹木の桑・柘が挙げられる。各作物の播種時期については、

正月には春大麦、二～三月には山芋と里芋、三～五月には粟・大豆・小豆・紅豆・菉豆、八月には大麦と小麦、豌豆を作付けする。その順序を守って作付けを行い、より収穫量を増やそうと欲張って植え付けしてはならない。[32]

とあり、「伊尹法」には残欠があるが、ほぼ同文が『農桑輯要』区田所引の『務本新書』および王禎『農書』区田条に見え[33]、残欠箇所を補うことができる。

これに対して、『氾勝之書』には個別の作物の播種時期は示されるものの、こうした総合的な記載方式はとら

れない。『氾勝之書』の作物ごとの播種時期と比較すると、春麦（旋麦）の一般農法を述べた中で、その播種時期は「春凍解、耕和土、種旋麦」とされるものの、具体的な月は示されない。また、山芋・紅豆・菉豆・豌豆に関しては区種自体の記載はなく、小豆区種の播種時期に関する記載もない。谷（粟）・大豆、冬麦（宿麦）についても、やはり一般農法を示した箇所で「種禾無期、因地為時。三月楡莢時雨、高地強土可種禾」、「三月楡莢時有雨、高田可種大豆」、「夏至後七十日、可種宿麦」との記載が見える。

また、農作業を各月ごとに配列した『農桑衣食撮要』においては、三月の山芋・里芋・粟・大豆・紅豆・豌豆の播種、八月の大小麦の播種時期が一致するが、冬麦に関する記載は見えない。したがって、本条が天野一九六七（四二五頁）に指摘されるように、『務本新書』からの引用であることは明らかである。

「伊尹法」には続けて、これら各作物の割り当て区数が述べられる。その方式は、粟・豆類・大麦・小麦にはそれぞれ一〇〇区余りを割当て、山芋・里芋はそれぞれ一〇区とするというものである。耕作地内に上記作物をそれぞれ割り当てて播種する、つまり各種の作物を同一の耕作地内に混作することとなる。さらに「伊尹法」に見える混作に関しては、

> 耕作地内に桑を栽え、区田法を用いて耕作を行えば、労働力を省くことができるだけでなく、旱ばつ・水害の憂いや家畜による損壊や食害から免れる。さらに耕作地内には、ただ主穀を植えるだけでなく、別に土地を区切って葱や瓜を植え、或いは麻や豆を栽えて灌漑用水を供給すれば、たちまちに数倍の利益をあげることができる。[34]

とあり、上記諸作物以外にも、葱や麻といった蔬菜との混作が奨励される。また、第四節で詳述するが、桑の間には高粱を間作するとの記載も見える。柏祐賢によれば、華北における間作・混作の目的は、地表空間における光線・熱量をあますところなく利用する、地力の維持・増進をはかる、旱害や水害、病虫害等の災害に対する危

険分散を目的とするものとされるように〔柏一九五四、三六八〜三六九頁〕、混作はまさに耐旱救荒を目的とする区田法の意図にも沿った方式である。

こうした区田法における混作については、『氾勝之書』に水を張った素焼きの壺を地中に埋めて、そこから染み出る水分を用いて瓜の区種を行う際に、壺のまわりにラッキョウや小豆を植えるといった方法が見える。[35]ただし、「伊尹法」に見えるような具体的な数値を伴う混作の方法は、その他の史料に確認することができない。「伊尹法」に見える混作が極めてシステマテックな方法、言い換えれば極度に機械的なものであることが分かる。

また、播種の時には一二月の雪水を用いて種を洗って空籾や夾雑物をより分け、日にさらして乾燥させた後に蒔けば、蝗《いなご》がつくことはなく地中の虫の食害にあうこともないとされる。[36]雪解け水の効用に関しては、『斉民要術』巻一・第三種穀所引の『氾勝之書』に「雪汁は五穀の精であってさくもつをひでりに耐えさせる。年々冬の間に雪汁を貯え、容器に入れて地中に埋めておくがよい」〔西山・熊代一九七六、五一頁〕とされる。同書にはまた、種まきの前に馬などの動物の骨などを雪汁で煮て、附子（トリカブト）を加えた汁に種子をつけておき、乾燥や害虫を予防する搜種と呼ばれる方法が記載され、これら播種前の種子の処理こそが区田法とともに『氾勝之書』の主要な特徴とされる部分となる〔石一九五六、六一頁〕。

こうした雪水の現実的効用に関して、石声漢は乾燥地域における多くの塩類を含む地下水とは異なり、非アルカリ性の軟水である雪を利用とすると解釈する〔石一九五六、六三頁〕。また、附子が虫除けの作用を果たすこと以外に、動物の骨を煮た汁に種子を漬ける効用に関して、米田賢次郎は種子にゼラチンの皮膜を作ることで土壌の乾燥期においても種子の水分を保全する、あるいは動物の骨などに含まれるタンパク質が養分として種子に提供されるとともに、微生物の生長を促すと解釈する〔米田一九六三〕。

モンゴル時代の文献においても、雪水を用いた種子の処理に関する記事が、王禎『農書』農桑通訣集二・播種篇第六および『農桑衣食撮要』一二月・収雪水に見えるが、その記載を比較すれば、前者では『氾勝之書』以来の附子の利用が見えるものの、後者においては「雪者、五穀之精、浸諸色種子、耐旱、不生虫」とあり、「伊尹法」と同様に雪自体の持つ作用として耐旱と虫除けとが示される。また、『元典章』典章二三・戸部巻九・農桑・災傷・捕除蝗遺子には、蝗の駆除と虫除けに関する古書からの引用として、「一、古書云取臘月雪水、煮馬骨、放水冷、浴其種子、生苗、虫蝗不食」の記載が見えるが、やはり附子の記載は見えない。つまり、『氾勝之書』→王禎『農書』→『農桑衣食撮要』・『元典章』→「伊尹法」の順に、その記述が簡略化され、最終的には雪水自体の作用としての虫除けが唯一の目的とされているのである。ここからも「伊尹法」が『氾勝之書』を直接の引用資料とするものではないことが理解されよう。

次に、区田法を用いた主要な作物である①粟・②麦・③山芋・④里芋・⑤豆類それぞれの栽培方法に関してみてみよう。

①　粟の区種

一畝の土地の短辺は一五歩で、一歩を五尺として換算すると七五尺となる。幅一尺五寸ごとに一行として、全体を五〇行に分ける。一畝の土地の長辺は一六歩で、換算して八〇尺となる。幅一尺五寸ごとに一行として、全体を五三行に分ける。縦横を積算すれば、通計して二六五〇区となる。一行を空白地とし、一行ごとに作物を植える。作物を植える行の中でも一区を空けて、一区に植える。これにより間隔を空ける為の空地を除いた残りの六六二区に作付けすることができる。各区は深さ一尺として、腐熟した肥料一升を汲み取って土と混ぜ、これに水三、四升を注いでおき、粟の種一〇粒ほどを蒔いて、その上に均一に土を被せて、手で充分にならし、土と種子とをなじませる。苗が伸びれば、その疎密の状態を見て適当な苗を残して間引く。中耕除草は頻繁であるに越したことはなく、日照りには灌漑する。実を結べば、土を鋤いて深くその根もとに土寄せし、大風によってふるい落とされることを防ぐ。昔の人はこの方法を用いて種まきし、耕起・整地・灌漑・中耕除草を行ったので、各区の収量は通常の農法を用いるのと比較して数倍を得ることとなり、これにより一家五人の一年間の食事をまかなうことができたのである。この方法はおおむね今の瓜を植える時のやり方に似ている。[37] 閑な時に繰り返して掘り下げれば、種蒔き時にはただ種を潤す水を与えるだけでよい。[38]

本条は、その大部分が王禎『農書』と一致し（注の傍線部）、『氾勝之書』・『農桑輯要』には見えない。王禎『農書』では当該部分の冒頭には「按旧説……」の語が見えるが、同条にはこれとは別に「参攷氾勝之書及務本新書……」の記載が見えることから、ここでの「旧説」とは『氾勝之書』・『務本新書』とは別の史料ということになろう。

ここに見える粟区種の区割りに関しては、一・五尺平方の区に播種を行う坎種法が用いられている。[39] 万国鼎は王禎『農書』の記載と「区田図」【図一〇-三】を基に、一畝の全耕作地中に占める実播種面積の割合を算出し、漢代区田法との比較を行った［万一九五八、三五頁］。これによれば、『氾勝之書』上農夫区・中農夫区・下農夫区それぞれの土地利用率が一五・四二パーセント、九・三六パーセント、五・三〇パーセントであるのに対し、王禎『農書』においては二四・八二パーセントもの数値を示すこととなる。明らかに王禎『農書』における土地利用率、すなわち「伊尹法」のそれが格段に増加していることが理解される。また、『氾勝之書』に見える溝種法による区割りの記載はここには見えない。

さらに、粟区種に関してはその収量見込みが［W一一五］に見える。関連箇所は「……一畝之功、可敵百畝之収」[40]、さらに「毎区決収一斗、一畝可収……畝約収五百石物。人学種……一畝也収二十余石、若種地八……」とあり、古松二〇〇五（六七～六八頁）にそれぞれに対応する史料が挙げられる。以下、古松訳注によれば、前者が「伊尹法」の「今照到古人区種法度、布粒功勤澆鋤、一畝之功、可敵数十畝之収」に対応し、これは『斉民要術』巻一・種穀第三所引の『氾勝之書』の記載「区種、天旱常漑之、一畝常収百斛」に基づく、いわば区田法の収量に関する常套句である。また、後者に対応する記載は「伊尹法」には見えないが、王禎『農書』農器図譜集一・田制門・区田の「古人依此布種、毎区収穀一斗、毎畝可収六十六石。今人学種、可減半計之」とあり[41]、王禎『農書』の説く「今」の一畝当たりの収量は半ばを減じた三三石となる。

よって、〔W一一五〕に見える「毎区決収一斗、一畝可収……畝約収五百石物」とは、「古人」の収量を指し、一区当たり一斗、上述の区割り方式にしたがえば一畝には六六二区が作成されるから、一畝当たり六六石二斗、八畝の全区種地では五二九石六斗、つまり約五〇〇石となる。さらに「人学種……一畝也収二十余石、若種地八……」が「今」の収量を示すとすれば、「二」は明らかに「三」の誤りであると考えられ、残欠部に当たる八畝の合計収量は約二四〇石となるであろう。

ここで王禎『農書』における一畝当たりの収量見込みが問題となる。「今」の収量が「古人」の半ばに当たるとする理由も不明ながら、「今」が王禎の生きたモンゴル時代を指すとすれば、『農桑輯要』中の石と『斉民要術』中の石の比例関係が〇・二七対一であることから考えて[42]、王禎『農書』の三三石は『斉民要術』では約一二二石に相当することとなり、これが『氾勝之書』の漢代ではさらに多量となる。『氾勝之書』に見える一畝当たり一〇〇斛（石）の収量が明らかに誇大な数値であることはすでに指摘されるところであるが〔万一九五八、二五〜二六頁〕、それにも増して過大な値を示す王禎『農書』の収量見込みがいかに現実離れしたものであるかが理解されよう。なお、『紫山大全集』巻二三・雑著・匹夫歳費によれば、一〇〇畝の耕作地から得られる収量は、豊作で七〇〜八〇石、不作ならば五〇石に満たない〔天野一九六二、一〇六頁〕[43]。

② 麦の区種

麦を植える方法。一区の長辺を一丈余り、深さと短辺をともに六～七寸とする。麦は密植すべきであり、二寸の厚さに覆土して足で践んでおく。麦は高地に適しており、日照りには灌水し、冬季にはその根もとに土寄せしておかなければならない。昔の人が言うように「富を得たいなら、黄金を積み重ねよ」とは、この土寄せのことを言ったものである。三月には中耕除草を行う。大麦はエンドウと同じ場所に種をまぜて適切な量を播種すべきであり、エンドウの覆土は浅くした方がよい。エンドウのツルは麦の茎に巻き付き生長し、大麦・エンドウの両方が互いの生長を邪魔せず、労働力は省かれて両作物がともに実ることとなる。[44]

本条には『氾勝之書』に一致する箇所がわずかに見えるほかは（注の傍線部）、『農桑輯要』・王禎『農書』ともに一致する記載は見えない。ここでは麦は高田栽培に適した作物であるとの言及が見られるが、従来の研究において『斉民要術』では下田作物の代表とも目される麦が、灌漑技術の進歩などにより宋元時代には高田に侵入するとの理解と一致する［西山一九六九、一〇九頁］。

また、エンドウが大麦の茎を蔓の支柱として利用するとあるように、大麦とエンドウの間作が見られる。[45]これに関しては、王禎『農書』百穀譜集二・豌豆に「豌豆、種与大小麦同時、来歳三四月則熟、又謂之蚕豆」とあり、やはり大麦・小麦と同時に播種するとされるが、間作であるとは明記されない。これに対して、『農桑衣食撮要』二月・種豌烏豆には「社前、大麦根辺種之」の語が見え、「伊尹法」同様に大麦との間作が窺える［天野一九六三、一六一頁］。なお、冬期におけるエンドウ栽培の利点に関しては、大澤一九九六A（八四～八五頁）において、唐代の農書『四時纂要』の注目すべき点として「他の多くの作物が生育不能な冬期に、しかも空中窒素の固定作用を持つ豆類を栽培できるということは、食料として、地力維持用として貴重であった」との指摘がなされる。

麦区種の区割りには、長辺一丈あまり×短辺六～七寸とされるように、溝種法が用いられている。また、以下の各項でも触れるが、③山芋・④里芋についても溝種法が用いられており、これは「伊尹図」においても明確に溝状の溝種法（②麦・③山芋・④里芋）と、方形の坎種法（①粟・⑤豆類）に関する書き分けがなされていることからも明らかである【図一〇‐一】。

これまでモンゴル時代の区田法に関する史料として用いられてきた王禎『農書』や『農桑輯要』には、溝種法の方式は記載されておらず、これにより万国鼎は『氾勝之書』において重視された溝種法が、王禎『農書』においては放棄され、これにより後世の区田法においても溝種法への忘却が見られると指摘した［大島一九四七（九八頁）、万一九五八（三五〜三六頁）］。しかしながら、「伊尹法」において明確な溝種法の記載が見えることから、モンゴル時代においてもなお溝種法が継承されていたことは明らかである。王禎『農書』や『農桑輯要』に記された区田法とは、実はモンゴル時代区田法のわずか一部分を記録したに過ぎなかったが、これら両農書が広範に流通したために、後世にその全体像が伝えられなかったと考えられる。

③　山芋の区種

山芋を植える方法。山芋は砂地に適している。一区の長辺は一丈ほど、深さと短辺はともに二尺とし、腐爛した牛糞を少し加えて土とよくなじませ、平らにならしておく。よく生長し上に細毛のあるものを選び、三〜四寸の長さに折って、鱗のように隣り合わせて区内に並べて置き、均等に土で覆う。日照りには灌水するが過度に湿らせてはならない。特に山芋は人糞を嫌う性質がある。苗が伸びれば、ヨモギの茎を添えて支柱とし、一〇月になれば土から出して収穫する。その他、蘆頭を別に地下に埋めておき、次の春にこれを植え付ける。[46]

本条は『農桑輯要』所収『務本新書』とほぼ一致する内容となり（注の傍線部）、王禎『農書』・『氾勝之書』には見えない。また、『農桑輯要』には上記方法以外にも、『四時類要』所引の『山居要術』および『地利経』からの引用が見えるが、これらは一般的な栽培法であり区田法を記したものではない。山芋の区種に関しては、北宋の文彦博に「和副枢蔡諫議植山芋」（『潞公文集』巻五・律詩）、王安石に「次韻奉和蔡枢密南京種山薬法」（『臨川文集』巻一八・律詩）と題する詩がある。ともに蔡挺の詩に和した詩であり、これにより北宋期においても南京応天府にて山芋区種法が行われたことが分かるが、その詳細は不明である。また山芋区種の区割りは長辺一丈×短辺二尺の溝種法が用いられている。

④　芋の区種

芋を植える方法。一区の長辺は一丈あまり、深さと短辺はそれぞれ一尺とし、植え付けを行う区画はそれぞれ一歩の間隔を空ける。間隔が広ければ風を通してよく生長する。芋の性質は湿気を好み、区の間隔が空いていれば灌水し易いのである。その他は漫種の方法[47]と同様に行う。[48]

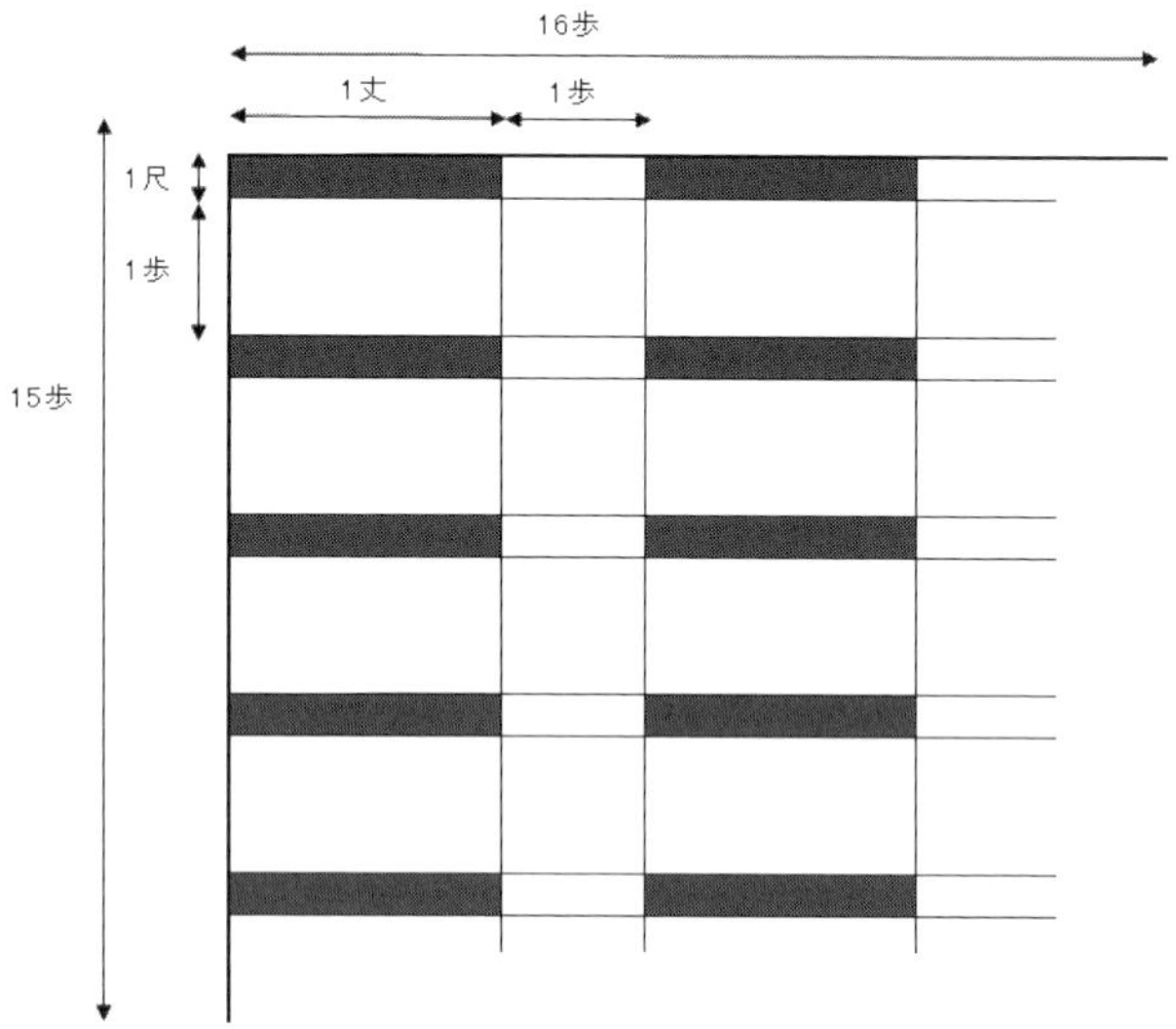

【図10-4】溝種法を用いた里芋区種図

本条は、『農桑輯要』に引かれる『務本新書』とほぼ一致するが、末尾の「芋性……」以下に関しては『務本新書』には見えない。ここでは長辺一丈×短辺一尺の溝種法が用いられている【図一〇‐四】。

また、『農桑輯要』には『務本新書』とともに『斉民要術』所引の『氾勝之書』芋区種法が並記され、さらに王禎『農書』百穀譜集三・蓏属・芋にも芋区種法が見え、両者とも方三寸の坎種法が用いられており、「伊尹法」

の記載とは別法であることが分かる。[49]

⑤　豆の区種

豆類を植える方法。一区は四辺を一丈あまりとする方形で、深さは五～六寸とし、それぞれが二尺ほどの間隔を空ける。腐熟した肥料一升を土となじませ、豆の種四、五粒を蒔く。苗が伸びれば、その疎密の状態を見て適当な苗を残して間引く。盛り土は薄い方がよく、五、六枚の本葉がつけば中耕除草を行う。豆の性質にしたがって、灌水すべき時に灌水する。[50]

本条は豆類を全て対象としたものであり、『氾勝之書』の大豆区種法と一部合致するものの、全体としては対応する記事を見いだすことはできない。また、カラホト文書［W五三四］模写図の中段に「……糞一升、与……稠存留、摻土宜厚、……澆則澆」の記載が確認できる。ここでは対象となる作物の名称は残欠部分に当たり確認することができないものの、上記「伊尹図」の記載と比較すれば、これが豆類の区種に相当することが分かる。ただし、両者の間には土の盛り方の点で相違が見られ、「伊尹法」では薄く土を盛るべき（摻土宜薄）とするのに対して、［W五三四］では厚く盛るべき（摻土宜厚）とされる。

これに関しては、『氾勝之書』の大豆区種法に「覆上土、勿厚」とあり、一般栽培法においても「種之上、土纔令蔽豆耳。厚則折項、不能上達、屈於土中而死」といずれも厚い覆土を戒める内容である。また、大豆は双子葉植物であり、覆土を支える力が弱く、深く播種すべきではないとの解釈がなされることから［中国農業科学院一九八九、上冊一八二頁］、ここでは［W五三四］の誤写と考える。また、その区割りは「方丈余」とされるが、一丈四方ではあまりに巨大な区となるため、四辺の合計を一丈、すなわち二・五尺平方の方形区と解する【図一〇－五】。

以上見てきたように、「伊尹法」あるいは［W一一五］との一致が確認できるのは、粟区種における王禎『農言える。

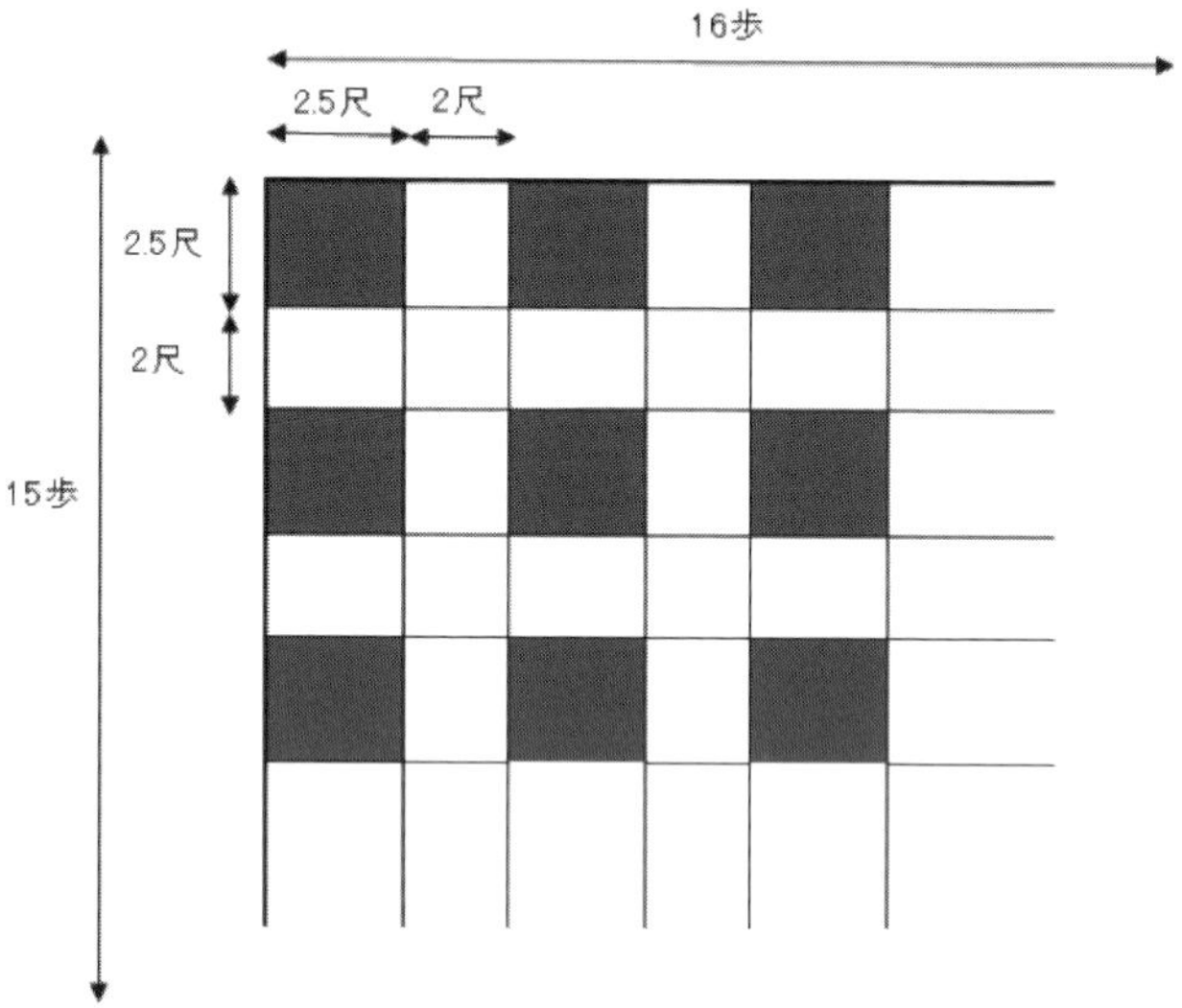

【図10-5】坎種法を用いた豆類区種図

書』所引の「旧説」を除いては、『農桑輯要』や王禎『農書』に引用される『務本新書』であることが明らかとなった。また、『氾勝之書』との対応関係は、数句の一致が見られる場合も存在するが、総体的に見て『氾勝之書』からの直接の引用は確認できない。これは芋区種に見られるように、『農桑輯要』中において『氾勝之書』の区種法も並記されているにもかかわらず、『務本新書』の記事が選択的に収録されていることからも明らかであろう。

こうした状況から考えて、「伊尹法」は『務本新書』の区田関連記事を基として、「旧説」などの関連史料を加えたものとなろう。さらに、前節で見たように『務本新書』自体は金代に復活実施された区田法の内容を伝えるものであると考えられることから、「伊尹法」の記載内容も漢代区田法を継承するというよりはむしろ、金・モンゴル時代において改変された内容を反映するものと

第三節　区園地の構造

本節では、モンゴル時代の区田法の最大の特徴とも言える「区園地」と称される区田耕作地の形態に関して見ていくこととする。この耕作地の形態に関しては、『農桑輯要』および王禎『農書』にも記載されず、「伊尹法」と［W一一五］のみが、その具体的な形態を伝える史料となる。まず、一戸当たりの区園地の面積に関して、「伊尹法」に以下四種の記載が見える。

①　区園地は一〇畝を単位とし、南北の長さを六〇歩、東西の長さを四〇歩とすれば、周囲は合計して二〇〇歩となる。[51]

②　耕作地の周囲は二〇〇歩とし、換算すれば一〇〇〇尺となる。[52]

③　土地一〇畝ごとに、桑を栽える通路のための二畝を除いた残りの八畝を耕作地として八分割する。[53]

④　耕作地の東西の中間には桑を二列に植え、その間に人の通る通路を一歩の幅でとる。その南北の長さを六〇歩とし、二歩ごとに桑一株を栽えれば、一列に桑三〇株を栽えることができ、二列で合計して桑六〇株を栽えることとなる。さらに東西方向に耕作区域を隔てる三列を設ける。それぞれに桑を二列に栽えて、その中間に通路を一歩の幅でとる。[54]

繰り返し記載される内容ではあるが、これらをまとめれば、南北六〇歩×東西四〇歩（周囲二〇〇歩）の一〇畝の土地を全面積とし、その内の井戸と通路の土地二畝を除外した残る八畝を実際の耕作地とした上で、さらにこれを八分割して利用する。また、南北方向に一本、東西方向に三本の各一歩幅の通路を作成し、その両脇には桑が植えられるというものである【図一〇‐六】[55]。

溝種法と坎種法という両方式が「伊尹図」の升目にも対応していることは、前節においてすでに指摘したところではあるが、さらに「伊尹図」全体を見渡せば、それが一〇畝の区園地の全体像を表していることが分かる。つまり、各半葉が四分割され、版心を南北の通路とみなすことで、全体を八分割する区園地そのものの形状となるのである。

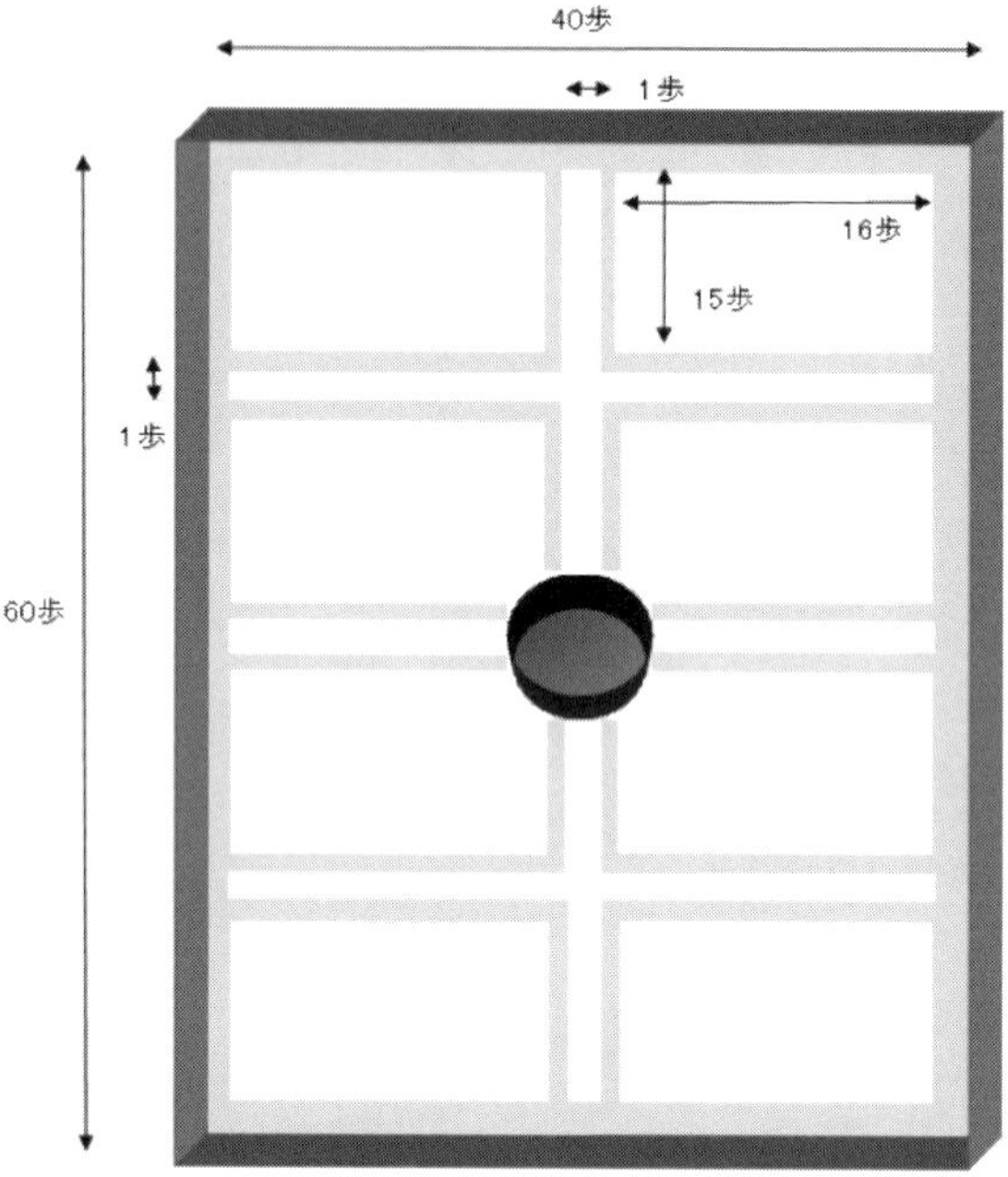

【図10-6】区園地概念図

『氾勝之書』に見える区田耕作地の面積に関する記載としては、上農夫区における区種面積を「丁男長女治十畝」とする。これに対して、金代明昌年間の区田法実施規定には、「耕作地百畝以上、または灌漑用水の得やすい土地においては、三十余畝を区種する」[56]との内容が見え、一〇〇畝以上を有するという条件付きで、一戸あたり三〇畝を区田耕作地とする規程が確認できる。また、実際の耕作に当たっては「八畝を八分割」する、すなわち『氾勝之書』に見える「以畝為率」と同様に一畝が基準となる。この一畝という数値は、金代の規程において「一五才以上六十才以下の男丁で田土を有する者は、一丁ごとに一畝の地において区種する」[57]とされ、男子一人の区種面積とされるものである。さらにその立地条件に関しては、王禎『農書』農器図譜集一・田制門・区田に「惟近家瀕水為上」とあり、区田法実施地としては水（河川・灌漑水路）とともに居宅に近接するところが適地とされる。[58]「伊尹法」に見える区園地の面積、あるいは金代の規程内容から考えて、一〇畝の区園地が一戸の全耕地面積に当たるとは考えにくく、居宅に近接した土地の一部を利用して、そこに区田法を用いて耕作を行うという状態を示すものと言えよう。[59]また、［W一一五］に「……区種法度、勧諭無力貧民……」とあるように、区田実施の対象となったのは広大な土地を所有する大農に止まらず、零細農民にもその実施が命じられている。したがって、こうした様々なレベルの農民に対して示された一〇畝の区園地とは、あくまで区田法推進のためのモデルプランであったと考えられよう。

次に、モンゴル時代における区園地の形態に関して見てみよう。その特徴を「伊尹法」は以下の言葉で端的に述べる。

区種を行う一年目には、土塀を造り桑を栽えて、区田に種まきをするだけで充分である。三年以内に土地がこなれ桑が生長すれば、これにより一家数人の家計をまかなうことができ、貧困や水害の災いも無く、さらには子孫にとって恒久的な収入源となるのである。土塀・井戸・桑の三項目は絶対におろそかにしてはならない。[60]

区園地形成の基本的条件として、周囲を取り囲む土塀の造築、井戸の掘削、桑栽培との組み合わせの三項目が重視されている。これは対応するカラホト文書［W一一五］においても、「円墻・井眼・桑地」と表記され、やはり区園地形成の基本的条件とされていることが分かる。

本来、区田法とは大規模な灌漑水利施設を伴わない土地であっても、「負水澆稼」すなわち容器に入れた水を窪地に注ぐという作業によって成立するものとされる。原宗子が述べるように、坎種法にあっては飛び石風に窪地が配されるために、水を容器で運び灌水する以外に方法はなく、溝種法においても水源からの引水系路が明記されないことから、水運びを前提とする農法であるとされる〔原一九八二、八六頁〕。これは「伊尹法」においても、一〇畝の耕作地には中心に必ず井戸一基を掘削し、その井戸より水を汲み上げ耕作地を灌漑することで、旱ばつ・水害の災いを恐れることはないとする記載とも一致する[61]。

ただし、乾燥地域における地下水の利用に関しては、そこに塩類が含まれることが常に問題視される現象であり、塩類を多く含む、あるいは地下水位が低く地下水が利用不可能な土地においては、河川水を灌漑用水として用いる必要がある[62]。先に見た金代の区田法の実施規定の内に「河川に近接し灌漑用水の得やすい土地であれば」との条件が見え、王禎『農書』区田条に「水に臨むところが適地である」とあるように、井戸灌漑以外にも近接する河川や用水路からの取水も行われたことが分かる。

こうした河川からの取水に関しては、至元二三年（一二八六）に発布され、さらに五年後の至元二八年（一二九一）に再発布された「勧農立社事理」にも確認できる。『元典章』典章二三・戸部九・農桑・立社・勧農立社事理によれば[63]、河川あるいは灌漑水路を附近に有する土地においては、その水を利用して区種を行い、利用可能な河川水が存在しない土地では井戸を掘削して区種を行うとされる。さらに、地下水位が低く利用不可能な土地においては、区田法実施の可否を民に委ねるというものである[64]。この河川水の利用に関しては「苗好謙提言」においても以下のように述べられる。

近ごろ大司農司は区田法を実施させましたが、唯一奉聖州永興県の民劉仲義らが区田を整備して肌肥えを行い、鶏鳴山の定坊水という河川を利用して灌漑を行ったケースだけがすでに効果を挙げております。

ここでは、桑乾河流域に位置する奉聖州の鶏鳴山の定坊水から取水して、区田法を行った劉仲義の事例が唯一の成功例とされる。さらに注目すべきは、「苗好謙提言」において、区田法の実施とともに排水路とため池の整備が求められている点である。

腹裏の耕作地で連年水害を被ったところに関して、各地の土地状況をくまなく調査し政府が主導して排水路を開削すべきことを提案致します。河川に近い地域においては排水路を浚渫して耕作地から出る水を河川に導き入れ、河川より遠く離れた地域においては浚渫作業を行って深い排水路を造築すれば、降雨量の多い時でもこれらの水路に許容することができ、毎年の水害の憂いもなくなり民衆は収穫の利益を享受することができるのであります。耕作地に水が流れ込み掃けることなく滞って耕作地が水没するのを座視して手をこまねいているのに較べれば、其の利害の有無は一目瞭然であります。

華北においては戦乱による土地の荒廃によって、ため池の制度は完全に旧来の面影を失しました。江淮地域においては、宋代以来のため池灌漑施設はありますが、その整備がなされておりません。近年、公田に関わる改変が頻繁になされ、それに伴う税糧や耕作請負に関する変更など、民衆を騒がせること一通りではありません。これによって各地のため池は廃れたままで修理されることなく、耕作地の多くが荒れ果てております。水利施設の現状は以前と較べて三分の一が損壊したこととなり、さらに年月を経ることでいよいよ崩壊の度を加えるという状態に立ち至っております。以下、その概略を述べますが、淮東地方の全椒県のダルガであるキタイ（乞台：Kitai）は県内のため池を修築し、県内の村々の耕作地に灌漑してすでにその効果を挙げております。江淮地域においてため池を修築すべきことは、この一例からも明らかでありましょう。民田の中でため池を造築し灌漑用水を蓄えるべき地域に関しては、農業奨励の官に職務を果たさせ、農閑期において業務としてため池を修築させることとし、すでに壊れてその機能を果たしていないものはただちに修理し、新たに起工すべきものに関しては民衆を動員して利用者に都合よきよう修築させるべきであります。こうして灌漑水利を有効活用することに努め、付近の耕作地に灌漑用水を供給させることこそが、まことに民衆を豊かにするための良法なのであります。

これらの灌漑水利施設整備に関する提言は、区田法と直接に関係するものではないが、先に述べたように井戸灌漑が不可能で、かつ附近に河川や水路の存在しない地域においては、区田法実施に当たり人工的な用水路の開削が必要となる。区田法は旱天時に限って灌水を行うという限定的なものではあるが、あくまで灌漑農法であることには変わりない。そこで、区田法の全国的な実施を目指したモンゴル政府にとって、灌漑水利施設の総合的な整備が求められる課題となったのである。

次に「墻」に関して見てみよう。「伊尹法」によれば区園地の周囲には土塀をめぐらせるとされる。区園地の南北の長さは六〇歩、東西の寛さは四〇歩であり、一周して合計二〇〇歩である。一堵の幅を二歩とし、合計して一〇〇堵を造る。六人一組で版築作成用の板一組を用いて七、八板の高さに造る。必ず堅牢に造らなければならず、これによって雨水が耕作地に流れ込むという災害を防ぎ、さらに耕作地内の樹木や諸々の作物は絶対に家畜に損傷されないのである。もし人々が互いに協力し取り組めば、その作業はさらに短期間の内に終わらせることができる。[65]

ここで土塀造築の目的としては、河川水や雨水の流入による耕作地の水没を防ぐとともに、家畜の侵入とそれに伴う食害・損傷を防止することが挙げられる。窪地を形成してそこに作物を栽培する区田の技術は、耐旱を目的として乾燥・半乾燥地域において成立したものである。よって、河川水の流入や、夏季の集中豪雨などによって、区園地内に地表水が侵入したときの被害は通常の耕作地と比較してより甚大であった〔張一九五七、九二頁、万一九五八、三二二～三二四頁〕。

また、土塀の高さは「七、八板」と記されるが、板（版）とは通常版築された土壁の高さを表す単位として用いられる。板の幅は時代や地域によりその長短は異なり、ここでの一板の高さを確定することができない。試みに宋代の『営造法式』巻三・壕寨制度・築基の記載によれば、「毎布土厚五寸、築実厚三寸」とあり、建築物の基礎部を造築する際に、五寸の土を突き固めて三寸とするとある。これによれば一板の厚さは五尺（営造尺で約一六センチ）となり、「伊尹法」に見える七～八板の高さは一一二～一二八センチとなる。

これに対して、カラホト文書［W一一五］においては、該当箇所は「牆打一十二三板」とされ、約一・五倍以上の高さ、すなわち一九二～二〇八センチという高さを示すこととなる。こうした両者の差異は、各地域における自然環境の違いを考慮に入れて、区田法普及のマニュアルとも言える「伊尹法」に変更が加えられたことを示すものと言えよう。［W一一五］に見える二メートル近い土塀は、周囲に沙漠の広がる乾燥地域である黒河流域において、風による砂礫の流入を防ぐことを目的としたものとも考えられる。

また、上記「伊尹法」と同じく、共同作業による土塀造築を説く資料として、『農桑輯要』巻三・栽桑・義桑の項に『務本新書』を引用して以下のように述べられる。

もし一村のうちにおいて、二家が互いに協力し合って耕作地を取り囲む低い土塀を造れば、一辺が一〇〇歩の土地であれば（もしも一村内の戸数が多く土地が広ければ、さらに労働力を省くことができるが）、一家は合計で二〇〇歩分の土塀を造ることとなる。これによりその内部の空地の面積は合計で一万歩となり、一歩の距離を空けて桑一株を栽えれば、都合一万株となり、これを二家で分けて一家分は五〇〇〇株となる。もし一家が単独で耕作地の四周に土塀二〇〇歩を造るとすれば、その内部の空地面積は二五〇〇歩に止まり、上記のように一歩の距離を空けて桑一株を栽えても、二五〇〇株を得るに過ぎない（このように両者の効果と利益の差違は明らかである）。ただし共同で土塀を造った両家が争いを起こし、耕作地の中心にまがきを作って耕作地を分断してしまうことを危惧する。両家が共同で土塀を造ることは、単独で行うのに比べて、ただ栽培可能な桑の数が二倍になるというだけではなく、互いに協力し相手の力を借りることで、その労働自体が容易になるのである。[66]

桑園を取り囲む土塀を造築する際には、一家で五〇歩四方の土塀を造るより、二家共同で一〇〇歩四方の土塀を造築する方が、同じ労働量をもってより広い土地に土塀を造築することができ、内部における桑の栽培量も多くを得られると説くのである。

ここで、上記の土塀造築における共同作業と関連して、王禎『農書』農桑通訣集三・鋤治篇第七に見える「鋤社」の記載が注目される。大澤・村上一九九八（九五頁）によれば、「北方の村落の間では、多くは家どうしが結びついて「鋤社」をつくっている。十戸の家でひとまとまりになり、先に一つの家の耕地を鋤して、その家は飲食を提供する。順次このようにし、十日間で各々の家の耕地はすべて鋤が終わる」とされる。至元七年の「農桑の制」十四条に見えるように、モンゴル時代における区田法実施が社制との関わりの中でなされていることとも関連して、注目すべき問題であろう。

第四節　桑栽培との組み合わせ

「井戸」・「土塀」とならぶ区園地の重要三項目の残りは、桑栽培との組み合わせである。『氾勝之書』に見える漢代の区田法においては、特に桑栽培と区田法とを結びつける記述は存在しない。そこで、その起源となるものは、やはり金代の区田法に求められることとなろう。『遺山先生文集』巻二〇「資善大夫吏部尚書張公神道碑銘幷引」によれば、正大四年（一二二七）以降、京南路司農卿として開封への食糧供給の任にあたった張正倫は、区田法を実施することで食糧増産をはかるとともに、桑の苗木を植え付ける「地桑」の方法を用いて桑栽培の促進を目指した[67]。

ここに見える地桑とは、宋代以来、華北地域において用いられた密植栽培の技術である。本田一九七三（五七頁）によれば、「一種の挿木法で、挿木と異なるのは移植を予定せず、臨時的葉料供給源とするもの」とされ、種子（椹）の播種による実生法と比較して、より短期間での生長を促成する効能を有する。この技術は、『務本新書』や『士農必用』、『韓氏直説』といったいずれも金末〜モンゴル時代初期に成立した諸種の農書に記載されるものであり、当該時期に華北地域を中心として普及した技術であると考えられる。

モンゴル時代における桑栽培への重視に関しては、『農桑輯要』ら農業技術書において相当な分量をその技術説明に割くことや、諸史料に散見する「一人ごとに桑二十株を栽培する」[68]などの規程から、すでにこれまでも注目されてきた事象である。桑栽培を説く諸文献の内でも、特に『元典章』典章二三・戸部九・農桑・勧農においては、「種桑」・「地桑」・「移栽」の条項が立てられ、農業技術書からの引用がなされる。それぞれの引用書籍に関しては、「種桑」条では『斉民要術』（一条）、『氾勝之書』（一条）、『務本新書』（二条）が、「地桑」条には『斉民要術』（二条）、『士民必用』（一条）が、「移桑」条では『士農必用』（一条）が引用される。その配列がそのまま『農桑輯要』の「論桑種」・「地桑」「移栽」に対応するものであるとともに、『氾勝之書』や『斉民要術』といった代表的農書以外に、『務本新書』、『士民必用』、『士農必用』といった金末〜モンゴル時代初期に成立した農書から引用がなされていることが注目される。

では、「伊尹法」に記される桑栽培の方式はいかなるものであろうか。関連箇所を見てみよう。

桑を周囲四面に栽えるが、周囲は合計で二〇〇歩であるから、それぞれ二歩の距離を離して桑一株を栽えれば、四面で桑一〇〇株を栽えることができる。耕作地の東西の中間には桑を二列に植え、その間に人の通る通路を一歩の幅でとる。その南北の長さを六〇歩とし、二歩ごとに桑一株を栽えれば、一列に桑三〇株を栽えることができ、二列で合計して桑六〇株を栽えることとなる。さらに東西方向に耕作区域を隔てる三列を設ける。それぞれに桑を二列に栽えて、その中間に通路を一歩の幅でとる。その東西の長さは四〇歩であり、二歩ごとに桑一株を栽えれば、合計で桑二〇株を栽えることができる。列ごとに桑を二列に栽えるので、合わせて桑四〇株を栽えることができる。こうして耕作地を分ける三列に桑一二〇株を栽えれば、耕作地全体で二八〇株を栽えることとなる。[69]
また耕作地の東西の中間には、南北の長さを六〇歩として相い対するように桑を二列に栽える。二列を総計すれば一二〇歩となり、換算すれば六〇〇尺となる。また東西方向に三列、それぞれ東西の長さを四〇歩として、相い対するように二列に桑を植える。各列の長さは換算していずれも八〇歩となり、三列を合計すれば二四〇歩、換算して一二〇〇尺となる。これら東西・南北の各列に桑を植える長さを総計すれば一八〇〇尺となる。桑の間に植える高粱は一尺ごとに一株を植えることができるので、合計で一八〇〇株を植えることとなる。[70]

一〇畝の区園地の周囲に計一〇〇株、区園地を東西に分かつ南北方向の通路に二列に計六〇株を植え、南北に分かつ東西方向の通路三本にはそれぞれ二列に計一二〇株を植え、総計して区園地一〇畝内に桑二八〇株を植えることとなる。また、［W一一五］には「……毎二歩、栽地桑一窩」、あるいは「……畝、栽地桑二八〇窩」の記載が見えることから、区園地における桑栽培の方法は苗木を植え付ける地桑が用いられたことが分かる。

加えて古松二〇〇五（六八頁）に指摘されるように、［W一一五］には「伊尹法」に見えない桑の収量に関する記載が見える。該当箇所には「在園内栽桑三百窩、……上得葉三百余秤、毎蚕……十五秤、可老蚕二十余箔」とあり、古松訳注によれば、桑三〇〇株から葉三〇〇秤（一秤＝一五斤）が得られるとされることから、一畝当たりでは三〇秤（四五〇斤）となろう。また、「毎蚕……十五秤、可老蚕二十余箔」に関しては、その残欠部に蚕一匹当たりの食用桑量が記載されたと考えられることから、末尾の二〇箔余りとは桑三〇〇株から得られる桑葉によって養うことのできる蚕の総量を示すものであろう。これに対して、南宋の『陳旉農書』巻下・種桑之法篇第一には、湖州安吉県において養蚕のみで生計をまかなう一〇人家族の家では一〇箔分の蚕を飼うとされることから〔大澤一九九三、一八七頁〕、同時代の文献において桑の収量に関する記載を確認することはできないものの、桑の葉とそれにより飼養可能な蚕の数に関しても誇大な収量見込みがなされていると考え得る。

また、「伊尹法」では桑の株間に高粱を間作するとの記載が見えるが、これに関しても〔W一一五〕に「……両夾桑、種葛黍、毎……尺、計空一十尺、毎尺……種葛黍三千窩、合……」とあり、さらに〔W五三四〕左端隅にも「……可種蜀黍一根、計一千九百〔根〕（報）」とあり、「伊尹法」に一致する記載が確認できる。従来の研究においては、高粱栽培に関する最初の記述がモンゴル時代の農書である『農桑輯要』や王禎『農書』に見えると理解されてきたが、ここに見える桑との間作という記事は両書にも見えない。桑栽培における間作の目的は、桑の苗木の生長を助けるために日陰を作ることにあるとされ〔章一九八二、一六頁〕、『斉民要術』では桑には菉豆・小豆の組み合わせが良い〔天野一九五九、二六頁〕、王禎『農書』では桑との間作に粟を用いるとの記載も見える。ただし、『農桑輯要』巻三・栽桑・修蒔に引かれる『農桑要旨』においては、

もし蜀黍を植えれば、その茎や葉の高さが桑と等しくなる。このように入り混じり茂ったならば、桑もまた生長しないのである。もし菉豆や黒豆、胡麻、瓜、芋を植えれば、桑は鬱蒼と茂り、明年の葉は二、三分を増すこととなる。黍を植えるのもまたよい。農家が言うところの「桑が黍を生長させ、黍が桑を生長させる」とは、これのあらましである。[71]

とあり、緑豆・小豆以外にも様々な混作に適した作物が述べられる中で、高粱のみはその茎の高さが桑の生長を阻害するものとされる。また、高粱との間作に関しては、清末民国初期の『勧桑説』においても、「桑土忌種深苗之物、如高粱・包谷・桐・麻之類是也」として、草丈の高い作物の一種に挙げられ、間作に不適であるとされる〔章一九八二、一四六頁〕。ここで高粱を間作として用いる意義は不明とせざるを得ないが、あるいはアルカリ

性土壌でも生育可能な高粱の性質によるものであろうか［天野一九七九、三二頁］。
「伊尹法」に見える区田と桑栽培の組み合わせを可能としたのは、両者の技術面における共通性によると考えられる。章楷が区種法の技術が桑栽培に転用されたとするように［章一九八二、一五頁］、金末～モンゴル時代初期の文献には、両者の組み合わせを説く史料が散見する。この両者の共通点としては、桑栽培地の形態と栽培技術の両面に窺えるものであるが、まずはその耕作地形態に関して見てみよう。

周囲を垣根や土塀で取り囲む桑栽培地の形態である「桑圃」・「桑園」は古くより見られるものであり、大澤正昭によれば、唐代に園宅地と称される居宅周辺の蔬菜栽培地において、救荒用・衣料用作物としての桑が栽培されたとされる［大澤一九九六B、一二六～一二七頁］。さらに、章楷によれば、北方の桑栽培が一般的に住宅の近くで、灌漑に便利な地点で行われるとともに、その方法が地桑という苗を直接植え付けるものであったために、家畜の食害を受けやすく、これを防止するために桑園の周囲に低い土塀や垣根を造築したとされる［章一九八二、七三頁］。特に地桑栽培が普及する宋代以降の華北地域においては、籬《まがき》や土塀を設置し、その内部で桑栽培を行う必要性が高まったと考えられる。

こうした桑耕作地の形態に関連するものとして、「畦桑」と呼ばれる語をカラホト文書［F一一六：W五五二］[72]に確認することができる。その関連箇所は、「……生成畦桑、亦不依法播種・薅耘・澆灌・圍護、……提調之司不為整治、親臨官司失于勧……栽畦桑各処数目、□司除外、合下仰照験、欽依……去体式、明白分豁、類報帳冊、申解……」とあり、古松二〇〇一（四七頁）に指摘されるように、上記文書は『元史』巻九三・食貨志・農桑に見える以下の史料に対応するものである。

武宗の至大二年、淮西廉訪僉事の苗好謙が種蒔の法を奉った。その説とは農民を三等に分かち、上戸は十畝、中戸には五畝、下戸は二畝或いは一畝の土地において、皆な垣根を回らしてこれを囲い込み、適時に桑の実を採集し、手本通りに栽培を行わせるというものである。武宗はこの建言を善しとし実行に移させた。その技術は『斉民要術』などの書籍から引かれるものであり、ここでは収録しない。[73]

泰定年間における区田法実施に大きく関与するとともに、延祐五年(一三一八)には自身の手になる『栽桑図説』が仁宗アユルバルワダに献上され一〇〇〇帙が印刷されて民間に頒布されるなど[74]、農業振興、中でも桑の栽培の振興に努めた苗好謙が、武宗カイシャンに対して建言した「種蒔之法」とは、各戸の耕作地面積や「収採桑椹」の語から考えて、主穀等を含む農業全般に関わるものではなく、桑栽培に関する内容であったことが分かる。その内容とは、農民を三ランクに分けた上で、各ランクの規定に応じた面積における桑栽培を実施させるというものである。

また「畦桑」に関しては、本書第八章にて見たように、江南における監察官の巡視に際して、県の胥吏が事前に現地へと赴き、道路の脇に垣根で囲われた果樹園や菜園に類したものを見つけると、勝手に二本の木材を立てその間に板を渡し、「畦桑」の二文字を大書して掲げたとされる。[75]これは、本来、畦桑ではないところを偽って監察官を欺く胥吏の姿を批判的に描いたものであるが、これにより、垣根で周囲を取り囲む桑栽培地としての畦桑の姿が明らかとなる。[76]さらに畦桑は監察官による現地調査の対象となるものであり、定期的な現地調査の結果には畦桑における桑の栽培数が明記され、農業政策の中心機関である大司農司へ報告された。これは[W五五一]に見える分類して帳簿を作成し報告を行うとする記載とも合致する。[77]

また、桑の栽培方法に関しても、区田法との共通点を確認することができる。『農桑輯要』巻三・栽桑・地桑所引の『務本新書』によれば、

地桑を栽培する方法は、秋後に熟白地[78]の内において、牛犂を用いて深く耕起し、ウネに肥料を加え、土をひらいて区をつくる。もし牛が無ければ、区を掘ってもよい。[79]

続いて『士農必用』を引用し、

> 地桑を栽培する方法は、垣根を廻らした耕作地を桑園とする。その桑園の内部の土地は、牛犁を用いるか、钁斸を用いてこなしておく。周囲五尺の中に一穴を掘り（耕作地一畝ごとに、合計して二百四十株を植える。）その穴は周囲・深さともに二尺とする。穴の中には腐熟した肥料三升を入れ（未熟の肥料は適当ではなく、壮地には用いない。）土と混ぜてなじませ、一桶の水を加えて、薄い泥状に調製する。[80]

とあり、地桑栽培の方法として垣根を廻らす耕作地において、一辺二尺の窪地を形成し、腐熟した肥料を加えて土と混ぜ合わせ、水を加えて泥状にした上で穴に植え付けることとされる。

さらに、上記『務本新書』によれば、この穴は「区」と記載されるが、こうした地桑栽培にアナ（窪地）を用いるあり方は、［W一一五］にも見て取れる。一例を挙げれば、「毎二歩、栽地桑一窩」とあり、これに対応する「伊尹法」の記載では、「南北長六十歩、毎二歩、栽桑一株、合栽桑三十株」となる。すなわち［W一一五］では「伊尹法」で単に「株」とされる箇所に「窩」の文字が用いられるのである。また、「伊尹法」および［W一一五］には見えないが、『務本新書』には北方地域の冬・春両期における北風を防ぐために[81]、桑を栽培する区の北側に掘り出した土を積み上げるといった技術が見える［章一九八二、八九〜九〇頁］[82]。

以上により、垣根を廻らす桑園の形態、そこに穴植えされる地桑など、その互いの共通性により区田法と桑栽培は組み合わされ、「伊尹法」や［W一一五］に見える区園地のスタイルを形作ることとなったと考えられよう。また、前節に見た井戸と土塀を有する区園地の構造と、居宅に近接するという立地条件に加えて、内部において桑栽培を行うなど、その姿は唐代の園宅地に近似した姿となる。もちろん、主穀の栽培を含む区田法とは明らかに異なる要素も含まれるが、一種のモデルプランとしての区園地が想定された背景には、居宅に近接する蔬菜栽培地としての園宅地の姿が重なり合わされたとも考えられる。

小結

これまで見てきたところにより、モンゴル時代の区田法の姿を改めて復元してみよう。一〇畝の耕作地を土塀にて囲み、その内部は通路によって一畝ごとに八区画に分けられる。各一畝の区画には、主穀を含む各種作物を、それぞれ指示された区割り方式にしたがい、溝種法・坎種法の両方式を用いて混作する。また、通路および耕作地の周囲には、アナ植えによる地桑を栽培し、桑の間には高粱を間作する。区園地の立地条件としては、居宅や河川・灌漑水路に近接する土地を適地とし、灌漑用水としては区園地内に掘られた井戸からの地下水、あるいは附近の河川水を利用する。

こうして復元されたモンゴル時代の区田方式は、漢代区田法を記録する『氾勝之書』に直接基づくものではなく、『務本新書』に記録された金代区田法を基礎とし、モンゴル時代の実施期間を経て改変が加えられた新たな要素を包摂するものであった。これはあくまで区田法実施のために作られたモデルに過ぎないが、これこそが様々な自然災害とこれに起因する生産力低下といった問題を打開すべく生み出された姿であるとすれば、そこに為政者が意図した農業経営のスタイルが反映されたと考えるべきであろう。すなわち、井戸などの灌漑施設を備え、周囲を垣根で囲った土地に主穀を含む各種作物を混作し、人力をこれに注ぎ込むことによって高収量を目指す、旱害や水害にも対応できる自立的な小農経営という姿である。さらに、区田法が社制との組み合わせによって推進されたことに加えて、土壁の建築に見られるように、区田法はあくまで共同作業によって実施すべきものと認識されていたことも重要である。そこには、社制によって小農を結びつけ、集団として国家がこれを把握するという支配のあり方が見てとれよう。

ただし、そこに説かれる過大な収量見込みや、あまりに精緻な密植深耕作の方式などの点から考えて、その本来の意図が充分に果たされたとは考えにくい。また、地域によって微調整をくわえ適用がはかられてはいるが、本来、乾燥・半乾燥地域の農業として生み出された区田法が水源の乏しい山間地域を除く湿潤・半湿潤地域において実際に採用され、効果を発揮しえた可能性は低い。国家による一元的な技術の普及にもとづく農業振興という施策は、その運用面において容易に強制へと傾きかねない危うさを伴いつつ、実用からかけ離れた理想像を追い求める強烈な圧力として統治下全域を覆い尽くすこととなったのである。

注

1　嵇康「養生論」（『文選』巻五三所収）によれば、区の音は「鄔侯切」とされ、現代漢語でも「ōu」と表記されて、「区画」を表す「qū」とは区別される［石一九五六、三八〜三九頁］。

2　区田法の持つ旱害対策としての性格は、つとに指摘されてきたところであるが、旱害対策以外にも耕作地の全面耕起をしない、あるいは窪地に雨水が蓄えられるなどの点から、区田法には土壌流出を防ぐ特長があるとされる［辛一九六四、二四一〜二四五頁、岡島・志田訳一九八六、九頁、渡部訳一九八九、一九七頁］。

3　明清時代における区田法研究の諸成果は『区種五種』（光緒四年［一八七八］趙夢齢編纂）および『区種十種』（一九五五年王毓瑚編纂）にほぼ収録される。

4　原宗子は区田法実施に必要とされる大量の施肥を支える施肥源としての家畜と、その飼育のための草地の存在をポイントとして、漢代武帝朝以来、関中周辺に遷徙した遊牧民を「農民化」させることを目的として、区田法が実施されたとする［原二〇〇五］。

5　僕至順庚午、蒙恩出守桂陽。適値大歉之歳、悉心賑活、僅得無害。昔富鄭公守青州、活飢民二十余万、心切慕之。因命郡文学張君致可編集、粹為一書。凡三巻、其目有二十、名之曰救荒活民類要。救荒之術備於此書。復於毎条之左各繋之辞、以寓懲勧之意。於是、命工鋟梓、与衆共之。

6　崔二〇〇四（二〇七〜二〇八頁）に、天災に加え天暦の内乱の余波を蒙った各地の窮状は厳重を極め、大量の流民が発生したことを伝える諸種の史料が挙げられる。

7　張光大の号と出身地に関しては、崔二〇〇四（二〇八頁）に引く『［正徳］瓊台志』巻三一に基づく。

8 『[至正]金陵新志』巻九・学校志・崇学校・路学・集慶路学条に同路学の所蔵書板として「救荒活民書一百五十」が挙げられる。さらに北京図書館：勝村一九八三（五五頁）に引く『南雍志経籍考』下篇・梓刻本末・雑書類に「救荒活民書八巻。存者八十六面、脱者四十六面。元桂陽路教授張光大編、本集慶路儒学梓。見金陵新志」の記載が確認できる。これにより現在確認できる三巻本、あるいは不分巻とは別に八巻本が存在していたことが分かる。なお、八巻本に関しては、『千頃堂書目』巻九・典故類補にも記載がある。

9 臣不才幼嘗慕先朝富弼活河朔飢民五十余万、私心以為賢於中書二十四考遠矣。……（中略）……於是、編次歴代荒政、釐為三巻。なお、白杉一九九八（六二六頁）によれば、中書二十四考とは、「唐の郭子儀が久しく中書令の官職にあって、士を考試すること二十四回に及んだという故事」を指す。

10 『秘書監志』巻五・秘書庫に延祐七年（一三二〇）五月に中書省の架閣庫より秘書監の架閣庫へ移管すべき書物として「救荒活民二十九部、毎部三冊、計八十七冊」の語が見える。

11 『元史』巻二九・泰定本紀・泰定二年一二月壬寅「右丞趙簡請行区田法於内地、以宋董煟所編救荒活民書頒州県。」

12 明の祁承㸁『澹生堂蔵書目』巻五・史類第一三・事宜に「救荒活民書補遺二冊、二巻董煟」に続けて「畢侍御救荒活民書一冊」の名が見えるが、その詳細は不明である。

13 天保年間（一八三〇〜四四）刊『昌平坂御官板書目』および弘化四年（一八四七）刊『官版書籍解題目録』にその名が見える。

14 北京図書館：勝村一九八三（五五頁）には「清同、咸間有刻本」とあるが、寡聞にしてその存在を確認できていない。

15 同書には出版年代は明記されないが、『南雍志経籍考』上篇・天順年間官本の項に「救荒活民一本」の記載が見える。なお、同刊本はその蔵書印から袁廷檮（五硯楼）・恵震の手を経て、北京図書館に所蔵されたものであることが分かる。

16 『続修四庫全書総目』史部政書類・救荒活民類要条によれば、光緒三年刊本は影元刊本とされる。ただし、光緒三年刊本は、版式および欠字箇所の一致により、明刊本の翻刻と考えられる。

17 同書末尾に「此書元時刻本、四庫附存書目亦未採録。救荒活民類要一」の書き込みが存在する。これと同じ書き込みが、［二］続修四庫全書本にも確認できるが、その本文自体は蔵書印その他から判断して北京図書館古籍珍本叢刊本と同一である、あるいは影印出版の際に誤って挿入された可能性がある。

18 なお、［二］北京図書館古籍珍本叢刊本には、影印出版の際の単純な誤りも含めてかなりの錯簡が存在する。

19 「伊尹図」末尾に「全文見後」の記載があり、その後「伊尹法」へと続く。

20 張栗の序文によれば、『農桑衣食撮要』は延祐甲寅（元年、一三一四）、魯明善が安豊路達魯花赤の任にあった時に初めて出版されたことが分かる。ただし、『［至正］金陵新志』巻九・学校志・崇学校・路学・集慶路学条には、先に見た『救荒活民類要』と並んで「農桑撮要五十八」の記載が見え、さらに『南雍志経籍考』下篇・梓刻本末・雑書類にも「農桑撮要六巻、五十八面。存者三十面。本集集慶路儒学梓。見金陵新志。元延祐三年刊」の記載が確認できる。これによれば、同書の集慶路儒学における出版年次は延祐三年（一三一六）となる。また、天野一九七五（一五六頁）によれば、至順元年刊本が江蘇常熟の瞿氏鉄琴銅剣楼と上海東方図書館に所蔵されていたとされ、瞿二〇〇三（五二九～五三〇頁）に『新刊農桑撮要』巻上の書影が収録される。

21 先行研究を含めて、至順元年時点における魯明善の官職を明記する史料は確認できないものの、「靖州路達魯花赤魯公神道碑」（『道園類稿』巻四三）によれば、「三年転監桂陽……（中略）……及至、会大旱、朝廷出不得已之政、試納粟者以勧」とあり、これが『元史』巻三四・文宗本紀・至順元年二月丁亥（六日）条の「命江南、陝西、河南等処富民輸粟補官、江南万石者官正七品、陝西千五百石、河南二千石、江南五千石者従七品、自余品級有差」に対応することは明らかである。また、『救荒活民類要』救荒二十目・鬻爵にも「入粟補官」に関するより詳細な記事が収録され、やはり天暦三年（同年五月に至順に改元）二月初六日の日時が確認できる。したがって、至順元年に魯明善が桂陽路達魯花赤の任にあり、加えて「会大旱」とは『救荒活民類要』の高麗オルジェイトゥの序文に見える「適値大歉之歳」と同一の事象を指していることが明らかとなる。

22 『中国蔵黒水城漢文文献』第一冊（国家図書館出版社、北京、二〇〇八年）、一三三～一四〇頁に本文書の図版［M一-〇〇九三］が載る。

23 『中国蔵黒水城漢文文献』第一冊、一四一～一四五頁に図版［M一-〇〇九四］が載る。

24 『中国蔵黒水城漢文文献』第一冊、一五〇～一五六頁に図版［M一-〇〇九六］が載る。

25 古松二〇〇五（九六～九七頁）において『救荒活民類要』との比較に基づく［W一一五］および［W五二八］の

復元案が示される。

26 ただし、豆区種に関する内容は「伊尹法」記載箇所と若干の違いを見せる。

27 ［W一一五］には「伊尹法」には見えない「今具栽桑・区種……」の語を確認することができる。

28 唯一、村上嘉實が『務本新書』を南宋期に作成されたとするが、同書の内容には北方の農業を対象とした記載が散見することから考えて、氏の見解にはしたがい難い［村上一九九五、一二八頁］。

29 金代以前における国家政策としての区田法実施は、後漢明帝朝（五七～七五年）および前秦苻堅（三五七～三八五年）の二例のみである。

30 ここに見える「註」が指す文献は不明であるが、その一節が『論語注疏』巻一五・衛霊公篇に見える。「子曰人無遠慮、必有近憂。注、王曰君子当思患而預防之。」

31 『斉民要術』巻一・種穀第三所引『氾勝之書』に「湯有旱災、伊尹作為区田、教民糞種、負水澆稼」とある。

32 正月種春［大麦、二］月三月種山薬・芋子、三月四月五月種谷・［大・小］・紅・萁豆、八月種［二］麦・菀豆。節次為之、亦不［可貪］多。以下、「伊尹法」の引用時における［ ］は他の史料によって追加・訂正した語を、（ ）は「伊尹法」の原字を示す。

33 ただし、天野一九六七（四二五頁）に指摘されるように、王禎『農書』では「参攷氾勝之書及務本新書……（中略）……三四月種粟及大、小豆」とあり、『農桑輯要』所引『務本新書』とは若干の異同が存在する。

34 園裏栽桑、種区田、又省人力、免旱澇之憂、幷頭口傷残之害。不惟種谷、若別擘劃種葱、栽瓜或麻・豆、用水澆灌、便得数倍之利。

35 『斉民要術』巻二・種瓜第一四所引『氾勝之書』。郭：渡部一九八九（一四五～一四六頁）によれば、この『氾勝之書』の瓜区種に見える瓜とラッキョウ・小豆の混作が中国文献に見える混作の最古の記録であるとされることからも、混作が当初より区田法を形成する重要な要素であったことが分かる。

36 臨種［時］用臘月雪水、淘過乾下種、蝗虫不食。

37 瓜区種の方法とは『農桑輯要』巻五・瓜菜・種瓜、王禎『農書』百穀譜集三・蓏属・甜瓜に収録される栽培法を指すと考えられるが、その典拠は『斉民要術』巻二・種瓜第一四にある。また、『斉民要術』巻二・種瓜第一四所引の『氾勝之書』に見える水を張った素焼きの甕を地中に埋めておき、そこから染み出る水分を利用して瓜を栽培するという区種法はこれとは別の方法である［西山・熊代一九七六、一一六〜一一七頁］。

38　地一畝、闊一十五歩、毎歩五尺、計七十五［尺。毎］一行、占地一尺五寸、該分五十行。長一十［六歩］、計八十尺。毎行一尺五寸、該分五十三行。［長闊］相折、通［二］（一）千六百五十区。空一行、種一行。於種的行内、隔一区、種一区。除隔間外、可種六［百六］十二区。毎区深一尺、斟酌用熟糞一升、与［土相］和、下水三四升、布穀十余粒、匀覆土、以［手］（一）［按実］、［令土］（仝）種相［著］。苗出、看稀稠存留。鋤不厭頻、旱則［澆漑］。結子時、鋤土深壅其根、以防大嵐揺擺。古［人依］此布種、功勤澆鋤、毎区加数倍、一家五口［足］一年食用。大概似今時種瓜様法度。閑時［旋旋］掘下、種時止是下種水工夫。

39　粟区種の区割りに関しては、万一九五八（三五頁）の図一〇「王禎農書所説区田的佈置図」を参照されたい。

40　本章で利用するカラホト文書に関しては、残欠部分を〃……〃によって示す。

41　該当部分は先に見た「按旧説……」に含まれるが、一畝当たりの粟の収量六六石を説く資料は管見の限り存在しない。

42　『農桑輯要』巻二・耕墾・耕地所引の『斉民要術』の夾註に「一石約今二斗七升、十石今二石七斗有余也」とあり、繆一九八八（四〇頁）にこの夾註が『農桑輯要』編纂時の追記であるとされる。

43　又輸官者糸絹・包銀・税糧・酒醋課・俸鈔之類、農家別無所出、皆出於百畝所収之子粒。好収則七八十石、薄収則不及其半。

44　種麦。区長丈余、深闊六七寸。麦宜密種、覆［二寸］厚、以足践之。麦宜高地、旱則澆之、冬宜壅［麦根］内。古人云「子欲富、黄金覆。」意由此也。三月鋤之。大麦可与豌豆一処種約量布、豆宜浅覆。苗依麦［稭］（楷）延引至発。両不相妨、省工斉熟。

45　応地一九六四（四六頁）には、キビ・アワ類と豆類の混作の利点として、以下の四点が挙げられる。（一）禾本科植物と豆類の混作は、両作物に単作よりも増収をもたらす、（二）豆類を混入して後作に対する地力を維持する、（三）気候の不順に伴う凶作を防止する、（四）労働力の需要ピークを緩和する。

46　種山薬。宜沙白地。区長丈余、深闊二尺、少加爛牛糞、与土相和平匀。揀肥長山薬上有芒［刺］（刺）者、毎定折長三四寸、鱗次相挨、臥在区内、以土匀覆。旱則澆之、亦不可太湿。頗忌大糞。苗長、以蒿梢扶之、十月出之。外将蘆頭另［窨］（寄）、来春種之。

47 漫種法に関しては王禎『農書』農桑通訣集二・播種篇に以下に説明される。「漫種者、用斗盛穀種、挟左掖間、右手料取而撒之、随撒随行、約行三歩許、即再料取、務要布種均匀、則苗生稀稠得所。秦晋之間、皆用此法。南方惟種大麦、則点種、其余粟・豆・麻・小麦之類、亦用漫種。」

48 種芋。区長丈余、深闊各一尺、区行相間一歩。寛則透［風］滋胤。芋性宜湿、区踈則易澆。余依漫種法。

49 『農桑輯要』巻五・瓜菜・芋「斉民要術、氾勝之書曰、種芋区、方深皆三尺。取豆萁（音其、豆茎）。内区中、足践之、厚尺五寸。取区上湿土与糞和之、内区中萁上、令厚尺二寸、以水澆之、足践令保沢。取五芋子、置四角及中央、足践之。旱、数澆之。萁爛、芋生子、皆長三尺。一区収三石」、王禎『農書』百穀譜集三・蓏属・芋「種宜軟白沙地、（芋畏旱、故宜近水。）区深可三尺許、区行欲寛、寛則過風。芋本欲深、深則根大。（率二尺一根、漸漸加土壅之。）春宜種、秋宜壅。（立夏種、不生卵、秋失壅、而瘦不肥。）霜降、捩其葉、使収液以美其実、則芋愈大而愈肥。」

50 種諸豆。区方丈余、深五六寸、相去二尺余。熟糞一升、与土相合、布豆四五粒。苗出、看稀稠存留。摻土宜薄、豆生五六葉、鋤之。豆随性可澆則澆。

51 区園地一十畝、南北長六十歩、東西闊四十歩、囲円一遭、計二百歩。

52 此園周囲二百歩、折一千尺。毎地一十畝、栽桑人行道子占地二畝外、有八畝分作八段。毎畝横一十五歩、長一十六歩、積算二百四十歩。

53 毎地一十畝、栽桑人行道子占地二畝外、有八畝分作八段。なお、別の箇所では「通路と井戸の二畝を除く残りの八畝」とする。

54 地中心桑二行、中間留人行道子一歩。南北長六十歩、毎二歩栽桑一株、一行合栽桑三十株、二行計栽桑六十株。更有隔間三道。毎道東西栽桑二行、中心各留人行道一歩。

55 ただし、前節の粟区種の史料にあるように、八分割された一畝は東西一六歩×南北一五歩であり、実際にはこれだけで南北の幅六〇歩が占められてしまい（一五歩×四列）、通路や井戸を設置する余地は残されていない。ここではあくまで計算上の数値が示されると解する。

56 『金史』巻五〇・食貨志・区田「遂勅令農田百畝以上、加瀕河易得水之地、須区種三十余畝、多種者聴。」

57 『金史』巻五〇・食貨志・区田「承安元年四月、初行区種法、男年十五以上、六十以下有土田者丁種一畝。」

58　窃謂古人区種之法、本為禦旱済時、如山郡地土高仰、歳歳如此種芸、則可常熟。惟近家瀕水為上。

59　米田一九七二によれば、『氾勝之書』に見える区田法の実施形態を「小農家は区田法、またはそれに近い集約的農法を、中・大農家は耕地の一部を割いて、区田法的な農業を営んで二年三毛作を行っていたものだろう」とする。モンゴル時代に関しても同様の理解ができよう。

60　第一年、打墻栽桑、止種区田、便得済。三年内、地熟桑大、可膳数口之家、無貧難水澇之災、更為子孫恒業。墻・井・桑三事不可偏廃。

61　なお、井戸灌漑に関しては、『金史』巻一〇〇・孟鋳伝に以下の記載が見える。「泰和四年、入為御史中丞、召見於香閣。……（中略）……是歳、自春至夏、諸郡少雨。鋳奏、今歳愆陽、已近五月、比至得雨、恐失播種之期。可依種麻菜法、択地形稍下処、撥畦種穀、穿土作井、随宜灌漑。上従其言、区種法自此始。」この記載は、一見すると金代における区田法実施の例と考えられるが、「畦をひらき播種する」という方法が、ウネ蒔きを意味するものであれば、区田法の原則であるミゾ蒔きとは食い違うこととなる。また、末尾の語に関しても、泰和四年（一二〇四）は明昌五年（一一九四）に始まる区田法実施が中止に至った年であり、「これより始まる」とする本記載とは齟齬を来す。さらに「麻菜を種するの法に依りて」とあるものの、『氾勝之書』や『農桑輯要』などには麻の区種法が記されることがないことなどから、本資料を区田法の資料と見なすことはできない。末尾の語句は『金史』編纂の際の誤入によるものであろうか。

62　古松二〇〇一（三八頁）においてすでに指摘されるように、カラホト文書［F二五七：W六］において「本処地土多係硝碱沙漠石川、不宜栽種」の語が見え、当地域における塩害の発生を確認できる。

63　有地主戸、量種区田、有水則近水種之、無水則鑿井。如井深不能種区田者、聴従民便。

64　『元史』巻九三・食貨志・農桑条には、これに先立つ至元七年（一二七〇）発布の「農桑の制」十四条が記載されるが、該当部分は「田無水者鑿井、井深不能得水者、聴種区田」とされる。これを至元二八年の条画と比較すれば、「井深……」以下が正反対の記述であることが分かる。『元史』食貨志に収録される「農桑の制」が、ダイジェストされて収録されたものであることを考慮すれば、そこに大きな脱落があると考え得る。

65　区園地一十畝、南北長六十歩、東西闊四十歩、囲円一遭、計二百歩。毎墻一堵二歩、計打一百堵。毎六人用墻板一付、打七八板高。務要堅厚、以防漫流雨水之災、又園裏諸樹并一切種植之物、頭口並不能傷害。若衆人相合、其工更疾。

66　仮有一村、両家相合、低築囲牆、四面各一百歩、（若戸多地寛、更甚省力。）一家該築二百歩。牆内空地計一万歩、毎一歩一桑、計一万株、一家計分五千株。若一家孤另一転築牆二百歩、牆内空地止二千五百歩、依上一歩一桑、上得二千五百株。（其功利不侔如此。）恐起争端、当於園心以籬界断。比之独力築牆、不止桑多一倍、亦逓相藉力、容易句当。

67　在京南日、課民区種、栽地桑、歳視成否。若父兄之於子弟、慰以農里之言、而勉之公上之奉。

68　一例として、『通制条格』巻一六・田令・農桑に見える至元二三年の条画を引いておく。「一、毎丁、週歳須要栩栽桑棗弐拾株、或附宅栽種地桑弐拾株、早供蟻蚕食用。」ここでは、地桑の栽培は居宅に附属した土地で行うとされる。

69　一栽桑墻囲四面、計二百歩、各離［二］（半）歩栽桑一株、四面合栽桑一百株。地中心桑二行、中間留人行道子一歩。南北長六十歩、毎二歩栽桑一株、一行合栽桑三十株、二行計栽桑六十株。更有隔間三道。毎道東西栽桑二行、中心各留人行道一歩。其地東西闊四十歩、毎二歩栽桑一株、合栽桑二十株。毎道栽桑二行、合栽桑四十株。隔間三道、栽桑一百二十株、園地一十畝、栽桑二百八十株。

70　又中心南北長六十歩、相対栽桑二行。係一百二十歩、折六百尺。又中間東西三道、毎道東西長四十歩、相対栽桑二行。係毎道該八十［歩］（三尺）、計二百四十歩、折一千二百尺。通折［一］（二）千八百尺。毎尺可種蜀黍一根、計一千［八］（九）百根。

71　若種蜀黍、其梢葉与桑等、如此叢雑、桑亦不茂。如種菉豆、黒豆、芝麻、瓜、芋、其桑鬱茂、明年葉増二三分。種黍亦可。農家有云、桑発黍、黍発桑。此大概也。

72　『中国蔵黒水城漢文文献』第一冊、一六一頁に図版［M一―〇〇九八］が載る。

73　武宗至大二年、淮西廉訪僉事苗好謙献種蒔之法。其説分農民為三等、上戸地一十畝、中戸五畝、下戸二畝或一畝、皆築垣牆囲之、以時収採桑椹、依法種植。武宗善而行之。其法出斉民要術等書、茲不備録。

74　『元史』巻二六・仁宗本紀・延祐五年九月癸亥条「大司農買住等進司農丞苗好謙所撰栽桑図説、帝曰農桑衣食之本、此図甚善。命刊印千帙、散之民間。」

75　『東山趙先生文集』巻一「送江淛参政偰公赴司農少卿序」。

76　明朝建国の功臣である劉基に「畦桑詞」と題する作品がある。『誠意伯劉文成公文集』巻一〇・古楽府に、「編竹為籬更栽刺、高門大写畦桑字。県官要備六事忙、村村巷巷催畦桑。桑畦有増不可減、準備上司来計点」とあり、やはり竹垣を廻らす耕作地に「畦桑」の文字が掲げられ、現地調査の対象であったため決して減らしてはならないとされたことが分かる。なお、原一九八二（八〇頁）によれば、「畦」とは『斉民要術』等の具体的な農業に関する記述の場合には、蔬菜栽培地を指すことが多いとされる。

77　この項目別の報告書は「農桑文冊」と呼ばれ、地方官の勧農業務への取り組み状況を数値による実際の成果という形で表すことにより、勤務評定時における評価基準の一要素とするというものであった。これにより、「種植・墾闢・義糧・学校」の四項目に関して実際の調査に基づいてその数値を列挙するという形式が用いられた。

78　熟地とは以前より農耕が行われた耕作地を指し、白地はこれとは逆の未耕作地を指すものであり、ここで「熟白」と並記される理由は不明である。

79　栽地桑法、秋後於熟白地内、深耕一犁、就壟加糞、撥土為区。如無牛、掘区亦可。

80　布地桑法、牆園成園。牆園内地、或牛犁、或钁斸熟。方五尺内掘一阬、（毎地一畝、合栽二百四十科。）方深各二尺。阬内下熟糞三升、（生糞不中、壮地不用。）和土匀、下水一桶、調成稀泥。

81　天野一九四九（四二頁）によれば、華北地域の自然環境として四～六月の播種期より発芽幼苗期には降水量が寡少であることに加えて、特有の季節風が吹き、土壌水分を地下深くまで蒸発させるという。

82　『農桑輯要』巻三・栽桑・移栽に引かれる『務本新書』の原文は以下の通りである。「春分後、掘区移栽。区上直上下裁成土壁……（中略）……大抵一切草木根科、新栽之後、皆悪揺擺、故用土壁遮禦北風、迎合日食。」なお、地桑栽培におけるアナ植えの目的は土壌水分の保持にある［章一九八二、三四頁］。

おわりに

本書の考察結果をまとめ、そこから得られた知見を歴史的文脈の中に位置づけるとともに、あわせて今後の展望を述べて結びとしたい。

金初に生み出された権力の多重構造という政治状況のもと、地域社会はこれに対する一つの対応として、水利紛争の際に選択的に訴え先を変えるという方法を採った。こうした社会の側の動きは、裁定の後に渠条を官へ提出し、これに対する認可を得て給付されるという手続きを生み出すこととなる。これは公的な権威のもとに金代を新たな出発点とする水利秩序の再編がなされたことを意味するが、同時に官による水分配・管理への介入を強めることともなった。その後、モンゴル時代にも継承され、水利行政を専門とする機関が地方に常設されることで、水利帳簿の提出と由帖の発給による認可という方法を用いて、水の分配と管理に国家や投下らが強く関与する制度が形成される。ここに、金代を新たな出発点として再編された水利秩序は固定化され、基本的には一九五〇年代に大規模な変革がなされるまで継承された、長期持続性を持つ水利用の根本規程が成立するのである。水利祭祀に関する信仰圏の形成過程からも同様に、金代を前近代的水利秩序の形成期として、モンゴル時代をその定着期と位置づけることができる。水利に関わる現存する最古の碑刻の多くが金代の碑刻であることは、ほかでもなくこれらが水利秩序のルーツであると認識され続けたことを意味するのである。

また、関中涇水流域の水利開発が屯田の形成との組み合わせによる農業政策の一環としてなされたことが示すように、モンゴル時代における農業・水利・地域開発は国家主導による総合的開発という色彩を色濃く帯びるものであった。農業・水利分野のエキスパート達は、現地視察や地元の人士からの情報を基に政策を立案・実施し、さらにその対象地域を拡大させていったのである。劉斌個人の事跡が大きく取り上げられる灞橋架設でさえも、実際には安西王の京兆就封と連動する形で推し進められたものであり、安西王府の建設や京兆宣聖廟の修復などにも両者の密接な繋がりが見て取れる。さらに、周到な計画のもとに進められた資材の調達は水陸の物流に関わるインフラの整備を伴うものであり、資源の利用・開発に対する国家の積極的な取り組みを示すものでもある。

金とモンゴルの統治方針に関する連続性は農業政策の点に強く表れる。地方行政官に対する監察はジュシェン、モンゴルの支配層にとって極めて重要な問題であり、金代章宗期に始まる提刑司の設置はモンゴル時代における提刑按察司の設置へと道を開いただけでなく、監察と勧農の一体化という当該時代の農政の基調を体現するものでもあった。さらに、耐旱豊収を目的とする農業技術、区田法の普及と推進という政策にも、地方監察官制と類似する状況が見て取れる。金代章宗朝において国家主導の農業政策として区田法が実施され、これを継承したクビライ政権のもとでは社制との組み合わせという運用方法が用いられ、江南をも含む全統治下に向けて実施が求められた。農業技術書やマニュアルを用いた技術教育を通して耕作者レベルにまで伝えられた区田法の内容は耕作する土地を限定して深耕密植を行うという集約農法の極地とも言うべきものであった。そこに込められた国家が意図する農業経営とは、精緻な技術を導入して人力を注ぎ込むことで高収量をあげつつ、さらには災害への対応をも可能とする自立的な小農経営という姿であった。さらには、これらを社制と共同作業によって結びつけ、一個の集団として把握することこそが狙いであったと言えよう。

水利と農業という視点から金・モンゴル時代をとらえると、そこに共通して見える特徴は、国家および公権力の関与と介入の強さである。これまでの研究において、官による管理を特徴とする唐代と民による自治的管理を特徴とする明清時代の中間にあって、近世前期における国家・公権力の水管理への介入と関与という問題が折衷的な色合いを帯びたのは、その背景に「宋―元」、もしくは「宋（附金）―元」という構図での時代把握があったことによる。特に華北に関しては、宋代とモンゴル時代とを直線的につなぎ、その一貫した歴史の展開を辿ろうとしたこと自体に無理があった。本書での考察結果に明らかであるように、宋―金―モンゴルという歴史の流れをそのままに辿れば、水利秩序の面における宋と金との間の断絶と金とモンゴルとの継承関係は明らかである。つまり、金・モンゴル時代における国家・公権力の水管理への関与の強化という状況は、宋以前への一種の揺り返しとも見なしうるものである。

ただし、唐代には胥吏が渠長など管理責任者の任にあたったのに対して、宋代以降これが輪番、もしくは世襲されることで民間水利組織の自立性が強化され、モンゴル時代においても渠長の世襲の事例を確認することができる。したがって、水利組織の中核は宋代以来一貫して地域社会の側にあったこととなり、金・モンゴル時代における公権力の水分配・管理への関与が、唐代に見られた国家の一元的支配というあり方への完全な回帰を意味するものではないことは明らかである。加えて、金代における渠条の認可と給付という手続きが地域社会の側からの働きかけによって生み出されたことから考えても、公権力の水管理に対する関与・介入を単純に国家の側からの支配・統制の強化に置き換えることはできない。

むしろ、宋代以降、民間水利組織が水分配と管理に中心的役割を果たすという性格は維持したまま、ジュシェンの華北制圧に伴う多重権力構造の発生という状況のもとで、公的権威に依拠して秩序の回復を目指すという社会の側の動きがなされたと理解できよう。さらに、金・モンゴル時代における国家の関与は、渠条の認可と給付、水利帳簿の認可と由帖の発給という手続きを通してなされるものであり、これが明代以降における官による水冊の認可に繋がり行くことは明らかである。水冊を用いた民間水利組織による自立的な水分配・管理という方法が、二〇世紀中盤に至るまでの長期持続性をもった水利秩序を支えた背景には、官によって水冊が認可されるという公権力の関与が存在しており、その起源を金代における渠条への認可と給付という事象に求めることができるのである。

一方、国家・公権力の介入と関与という問題を農業の面から見ると、一般的に地域の地理条件や伝統・慣習に大きく左右される水利用や農業に関する技術などに国家や公権力が強く関与すること自体が稀であり、容易に強制へと傾きかねない運用上の危険性をも含めて、その効果は疑問とせざるを得ない。ただし、モンゴル統治下の華北においては、金代以来の方式を継承する区田法の普及に加えて、新たに社制の実施に見られる農村の再編といった地域社会に対する国家の強力な介入が見られた。耐旱豊収をうたう区田法の技術的本質は深耕密植にあり、集約農法の極致ともいうべきこの技術を歴史上最も積極的に推進したものこそが大元ウルスであった。

区田法は以降も断続的に実施されていくが、中でも注目すべきは一九五〇年代の実施例である。張履鵬のまとめによれば、一九五二年には安陽労模会において区田法実施の提言がなされ、安陽晁村の和平農業社にて粟栽培にその技術が用いられた。そこでは、一畝に深さ一尺半の四九〇もの穴が掘られ畝ごとに六三六斤の収穫をあげた。さらに、一九五五年には河南省農業労模会の席上、済源県城関明星社の模範農民劉士謙より七〇年前の区田法を用いた成功談が語られ、翌一九五六年に同社において区田法を用いた粟栽培が実行された際には、畝あたり三〇〇〇斤以上もの収穫量が見込まれた。同年には河南省輝県井峪農業生産合作社においても粟栽培に同技術が用いられ、畝あたり五三六斤の収穫を上げたものの、その複雑な技術と実施に必要な労力を勘案すると、採算のとれるものではなかったという［張一九五七］。

国家主導による大規模な水利開発を通した農業生産力の向上とこれを支える農村の再編、さらに深耕密植と大量の労働力投入による集約農法の実施など、いずれもそこに一九五〇年代に始まる大躍進の影がちらつく。はしなくも、金代に再編されモンゴル時代に定着する水利規定の多くは、一九五〇年代に始まる集団化と大躍進という変革の中で姿を消していくものであった。こうした意味において、金・モンゴル統治下の華北における水利と農業をめぐる諸事象を一過性の特異なものと捉えることはできない。「征服王朝」と共産党政権の「奇妙な」類似点は、前近代と近現代との連続性を考える上で、近接し連続する時代としての近世後期から近現代に至る流れを考慮するだけでは不十分であるという問題を浮かび上がらせる。時代を飛び越えるという危険性を理解しながらも、近世前期、とくに金・モンゴル時代の統治のあり方をも視野に収めその実像を解明することが、中国における国家の統治という根本的な問題、さらには少数派による支配のあり方に対する新たな問題意識と研究視角を提示するものとなろう。

本書を書き終え、改めて残された問題の多さに愕然とする思いである。振り返ってみると、半ば本書の基礎となった博士論文を京都大学に提出してから、早くも七年の月日が流れた。論文試問の席上、主査をつとめて頂いた杉山正明先生の「ここからがスタートだ」というお言葉を思い起こすと、まだまだ助走段階にある我が身の不甲斐なさを痛感する。学部時代より指導を頂いた礪波護先生、夫馬進先生、杉山正明先生、試問の際に懇切丁寧な指摘を頂いた中砂明徳先生には、感謝の気持ちを捧げるとともにその学恩に報いるべく精進することをお約束したい。

また、研究会などの席上、史料の読みから現地調査の方法に至るまで、歴史研究に関する貴重なアドバイスを頂き、科研や各種プロジェクトのメンバーとしてお誘い頂いた桂花淳祥先生、松田孝一先生、松川節先生、村岡倫先生、森田憲司先生、森安孝夫先生、ほとんど知り合いもいない中で始まった関東での研究生活において、研究会に参加を認めて頂き、農業史を基礎から教えて頂いた大澤正昭先生、原宗子先生にも感謝の気持ちで一杯である。

本書における問題意識は文献史学以外の研究者との関わり合いの中で培われたものでもある。とくに、総合地球環境学研究所でのオアシスプロジェクトに関われた経験はかけがえのないものとなった。まだまだ駆け出しの私の意見に耳を傾け、多くのチャンスを頂いた中尾正義先生、窪田順平先生に感謝の思いを伝えたい。また、考古学のプロジェクトに関わり、研究の幅を広げるきっかけを頂いた臼杵勲先生、白石典之先生に感謝するとともに、今後の新たな共同研究が待ち遠しい。さらに、昨年夏に急逝された相馬秀廣先生には、モンゴルや中国などのフィールドにおいて、現地調査の方法を一から教わった。先生の優しい微笑みと研究に対する溢れんばかりの情熱が忘れられない。生前には果たし得なかった「フィールド文献学者」としての確固たる成果をいつの日か墓前に手向けたい。このほかにも、お世話になった先輩や友人は数えきれない。全ての方々のお名前を挙げることができないことをどうかご寛恕頂きたい。

多くのお世話になった方々と並んで、時にはそれ以上に私のこれまでの研究活動を支えてくれたのは、船田善之・飯山知保の両人である。北京大学留学中の二〇〇一年に初めて河北省保定の張柔墓を訪れてからは、毎年のように現地碑刻調査をともにしてきた「戦友」である。本書で利用した碑刻史料の多くは訪碑行と銘打った現地調査によって知り得たものであり、研究の出発点も問題意識も全てが彼らとの調査を通して得られたものである。

両人とともに過ごしえた時間と経験は何物にも代え難い財産であり、これからも大切に守っていきたい宝である。さらに現地調査を通して、問題意識を共有し、多くを語らなくても理解し合える山西大学の張俊峰という協力者を得た。まさに知音と言うべき研究の友を三人も得られたことは、人生の幸せ以外のなにものでもない。

なお、本書の出版は、二〇一二年度早稲田大学学術研究書出版制度の助成によるものである。関係各位および最後までご面倒をおかけした編集担当の早稲田大学出版部武田文彦氏と株式会社角川学芸出版編集局福山みさお氏に厚くお礼を申し上げたい。

最後に、今まで辛抱強く私の研究と人生を励まし見守り続けてくれた母孝子と姉美香、私以上に私を理解し、つねに笑顔で大きな展望と目指すべき方向を指し示してくれる妻美和に心からの感謝の思いを込めて本書を捧げたい。

二〇一三年五月

井黒　忍

参考文献一覧

【日文】

赤松紀彦　一九八六　「山西中南部の戯曲文物とその研究」、『中国文学報』第三七冊、一五五～一七一頁。

安部健夫　一九五四　「元時代の包銀制の考究」、『東方学報（京都）』第二四冊、二二七～二六六頁（安部一九七二に再録）。

――　一九七二　『元代史の研究』創文社、東京。

――　一九七二A　「元代通貨政策の発展」、安部一九七二、三六三～四二四頁。

天野元之助　一九四九　「『斉民要術』と旱地農法」、『社会経済史学』第一五巻第三・四号、三九～五三頁。

――　一九五〇　「代田と区田――漢代農業技術考」、『社会科学の諸問題：松山商科大学開学記念論文集』松山商科大学、松山、一四九～一六九頁。

――　一九五九　「中国における施肥技術の展開（一）」、『松山商大論集』第一〇巻第一号、一～二九頁。

――　一九六二　「元代の農業とその社会構造」、『人文研究』第七号、一〇〇～一一七頁。

――　一九六三　「元の魯明善『農桑衣食撮要』」、『農業総合研究』第一七巻第三号、一五五～一六一頁。

――　一九六七　「元の王禎『農書』の研究」、藪内清（編）『宋元時代の科学技術史』京都大学人文科学研究所、京都、三四一～四六八頁。

――　一九七五　『中国古農書考』龍渓書舎、東京。

――　一九七九　『中国農業史研究（増補版）』御茶の水書房、東京。

飯山知保　二〇〇一　「金元代華北社会研究の現状と展望」、『史滴』第二三号、五二～七一頁。

――　二〇一一　『金元時代の華北社会と科挙制度――もう一つの「士人層」』早稲田大学出版部、東京。

井黒　忍　二〇〇九　「清濁灌漑方式が持つ水環境問題への対応力――中国山西呂梁山脈南麓の歴史的事例を基に」、『史林』第九二巻第一号、三六～六九頁。
――――　二〇一二　「書評：森田明著『山陝の民衆と水の暮らし――その歴史と民俗』」、『社会経済史学』第七八巻第一号、一五三～一五五頁。
池内　功　二〇〇二　「モンゴル朝下漢人世侯の権力について」、野口鐵郎先生古稀記念論集刊行委員会（編）『中華世界の歴史的展開』汲古書院、東京、二四一～二六六頁。
伊藤正彦　一九九五　「元代勧農文小考――元代江南における勧農の基調とその歴史的位置」、『熊本大学文学部論叢』第四九号、一～二七頁（『宋元郷村社会史論――明初里甲制体制の形成過程』汲古書院、東京、二〇一〇年に再録）。
岩村　忍　一九六八　「元朝の制度・封建的領地制」、『モンゴル社会経済史の研究』京都大学人文科学研究所、京都、四〇一～四六九頁。
植松　正　一九七八　「元代条画考（一）」、『香川大学教育学部研究報告（第一部）』第四五号、三五～七三頁。
――――　一九九七　「元代江南の戸口統計と徴税請負制度」、『元代江南政治社会史研究』汲古書院、東京、六八～九七頁。
牛根靖裕　二〇一〇　「モンゴル統治下の四川における駐屯軍」、『立命館文学』第六一九号、六七～九一頁。
梅原　郁　一九八五　『宋代官僚制度研究』同朋舎、京都。
海老沢哲雄　一九六一　「元代食邑制度の成立」、『歴史教育』第九巻第七号、一九～二四、四九頁。
――――　一九六六　「元朝の封邑制度に関する一考察」、『史潮』第九四号、三二～五一頁。
内田智雄　一九四八　『中国農村の家族と信仰』弘文堂書房、東京。
応地利明　一九六四　「乾燥農業と灌漑農業との間に――北パキスタン農村でのフィールドノートから」、『人文地理』第一六巻第一号、四〇～六三頁。
大澤正昭　一九八一　「唐代華北の主穀生産と経営」、『史林』第六四巻第二号、一四九～一八四頁（大澤一九九六に再録）。
――――　一九九三　『陳旉農書の研究：十二世紀東アジア稲作の到達点』農山漁村文化協会、東京。

―――　一九九六　『唐宋変革期農業社会史研究』汲古書院、東京。
大澤正昭・村上陽子　一九九六A　「唐代の蔬菜栽培と経営」、大澤一九九六、一二五～一五八頁。
―――　一九九八　「王禎『農桑通訣』試釈（付索引）――「鋤治篇第七」を例として」、『上智史学』第四三号、八七～一〇九頁。
大島利一　一九四七　「氾勝之書について」、『東方学報（京都）』第一五巻第三号、八〇～一一一頁。
―――　一九五五　「屯田と代田」、『東洋史研究』第一四巻第一・二合刊号、一～二二頁。
岡島秀夫・志田容子（訳）：氾勝之（著）：石声漢（編・英訳）一九八六　『原文・英訳・和訳氾勝之書――中国最古の農書』農山漁村文化協会、東京。
小川裕人　一九四〇　「金代の物力銭に就いて（中）」、『東洋史研究』第六巻第一号、四三～六〇頁。
沖田道成　二〇〇二　「クビライの徙民――懐孟の一例より」、『立命館東洋史学』第二五号、五七～八二頁。
愛宕松男　一九四三　「元朝の対漢人政策」、『東亜研究所報』第二三号、一～一一八頁（『愛宕松男東洋史学論集：元朝史』第四巻、三一書房、東京、一九八八年に再録）。
郭文韜・曹隆恭・宋湛慶・馬孝劬（著）：渡部武（訳）一九八九　『中国農業の伝統と現代』農山漁村文化協会、東京（原著は『中国伝統農業与現代農業』中国農業科技出版社、北京、一九八六年）。
柏　祐賢　一九四八　『経済秩序個性論――中国経済の研究』第三分冊、人文書林、東京（『柏祐賢著作集』第五冊、京都産業大学出版会、京都、一九八六年に再録）。
―――　一九五四　「アジア農業の特質――特に中国における耕種方式をめぐって」、『創立二十周年記念論文集』（『東方学報』第二五冊・『人文学報』第五冊合併）京都大学人文科学研究所、京都、三六四～三八五頁。
熊代幸雄　一九六九　「東アジア深耕・密植農法の伝統――前漢・『氾勝之書』の区種・区田法（付）趙過代田法」、『比較農法論』お茶の水書房、東京、五八七～六一六頁。
項陽（著）：好並隆司（訳）二〇〇七　『楽戸：中国・伝統音楽文化の担い手』社団法人部落解放・人権研究所、大阪。

桜木陽子 二〇〇二 「山西省戯台の現状（上）」、『東方』第二五三号、二～六頁。
佐藤　長 一九九〇 「中国社会の性格について――その史的一考察」、『鷹陵史学』第一六号、一～四〇頁（『中国古代史論考』朋友書店、京都、二〇〇〇年に再録）。
島田　好 一九三二 「『遼東行部志』研究」、『満洲学報』第一号、一～二二頁。
白杉悦雄 一九九八 「董煟『救荒活民書』の成立とその受容史――「救荒報應」と「救荒仙方」をてがかりに」、田中淡（編）『中国技術史の研究』京都大学人文科学研究所、京都、五九九～六三四頁。
周　天游（ほか） 一九九七 『黄土高原とオルドス：中国西北路寧夏陝西調査記』日中文化研究別冊三、勉誠社、東京。
新庄憲光 一九四一 「包頭の蔬菜園芸農業に於ける灌漑（一・二）――包頭東河村実態調査報告」、『満鉄調査月報』九月・一〇月号、一一五～一七四、五九～一一一頁（南満洲鉄道株式会社北支経済調査所（編）『包頭の蔬菜園芸農業に於ける灌漑――包頭東河村実態調査報告』満鉄調査研究資料第四三編（北支調査資料第二一輯）、南満洲鉄道株式会社調査部、大連、一九四一年に再録）。
杉山正明 一九八四 「クビライと大都」、梅原郁（編）『中国近世の都市と文化』京都大学人文科学研究所研究班報告書、京都大学人文科学研究所、京都、四八五～五一八頁（杉山二〇〇四に再録）。
――― 一九九〇A 「草堂寺闊端太子令旨碑の訳注」、『史窓』第四七号、八七～一〇六頁（杉山二〇〇四に再録）。
――― 一九九〇B 「元代蒙漢合璧命令文の研究（一）」、『内陸アジア言語の研究』V、一～五五頁（杉山二〇〇四に再録）。
――― 一九九二 『大モンゴルの世界――陸と海の巨大帝国』角川選書二二七、角川書店、東京。
――― 一九九六 『モンゴル帝国の興亡』講談社現代新書、講談社、東京。
――― 一九九七 「中央ユーラシアの歴史構図――世界史をつないだもの」、『岩波講座世界歴史一一：中央ユーラシアの統合』岩波書店、東京、三～八九頁。
――― 二〇〇四 『モンゴル帝国と大元ウルス』京都大学学術出版会、京都。

高橋文治　一九九七　「モンゴル時代全真教文書の研究（二）」、『追手門学院大学文学部紀要』第三二号、一五七〜一七六頁（『モンゴル時代道教文書の研究』汲古書院、東京、二〇一一年に再録）。
――――　二〇〇六　「書評：宮紀子著『モンゴル時代の出版文化』」、『東洋史研究』第六五巻第三号、九九〜一〇八頁。
――――（編）二〇〇七　『烏台筆補の研究』汲古書院、東京。
田中謙二　一九六九　「『朱子語類』外任篇訳注（二）」、『東洋史研究』第二八巻第二三号、九四〜一〇八頁（『朱子語類外任篇訳注』汲古書院、東京、一九九四年に再録）。
田村實造　一九七一　「中国征服王朝について――総括にかえて」、『中国征服王朝の研究（中）』東洋史研究会、京都、六二三〜六五五頁。
中国農村慣行調査刊行会（編）一九八一　『中国農村慣行調査』（復刻）、岩波書店、東京。
張俊峰（著）：井黒忍（訳）二〇一二　「一九九〇年代以降の中国水利社会史研究」、『中国水利史研究』第四〇号、二〜二一頁。
張銘治（著）：梶山信治（訳）一九九七　「'96西北軍用道考察箚記――固原地区の自然地理と古代における長安西北の防衛」、周一九九七、一〇二〜一一六頁。
鄭振鐸（著）：高木智見（訳）二〇〇五　『伝統中国の歴史人類学：王権・民衆・心性』知泉書館、東京。
寺田浩明　一九八九　「清代土地法秩序における「慣行」の構造」、『東洋史研究』第四八巻第二号、一三〇〜一五七頁。
外山軍治　一九三六　「山西を中心とせる金将宗翰の活躍」、『東洋史研究』第一巻第六号、五〇九〜五三二頁（『金朝史研究』同朋舎、京都、一九六四年に再録）。
礪波　護　二〇〇七　「中国の分省地図――陝西省図を中心に」、藤井譲治・杉山正明・金田章裕（編）『大地の肖像：絵図・地図が語る世界』京都大学学術出版会、京都、四二五〜四四七頁。
唐　立（編）二〇〇八　『中国雲南少数民族生態関連碑文集』総合地球環境学研究所、京都。
ドーソン（著）：佐口透（訳注）一九六八　『モンゴル帝国史』二、平凡社、東京。

直江広治　一九六八　『中国の民俗学』岩崎美術社、東京。

中島楽章　二〇〇一　「元代社制の成立と展開」、『東洋史論集』第二九号、一一六～一四六頁。

長瀬　守　一九六五　「元代の勧農に関する官制系統について」、『東京都立杉並高等学校若杉研究所紀要』第六集、一九～三四頁。

――　一九六七　「宋元における農業水利集団の管理とその性格――タテとヨコの関連において」、『中国水利史研究』第三号、四三～六四頁（長瀬一九八三に再録）。

――　一九七一　「宋元時代の水利法：アジアにおける水利文化圏の一形態」、『立正大学短期大学部紀要』第二号、一～二〇頁（長瀬一九八三に再録）。

――　一九八〇　「東アジアにおける水利文化圏の特質」、『中国水利史研究』第一〇号、二～一四頁（長瀬一九八三に再録）。

――　一九八一　「宋元時代江南デルタにおける水利・農業の技術的展開――華北との対比において」、『歴史人類』第九号、四三～一〇二頁（長瀬一九八三に再録）。

――　一九八三　『宋元水利史研究』国書刊行会、東京。

丹羽友三郎　一九六八　「元の勧農条画について」、『名古屋商科大学論集』第一三巻、一三五～一五三頁。

ニーダム、ジョセフ（著）：田中淡（他訳）　一九七九　『中国の科学と文明』巻一〇・土木工学、思索社、東京。

西岡弘晃　一九七四Ａ　「唐代の灌漑水利施設とその管理」、『中村学園研究紀要』第六号、二三～三二頁。

――　一九七四Ｂ　「宋代における陝西の水利開発――豊利渠の構築を中心として」、『中国水利史研究』第六号、二〇～三六頁（『中国近世の都市と水利』中国書店、福岡、二〇〇四年に再録）。

西山武一　一九四九　「中国における水稲農業の発達」、『農業総合研究』第三巻第一号、一一八～一五九頁（『アジア的農法と農業社会』東京大学出版会、東京、一九六九年に再録）。

西山武一・熊代幸雄（訳注）　一九五七　『校訂訳注斉民要術』東京大学出版会、東京。

錦織英夫　一九四一『山西農業と自然』経研研究報告第一輯、国立北京大学農学院・中国農村経済研究所、北京。
馬場英雄　一九九四「嵆康の養生論について」、『国学院雑誌』第九五巻第一〇号、一～一四頁（『嵆康の思想』明治書院、東京、二〇〇八年に再録）。
濱川　栄　二〇〇九『中国古代の社会と黄河』早稲田大学出版部、東京。
原　宗子　一九八二「中国農業史研究の明日――関中での灌漑形態を手がかりに」、『中国近代史研究』第二集、五九～一六九頁。
――――　一九九七「陝北黄土高原の環境と農耕・牧畜」、周一九九七、四三～七八頁。
――――　二〇〇五「『氾勝之書』農法の成立基盤と「黄土」の出現――「草地」欠如を軸に」、『「農本」主義と「黄土」の発生：古代中国の開発と環境（二）』研文出版、東京、四〇六～四三四頁（原載は「中国農業の歴史的基礎――「草地」の欠如を軸に」、石原享一（ほか編）『途上国の経済発展と社会変動：小島麗逸教授還暦記念』緑蔭書房、東京、一九九七年）。
蛭田展充　一九九九「宋初陝西の軍料補給政策」、『史滴』第一九号、一四～三〇頁。
舩田善之　二〇〇五「霊巌寺執照碑」碑陽所刻文書を通してみた元代文書行政の一断面」、『アジア・アフリカ言語文化研究』第七〇号、八一～一〇五頁。
――――　二〇〇七「モンゴル時代における民族接触とアイデンティティの諸相」、今西裕一郎（編）『九州大学二一世紀COEプログラム「東アジアと日本：交流と変容」統括ワークショップ報告書』九州大学二一世紀COEプログラム（人文科学）「東アジアと日本：交流と変容」、福岡、一九～二九頁。
――――　二〇〇九「日本宛外交文書からみた大モンゴル国の文書形式の展開――冒頭定型句の過渡期的表現を中心に」、『史淵』第一四六輯、一～一三頁。
――――　二〇一一「石刻史料が拓くモンゴル帝国史研究――華北地域を中心として」、早稲田大学モンゴル研究所（編）：吉田順一（監修）『モンゴル史研究―現状と展望』明石書店、東京、六五～九〇頁。

船田善之・井黒忍・飯山知保　二〇一二　「晋北訪碑行報告」、『学習院大学東洋文化研究所調査研究報告：遊牧世界と農耕世界の接点――アジア史研究の新たな史料と視点』第五七号、一～三〇頁。
古松崇志　二〇〇一　「元代カラホト文書解読（一）」、『オアシス地域研究会報』第一巻第一号、三七～四七頁。
――――　二〇〇三A　「女真開国伝説の形成――『金史』世紀の研究」、内山勝利（編）『論集「古典の世界像」』「古典学の再構築」研究成果報告集V、「古典学の再構築」総括班、神戸、一八四～一九七頁。
――――　二〇〇三B　「脩端「辯遼宋金正統」をめぐって――元代における『遼史』『金史』『宋史』三史編纂の過程」、『東方学報』第七五冊、一二三～二〇〇頁。
――――　二〇〇五　「元代カラホト文書解読（二）」、『オアシス地域研究会報』第五巻第一号、五三～九七頁。
北京図書館（原編）：勝村哲也（覆刊編）一九八三　『中国版刻図録』朋友書店、京都。
保柳睦美　一九四三　「山西農業の自然環境」、『北支・蒙古の地理――乾燥アジアの地理学的諸問題』古今書院、東京、八七～一三九頁（原載は『世界地理』第三巻、支那一、一九四〇年）。
本田　治　一九七三　「宋代両浙地方の養蚕業について――特にその技術的展開を中心に」、『待兼山論叢（史学篇）』第六号、四一～五八頁。
本田実信　一九九一　「モンゴルの遊牧的官制」、『モンゴル時代史研究』東京大学出版会、東京、六九～八二頁。
前嶋信次　一九五一　「忽必烈枢密副使博羅考」、和田博士還暦記念東洋史論叢編集委員会（編）『和田博士還暦記念東洋史論叢』大日本雄弁会講談社、東京、四六七～四八四頁（『シルクロード史上の群像：東西文化交流の諸相』誠文堂新光社、東京、一九八二年に再録）。
松川　節　一九九五　「大元ウルス命令文の書式」、『待兼山論叢（史学篇）』第二九号、二五～五二頁。
松井　太　二〇〇八　「ドゥア時代のウイグル語免税特許状とその周辺」、『人文社会論叢（人文科学篇）』第一九号、一三～二五頁。
松田孝一　一九七八　「モンゴルの漢地統治制度――分地分民を中心として」、『待兼山論叢（史学篇）』第一一号、三三～

五四頁。

――――一九七九「元朝期の分封制――安西王の事例を中心として」、『史学雑誌』第八八編第八号、三七～七四頁。

――――一九八〇「フラグ家の東方領」、『東洋史研究』第三九巻第一号、三五～六二頁。

――――一九八五「モンゴル帝国領漢地の戸口統計」、『待兼山論叢（史学篇）』第一九号、二五～四五頁。

――――一九九〇「いわゆる元朝の「軍戸数」について」、布目潮渢博士古稀記念論集刊行会編集委員会（編）『布目潮渢博士古稀記念論集：東アジアの法と社会』汲古書院、東京、四四一～四六一頁。

――――二〇〇〇「中国交通史――元時代の交通と南北物流」、松田孝一（編）『東アジア経済史の諸問題』阿吽社、京都、一三五～一五七頁。

松本善海　一九四〇「元代における社制の創立」、『東方学報（東京）』第一一冊、三二八～三三七頁。

三上次男　一九五九「金初の行台尚書省とこれをめぐる政治上の諸問題」、『歴史と文化』Ⅳ、五五～九五頁（三上一九七〇に再録）。

――――一九七〇『金史研究：金代政治制度の研究』二、中央公論美術出版社、東京。

宮　紀子　一九九九「鄭鎮孫と『直説通略』（下）」、『中国文学報』第五九冊、九九～一三二頁（宮二〇〇六に再録）。

――――二〇〇一「程復心『四書章図』出版始末攷――大元ウルス治下における江南文人の保挙」、『内陸アジア言語の研究』XVI、七一～一二二頁（宮二〇〇六に再録）。

――――二〇〇三「「対策」の対策――大元ウルス治下における科挙と出版」、木田章義（編）『古典学の現在』Ⅴ、文部科学省科学研究費補助金特定領域研究「古典学の再構築」総括班、神戸、五～一二六頁（宮二〇〇六に再録）。

――――二〇〇六『モンゴル時代の出版文化』名古屋大学出版会、名古屋。

――――二〇〇六A「『農桑輯要』からみた大元ウルスの勧農政策（上）」、『人文学報』第九三号、五七～八四頁。

――――二〇〇七「『農桑輯要』からみた大元ウルスの勧農政策（中）」、『人文学報』第九五号、四一～七五頁。

――――二〇〇八「『農桑輯要』からみた大元ウルスの勧農政策（下）」、『人文学報』第九六号、一〇一～一二五頁。

宮澤知之　一九八三　「南宋勧農論――農民支配のイデオロギー」、中国史研究会（編）『中国史像の再構成――国家と農民』文理閣、京都、二一三～二五三頁。
村岡　倫　二〇〇三　「モンゴル西部におけるチンギス・カンの軍事拠点――二〇〇一年チンカイ屯田調査報告をかねて」、『龍谷史壇』第一一九・一二〇合刊号、一～六一頁。
村上嘉實　一九九八　「王禎の技術思想」、田中淡（編）『中国技術史の研究』京都大学人文科学研究所、京都、三〇九～三五二頁。
村上正二　一九七九　「宋・金抗争期における太行の義士（一）」、『大正大学大学院研究論集』第三号、七一～九七頁（『モンゴル帝国史研究』風間書房、東京、一九九三年に再録）。
森田　明　一九七四　『清代水利史研究』亜紀書房、東京。
――――　一九七七Ａ　「山西省洪洞県の渠冊について――「洪洞県水利志補」簡介」、『中国水利史研究』第八号、一六～三三頁。
――――　一九七七Ｂ　「清代華北における水利組織とその性格――山西省通利渠の場合」、『歴史学研究』第四五〇号、二七～三七頁（森田一九九〇に再録）。
――――　一九七八　「清代華北の水利組織と渠規――山西省洪洞県における」、『史学研究』第一四二号、六〇～七五頁（森田一九九〇に再録）。
――――　一九九〇　『清代水利社会史の研究』国書刊行会、東京。
――――　二〇〇九　『山陝の民衆と水の暮らし――その歴史と民俗』汲古書院、東京。
森田憲司　二〇〇六　「「石刻熱」から二〇年」、『アジア遊学：碑石は語る』第九一号、勉誠出版、東京、一三四～一三七頁。
森部　豊　二〇〇五　「関中涇渠の沿革――歴代渠首の変遷を中心に」、『東洋文化研究』第七号、一二五～一五二頁。
師尾晶子　二〇〇六　「碑文を見る人・碑文を読む人――古代ギリシアの公的碑文の開放性と閉鎖性」、『アジア遊学：碑石は語る』第九一号、勉誠出版、東京、一五八～一六七頁。

箭内　亘　一九三〇　「元朝怯薛考」、『蒙古史研究』刀江書院、東京、二一一～二六二頁。
山本明志　二〇〇八　「モンゴル時代におけるチベット・漢地間の交通と站赤」、『東洋史研究』第六七巻第二号、二五五～二八〇頁。
矢澤知行　一九九九　「大元ウルスの河南江北行省軍民屯田」、『「社会科」学研究』第三六号、一九～三九頁（矢澤二〇〇四に再録）。
――――　二〇〇〇　「大元ウルスの枢密院所轄屯田」、『愛媛大学教育学部紀要（人文・社会科学）』第三二巻第二号、一九～三七頁（矢澤二〇〇四に再録）。
――――　二〇〇四　『モンゴル時代の兵站政策に関する研究――大元ウルスを中心として』東京大学大学院人文社会系研究科博士論文ライブラリー、東京。
吉岡義信　一九五五　「宋代の勧農使について」、『史学研究』第六〇号、四三～四九頁。
吉田　寅　一九七四　「『救荒活民書』と宋代の救荒政策」、宋代史論叢刊行会（編）『青山博士古稀記念宋代史論叢』省心書房、東京、四四七～四七五頁。
好並隆司　一九五六　「元朝屯田攷」、『岡山史学（歴史学・地理学）』第三号、一～二六頁。
――――　一九六八　「水利慣行と法律」、『歴史教育』第一六巻第一〇号、三六～四二頁（『中国水利史研究論攷』岡山大学文学部、岡山、一九九三年に再録）。
米田賢次郎　一九六三　「中国古代の肥料について――二年三毛作成立の一側面」、『滋賀大学学芸学部紀要（社会科学）』第一三号、一三三～一四四頁（米田一九八九に再録）。
――――　一九七二　「呂氏春秋の農業技術に関する一考察――特に氾勝之書と関連して」、『東洋史研究』第三一巻第三号、三〇～五七頁（米田一九八九に再録）。
――――　一九八九　『中国古代農業技術史研究』同朋舎、京都。
和田　清　一九三九　『支那地方自治発達史』中華民国法制研究会、東京。

和田平一　一九二二「黄河上流の水運（大正十年夏秋の間踏査し来れる）」、『支那の会審制度：北京大学：黄河上流の水運』東亜同文書院研究部、上海、三九〜六七頁。
渡邊　久　一九九二「転運司から監司へ——宋初における監司の成立」、『東洋史苑』第三八号、三七〜七五頁。
——　二〇〇五「北宋提点刑獄の一考察」、『龍谷史壇』第一二三号、一〜五七頁。

【中文】
白爾恒・藍克利・魏丕信（編著）二〇〇三『溝洫佚聞雑録』陝山地区水資源与民間社会調査資料集（第一集）、中華書局、北京。
北京市文物研究所　一九八六「元鉄可父子墓和張弘綱墓」、『考古学報』第一期、九五〜一一四頁。
——　二〇〇三『北京市文物研究所蔵墓誌拓片』北京燕山出版社、北京。
北京図書館金石組　一九九〇『北京図書館蔵中国歴代石刻拓本匯編』第四八・四九冊、中州古籍出版社、鄭州。
蔡　美彪　一九九七「元代道観八思巴字刻石集釈」、『蒙古史研究』第五輯、五五〜一一四頁。
——　二〇〇九「抜都平陽分地初探」、『中国史研究』第一期、一一五〜一二二頁。
曾　毅公（輯）一九八七『石刻考工録』書目文献出版社、北京。
曹婉如（ほか編）一九九〇『中国古代地図集：戦国—元』文物出版社、北京。
柴　瑞祥　二〇〇一『広勝寺』山西経済出版社、太原。
柴　沢俊　一九九九「平陽地区古代戯台研究」、『柴沢俊古建築文集』文物出版社、北京、二五一〜二七三頁（原載は『戯曲研究』第一一輯、一九八二年）。
常　雲昆　二〇〇一『黄河断流与黄河水権制度研究』中国社会科学出版社、北京。
車　文明　二〇〇一『二〇世紀戯曲文物的発現与曲学研究』文化芸術出版社、北京。
陳　得芝　二〇〇九「関於元朝的国号、年代与疆域問題」、『北方民族大学学報』第三期、五〜一四頁。

陳　高華　一九九一　「石工楊瓊事迹新考」、『元史研究論稿』中華書局、北京、四三六～四四〇頁（初出は「元大都史事雑考」、『燕京春秋』北京出版社、北京、一九八二年）。
陳高華・史衛民　一九九三　「元代的流民問題」、『元史論叢』第五輯、一三二～一四七頁。
陳高華・史衛民　二〇〇〇　『中国経済通史：元代経済巻』経済日報出版社、北京。
陳　広恩　二〇〇五　『元代西北経済開発研究』澳亜周刊出版有限公司、澳門。
陳　学霖　二〇〇三　「金朝的旱災、祈雨、与政治文化」、『金宋史論叢』中文大学出版社、香港、三三～七二頁（原載は『漆俠先生紀念論文集』河北大学出版社、石家庄、二〇〇二年）。
程　発軔　二〇〇六　『古翼城百論』山西人民出版社、太原。
程　民生　二〇〇三　「試論金元時期的北方経済」、『史学月刊』第三期、四一～五二頁。
——　二〇〇四　『中国北方経済史』人民出版社、北京。
崔　允精　二〇〇四　「元代救荒書与救荒政策——以《救荒活民類要》為依拠」、『元史論叢』第九輯、二〇七～二一九頁。
戴　建国　一九八九　「宋代的提点刑獄司」、『上海師範大学学報』第二期、九三～一〇一頁。
董暁萍・藍克利　二〇〇三　『不灌而治』陝山地区水資源与民間社会調査資料集（第四集）、中華書局、北京。
鄧　雲特（鄧拓）　一九三七　『中国救荒史』商務印書館、上海（邦訳に川崎政雄（訳）『支那救荒史』生活社、東京、一九三九年がある）。
杜　文　一九九八　「灞河古橋址出土唐代残碑略考」、『碑林集刊』第五輯、八五～八七頁。
杜　瑜　二〇〇五　『中国経済重心南移：唐宋間経済発展的地区差異』五南図書出版公司、台北。
杜正貞・趙世瑜　二〇〇六　「区域社会史視野下的明清沢潞商人」、『史学月刊』第九期、六五～七八頁。
杜　正貞　二〇〇七　『村社伝統与明清士紳：山西沢州郷土社会的制度変遷』上海辞書出版社、上海。
范　天平（編注）　二〇〇一　『豫西水碑鈎沈』陝西人民出版社、西安。
——（整理）　二〇一一　『中州百県水碑文献』陝西人民出版社、西安。

馮　俊傑　一九九七「陽城県下交村湯王廟祭考論」、『民俗曲芸』第一〇七・一〇八期、三〜三六頁。
――――　二〇〇〇「析城山成湯廟与太行雩祭演劇伝統的形成」、『太行神廟及賽社演劇研究』財団法人施合鄭民俗文化基金会、台北、二六九〜三一四頁。
――――　二〇〇二『山西戯曲碑刻輯考』中華書局、北京。
――――　二〇〇六『山西神廟劇場考』中華書局、北京。
高　華（陳高華）一九七五「〃亦集乃路河渠司〃文書和元代蒙古族的階級分化」、『文物』第九期、八七〜九〇頁。
国家文物局（主編）一九九一『中国文物地図集：河南分冊』中国地図出版社、北京。
国務院三峡工程建設委員会弁公室・国家文物局（編著）二〇一〇『三峡湖北段沿江石刻』科学出版社、北京。
郭建設・索全星　二〇〇四『山陽石刻芸術』河南美術出版社、鄭州。
韓　茂莉　二〇〇〇「金代主要農作物地理分佈与種植制度」、『国学研究』第七巻、一〜二四頁。
郝　時遠　一九九二「元世祖時期台察与権臣的闘争」、『元史論叢』第四輯、一一〇〜一二二頁。
何　星亮　一九九二『中国自然神与自然崇拝』上海三聯書店、上海。
《河南省》編纂委員会（編）一九八三『中華人民共和国地名詞典：河南省』商務印書館、北京。
侯　堮　一九九一「元《鉄可墓志》考釈」、『北京文物与考古』第二輯、二四九〜二五五頁。
胡　阿祥　二〇〇〇「蒙元国号概説」、『中国歴史地理論叢』第一期、五七〜六九頁。
胡　道静　一九八五「述上海図書館所蔵元刊大字本《農桑輯要》」、『農書農史論集』農業出版社、北京、五七〜六八頁。
胡　昭曦（主編）一九九二『宋蒙（元）関係史』四川大学出版社、成都。
黄　盛璋　一九八二「西安城市発展中的給水問題以及今後水源的利用与開発」、『歴史地理論集』人民出版社、北京、六〜四一頁（原載は『地理学報』一九五八年第四期）。
黄竹三・馮俊傑（等編著）二〇〇三『洪洞介休水利碑刻輯録』陝山地区水資源与民間社会調査資料集（第三集）、中華書局、北京。

賈　敬顔（疏証）一九八九「《鴨江行部志》疏証稿（上・中・下）」、『北方文物』第一、二、三期、八八～九五、九五～一〇〇、九二～九六頁。
賈　玉英　一九九六『宋代監察制度』河南大学出版社、開封。
蔣　松岩　一九八七「金代提刑司与按察司初探」、『平原大学学報』第三期、一四～二一頁。
金　其楨　二〇〇二『中国碑文化』重慶出版社、重慶。
金　瀅坤　二〇〇三「従黒城文書看元代的養済院制度――兼論元代的亦集乃路」、『中央民族大学学報（哲学社会科学版）』第三〇巻第二期、六七～七〇頁。
晋城市地方志叢書編委会（編著）一九九五『晋城金石志』海潮出版社、北京。
李国富・王汝雕・張宝年　二〇〇八『洪洞金石録』山西古籍出版社、太原。
李　令福　二〇〇四『関中水利開発与環境』人民出版社、北京。
――二〇一一「論西安咸陽間渭河北移的時空特徴及其原因」、『雲南師範大学学報（哲学社会科学版）』第四三巻第四期、七～一七頁。
李　天鳴　一九八八『宋元戦史』食貨出版社、台北。
李　逸友　一九九一『黒城出土文書：漢文文書巻』科学出版社、北京。
李英明・潘軍峰　二〇〇四『山西河流』科学出版社、北京。
李　之勤　一九九四『西北史地研究』中州古籍出版社、鄭州。
――一九九四A「関于元代劉斌興建灞橋的重要歴史文献――李庭《寓庵集》的《創建灞石橋記》和駱天驤《類編長安志》的《灞橋》条」、李之勤一九九四、一九九～二〇六頁。
――一九九四B「元代重建灞橋的又一重要文献――張養浩的《安西府咸寧県創建灞橋記》」、李之勤一九九四、二一六～二二二頁。
李　治安　二〇〇〇A「元代粛政廉訪司研究」、『文史』第三輯、五三～七六頁。

――――二〇〇〇B 「元代粛政廉訪司研究（中）」、『文史』第四輯、六一～七七頁。
――――二〇〇一 「元代粛政廉訪司研究（下）」、『文史』第一輯、二三五～二四三頁。
――――二〇〇三 『元代政治制度研究』人民出版社、北京。
――――二〇一〇 「元代陝西行省研究」、『中国歴史地理論叢』第四輯、一〇二～一三二頁。
劉　暁　二〇〇一 「大蒙古国与元朝初年的廉訪使」、『元史論叢』第八輯、一一八～一二二頁。
――――二〇〇七 「元代公文起首語初探―兼論《全元文》所収順帝詔書等相関問題」、『文史』第三輯、一七一～一八二頁。
劉　毓慶　二〇〇八 『華夏文明之根探源：晋東南神話、歴史、伝説与民俗綜合考察』学苑出版社、北京。
路　遠　一九九八 『西安碑林史』西安出版社、西安。
路遠・張虹冰・董玉芬　一九九八 「西安碑林蔵石所見歴代刻工名録」、『碑林集刊』第五輯、一三九～一六一頁。
魯西奇・林昌丈　二〇一一 『漢中三堰：明清時期漢中地区的堰渠水利与社会変遷』中華書局、北京。
羅　徳胤　二〇〇八 「中国古代戯台測絵図（二）」、『中華戯曲』第三七輯、三六七～三七六頁。
羅継祖・張博泉（注釈）一九八四 『鴨江行部志注釈』黒竜江人民出版社、哈爾浜。
馬　得之　一九六〇 「西安元代安西王府勘査記」、『考古』第五期、二〇～二三頁。
馬　金花（編著）二〇一一 『山西碑碣続編』三晋出版社、太原。
馬　毅敏（主編）二〇〇八 『中国広勝寺』新華出版社、北京。
毛　遠明　二〇〇九 『碑刻文献学通論』中華書局、北京。
孟列夫（著）：王克孝（訳）一九九四 『黒城出土漢文遺書叙録：柯茲洛夫蔵巻』寧夏人民出版社、銀川。
繆　啓愉（校釈）一九八八 『元刻農桑輯要校釈』農業出版社、北京。
――――（訳注）一九九四 『東魯王氏農書訳注』上海古籍出版社、上海。
繆啓愉（校釈）：繆桂龍（参校）一九八二 『斉民要術校釈』農業出版社、北京。
南風化工集団股份有限公司（編）二〇〇〇 『河東塩池碑匯』山西古籍出版社、太原。

斉書勤・蔣克訓　一九九九　『中国地震碑刻文図精選』地震出版社、北京。
邱　永明　一九九二　『中国監察制度史』華東師範大学出版社、上海。
秦建明・呂敏（編著）二〇〇二　『尭山聖母廟与神社』陝山地区水資源与民間社会調査資料集（第二集）、中華書局、北京。
瞿　啓甲（編）二〇〇三　『鉄琴銅剣楼書影』北京図書館出版社、北京。
山西省考古研究所　一九九九　『平陽金墓磚雕』山西人民出版社、太原。
――（他編）　二〇〇四　『黄河漕運遺迹：山西段』科学技術文献出版社、北京。
山西省考古研究所侯馬工作站　一九九七Ａ　「侯馬一〇一号金墓」、『文物季刊』第三期、一八～二一、一三頁。
――　一九九七Ｂ　「侯馬一〇二号金墓」、『文物季刊』第四期、二八～四〇頁。
――　一九九七Ｃ　「侯馬六五Ｈ四Ｍ一〇二金墓」、『文物季刊』第四期、一七～二七頁。
山西省文管会侯馬工作站　一九五九　「侯馬金代董氏墓介紹」、『文物』第六期、五〇～五五頁。
鈔暁鴻・李輝　二〇〇八　「《清峪河各渠始末記》的発現与刊布」、『清史研究』第二期、九七～一〇五頁。
史　念海（主編）　一九九六　『西安歴史地図集』西安地図出版社、西安。
石　声漢　一九五六　『氾勝之書今釈（初稿）』科学出版社、北京。
――　一九八〇　『中国古代農書評介』農業出版社、北京。
石声漢（校注）：西北農学院古農研究室（整理）　一九八二　『農桑輯要校注』農業出版社、北京。
釈　力空（著）：霍山志整理組（整理）　一九八六　『霍山志』山西人民出版社、太原。
国俊・張鴻鵬　二〇〇一　「山西翼城県武池村喬沢廟的元代舞楼」、『中華戯曲』第二五輯、一九一～一九七頁。
水利部長江水利委員会　一九九八　『長江三峡工程水庫水文題刻文物図集』科学出版社、北京。
田　東奎　二〇〇六　『中国近代水権糾紛解決機制研究』中国政法大学出版社、北京。
万　国鼎　一九五七　『氾勝之書輯釈』中華書局、北京。
――　一九五八　「区田法的研究」、『農業遺産研究集刊』第一冊、七～五〇頁。

王　曾瑜　一九九六『金朝軍制』河北大学出版社、保定。
王　錦萍　二〇〇三『虚実之間：一一――一三世紀晋南地区的水信仰与地方社会』北京大学碩士学位論文。
王　福才　一九九七「沁水県下格碑村聖王行宮元碑及賽戯考」、『民俗曲芸』第一〇七・一〇八期、九一～一一六頁。
――　二〇〇五『山西師範大学戯曲博物館蔵拓本目録』山西古籍出版社、太原。
王　菱菱　二〇〇五『宋代礦冶業研究』河北大学出版社、保定。
王　寧　一九九八「陵川県嶺常村龍王廟及祭龍祈雨民俗考」、『民俗曲芸』第一一四期、一～二四頁。
王　培華　一九九九「元代北方水旱災害時空分布特点与申検体覆救済制度」、『社会科学戦線』第三期、一四三～一四九頁。
――　二〇〇一A「元朝国家在管理分配農業用水中的作用」、『内蒙古社会科学（漢文版）』第二二巻第三期、三七～四一頁。
――　二〇〇一B「元明清江南学者開発西北水利的思想与実践」、『河北学刊』第二一巻第四期、八七～九二頁。
王　頲　一九八三「元代屯田考」、『中華文史論叢』第四輯、二二三～二五〇頁。
――　二〇一〇『西域南海史地探索』中国人民大学出版社、北京。
王　天然（主編）二〇一一『三晋石刻大全：臨汾市尭都区巻』三晋出版社、太原。
王　亜華　二〇〇五『水権解釈』上海三聯書店・上海人民出版社、上海。
王　一一　一九九〇「歴史悠久的《霍例水法》」、中国水利学会水利史研究会・山西水利学会水利史研究会一九九〇、二二九～二三三頁。
王　毓瑚（編）一九五五『区種十種』財政経済出版社、北京。
――（校註）一九六二『農桑衣食撮要』農業出版社、北京。
――（編著）一九六四『中国農学書録』農業出版社、北京。
――（校）一九八一『王禎農書』農業出版社、北京。
汪　学文（主編）二〇〇九『三晋石刻大全・臨汾市洪洞県巻（上下）』三晋出版社、太原。

渭南地区水利志編纂弁公室（編）一九八八『渭南地区水利碑碣集注』出版社不明、出版地不明。
聞 黎明 一九九二「大徳七年平陽太原的地震」、『元史論叢』第四輯、一六〇〜一七二頁。
呉 宏岐 一九九七『元代農業地理』西安地図出版社、西安。
呉庭美・夏玉潤 一九九七「論袁文新与区田法」、『明史研究』第五輯、五四〜六〇、三六頁。
西北師範大学古籍整理研究所（編）一九九二『甘粛古跡名勝辞典』甘粛教育出版社、蘭州。
咸陽地区文物管理委員会 一九七九「陝西戸県賀氏墓出土大量元代俑」、『文物』第四期、一〇〜二二、一〇一〜一〇二頁。
蕭 啓慶 二〇〇八「中国近世前期南北発展的岐異与統合：以南宋金元時期的経済社会文化為中心」、『元代的族群文化与科挙』聯経出版事業股份有限公司、台北、一〜二二頁。
蕭 正洪 一九九〇「歴史時期関中地区農田灌漑中的水権問題」、『中国経済史研究』第一期、四八〜六四頁。
項 陽 二〇〇一『山西楽戸研究』文物出版社、北京。
辛 徳勇 一九九六「考《長安志》《長安志図》的版本——兼論呂大防《長安図》」、『古代交通与地理文献研究』中華書局、北京、三〇四〜三四一頁（原載は『古代文献研究集林』第二集、一九九二年）。
辛 樹幟 一九六四『禹貢新解』農業出版社、北京。
許 赤瑜 二〇〇六「山西臨汾龍子祠泉水利資料」、『華南研究資料中心通訊』第四三期、三〇〜五二頁。
袁 冀 一九七四「元代衛輝之地位」、『元史研究論集』台湾商務印書館、台北、三二七〜三六〇頁（原載は『中国辺政』第一三期、一九六六年）。
延 保全 一九九七「陽城県沢城村湯帝廟及賽社演劇題記考」、『民俗曲芸』第一〇七・一〇八期、三七〜六二頁。
楊 富斗 一九九七「金朝推行区田法管見」、宋徳金（等編）『遼金西夏史研究：紀念陳述先生逝世三周年論文集』天津古籍出版社、天津、一四八〜一五一頁。
楊富斗・楊及耕 一九九七「金墓磚雕叢探」、『文物季刊』第四期、六六〜七七頁。
楊 鎌 一九八五「魯明善事迹勾沈」、『新疆大学学報』第三輯、九一〜九六頁。

楊　訥　一九六五　「元代農村社制研究」、『歴史研究』第四期、一一七～一三四頁。
楊太康・曹占梅　二〇〇六　『三晋戯曲文物考』施合鄭民俗文化基金会、台北。
楊　文衡　一九九〇　「《長安志図》的特点与水平」、『中国古代地図集：戦国―元』文物出版社、北京。
楊　亦武　一九九二　「北京房山区石楼村金代墓碑考」、『北京文物与考古』第三輯、二〇七～二一二頁。
葉　遇春　一九八四　「引涇灌漑技術初探――従鄭国渠到涇恵渠」、中国水利学会水利史研究会（編）『水利史研究会成立大会論文集』水利電力出版社、北京、三五～四二頁。
翼城県史志弁公室（編）二〇一〇　『翼城水利志』出版者不明、出版地不明。
永昌県志編纂委員会（編）一九九三　『永昌県志』甘粛人民出版社、蘭州。
于　采芑　二〇〇五A　「〝大朝〟文物考略」、『中国歴史文物』第四期、一二～一九、二二頁。
――――　二〇〇五B　「蒙古汗国国号〝大朝〟考」、『内蒙古社会科学（漢文版）』第六期、四五～五〇頁。
于傑・于光度　一九八九　『金中都』北京出版社、北京。
余　大鈞　一九八二　「蒙古朶児辺氏孛羅事輯」、『元史論叢』第一輯、一七九～一九六頁。
翟　銘泰（編著）二〇〇七　『翼城灤池水文化』出版者不明、出版地不明。
張　秉倫　一九九〇　「魯明善在安徽之史迹――附《靖州路達魯花赤魯公神道碑》」、『農史研究』第一〇輯、一一七～一二三頁。
張　従軍　二〇〇九　「張養浩墓」、『走向世界』第四期、九二～九五頁。
張　慧茹　二〇〇六　「歴代灞橋位置変遷及原因探析」、『三門峡職業技術学院学報（綜合版）』第五巻第三期、二四～二七頁。
張　俊峰　二〇〇八A　「前近代華北郷村社会水権的表達与実践――以山西〝灤池〟泉域為中心」、『清華大学学報（哲社版）』第四期、三五～四五頁。
――――　二〇〇八B　「前近代華北郷村社会水権的形成及其特点――山西〝灤池〟的歴史水権個案研究」、『中国歴史地理論叢』第四輯、一一五～一二〇頁。

——　二〇〇八C　「率由旧章：前近代汾河流域若干泉域水権争端中的行事原則」、『史林』第二期、八七～九三頁。
——　二〇一二　『水利社会的類型：明清以来洪洞水利与郷村社会変遷』北京大学出版社、北京。
張　履鵬　一九五七　「古代相伝的作物区田栽培法」、『農業学報』第八巻第一号、九〇～九四頁。
張　維邦　一九八六　『山西省経済地理』新華出版社、北京。
張　薇薇　二〇〇八　「晋東南地区二仙文化的歴史淵源及廟宇分布」、『文物世界』第三期、四五～五二頁。
張小軍・卜永堅・丁荷生　二〇〇六　「《陝山地区水資源与民間社会調査資料集》補遺七則」、『華南研究資料中心通訊』第四二期、一～二九頁。
張　学会（主編）　二〇〇四　『河東水利石刻』山西人民出版社、太原。
張　沢咸（等編著）　一九九〇　『中国屯墾史』中冊、農業出版社、北京。
章　楷（編）　一九八二　『中国古代栽桑技術史料研究』農業出版社、北京。
趙　超　一九九七　『中国古代石刻概論』文物出版社、北京。
趙　世瑜　二〇〇五　「分水之争：公共資源与郷土社会的権力和象徴――以明清山西汾水流域的若干案例為中心」、『中国社会科学』第二期、一八九～二〇三頁。
照那斯図　一九九一　『八思巴字和蒙古語文献Ⅱ文献匯集』東京外国語大学アジア・アフリカ言語文化研究所、東京。
中国科学院考古研究所　一九五九　『三門峡漕運遺跡』科学出版社、北京。
中国農業科学院・南京農学院中国農業遺産研究所（編著）　一九八四　『中国農学史（初稿）』農業出版社、北京。
中国人民政治協商会議山西省翼城県委員会（編）　二〇一〇　『翼城古建図鑑』出版者不明、出版地不明。
中国社会科学院歴史研究所資料編纂組　一九八八　『中国歴代自然災害及歴代盛世農業政策資料』農業出版社、北京。
中国水利学会水利史研究会、山西水利学会水利史研究会（編）　一九九〇　『山西水利史論集』山西人民出版社、太原。
中国文物研究所・陝西省古籍整理辦公室　二〇〇三　『新中国出土墓誌・陝西［弐］』上冊、文物出版社、北京。
周　清澍　一九九四　「元桓州耶律家族史事匯証与契丹人的南遷（上）」、『文史』第四期、一九一～二一〇一頁（『元蒙史札』

内蒙古大学出版社、呼和浩特、二〇〇一年に再録)。
周　松 二〇一一 「元代黄河漕運考」、『中国史研究』第二期、一三五～一六四頁。
周　亜 二〇一一 「山西臨汾龍祠水利碑刻輯録」、山西大学中国社会史研究中心（編）『中国社会史研究的理論与方法』北京大学出版社、北京、一四四～二一四頁。
祝魏山・李徳元（主編）二〇〇七 『金昌史話』甘粛文化出版社、蘭州。
祖生利 二〇〇〇 『元代白話碑文研究』中国社会科学院研究生院博士学位論文。
左慧元（編）一九九九 『黄河金石録』黄河水利出版社、鄭州。

【欧文】

Bonaparte, Roland, 1895 *Documents de l'époque mongole des XIIIe et XIVe siècles : inscriptions en six langues de la porte de Kiu-Yong Koan, près de Pékin ; lettres, stèles et monnaies en écritures ouigoure et 'Phags-Pa dont les originaux ou les estampages existent en France,* paris, l'Auteur.

Chavannes, Édouard, 1904 "Inscriptions et Pieces de Chancellerie Chinoises de l'Époque Mongole", *T'oung Pao.* Second Series, Vol. 5, No. 4, pp. 357-447.

——— 1919 "Le Jet Des Dragons" , *Mémoires concernant L'Asie Orientale,* TomeIII, pp.55-220.

Chi, Chao Ting, 1936 *Key Economic Areas in Chinese History: As Revealed in the Development of Public Works for Water-Control,* London, G. Allen & Unwin.（邦訳に冀朝鼎（著）：佐渡愛三（訳）『支那基本経済と灌漑』白揚社、東京、一九三九年がある。）

Jing, Anning, 2002 *The Water God's Temple of the Guangsheng Monastery : Cosmic Function of Art, Ritual, and Theater,* Leiden; Boston; köln, Brill.

Maspero, Henri, 1953 *Les documents chinois : de la troisième expédition de Sir Aurel Stein en Asie centrale,* London,

Trustees of the British Museum.

Osawa, Masami, 2005 "One of the Forms of Iron Producing in the Mongol Empire obtained from Forge-related Objects found at Avraga Site. Approach based on Metallurgical Study.", Shimpei Kato et al. *The Avraga Site. Preliminary Report of the Excavations of the Palace of Genghis Khan in Mongolia 2001-2004*, pp.45-62, Niigata, Department of Archaeology, Faculty of Humanities, Niigata Univ.

Perkins, Dwight H., 1969 *Agricultural Development in China 1368-1968*, Chicago, Aldine Publishing Company.

Poppe, Nicholas, 1957 *The Mongolian monuments in ḥP'ags-pa script*. Second edition translated and edited by John R. Krueger, Wiesbaden, Harrassowitz.

Tumurtogoo, Domiĩn, 2010 *Mongolian Monuments in 'Phagas-pa Script : Introduction, Transliteration, Transcription and Bibliography*, Institute of Linguistics, Taipei, Academia Sinica.

Will, Pierre-Étienne, 1998 "The Zheng-bai irrigation system of Shaanxi province in the late-imperial period", *Sediments of Time : Environment and society in Chinese history*, edited by Mark Elvin and Liu Ts'ui-jung, pp.283-343, Cambridge, Cambridge University press.

刊行のことば

早稲田大学は、二〇〇七年、創立百二十五周年を迎えた。創立者である大隈重信が唱えた「人生百二十五歳」の節目に当たるこの年をもって、早稲田大学は「早稲田第二世紀」、すなわち次の百二十五年に向けて新たなスタートを切ったのである。それは、研究・教育いずれの面においても、日本の「早稲田」から世界の「WASEDA」への強い志向を持つものである。特に「研究の早稲田」を発信するために、出版活動の重要性に改めて注目することとなった。

出版とは人間の叡智と情操の結実を世界に広め、また後世に残す事業である。大学は、研究活動とその教授を通して社会に寄与することを使命としてきた。したがって、大学の行う出版事業とは大学の存在意義の表出であるといっても過言ではない。そこで早稲田大学では、「早稲田大学モノグラフ」、「早稲田大学学術叢書」の2種類の学術研究書シリーズを刊行し、研究の成果を広く世に問うこととした。

このうち、「早稲田大学学術叢書」は、研究成果の公開を目的としながらも、学術研究書としての質の高さを担保するために厳しい審査を行い、採択されたもののみを刊行するものである。

近年の学問の進歩はその速度を速め、専門領域が狭く囲い込まれる傾向にある。専門性の深化に意義があることは言うまでもないが、一方で、時代を画するような研究成果が出現するのは、複数の学問領域の研究成果や手法が横断的にかつ有機的に手を組んだときであろう。こうした意味においても質の高い学術研究書を世に送り出すことは、総合大学である早稲田大学に課せられた大きな使命である。

二〇〇八年一〇月

早稲田大学

著者紹介

井 黒　忍（いぐろ　しのぶ）

1974年	福井県生まれ
1998年	京都大学文学部卒業
2001～2002年	北京大学歴史系高級進修生
2003年	京都大学大学院文学研究科博士後期課程単位認定退学
2004～2006年	大谷大学任期制助手
2006年	博士（文学・京都大学）
2006～2009年	日本学術振興会特別研究員（PD・大谷大学）
2010～2013年	早稲田大学高等研究所助教
2013年～現在	早稲田大学高等研究所招聘研究員

研究テーマは，乾燥・半乾燥地域における水利・農業・環境史。

主要な業績として，『17世紀以前の日本・中国・朝鮮関係絵図地図目録』（尾下成敏との共著，京都大学大学院文学研究科，2007年），「清濁灌漑方式が持つ水環境問題への対応力——中国山西呂梁山脈南麓の歴史的事例を基に」（『史林』第92巻第1号，2009年）がある。

早稲田大学学術叢書 26

分水と支配
—金・モンゴル時代華北の水利と農業—

2013年5月31日　初版第1刷発行

著　者……………………井 黒　忍
発行者……………………島 田 陽 一
発行所……………………株式会社 早稲田大学出版部
169-0051 東京都新宿区西早稲田1-1-7
電話 03-3203-1551　http://www.waseda-up.co.jp/
装　丁……………………笠 井 亞 子
印　刷……………………理想社
製　本……………………ブロケード

ISBN978-4-657-13703-6 C3322

Water Allocation and Governance

—Water Conservancy and Agriculture in Northern China under Jurchen and Mongol Rule—

Shinobu IGURO

The instability of agricultural societies in Northern China throughout history has been caused by the spatiotemporal maldistribution of water resources and the repeated invasions of neighboring non-Han people who lived by pastoral, hunting, forestry, and fisheries activities. Because of technological limitations, the quantity of resources in premodern times could not be significantly increased; therefore, it was necessary to appropriately distribute the volume of water for people to survive, and also to maintain economic activities by maximally using the limited resources. Moreover, it was necessary for this resource allocation situation to be appropriately reflected in resource management efforts. Communities in the region tried to maintain social order through water management, while the goal of ruling dynasties was generally to secure tax revenue from the people they governed. In this governance context, the problem of spatiotemporal maldistribution of water resources is translated into a problem of water allocation; aspects of water management can also be examined to better understand the structure and style of governance.

Empire-building in and rule over Northern China by the Jurchen and the Mongols from the 12th through the 14th centuries can be seen as a climax of the period of repeated invasions of land that had traditionally been part of China by non-Han people. The governance measures implemented by these peoples have traditionally been seen as lax and have been incriminated as a cause of social and economic stagnation in Northern China in this period.

In other words, it has been assumed that water conservancy and agriculture declined under both Jurchen and Mongol rule, with the implication that agricultural societies in Northern China under Jurchen and Mongol rule have been considered less stable than they had been or would be during other eras. However, I suggest that this interpretation comes from a lack of historical information from these eras and a bias against nonagricultural peoples such as the Mongols. It is necessary to understand two key elements—water allocation and the structure and rules of these non-Han governments—in order to understand how the states they ran and the agricultural communities within them have dealt with instability in terms of water security.

Water conservancy inscriptions in this region describe the details of water allocation, water rituals, related infrastructure, and so on; they are indispensable materials for the clarification of social change in this period. Many of the oldest water conservancy inscriptions in existence were built in Shanxi province during the Jin period. These inscriptions not only prove that the system of water use developed in the Jin era remained in force until 1950s but also document the significant social changes that arose in that time. With the founding of the Jin Empire following the Jurchen invasion to Northern China in the 12th century, a multiple structure of power emerged in the region. Individuals and communities took advantage of the gaps between these multiple powers such as military government and civil government to secure water access and try to adapt the old order of water allocation.

This new order of water allocation became thoroughly entrenched in the Mongol period. The government of the Mongol Empire pursued regional water conservancy and agriculture more actively than has previously been understood. The Mongol government intervened in water allocation by setting up local administrative institutions specializing in water management. Over time, continuities in agricultural policy between the Jin

and the Mongols started to appear. Administrative inspections were very important for both the Jurchen and the Mongols as conquerors. The Jin strengthened the powers of inspectors by giving them commissions on the basis of strong agricultural production. The Mongols inherited this system and expanded it by demanding performance reports about tree planting and cultivation, in specific figures, from each level of local governments. Figures were confirmed by onsite inspection and used as a major criterion for personnel changes.

The implementation of the agricultural technique called outian symbolizes the governing principles of both the Jin and the Mongols. Outian is an intensive farming method aimed at enduring drought and saving people from starvation. A fundamental feature of the method is cultivation in shallow pits, in which manure and irrigation water can be concentrated. The method depends on deep plowing, close planting, and manuring limited points without cultivating the adjacent ground; therefore, it can be used even in a low-yield field. The sixth Jin emperor, Zhangzhong (r. 1189–1208) reintroduced the outian technique in Northern China after an interval of 700 years. The Mongol emperor Kubilai Khan (r. 1260–1294) not only followed this policy but spread it through the entirety of China in combination with the she system aimed at the reorganization of communities. Under Mongol rule, outian techniques were taught to the tillers of the land through technical education using books and manuals of agricultural technology.

With these initiatives, Jin and Mongol governments intervened actively in local society in Northern China at the micro scale through water management, implementation of new agricultural techniques, and reorganization of communities, and strongly promoted new approaches to water-use and agricultural practices. This trend abated in the Ming and Qing periods, but in the 1950s and 60s, under the communist regime, extensive government encouragement of agriculture resumed, now including big

water projects and the implementation of agricultural techniques such as deep plowing and close planting. This discontinuity suggests that it is not enough to identify continuity of practice and policy since the Ming and Qing periods in order to understand the water and agricultural practices of modern China; instead, it is necessary to understand the governing principles of non-Han empires such as the Jin and Mongol in order to comprehend the essence of government in modern as well as historical China.

索　引

◆あ

アウラガ遺跡　274
アウルクチ(奥魯赤)　195
アナンダ　212
アフマド　243, 244, 252, 316, 329
安部健夫　75, 95, 221
雨乞い　13, 22, 129
天野元之助　335, 369
アユルバルワダ(仁宗)　272-274, 292, 306, 401
アルクテムル(阿魯帖木児)　195
アルチダイ　166
安郷関　263, 282
按察司　292-294
安西延安鳳翔三路屯田総管府　193, 194, 196, 219, 220
安西王　180, 190, 229, 244, 250-252, 260-262, 267, 273, 274, 279, 286, 414
安西王府　13, 181, 221, 247, 252-255, 257-260, 262, 264-266, 268, 269, 276, 414
安西故宮　272
安西府　194, 195, 219
安西府咸寧県創建灞橋記　230, 270
アントン(安童)　314
安撫司　174, 293
飯山知保　10, 11, 130
伊尹　353, 366
伊尹区田之図　351, 354, 365, 366, 374
伊尹区田之法　351, 352, 354, 366, 374
イェスデル(也速帯児)　195
イェスンテムル(泰定帝)　212, 352
位下　75, 93, 94, 108
池内功　91
遺山先生文集　105, 300, 344, 396
懿旨　170, 175
渭水　157-159, 174, 230, 254, 255, 260
異代碑文　84
乙未籍冊　95, 96, 196, 220
伊藤正彦　302
渭南県　197, 200, 201, 204, 210, 221, 223, 224
医巫閭山　297
渭北　13, 158, 166, 168, 172-175, 180, 181, 183, 193, 218, 219, 229
亦鄰真　285
印押　62, 70, 122
尹玉羽　246, 278
筠渓道院　172
ウィットフォーゲル(K.A.Wittfogel)　3
植松正　221, 320
禹王廟　285
牛根靖裕　223
兀朮　55
雨神　133
ウズテムル(玉昔帖木児)　243
烏台筆補　274
内田智雄　134
圩田　356
ウルスブカ(玉倫実不花)　210, 226
雲門山(馬騣山)　195, 219
雲陽県　164, 166, 174, 185, 191, 192, 207, 219
永安渠　279
栄河県　150
衛輝府志[万暦]　366
衛輝路　236, 364, 367
永興県　353, 392
永寿　224
衛州　236
衛紹王　361
永昌王府(斡爾垜城、皇城)　258
営繕使司　248, 252, 260
営造法式　394
営田司　194, 219
永楽大典　264, 328, 360
エセンテムル(也先帖木児)　194, 195, 219
エチナ(亦集乃)路　309-311
海老沢哲雄　93, 114
延安府　194-196, 219, 220

燕雲十六州　53
園渠渠例　59
垣曲県　141
燕京　53
崦山　151
偃師県　141
燕石集　328
園宅地　400, 402
袁廷檮　405
塩鉄の利　264
袁文新　367
園林　171, 188
塩類　166, 186, 392
王安石　359, 386
王毓瑚　377
王堉昌　36
王一　109
王惲　265, 266, 268, 274, 284, 291, 302-306, 346
王屋山　128, 131, 133, 134
王海　260
王鶚　170, 365
応吉里州　263, 282
王琚　204, 209-211, 215, 218, 223, 225, 226
王御史渠　193, 208, 209, 215, 217, 218
王欽　198
王錦萍　130
王霓　77
鴨江行部志　296, 298, 321
王公孺　267
押字　62, 63, 105, 107, 278
王志謹(棲雲真人)　169, 170, 187
王寂　296-298
王十官人　87, 97, 98, 100, 101, 122
王重民　160, 184
区種五種　404
区種十種　404
区種法　337, 339, 347-349, 351, 361, 387, 400, 410
王城　255, 257
王相府　252
王曾瑜　52, 54
鴨池　195, 220
王琛　246, 278
王禎　322, 345, 350, 351, 370, 377, 378, 380, 382-386, 388-390, 396, 399, 407
王廷琅　47, 49, 66
区田遺制　366
区田事理　352, 354, 365, 366, 374
区田図本　354
王天鐸　365
区田法　12, 13, 332-354, 356-360, 369, 371, 374, 394, 402, 414, 416
区田法度　349, 358, 366
王磐　94, 190, 243, 365
王伾　132, 149
王府　273, 280
王秉彝　66
王母楼　268
王立　244, 245
鴨緑江　321
大澤正昭　400
大澤正己　274
大島利一　369
沖田道成　186
オゴデイ(太宗)　12, 90, 95, 114, 157, 164, 166, 168, 172-175, 181, 183, 185, 186, 192, 193, 219, 229, 236, 241, 300
斡失乃(安兀失納)　329, 330
愛宕松男　100, 115
斡本(宗幹)　55
オルド　272
オルドス　230
オルブ(斡魯補、宗望)　49, 133
俄羅斯科学院東方研究所聖彼得堡分所蔵黒水城文献　325, 326
俄羅斯科学院東方研究所聖彼得堡分所蔵敦煌文献　326
温県　141, 144

◆か

賀惟一(太平)　277
海運　355
介休洪山泉　43
懐慶府　142, 152
懐慶府志[康熙]　149

懐慶府志[正徳]　142
界壕　334
カイシャン(武宗)　231, 270–274, 323, 401
懐州　142–144, 152, 153
澮水　76, 91, 110, 362
開成石経　246, 247, 249
開平府　243, 253, 258
開封(汴梁)　138, 169, 170, 267, 283, 300, 335, 344, 355, 360
懐孟路　186, 190, 314
解由　312, 313, 327
陔餘叢考　115
海陵王　53, 55
夏ウラン(兀蘭)　99, 100, 115
科役　105, 106, 116
架閣庫　307, 309, 372, 375, 405
河岸石刻　262
河渠営田使司　189, 193, 196
河曲県　262
河渠司　114, 310, 311, 325
郭和尚バアトル(抜都)　190
郭嘉議　213, 226, 227
霍渠(霍例)水法　109, 117
郝経　100
楽戸　129, 148
霍山　39, 59, 70
楽氏姉妹　148
郭時中　164, 168, 169, 172, 173, 175, 185
霍州　25, 33, 34, 109, 116
郭守敬　179, 190, 314
郭松年　203
霍水　62
郝誠　210, 226
霍泉　12, 13, 32, 34, 35, 37, 42, 43, 59, 62, 65, 69, 70, 84, 107, 109
郝大通(太古広寧真人)　170
郭文　359
郝文忠公陵川文集　100
華原　282
科差　95, 96, 105, 116
河州　264, 282
嘉潤公　133, 137, 145, 149, 150
賀勝　243, 245, 277
解州　173
柏祐賢　2, 379
賀仁傑　241–245, 273, 277
瀇水　255
華清温泉　259
華清宮　259
瀇川　256
河内県　139, 142
河内県志[道光]　152
河中府　54, 139, 142, 150, 219
葛栄　346
曷蘇館　298
葛伯(寨)　87, 97, 99, 115, 122
河東罪言　100
河南行省　355
河南府(河南府路、河南路)　140, 142, 153
華北水資源与社会組織　10
カラウン(匣剌渾)　88, 94, 123
カラコルム(和林)　166, 168, 169, 187
カラホト文書　309, 323, 325, 326, 351, 352, 354, 366, 374, 377, 387, 391, 395, 400, 408, 410
嘉陵江　195
下六村　80, 82, 88, 94, 102, 103, 125
寰宇訪碑録　38
漢延渠　179, 314
勧課農桑　291, 307
漢官典職儀　320
閑閑老人滏水文集　360
韓建　246, 247, 277
含元殿　254
寛限の法　207
龕谷県　78, 89, 113
間作　379, 399, 403
監司　292, 293, 318
韓氏直説　397
坎種法　369, 382, 385, 390, 391, 403
韓縝　261, 275
官人　93, 98, 99, 101, 113, 123, 124, 261, 282
漢人世侯　75, 89–91
換水　135, 136
漢水　230
甘水　169–172, 187

甘水仙源録　188
間接統治体制　53
甘泉口　260, 282
澗泉集　360
勧桑説　399
漢地　158, 175, 189
旱地農法　334, 335, 349, 359
関中　4, 12, 13, 114, 158, 161, 167, 172, 175, 180, 189, 190, 198, 208, 209, 229
関中勝蹟図志　188
関中屯田　193
関中八川　230
関中平野　157, 158, 174, 192
咸寧県　236, 240, 256, 272, 275
勧農営田司　315, 317, 330
勧農詩　302, 304, 360
勧農使　293, 296, 299, 364
勧農使司　322
勧農文　292, 302-307
漢白玉　31
官版書籍解題目録　405
韓滮　360
咸平府　296, 321
観妙斎蔵金石文考略　38
勧諭文　304
咸陽県　259
甘峪口　172
翰林院　271
翰林国史院　158, 270, 346
韓林児　217
祈雨　134, 135
祈雨祭祀　12, 129, 130, 149, 153
熙熙台　256, 279
祁県　140
輝州　190, 364
義済院　203
義成石　265, 266, 268
偽斉録　68
熙宗(完顔亶、合剌)　52, 84, 294
徽宗(宋)　363
義倉　327, 348
基層社会　10
キタイ(遼)　3, 5, 294
キタイ(乞台)　393
戯台　78
冀朝鼎(Chi ChaoTing)　6
吉州　269
帰田類稾　272
帰田録　68
熙寧碑　83, 103
冀寧路　140
器物局　281
救荒活民書　352, 354, 357, 372, 373
救荒活民補遺書　373
救荒活民類要　349, 351, 352, 355, 357, 359, 366, 371, 372, 374, 377, 406
丘濬　367
邱処機(長春真人)　170
堯　128, 294
姜維　363
鞏県　16, 140, 141
夾口　57, 69
夾谷衡　337
夾谷バヤンテムル(伯顔帖木児)　204, 210, 223
夾谷マングタイ(忙兀歹)　248
夾谷龍古帯　167
協済戸　197, 221
帰庸斎文録　138
喬三石耀州志[嘉靖]　191
姜善信　285
喬沢廟　12, 76, 78, 91, 111, 116
京都大学人文科学研究所所蔵石刻拓本資料　188
堯廟　285
凝碧池　256
喬木　36, 38, 50, 64
曲沃県　108, 109, 341
許衡　245
渠江　195, 219
渠冊　10, 36, 56-60, 62
渠司　104, 105
渠条(渠規・渠例)　36, 37, 56-64, 69, 107, 109, 413, 415
魚藻池　255
渠長　8, 24, 35, 36, 47, 48, 56-59, 61, 67, 69,

98, 115, 182, 190, 415
許有壬　306, 307, 313
祁連山　264
靳栄　197, 221
禁苑　253–255, 259, 280
靳和　91, 99, 114
金火匠　204, 224
勤斎集　223
錦州　366
均水　44, 45, 190, 205, 224
金石彙目分編　65
金石萃編　68
金石萃編未刻稿　188, 278, 281
金定河　181
欽定台規　292
金牌　164, 165, 178, 185, 190, 328
靳用　91
金陵新志[至正]　405
金虜節要　54
榘庵集　209, 222, 223, 259
寓庵集　187, 230, 236, 239, 274
藕香零拾　68, 187, 296
遇仙観　172
隅南渠　212
区園地　350, 389, 391, 394, 398, 403
虞集　221, 356, 367, 368
クチュ　166
クトゥク・テムル(忽都帖木児)　136, 151, 153
クビライ(世祖)　75, 95, 158, 178–180, 190, 217, 229, 232, 241–243, 245, 252, 270, 272, 273, 281, 313, 314, 329, 345, 346, 354, 357
熊代幸雄　369
グユク　166, 175
クラカイ(霍剌海)　89, 93, 113, 123
軍戸　197, 297
攈古録　38
君子津　262
軍儲所　236
軍屯　220, 223
邢堰　212
恵遠橋　65
涇渠図説　105, 116, 158, 161–163, 184, 185, 192–194, 200–202, 204, 206, 207, 209, 211, 212, 214, 218, 224–226, 228, 284
涇渠総図　179, 192, 206
嵆康　335, 336, 360, 361, 404
圭斎文集　367
邢志元　172
涇州　174
恵震　405
迎神賽社　128, 129
涇水　157, 158, 161, 165, 166, 168, 180, 181, 192, 205, 210, 211, 213, 215, 223, 413
経世大典　201, 202, 219, 264, 328
畦桑　308, 325, 400, 401, 412
瓊台志[正徳]　404
京兆　150, 159, 165, 166, 168, 172–174, 180, 185, 186, 195, 219, 220, 229, 230, 232, 234–236, 239, 240, 242, 243, 251, 252, 262, 267, 269, 273, 274, 321
京兆宣聖廟　13, 231, 246, 248, 250, 269, 273, 414
京兆府学　231, 247
刑房　66
鶏鳴山　353, 392
涇陽県　172–175, 181, 189, 190, 192, 197, 200, 201, 204, 208, 210, 213, 214, 217–219, 221, 223, 227
涇陽県志[嘉靖]　105, 116, 163, 164, 184, 189, 198, 210, 217, 226, 227
涇陽県志[宣統]　189
桂陽路　357, 371, 372
慶暦碑　45, 49, 51
ケシク　242, 277
ケシクテン　261, 262, 282
怯憐口戸　197, 221
建炎以来繫年要録　68
建炎通問録　66
憲綱　292
元好問　365
乾州　209, 225
元帥監軍行府　40, 51, 54, 55, 72
元帥府　39, 41, 46, 51–56, 66, 68, 71, 73
権千戸　78, 98, 100, 124
懸銭文字　122
憲台通紀　330

厳忠範　241, 249, 260
建都蛮　195
元豊九域志　153
甽畝法　370
号引　105, 106, 116
広運潭　257, 280
洪堰　199, 204, 212, 213, 215, 222-224, 227
広淵之廟　132, 149, 150
侯可　165, 186
黄崖山　265, 266, 273, 283
黄河金石録　50
黄河南流　298
行御史台（行台）　161, 185, 213, 225, 228, 248, 278, 305, 316, 323, 330
高金部　39, 40, 52, 54, 68, 71, 72
行宮　78, 134, 137, 140, 143, 147, 150
貢奎　365
興慶宮　256, 279
興慶池　255, 256, 279
絳県　267
侯元亨　228
寇元徳　241, 249
興元府　167
洪口　210, 211, 224-226
皇后太子池　131, 151
壕寨　200, 222
拘刷　342
交参戸　197, 221
寇志静（円明子）　172
孔氏祖庭広記　320
行司農司　315, 317
絳州　82, 83
溝種法　369, 384, 390, 391, 403
寇準　256
広勝寺　35, 38, 50, 51, 57
行水の序　205, 224
行枢密院　244, 245
黄盛璋　257
江浙等処行中書省　352, 353, 355, 356, 372
高宗（唐）　359
黄巣の乱　246
行台尚書省　41, 42, 46, 53, 56, 66, 72, 73
公直　24
黄庭堅　359
皇帝福蔭裏　92, 116, 121
溝頭　57, 58, 61, 115
合同　24
洪洞県　12, 13, 25, 32, 35-43, 45-52, 54, 56, 57, 59-62, 65-67, 69-72, 84, 107-109, 116
洪洞県志［万暦］　42, 65, 67
洪洞県水利志補　36, 37, 56, 62, 66, 70, 99, 222
行都水監　355
后土廟　285
江南行御史台　162
江南税糧　355, 356
広寧府　52, 297
鼇背（寨）　97, 99
侯馬金墓　343, 364
高府判　40, 71
高平県　128, 139
高平県志［乾隆］　148
高望渠　212
閘門　215, 216, 356
郃陽　224
高翌　337, 338, 361
皇輿全覧図　281
高麗オルジェイトゥ（完者禿）　357, 371, 372, 406
黄龍信仰　145
高陵県　192, 204, 210, 219, 223, 230
壺関県　148
黒城出土文書　375
国朝文類　93, 167, 180, 219, 264, 279, 282, 283, 324, 328, 329, 368
鄠県　242
呉宏岐　6
五攢山　260
五攢之石　282
胡祇遹　347, 351
古事記　7
呉師道　185
コズロフ　309
呉正傳文集　185
語石　19
虎仲植　217

固鎮冶　236
コデン　166, 258
胡天作　99, 115
虎頭山(虎頂山)　195, 219
小林隆道　11
胡秉彝　366
胡聘之　49, 51
姑射山　265-268, 273, 284
五龍祠　137
混作　379, 380
佷石　260, 261, 282

◆さ

サイード・エジェル・シャムス・ウッディーン(賽典赤贍思丁)　240, 249, 256
崔允精　371
済源県　134, 139, 142, 144, 145
採石局　260, 281
栽桑図説　306, 401
済瀆廟　132, 149
蔡美彪　171
賽不拝　87, 97, 122
胙城県　367
佐口透　167
差序格局　44
刷　341, 342
箚子　39, 52, 53, 68, 71
刷物　342
佐藤長　2
差発　75, 91, 96, 100, 102, 123
撒离喝　54-56, 68
サンガ(桑哥)　197, 198, 218, 221, 316, 317
山居要術　385
三原県　181, 190, 192, 204, 210, 213, 219, 223, 230
三原県志[嘉靖]　160, 189, 190
三原県志[弘治]　190
三限閘　212
三限口　207, 208, 212
三七分水　43, 44, 49
滻水　230, 234, 252-258, 280
山西各県名勝古蹟古物調査表　50, 51, 262
山西学術調査研究団　134
山西省各県渠道表　101
山西大地震　223
山西通志[成化]　94
山西通志[雍正]　65, 115
山沢の産　265, 268, 284
三朝北盟会編　52, 54, 66, 68
三白渠　114, 158, 164-166, 185, 186
昝万寿　195, 219
山右石刻叢編　38, 49-51, 69, 91, 114, 150, 329
山陽県　143
賜額　133
シギ・クトク(失吉忽禿忽)　167
識字率　26
子産　236, 275
紫山大全集　347, 363, 383
四時纂要　335, 360, 384, 385
四社五村　25, 44
磁州武安県　236
使所　89, 93
使職　292
使水時辰　123
支水文帖　117
使水文暦　89, 123
使水法度　177, 179, 182, 207
使水木牌　87, 94, 106, 107, 122
史枢　329
至正集　222, 345, 364
至正条格　349, 351, 366, 374
史総領　86, 88, 96, 98, 121
只打忽　264, 282
執照　66
シディバラ(英宗)　306
司農司　176, 178, 179, 189, 190, 302, 312, 313, 322, 347, 365
士農必用　345, 397, 402
ジビク・テムル　258
思弁録輯要　332
士民必用　397
謝雨　22
ジャサ　186
社制　302, 323, 348, 356, 358, 365, 403, 414, 416
社倉　348

謝沢　260
社長　302, 305, 306, 308, 331, 348
シャバンヌ(E.Chavannes)　171, 285
ジャム　232
站赤　186, 328
ジャライルタイ(扎剌児歹)　89, 93, 113, 123
秋澗先生大全文集　180, 191, 265-267, 274, 284, 302, 365
集慶路　372, 406
修冊　37
住剳　99, 115
周墀　246, 277
十道採訪使　293, 295
終南県　197, 199-201, 221
終南山　171, 172, 260
修武県　141, 142
集約農法　332, 369, 416
朱温　247
朱熹　360, 366
宿営官　255
粛政廉訪司　206, 221, 225, 292, 300, 303, 306-309, 312, 317, 318, 327, 331
熟白地　412
ジュクナイ(朮虎乃)　168, 187
ジュシェン　3, 5
朱子語類　366
首事人　24
種蒔の法　400
朱伸　40, 54, 72
取水　134-137, 146, 147, 151, 152, 205
朱熊　373
舜　128, 294
淳化県　190
巡行勧農司　177-179, 182, 183, 189, 190, 193, 207, 302, 308, 315, 317, 325
舜帝廟　131, 148
章楷　400
商顔山　274
小敢普　330
承暉　295
勝業坊　255, 279
蕭斢　210, 223
蕭慶　67
上京会寧府　53
蕭啓慶　5
翔皐泉　13, 76, 77, 79, 80, 85, 97, 103, 106, 108, 110, 111, 118, 120
小甲頭　115
上五村　80, 81, 103
翔山(澮高山、翔皐山)　76, 78, 85, 87, 110, 111, 118, 121
省山　136, 137, 153
漳州　353, 367
商州　230
抄数　197, 221
蕭正洪　104, 106, 108
小析山　136, 146
章宗(完顔璟、麻達葛)　12, 13, 293, 295, 333, 334, 336, 338, 339, 351, 357, 358, 414
昭宗(唐)　247
商挺　179, 229, 248, 250, 252
上都　243, 253, 257-259, 281, 355
上等戸　339
正統道蔵　187, 188
彰徳路　236, 312
上畔(判)　39, 46, 53, 65, 66, 71, 341
上畔人　66
少府　255, 279
尚文　329
昌平坂御官板書目　405
常平倉　299, 321
常夢麟　311, 312, 325-327
条目　176, 189, 302
襄陽　230
小龍口　213, 217, 227
襄陵　265, 266, 273, 283
小歴　69
青蓮堂　255, 279, 280
浄浪閘　215, 216
徐琰　240, 248
女媧　128
胥持国　336
鋤社　396
ジョチ　89
徐鼎　249, 250
照那斯図　285

白石典之　274
身役　86, 98, 121
沁河　128
新刊農桑撮要　406
深耕　369, 414, 416, 417
シンコラ(信忽剌)　89, 93, 113, 123
任佐　250
秦始皇陵　260, 261, 282
晋祠難老泉　43
新修曲沃県志[乾隆]　91, 108
晋州鉄務　268
沁州武郷県　141
新城　256, 257
晋城県(鳳台県)　132, 139, 146, 147, 153
沁水県　131, 136, 139, 266, 267, 273, 284
沁水県志[康熙]　284
新制　112
晋陜峡谷　264, 273
真沢宮　148
申帖　104-107, 116
辛徳勇　162, 183
沁南軍　152
沁南府　139, 142
神農　128, 150
新編事文類聚翰墨全書　327
新民　166, 186
秦嶺　157, 166, 230, 232, 234
水規　23, 171
水軍　211, 226
水甲頭　36, 78, 79, 85-89, 92, 96, 98, 100, 102, 103, 106, 121, 122, 124, 125
水冊　10, 26, 36, 37, 64, 104, 107, 415
水巡　57, 69
水神　10, 12, 13, 22, 130
水神祭祀　35
水神廟　35, 50, 51, 57
水直　181, 190, 205
水程　190
水土　171, 188
水牌　58
水法　32, 171, 206, 207
水利共同体　8
水利契約　20, 24
水利権　23, 24, 104
水利祭祀　20, 22, 28, 413
水利社会　9
水利社会史　7, 8
水利集　367
水利集団　9
水利図　20, 24, 25, 28, 30
水利組織　8, 10, 76, 415
水利秩序　12, 13, 32, 34, 36, 51, 56, 63, 75, 107, 413, 415
水利田　5, 350, 356
水利文化圏　9
水利簿　10, 26, 36, 415
水例　23, 45, 58, 171, 172, 188, 190
枢密院　39, 40, 51-54, 66, 71, 178, 189, 197, 223, 245
杉山正明　2, 113, 253, 255, 257, 258
スタイン　325
西安　61, 188, 276, 281
西安碑林全集　278, 279
誠意伯劉文成公文集　412
聖王坪　131, 146
西海温泉　108
青海湖　264
青磵県　210, 226
西京　52-54, 263, 282
靖康要録　360
聖旨碑　170, 171, 188
世宗(完顔雍、烏禄)　66, 69, 294, 295, 334
成帝(前漢)　332, 369
製鉄　236, 274
西陶　267, 268
成湯廟　129-132, 135, 140, 145, 146, 150
成徳堂　249, 278
成都府　194, 196, 219
西寧州　264
井秘丞　112, 118
征服王朝　3, 5, 333, 417
聖母　22
西北水利議　356, 367
清明渠　279
斉民要術　335, 336, 360, 363, 369, 380, 383, 386, 397, 407, 408, 412

清冶水　181, 190
成陽廟　152
清峪河各渠記事簿　69
青龍(寨)　97, 99, 115
石堰　83, 119, 125, 211, 213, 217, 226
勣州　141
析城山　130-138, 140, 143, 145, 153
積翠池　256
石声漢　369, 377
積石州　261-265, 273, 282
石川河(漆阻水)　181, 190
石囤　212, 226
節鈔潤民渠冊　66
節抄長潤渠冊　222
節鈔沃陽渠冊　70
節鈔連子渠冊　99
浙西水利　367
偰哲篤　308
冉晦卿　223
簽押　94
銭監　255, 279
千頃堂書目　163, 405
宣差　89, 113, 114, 123
宣差規措三白渠使司　114, 164, 165, 169, 173-175, 185, 186
宣差総府官　89, 93, 123
陝山地区水資源与民間社会調査資料集　10
千斯倉　202, 203, 223
千字文　309
泉州　367
全椒県　393
全真教　158, 169, 172, 183, 188, 189, 241
陝西金石志　169
陝西行御史台　162, 208, 214, 215, 218, 222, 225, 228
陝西行省　195, 196, 198, 204, 210, 217, 241, 243, 244, 248, 256, 271
陝西通志[嘉靖]　191, 279
陝西等処屯田総管府　196, 198-200, 203, 204, 208, 219, 220, 222
善俗要義　365
遷転法　93
仙洞溝　268
陝北　174, 230
相衛　233, 235, 236, 275
桑園(圃)　400, 402
皂河　280
宋規　182, 191
漕渠　257, 258, 279
宋繧　47, 67
桑乾河　392
宋元学案　245
宋元学案補遺　277
創建灞石橋記　230, 270, 274
捜種　380
相州　236
荘靖集　132, 150, 153
宋天瑞　226
宗磐　55, 56
総府　93
宋秉亮　214-216, 218, 227, 228
相馬秀廣　280
宗雄　294, 319
桑林禱雨　131, 132, 145
荘浪　281
蘇可瓛　242, 244, 273
続修四庫全書総目　405
続修陝西通志稿　278
率由旧章　33
鼠尾簿　95, 105, 106, 116
ソルコクタニベキ　173, 175
孫奐嵛　36
孫徳彧　171
村碑　28
忖留神　238, 276

◆た

太乙池　132, 146, 149
太液池　253, 256
太岳山　128
台諫合一　292
臺監薛　79, 94, 114, 127
太極宮　256
大金革命　133, 149
大金絳州翼城県武池等六村取水記　78, 82, 94, 98, 115, 117

大金弔伐録　52, 68
大元海運記　367
大元官制雑記　178, 313, 316, 322, 328, 330
太原府(太原路)　129, 138, 140, 142, 143, 190, 223, 304, 321
太行山　65, 115, 128, 344
大興城　230, 256
太谷県　16, 141
大司農卿　314, 328
大司農司　176-179, 181-183, 189-191, 193, 206, 207, 225, 299, 300, 307, 308, 313-318, 330, 349, 353, 365, 392, 401
太子府　272
大清一統志　115
太祖(金)　52, 55, 294
太宗(金)　65, 112, 133
大朝　59, 105, 134, 150
大朝条理　87, 95, 122
大朝断定使水日時記　12, 78, 79, 85, 90, 95, 97-101, 106, 111, 114, 120
大朝登基　59, 69
大通河　264
大通山　264, 282
大纏口渡　262
代田法　335, 360, 370
大都　253, 257-259, 264, 266, 281, 355
大同　129, 263, 264, 282
大寧鎮　296, 321
太白渠　212
タイブカ(太不花)　312
大明一統志　110
大明宮　254, 256, 266, 280
大名府志[正徳]　365
大躍進　417
大陽鎮　146
大郎神　35
タガイガンブ(塔海紺不、塔海欠不、タガイ都元帥)　90, 114, 164, 166, 167, 173, 174, 185, 186, 190
高橋文治　6, 158, 173, 175
濁谷水　181, 190
沢州　132, 134, 136, 139, 142, 145, 146, 152, 284
沢州府志[雍正]　136, 138, 148, 149
沢潞商人　145, 148
多重権力　56, 63, 64, 75, 413, 415
田村實造　5
ため池　376, 392, 393
打約　362
打羅坑　261, 263, 264, 282
撻懶　55, 56
ダンヴィル　281
タングート　5, 162, 167
站戸　197
段灼　364
段循　213, 222, 226
丹水　230
澹生堂蔵書目　405
譚澄　314
段直　150
坦夫屈譲　86, 89, 121, 124
弾平(寨)　97, 99
竹千戸　172
地桑　345, 396, 397, 401-403, 412
地釘　260
チャガンノール　259, 281
中庵先生劉文粛公文集　115
中京金昌府　142, 294
中見人　24
中興路　179, 186, 190
中国救荒史　357
中国社会経済史用語解　116
中国新地図帖　281
中国善本書提要　184
中国蔵黒水城漢文文献　326, 406, 411
中国農業不安定性論　2
仲山　165, 174, 223
中条山　98, 115
中書二十四孝　405
中都　170, 253, 334, 336, 361
中南渠　212
中白渠　212
趙世瑜　145
長安故図　159
長安志　159, 183, 280
長安志図　105, 116, 158-165, 179, 181-186,

190, 192, 200, 203, 218, 228, 254, 256, 272, 276, 279
長安城　230, 253, 280
張暐　295, 320
趙過　335, 370
張懐器　81
張珏　244
趙簡　352-356, 358, 366, 368, 372
趙毅　210, 226
釣魚城　195
朝元宮　170
張孔孫　365
張光大　371, 372, 404
長子県　128, 136
長子県志[光緒]　135, 149
趙楫　365
重修喬沢廟神祠並水利碑記　78, 80, 82, 93, 97, 101, 110, 111, 115, 116, 124
張俊峰　8, 11, 37, 77
趙城県　39-43, 45, 46-50, 54, 59, 61, 64-67, 69-73, 109, 116
趙城県志[順治]　45
張崇　203
張正倫　106, 300, 345, 365
張楚　55
長存橋　230
牒呈　311
張万公　295
張敏　160, 184
牒文　52, 67
帖文　79, 85, 92
張文謙　176, 179, 243, 314-316, 329, 365
張文忠公文集　230, 270, 272
趙炳　252-255, 260, 279
趙秉文　360
張邦昌　363
重陽延寿宮　172, 173, 175
張養浩　230, 270-273, 285
重陽万寿宮　170, 172, 173, 189, 266
長楽坡　254-257, 279
張栗　406
張履鵬　416
直接統治体制　53
地利経　385
チンカイ屯田　192
チンギス・ハン　90, 140, 167
鎮原　196, 220
陳言人　337, 361
陳広恩　375
陳高華　371
陳弔眼　353
陳旉農書　398
通化門　256
通検推排　299
通済堰　44
提河所　87-89, 127
提挙河渠司　114
提挙常平司　82, 112, 293
程鉅夫　365
提刑按察司　176, 179, 183, 189, 221, 243, 292, 300, 302, 303, 305, 306, 308, 313-318, 325, 414
提刑司　12, 292-299, 319, 414
提刑司条制　296, 320
提刑司所掌三十二条　296
鄭国渠　157, 158, 165, 209
汀州　353
鄭振鐸　131
程雪楼文集　115, 330, 365
程達　219
鄭覃　246, 277
鄭鼎　94
提点刑獄　293, 294, 296
鄭棟　366, 367
鄭白渠記　213
程発瓚　76, 77
呈文　311, 312
ティベット　157, 199, 229, 235, 241, 276
定坊水　353, 392
程民生　5
提轄人　24
翟銘泰　76, 77
テゲ(鉄哥)　330
テリテムル(帖里帖木児)　217, 228
転運司　293, 294, 299, 316
天河　81, 112

天橋峡　262, 263
天橋子　261, 262, 265, 282
天眷新制　84
天井関　134
天水農業　12, 13, 128, 130
田琢　344, 363
田東奎　20, 25
田雄（田徳燦）　169, 170, 187, 188, 248
田楘　361
天暦の内乱　212
董熠　352, 354, 357, 372, 373
東渭橋　230, 269, 274
鄧雲特（鄧拓）　357
道園学古録　221, 331
道園類稿　368, 406
湯王信仰　12, 13, 129, 130, 133, 144-148
湯王聖水池　131, 151
湯王池　135
湯王廟　130-132, 134, 137, 138, 143, 145, 147, 150, 153
唐温渠　314
投下　75, 91, 158
洮河　263, 282
董海　341, 342, 362, 363
鄧艾　359, 363, 364
唐開元水部式残簡　106
道家金石略　187-189
潼関　138, 217, 229
湯宮　136, 137
トゥグルク（禿魯）　195
トゥゲ（禿哥）　195
董景暉　47, 49, 67
盜決　32
湯洪　260, 281
銅山県　296, 321
東山存稿　325
東山趙先生文集　308, 411
董若冲　285
同州　210, 224, 226
同恕　209
東勝州　263, 264, 282
湯帝行宮碑記　138, 143, 144, 147, 153
東陶　267, 268
湯禱篇　131
道徳真経蔵室纂微開題科文疏鈔　169, 172
董文忠　242, 243, 277
董文用　198, 317
董溥　249, 250
陡門　45, 57, 69, 72, 73
堂邑県　234, 235, 239, 278
唐来渠　179, 314
投龍簡　149
トゥルイ　173-175, 183
都運司　236
トゴンテムル（順帝）　217, 222, 277
都水監　176, 222, 255, 279, 314, 355
都水庸田使司　367
杜正貞　130, 145
都総管鎮国定両県水碑　12, 35-38, 44, 45, 46-49, 52-54, 57-59, 62, 66, 70
都提河所　93, 94, 97, 98, 101, 113
土堺　348, 350, 391, 394-396, 403
斗門　8, 104, 208, 212, 226
斗門子　105, 116, 212
外山軍治　52
杜瑜　5
都魯班　186
ドレドルミシュ（脱烈東魯迷失）　200, 222
屯田戸　12, 13, 174, 196-198, 204-207, 221
屯田千戸　220
屯田総官府　195, 203, 207, 208, 210, 212-214, 217, 218, 222
屯田提領　222

◆な

内史府　274
内地　352, 353
直江広治　134, 135, 150
中島楽章　292, 331
長瀬守　9, 10, 104, 106, 107
捺印　62, 63, 92, 104-107
納蘭　62, 70
南霍渠　42, 43, 47, 56-58, 60-62, 64-67, 69-71, 73
南霍渠渠冊　37, 57-58, 109
南仙洞　268

南村輟耕録　263, 266
南白渠　212
南雍志経籍考　405, 406
ニーダム　224
錦織英夫　147
西山武一　186, 380, 384, 408
二仙信仰　148
入見議事　295
寧夏府　263, 282
寧七官人　97, 126
ネグデイ（怒古歹）　98, 100, 125
ネケル　89, 113
ネメガ（粘没喝、粘罕、宗翰）　53, 55, 67, 112, 134, 360
農書　322, 345, 350, 351, 370, 377, 378, 380, 382–386, 388–390, 396, 399, 407, 409
農政全書　367
農桑衣食撮要　374, 379, 381, 384, 406
農桑事宜　349, 351
農桑輯要　333, 345, 349, 351, 353, 358, 359, 377, 378, 382–386, 388, 389, 395, 397, 399, 401, 407–410, 412
農桑の制　302, 323, 347–349, 352, 357, 410
農桑文冊　306–309, 312, 313, 318, 327, 412
農桑要旨　399
ノヤン　89, 113

◆は

パーキンス（Dwight H. Perkins）　4
排水　19, 350, 356, 376, 392, 393
売水　24
灞橋　13, 232, 234–246, 251, 252, 256, 259, 260, 269–271, 273–275, 278, 281
灞橋鎮　236, 275
白渠　165, 186, 209, 222
薄台河　181, 190
パクパ文字　278, 285
白鹿原　255
ハサン（阿散）　316
灞上　233, 275
灞水　230, 234, 235, 239, 255, 261, 274–276
陂塘　353, 376
バトゥ（抜都）　86, 91–93, 115, 116, 166
馬頭埪　256, 279
馬百禄　339, 362
磻陽冶　236
原宗子　157, 391, 404
抜离速　68
覇陵　234, 261, 275, 282
氾勝之　332, 369
氾勝之書　332, 345, 363, 369, 370, 377, 378, 380–388, 390, 396, 397, 403, 407, 410
版築　242
伴等（当）　93, 113, 123
蛮文彬　217
費孝通　44
秘書監志　405
批帖　88, 89, 92, 94, 122, 123
ビチンデル（必申達而、必申達児）　161–163
畢沅　105
逼水石　46, 65
渼陂　171, 188
廟学　248
碑林　231, 273
邠州　181
風憲宏綱　292
風憲十事　306
涪江　195
馮俊傑　130
馮勝　217
不灌漑水利　26, 44
副霍渠渠冊　62
複合生態学　10
複合生態系史観　10
復州　298
ブクム（不忽木）　271
腹裏　353–356, 367
フゲチ（忽哥赤）　78, 98, 100, 124
苻堅　333, 359, 407
武侯諸葛亮　366
府谷県　262
府谷県郷土志　282
府谷県志［乾隆］　282
附子　380, 381
部使者　345, 346, 364
武陵県　139, 142, 337, 338, 361

物力銭　96
舩田善之　11, 25, 130, 267, 274
富弼　371, 372
符文　83
富平県境石川溉田図　179, 181
富平県　181, 193, 190
富平県志〔万暦〕　160
古松崇志　312, 375, 382, 398
フレグ　173-175, 315
文淵閣書目　163
汾河　35, 65, 77
聞喜県　149, 160
文彦博　359, 386
汾州　190, 321
文水県　140
文石　265-268, 273, 283, 284
糞薙　345, 346, 364
分地　12, 74, 75, 93, 115
文帖　107, 117
文暦　92, 122
丙申年の分撥　92, 100, 173, 174
平水橋　65
平遥県　140
平陽志[洪武]　42
平陽総府　89, 92, 96, 108
平陽投下総管府　93, 114
平陽府(平陽路)　39, 40, 42, 47-52, 54, 58, 59, 61, 62, 64-67, 69-71, 73, 94, 100, 109, 113, 115, 117, 121, 123, 131, 219, 223, 266-268, 285, 304, 321, 341
平陽府臨汾県姑射山新道記　267, 268
平陽路都提河所　79, 85, 86, 88, 92-96, 98, 102-104, 106, 108, 114, 121, 123, 125
平流閘　215
平涼府　199, 200, 321
劈水石　47, 49, 66
北京図書館蔵中国歴代石刻拓本匯編　188, 189, 278, 279, 281
ベクテムル(別帖木兒)　213, 227
防禦条款　108, 117
彭原　196, 220
奉元城図　200, 203, 272
奉元路　159, 185, 198-200, 203, 209, 222, 227
謀克　299, 334, 338, 364
房山石経　30
望春宮　256, 257, 279, 280
彭城限　212
彭城閘　212
鳳翔府　194-196, 219, 220
奉聖州　353, 392
鮑宣　99, 100, 115
彭徳恕　210, 226
龐徳林　260
報碑行　11, 14
鳳陽　367
豊利渠　157, 164-166, 209, 214, 217, 227, 228
ホージャ(和者)　261, 262, 264, 265, 282
牧庵集　262, 277, 283, 328
北霍渠　43, 46, 47, 59, 62, 65, 69-71
僕散翰之(翰文)　261, 262, 264, 265, 282
僕散祖英　250
北市　246, 247
北仙洞　267, 268
北堂書鈔　335
北卜渡　263, 282
蒲津　269
蒲帯　294
北極宮　172
ポッペ(N.Poppe)　171, 285
保徳州　262, 265
保徳州志[乾隆]　261, 282
保柳睦美　2
孛利斛　186
ボロクル(孛魯歓)　329
ボロト(孛羅)　176, 313, 315, 316, 328, 329
本宮　134, 137, 138, 143-145, 147, 150
本田治　345, 396
本田實信　255

◆ま

摩崖　30
松田孝一　93, 173, 235, 253
マルコ・ポーロ　253, 255, 258
マンガラ(忙哥剌、莽噶拉木)　180, 181, 229,

244, 245, 252, 253, 269, 272, 273
忙古解　264, 282
万国鼎　369, 382, 385
漫種　409
三上次男　52, 68, 112
水分　7
水の理論　3
密植　345, 369, 384, 396, 414, 416
宮澤知之　291, 292
宮紀子　6, 163, 176, 322, 333, 371
苗好謙　306, 323, 351, 353, 354, 356, 358, 374, 376, 392, 400, 401
明安　90
民間碑刻　28
民屯　194, 197, 198, 220
ムカリ　90, 91, 97
ムバラク(木八剌)　329
務本新書　345, 377, 378, 382, 386, 388, 395, 397, 401–403, 407, 412
務本坊　246, 277
村岡倫　192, 418
明応王殿　35, 36
鳴沙州　263, 282
明帝(後漢)　359, 407
メルギデイ　173
猛安　294, 299, 334, 338, 364
蒙古　99, 115
孟州　175
孟総判　84
孟鋳　343, 363, 410
孟文昌　246, 247, 249–251, 278
孟奉信　83, 112, 119
蒙令旨差　88, 92, 93, 114, 123
木隔子　52, 71
木植　264, 282
木牌　89, 116, 123
森田明　37
森田憲司　25, 27
モンケ(憲宗)　99, 100, 108, 166, 180, 229, 236, 244
門限石　46, 48, 49, 65, 67

◆や

櫟陽県　174, 192, 197, 199, 200, 201, 204, 208, 210, 219, 221, 223
牙八胡　214, 227
山本明志　235
耶律ジュゲ(朱哥、移剌保倹)　169, 170, 187, 188
耶律楚材　168
耶律禿花　188
由帖　105, 106, 109, 116, 415
雪解け水(雪汁)　380
姚煒　355, 366
楊宜(楊元帥、柳太守、楊大元帥、楊明安) 87–92, 94, 97, 99–102, 122, 123
楊丘行　38, 46, 50, 64, 66, 73
楊欽　164, 185, 217, 227
楊瓊　281
楊景道　182, 191, 207, 208
耀州　181, 191, 213, 227
陽城金石記　150
陽城県　128, 131, 135–137, 139, 142, 147, 148, 153
陽城県志[乾隆]　135, 148–150
陽城県志[同治]　134, 148, 149, 151
養生論　335, 336, 360, 404
姚燧　180, 244, 264, 279, 282
用水則例　104–106, 186, 205
用水帳簿　94, 96, 103, 413, 415
姚枢　179, 229
雍大記　213, 222, 280
楊琛　90
楊楨　40, 54, 72
姚天福　243, 330
羊頭山　128
楊訥　371
陽武県　298
楊富斗　340
楊文衡　183
翼城県　12, 13, 76–78, 82, 83, 85–87, 89–91, 97, 108, 114, 115, 120, 139, 267
翼城県志[嘉靖]　80, 90
翼城県志[乾隆二年]　76, 80

翼城県志[光緒]　114
翼城県志[民国]　77, 101, 112
好並隆司　32, 44

◆ら

来国昌　248
雷時中　250
雷禎　222
羅鄂州小集　360
羅願　360
洛水　174
駱天驤　230, 231, 246, 247, 249–251, 253, 254, 274
藍谷　230
蘭州　263, 282
攔水石　46, 49, 66
灤池　76, 78, 112
李維翰　80, 83, 85, 98, 121, 125
李逸友　375
陸世儀　332
六盤山　174, 181, 187, 196, 243, 252, 253, 259
李クランギ(忽蘭吉)　220
李蹊　360
リゲティ(L.Ligeti)　285
李謙　365
李好文　158–160, 163, 184
李克忠　214, 227
理算　197, 221, 316
李之勤　231, 270
李思斉　217
李志常　172, 189
李士勉　364
李若水　84, 112
李純甫　360
李俊民　132, 145, 150, 153
李承事　213, 227
李汝翼　266, 284
李タイブカ(太不花)　217, 228
李璮の乱　235, 346
李治安　221, 302, 322
李通事　98, 100, 124
立社事理　348
李庭　168, 230, 231, 239, 241, 249, 270, 274
李道謙　172
李徳輝　180, 244
李万戸(松)　79, 91, 98, 102, 122, 124
劉安中　245
龍王　137, 151
劉基　412
劉季偉　245
劉徽柔　67
龍橋鎮　189
龍子祠　265, 283
龍首山　254
龍首堰　255, 256
龍首渠　255–258, 273, 279, 280
龍首原　254, 276
龍首池　255, 256
龍首殿　256
劉鄩　246, 278
劉仁之　359
劉進善　250
劉斉　54, 68
劉仲義　353, 392
劉通事　98, 100, 124
劉登庸　43, 58
劉斌(彬)　13, 229–237, 239–242, 244–246, 248, 251, 252, 259, 261, 270, 271, 273–275, 278, 281, 282, 414
隆福宮　272
劉福通　217
龍門　285
呂壑　241, 244, 245, 273
遼海叢書　296
両河　138, 153
梁泰　164–166, 168, 169, 173, 185, 186
遼東行部志　296, 321
遼東志[嘉靖]　366
遼陽府　296, 321
呂涇野先生高陵県志　203
呂氏春秋　131
呂大忠　247
呂大防　159, 184
呂梁山　65, 97
李令福　254, 256

臨漳県　312
臨晋県　142
臨川文集　386
臨潼県　204, 227, 259-261, 282
臨汾県　44, 50, 116, 265, 266, 273
輪流水牌　117
類編長安志　218, 230, 246, 247, 251, 253, 255, 260, 275, 279, 280, 285
類編歴挙三場文選　368
黎持　246, 277
黎城県　151
霊泉池　110
歴山　131
廉希賢　229, 248
連子渠渠冊　63
廉訪使　300
廉問使者　294, 319
潞安府志[乾隆]　151
隴右金石録　276
楼観台　266
澇水　169-172
路遠　247
鹿巷　214, 216
六条問事　295
鹿台山　266, 267, 273
潞公文集　386
盧摯　365
潞州　135
盧世栄　316, 317
魯明善　374, 406
論語注疏　407

◆わ

淮河　298, 313
完顔希尹　55
完顔杲　52
完顔守貞　334
完顔謀离也　41, 45, 46, 50, 51, 55, 56, 62, 68, 72, 73